각종 국가기술 자격시험 및 현장 실무 지침서 !

공유압 일반

성기돈 엮음

일진사

머 리 말

오늘날 모든 산업체의 중추적 역할을 하는 각종 기계나 장비 등에서 유공압 기술은 자동화·첨단화 되어가고 있다.

그러나, 이러한 시대적 소명에 알맞은 관계서적은 체계적으로 정립된 것이 드물고, 또한 실제 있다고 한들 외국서적의 직역(直譯) 정도를 벗어나지 못한 상태로써 우리 실정에도 맞지 않을 뿐더러 가르치는 교육기관도 많지 않은 실정에 있다. 아뭏든 유공압 기술은 모든 면에 있어 기초단계라 하여도 감히 지나친 표현이 아닐 것이다.

이에 필자는 우리나라의 현실성을 감안하여 현장에서의 경험과 교단에서의 강의이론을 바탕으로 유공압에 대한 내용을 함축성 있게 간추려 현장 실무자나 각종 자격 시험을 준비하는 수험생이 이를 활용할 수 있도록 다음 사항에 역점을 두고 이 책을 구성하였다.

첫째, 유공압 기기의 구조 및 회로도 작성시의 기본 개념을 자세하게 다루었다.

둘째, 유공압 기기의 구조, 작동법(作動法)등에 초점을 맞춤으로써 현장 실무에 빨리 적용할 수 있도록 하였다.

셋째, 유공압 기기에 대한 설계, 보수점검 및 고장 대책 등에 대한 내용을 체계적으로 다루었으며, 다양한 기술정보와 함께 KS 유공압 기호에 따라 편집하였다.

끝으로 이 책으로 공부하는 수험생 및 현장 실무자들에게 큰 도움이 되었으면 하는 마음 간절하며, 이 책이 발간될 수 있도록 물심양면으로 도움을 주신 선배·제현(先輩·諸賢)과 도서출판 일진사 직원 여러분께 진심으로 감사 드린다.

[저자 씀]

제 1 장 유·공압의 개요

◆ 제 1 절 유압의 기초 ·········· 9

1. 유압의 개요 ·········· 9
1·1 유압의 원리 ·········· 9
1·2 유압의 용도 ·········· 10
1·3 유압의 특징 ·········· 12

2. 유압장치의 기본적인 구성 ·········· 12
2·1 기본 구성 ·········· 12
2·2 유압단면 회로도와 KS 기호 회로도 ·········· 13

3. 유압의 기초이론 ·········· 13
3·1 파스칼의 정리 ·········· 13
3·2 압력과 힘의 관계 ·········· 14
3·3 게이지 압력과 절대 압력 ·········· 15

4. 유량과 유속 ·········· 15
4·1 유량 ·········· 15
4·2 유속 ·········· 16

5. 연속의 법칙 ·········· 17
5·1 연속의 법칙 ·········· 17
5·2 관의 내경을 구하는 공식 ·········· 17

6. 실린더의 미는 힘과 속도 ·········· 18
6·1 미는 힘 ·········· 18
6·2 속도 ·········· 19

7. 기름통로 단면적 줄임기구 ·········· 19
7·1 짧은 줄임기구 ·········· 20

7・2 긴 줄임기구 ……………………………………………… 20

8. 유체 동력 ……………………………………………………… 20

8・1 개요 …………………………………………………… 20
8・2 유체 동력의 계산식 ……………………………………… 21

9. 펌프의 축동력 ………………………………………………… 22

10. 유압모터의 여러가지 계산식 ……………………………… 23

◆ 제 2 절 공압의 기초 ……………………………………… 24

1. 공압 기술의 발달 …………………………………………… 24

1・1 공압 기술의 역사 ………………………………………… 24
1・2 공기의 이용 ……………………………………………… 24

2. 공압의 특성 ……………………………………………………… 25

2・1 공압의 장·단점 및 제어방식별 비교 ………………… 25

3. 공압의 기초이론 ……………………………………………… 26

3・1 공압의 물리적 성질 ……………………………………… 26

제 2 장 유압기기

1. 유압 펌프 ……………………………………………………… 35

1・1 개요 …………………………………………………… 35
1・2 기구에 의한 분류 ………………………………………… 36
1・3 기어 펌프의 특징 및 구조 ……………………………… 36
1・4 피스톤 펌프의 특징 및 구조 …………………………… 37
1・5 베인 펌프의 특징 및 구조 ……………………………… 39
1・6 펌프 취급상의 주의사항 ………………………………… 43
1・7 펌프의 고장과 대책 ……………………………………… 44
1・8 분해 조립 방법 …………………………………………… 47

2. 유압 제어밸브 ………………………………………………… 47

2・1 압력 제어밸브 …………………………………………… 47
2・2 유량 제어밸브 …………………………………………… 64
2・3 방향 제어밸브 …………………………………………… 74

2·4 복합 밸브 ………………………………………………… 94

3. 작동기 …………………………………………………… 111
3·1 종류 …………………………………………………… 111
3·2 유압 실린더 …………………………………………… 111
3·3 요동 모터 ……………………………………………… 124
3·4 유압 모터 ……………………………………………… 125

4. 유압 부속기기 …………………………………………… 128
4·1 개요 …………………………………………………… 128
4·2 기름 탱크 ……………………………………………… 128
4·3 공기 청정기 …………………………………………… 130
4·4 필터 …………………………………………………… 130
4·5 온도계 ………………………………………………… 134
4·6 압력계 ………………………………………………… 135
4·7 기름 냉각기 …………………………………………… 139
4·8 어큐뮬레이터(축압기) ……………………………… 141
4·9 전기 히터 ……………………………………………… 144
4·10 커플링 ………………………………………………… 145
4·11 배관 재료 …………………………………………… 146
4·12 고무호스 …………………………………………… 150

5. 유압유 …………………………………………………… 151
5·1 유압유의 종류 ………………………………………… 151
5·2 기름에 관한 용어 …………………………………… 151
5·3 기름의 산화·열화 …………………………………… 155
5·4 유압유의 개략 특성 일람표 ………………………… 156
5·5 작동유의 올바른 사용법 …………………………… 157
5·6 플래싱 ………………………………………………… 158

제3장 공압기기

1. 공압계통의 기본 구성 ………………………………… 159
1·1 공기의 압축 …………………………………………… 159
1·2 압축 공기의 처리 …………………………………… 159

2. 공기원과 청정화 계통 ………………………………… 161

2·1 공기 압축기 ······················· 161
2·2 압축공기에 포함되는 이물질 ······· 166
2·3 압축공기의 청정화 계통 ············ 166
2·4 청정화기기 ························· 168

3. 압축공기 조정기기 ················· 178

3·1 압축공기 조정 유닛의 구성 ········ 178
3·2 압축공기 필터 ····················· 179
3·3 윤활기 ····························· 182

4. 제어밸브 ··························· 188

4·1 압력 제어밸브 ····················· 188
4·2 방향 제어밸브 ····················· 193
4·3 유량 제어밸브 ····················· 198
4·4 차단밸브 ··························· 199
4·5 근접장치 ··························· 199
4·6 압력 증폭기 ······················· 202

5. 공기압 작업 요소 ················· 204

5·1 개요 ······························· 204
5·2 공압실린더 ························· 204
5·3 회전 작동기 ······················· 223

6. 공기압 부속기기 ················· 232

6·1 배관 ······························· 232

제 4 장 유·공압 회로

◆ 제 1 절 유압회로 ················· 239

1. 유압회로 ··························· 239

2. 기본회로 ··························· 240

2·1 언로드회로 ························· 240
2·2 기름 여과회로(필터회로) ·········· 244
2·3 압력제어 회로 ····················· 246
2·4 압력유지 회로 ····················· 250
2·5 속도제어 회로 ····················· 251

2·6 증속회로 ………………………………………………………… 254
2·7 시퀀스 밸브를 이용한 순서 작동회로 ……………………… 257
2·8 동기회로 ………………………………………………………… 258
2·9 축압기회로 ……………………………………………………… 263
2·10 증압회로 ………………………………………………………… 265
2·11 유압모터 회로 ………………………………………………… 266

3. 유압실제회로 ………………………………………………………… 269

3·1 100톤 판금 프레스 …………………………………………… 269
3·2 연속 주조기 회로 ……………………………………………… 270
3·3 50톤 유압 프레스 ……………………………………………… 271
3·4 100톤 성형 프레스 …………………………………………… 272
3·5 드릴링 머신 …………………………………………………… 273
3·6 브로우칭 머신(20톤) ………………………………………… 274
3·7 평면 연삭반 …………………………………………………… 275
3·8 평삭반(플레이너) ……………………………………………… 276
3·9 NC 밀링 머신 ………………………………………………… 277

4. 유압회로의 설계 ………………………………………………………… 278

4·1 일반적인 주문에 대하여 ……………………………………… 278
4·2 압력계산 ………………………………………………………… 281
4·3 속도계산 ………………………………………………………… 282
4·4 작동사이클 ……………………………………………………… 282
4·5 유량계산 ………………………………………………………… 284
4·6 유압 실린더 회로의 설계 …………………………………… 286
4·7 유압펌프 회로의 설계 ………………………………………… 288

◆ 제 2 절 공압회로 …………………………………………………………… 289

1. 공압회로 구성방법 …………………………………………………… 289

1·1 회로도의 구성 ………………………………………………… 289
1·2 요소의 표시 …………………………………………………… 290

2. 공압 기본회로 ………………………………………………………… 294

2·1 단동실린더의 제어 …………………………………………… 294
2·2 복동실린더의 제어 …………………………………………… 299
2·3 신호억제와 신호제거를 위한 회로 ………………………… 314

8

3. 공압실제회로 317

3·1 클램핑 공구 317
3·2 자동문의 개폐 회로 317
3·3 벤딩기계 319
3·4 엘리베이터 회로 321
3·5 부분품 운반 323

4. 공압제어 회로설계 325

4·1 상자운반 325
4·2 벤딩용 치공구 329
4·3 전단기 334
4·4 압축용 치공구 337
4·5 드릴링 작업 343

제5장 공·유압기호

◆ 제1절 공압기호 347

◆ 제2절 유압기호 357

1·1 기호표시의 예 356

부 록

1. 자동화를 위한 제어방식의 기준 365
2. 각종 유압기기와 표시기호 368
3. 관로 저항 도표 381
4. 점도 환산법 384
5. 각종 작동유의 점도·온도 특성 385
6. 관내 유속을 구하는 도표 386
7. 레이놀즈수를 구하는 도표 387
8. 유압용어 388
9. 공압 현장사례 404

제1장 유·공압의 개요

제1절 유압의 기초

1. 유압의 개요

유압(oil hydraulics)이란 유압펌프에 의하여 동력의 기계적 에너지를 유체의 압력 에너지로 바꾸어 유체 에너지에 압력, 유량, 방향의 기본적인 3가지 제어를 하여 유압 실린더나 유압 모터 등의 작동기를 작동시킨 후 다시 기계적 에너지로 바꾸는 역할을 하는 것이며, 동력의 변환이나 전달을 하는 장치 또는 방식을 말한다.

다시말하면, 기름(작동유)이라는 액체를 잘 활용하여 기름에 여러가지 능력을 주어서 요구되는 일의 가장 바람직한 기능을 발휘시키는 것을 말하며, 최근 각종 기계의 대형화 및 자동화의 요구에 따라 유압의 응용범위가 대단히 넓어져 기계를 다루는 기술자는 유압에 관하여 충분히 이해하고 폭넓은 지식을 쌓아야 한다.

1·1 유압의 원리

전동기 모터를 이용하여 유압펌프를 작동시켜 기름에 압력을 높여 유압회로로 보내면 압력 제어 밸브가 압력을 제어하고, 유량 제어 밸브 및 방향 전환 밸브는 각각 유량을 제어하고, 방향을 전환하는 구조로 되어 있어 유압실린더나 모터 등의 운동을 제어할 수 있다. 액추에이터에 큰 힘을 요구할 때에는 압력을 높이는 방법과 용량을 크게하는 방법이 있고, 액추에이터의 속도를 조절하려면 유량을 조절 또는 액추에이터의 용량을 줄이던지, 늘리던지 하여 조절할 수 있다.

한편 기름을 저장할 수 있는 탱크와 유압의 힘을 기계적 힘으로 바꿀 수 있는 유압 액추에이터가 필요하게 된다. 이렇듯 어떠한 유압의 구조에서도 이상의 원

10 제 1 장 유·공압의 개요

리를 이용한다.

예를들면 다음 그림과 같은 유압의 원리도에서 핸들을 오른쪽으로 이동하면 방향 전환 밸브가 오른쪽으로 이동하여 펌프에서 온 기름은 실린더 1쪽으로 흘러 들어오고 테이블은 오른쪽으로 이동한다. ②쪽에 있던 기름은 파이프에서부터 전환 밸브를 지나 탱크로 귀환한다. 반대로 핸들을 왼쪽으로 돌리면 방향 전환 밸브가 왼쪽으로 이동하여 기름은 ②쪽으로 흐르고 테이블은 왼쪽으로 이동한다.

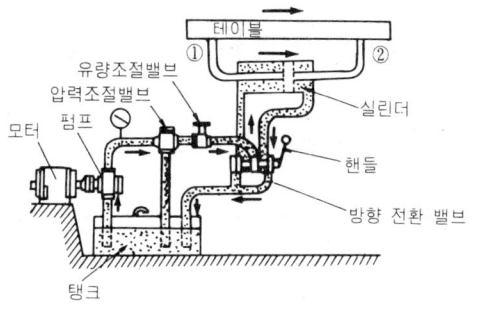

〔유압의 원리도〕

이와같이 테이블의 이동은 레버 하나로 움직인다는 것이 유압의 기본적인 원리라 하겠다.

1·2 유압의 용도

유압은 앞으로 응용범위가 대단히 넓어지겠으나 주된 용도를 알아보면 직선운동이나 회전운동 그리고 큰 힘이 필요한 곳이나 속도를 바꾸는 경우 등에 주로 사용된다.

① 건설 기계 : 굴삭기, 페이로우더, 트럭, 크레인, 불도저
② 운반 기계 : 청소차, 덤프카, 콘크리트믹서트럭, 포크리프트
③ 선박 갑판 기계 : 윈치, 조타기
④ 공작 기계 : 자동 조종 선반, 다축 드릴, 트랜스퍼 머신
⑤ 철강 기계 : 시어링, 권선기
⑥ 금속 기계 : 주조기
⑦ 합성수지 기계 : 사출, 압출, 발포성형기
⑧ 목공 기계 : 핫프레스, 목재 이송차
⑨ 제본·인쇄 기계 : 재단기, 옵셋 인쇄, 윤전기
⑩ 기타 : 소각로, 레져시설, 로켓트, 로보트

제 1 절 유압의 기초 **11**

〔페이 로우더〕

〔굴삭기〕

〔래커〕

〔석유 채취선〕

〔유압 윈치〕

12 제1장 유·공압의 개요

1·3 유압의 특징

① 대단히 큰 힘을 아주 작은 힘으로 제어할 수 있다.
② 속도의 조정이 쉽다.
③ 힘의 무단제어가 가능하다.
④ 운동의 방향 전환이 용이하다.
⑤ 과부하의 경우 안전장치가 간단하다.
⑥ 에너지의 저장이 가능하다.
⑦ 윤활 및 방청작용을 하므로 가동부분의 마모가 적다.

2. 유압장치의 기본적인 구성

2·1 기본 구성

(1) **유압 펌프** : 유압을 발생시키는 부분으로서 구조에 따라 회전식과 왕복식
이 있으며, 기능에 따라서는 정 용량형과 가변 용량형으로 구분된다.
(2) **유압 제어밸브** : 제어하는 종류에 따라 압력 제어밸브, 유량 제어밸브, 방
향 제어밸브 등이 있다.
(3) **작동기** : 액튜에이터라고도 말하며, 유압 실린더와 유압 모터 등이 있다.
(4) **부속기기** : 기타의 기기를 말하며, 기름탱크, 필터, 압력계, 배관 등이 있
다. 유압장치는 위의 부품으로 구성되어 있다.

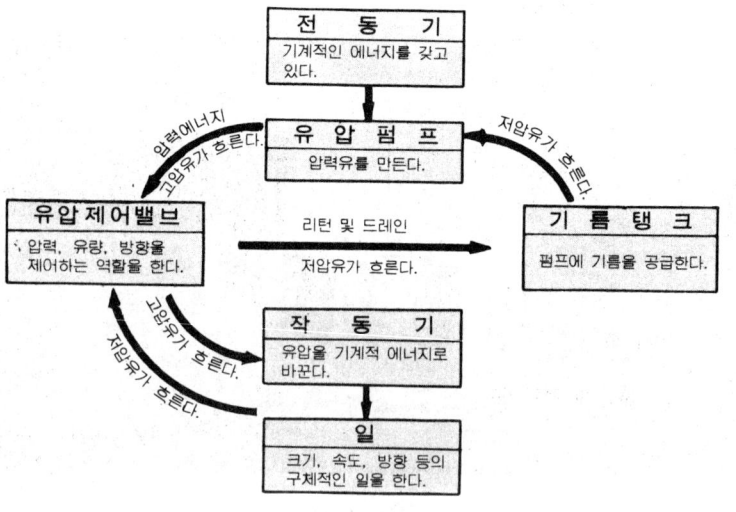

〔기본 구성도〕

제 1 절 유압의 기초 **13**

2·2 유압 단면 회로도와 KS 기호 회로도

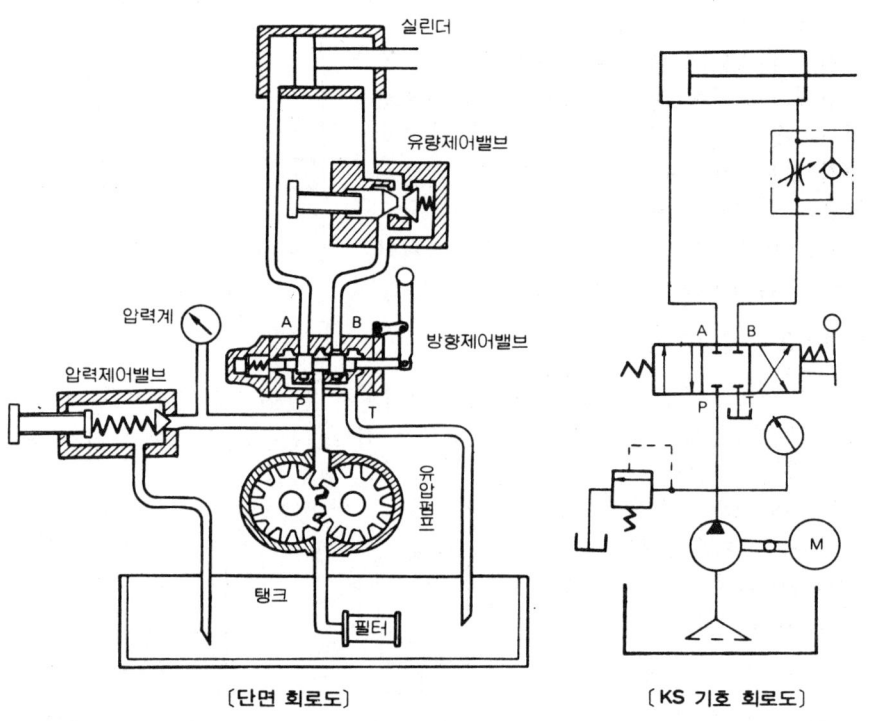

〔단면 회로도〕   〔KS 기호 회로도〕

3. 유압의 기초이론

3·1 파스칼의 정리

정지하고 있는 액체는 세가지의 특성이 있다. 이를 **압력 전파의 법칙**이라고 한다.

① 정지하고 있는 액체가 서로 맞닿아 있는 면에 미치는 압력은 맞닿아 있

14 제 1 장 유·공압의 개요

는 면과 수직으로 작용한다.

② 정지하고 있는 액체의 한점에서 작용하는 압력의 크기는 모든 방향에
대하여 같다.

③ 밀폐된 용기내에 정지하고 있는 액체의 일부에 가해진 압력은 모든 부분
에 같은 세기로 동시에 전달된다.

이를 **파스칼의 정리**라고 한다.

밀폐된 용기에 액체를 집어 넣고 위에서
힘(W)을 가하면 액체는 압축하여도 체적은
줄지 않는 성질이 있으므로 액체는 위에서
누르는 힘에 대항하려는 힘이 생긴다.

이를 **반력**이라고 하며, 이와같은 액체의
반력을 **압력**[kg/cm²]이라고 한다.

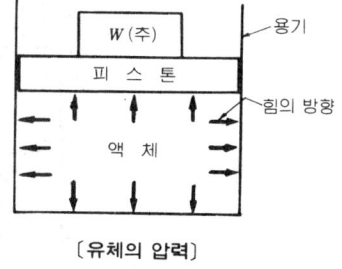

[유체의 압력]

3·2 압력과 힘의 관계

유압에서 사용하는 압력이란 물체의 단위면적 1 [cm²]에 가해진 힘의 크기
이며, [kg/cm²]으로 나타낸다. 즉, 가해지는 힘[kg]은 그 힘을 받는 면적[cm²]
으로 나눈 것이다.

왼쪽의 피스톤이 누르는 힘
을 F[kg], 피스톤의 단면적을
A[cm²]라고 하면 내부에 발생
하는 압력 P는

$$P = \frac{F}{A} \,[\text{kg}/\text{cm}^2]$$

가 되며, 이 압력이 배관을 통
하여 단면적 B[cm²]의 피스톤
밑면에 파스칼의 원리에 의하
여 전달된다.

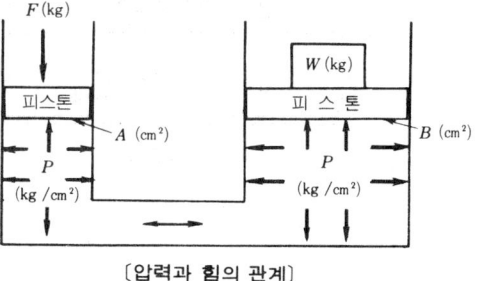

[압력과 힘의 관계]

이 P라는 압력은 하중 W와 평행되는 관계로 $W = P \cdot B$[kg]가 되어
$W = \dfrac{F}{A} B$[kg]로 나타낼 수 있다.

압력과 힘의 관계식은 F[kg] $= P$[kg/cm²] $\times A$[cm²]가 되어

$$P = \frac{F}{A}$$

$F = P \times A$ 가 된다.

여기서, F: 힘[kg] P: 압력[kg/cm²]
　　　 A: 면적[cm²]이다.

제 1 절 유압의 기초 **15**

3·3 게이지 압력과 절대 압력

압력을 나타내는 데는 그 기준(압력 0 의 상태)의 설정 방법에 따라 절대 압력과 게이지 압력으로 나누며, 통상적으로 게이지 압력으로 나타낸다.

(1) **절대 압력**(absolute pressure) : 완전 진공을 기준으로 하여 나타낸다 (완전 진공상태를 0 으로 한다).

(2) **게이지 압력**(gauge pressure) : 대기압을 기준으로 하여 나타낸다 (대기압의 압력을 0 으로 한다).

〔게이지압력과 절대압력〕

〔사출성형기〕

4. 유량과 유속

4·1 유량(flow)

유량이란 단위시간에 이동하는 액체의 양을 말하며, 유압에서는
① 유량은 토출량으로 나타낸다.

16 제 1 장 유·공압의 개요

② 단위는 [*l*/min] (분당 토출되는 양 *l*) 또는 [cc/sec] (초당 토출되는 양 cc)로 표시한다. 즉, 이동한 유량을 시간으로 나눈 것이다.
③ 기호는 Q로 유량을 표시한다.
유량의 계산식은

$$Q = \frac{V}{t} = \frac{A \cdot S}{t} = A \cdot v \text{ 로 되며}$$

여기서,　Q : 유량[*l*/min]　　V : 용량[*l*]　　　t : 시간[min]　　　v : 유속[m/sec]
　　　　S : 거리[m]　　A : 단면적[cm²]이다.

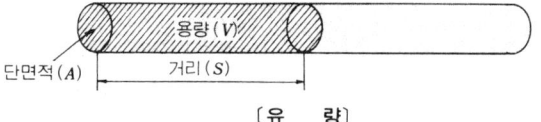

[유　량]

4·2　유속(流速)

유속이란 단위시간에 액체가 이동한 거리를 나타내며, 유압에서는
① 단위는 [m/sec] (매초당 움직인 거리 [m]) 로 나타낸다.
② 기호는 v로 표시한다.
유속의 계산식은

$$v = \frac{Q}{A} \text{ 로 되며}$$

여기서, v : 유속[m/sec]　　　Q : 유량[*l*/min]　　　A : 단면적[cm²]이다.

참고

[착 공 기]

제 1 절 유압의 기초 **17**

5. 연속의 법칙

5·1 연속의 법칙

액체가 흐를 때 흐름의 상태가 변하지 않는 경우(정상류), 유량은 통과하는 관로의 면적이 달라지면 유속이 달라져서 유량은 일정하게 된다. 이를 **연속의 법칙**이라 한다.

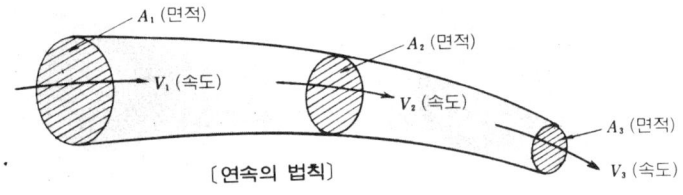

〔연속의 법칙〕

$$Q = A_1 \cdot V_1 = A_2 \cdot V_2 = A_3 \cdot V_3 = 일정$$

따라서, $V_1/V_2 = A_2/A_1$, $V_2/V_3 = A_3/A_2$ 그리고, $V_1 = V_2 \cdot A_2/A_1$ 이 된다.

5·2 관의 내경을 구하는 공식

$Q = A \cdot v = \dfrac{\pi \cdot d^2}{4} v$ 이므로, $d^2 = \dfrac{4Q}{\pi \cdot v}$ 이며, $d = \sqrt{\dfrac{4Q}{\pi \cdot v}}$ 이다.

여기서, Q : 유량 A : 관의 단면적 v : 유속 d : 관의 내경

> 참고) 가변용량용 베인펌프 분해순서

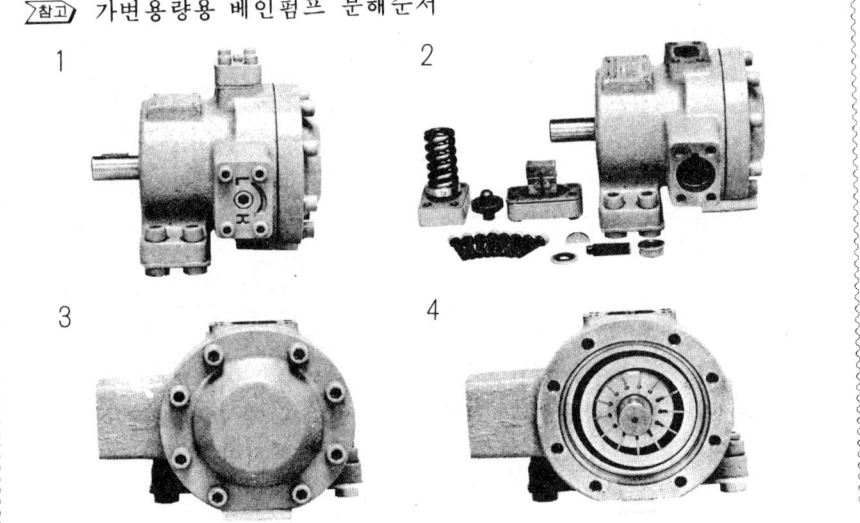

18 제 1 장 유·공압의 개요

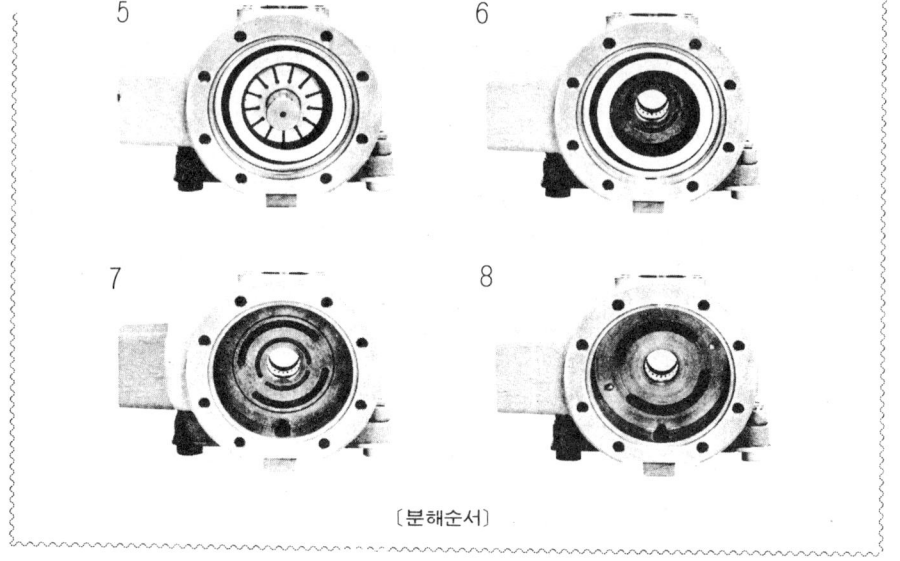

〔분해순서〕

6. 실린더의 미는 힘과 속도

6·1 미는 힘

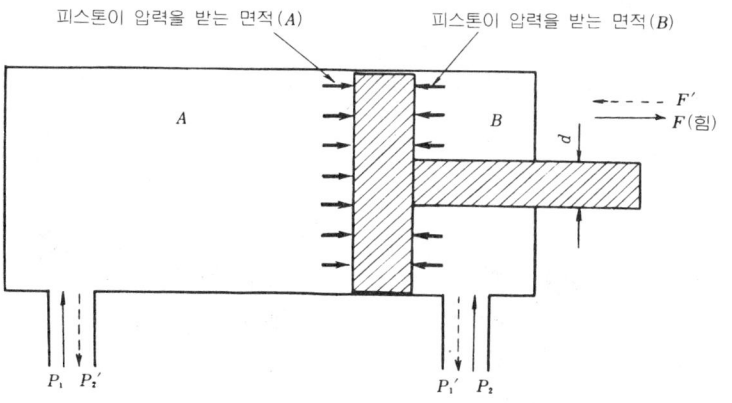

피스톤이 압력을 받는 면적(A)　　　피스톤이 압력을 받는 면적(B)

A 실린더에 P_1의 압력을 가진 액체가 들어가는 경우, 힘 $(F) = P_1 \cdot (A)$로 되어 우측으로 미는 힘이 작용한다. 그러나 B실린더 쪽에 P_2의 압력이 있는 경우에는(배압이라고 한다) 오른쪽으로 미는 힘이 약해지며,

힘 $(F) = P_1 \cdot (A) - P_2 \cdot (B)$가 된다.

제 1 절 유압의 기초 **19**

6·2 속 도

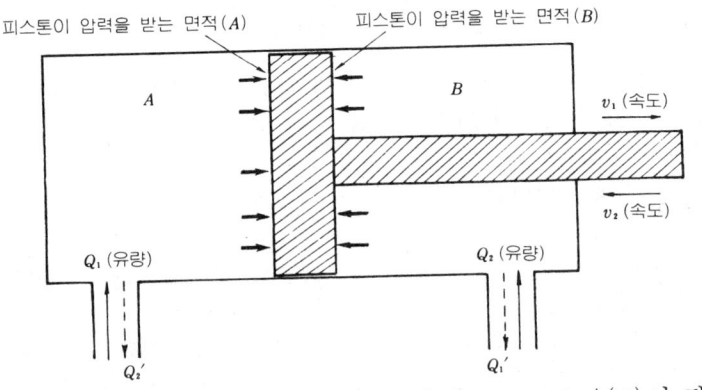

피스톤이 압력을 받는 면적(A) 피스톤이 압력을 받는 면적(B)

A 실린더에 Q_1 의 유량이 들어가는 경우의 속도 $v_1 = Q_1 / (A)$ 이 되어 우측으로 움직이는 속도를 알 수 있고, B 실린더에 Q_2 의 유량이 들어가는 경우의 속도는 $v_2 = Q_2 / (B)$ 가 되어 좌측으로 움직이는 속도를 알 수 있다.

참고 트로코이드 펌프(trochoid pump) : 한쌍의 기어가 내접 구름 운동을 하여 일정한 공간을 형성하면서 흡입 토출하는 내접 기어 펌프이다

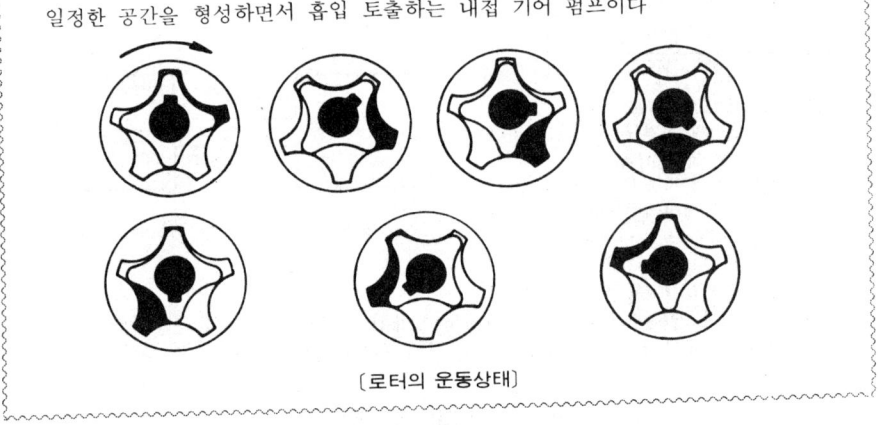

〔로터의 운동상태〕

7. 기름통로 단면적 줄임기구

유압장치에서는 압력이나 유량을 조정할 때에는 밸브를 사용하는데 밸브는 흐름의 면적을 바꾸어 그 목적을 달성한다.

그중에서 흐름의 면적을 줄여서 관로 또는 기름통로 안에 저항을 일으키게 하는 기구를 줄임기구라고 하며, 짧은 줄임기구(오리피스)와 긴 줄임기구(쵸

20 제 1 장 유·공압의 개요

크)가 있다.

7·1 짧은 줄임기구(오리피스 ; orifice)

면적을 줄인 길이가 단면 치수에 비하여 비교적 짧은 경우를 말하며, 이 경우 압력강하는 액체의 점도에 거의 영향을 받지 않는다.

연속의 법칙과 베르누이의 정리로서 다음의 관계가 성립된다.

$$Q = C \cdot A \sqrt{\frac{2g(P_1 - P_2)}{\gamma}}$$

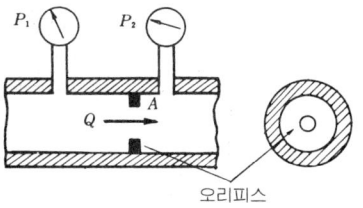

여기서, Q : 유량 $[cm^3/sec]$
   C : 유량계수
   A : 오리피스 단면적 $[cm^2]$
   g : 중력의 가속도 $[980\,cm/sec^2]$
   γ : 액체의 비중량 $[kg/cm^3]$
   $P_1 - P_2$: 오리피스 앞뒤의 압력차 $[kg/cm^2]$

7·2 긴 줄임기구(쵸크)

면적을 줄인 길이가 단면 치수에 비하여 비교적 긴 경우를 말하며, 이 경우에는 압력강하가 액체의 점도에 따라 크게 영향을 받는다.

따라서, 관계식을 알아보면

$$Q = \frac{\pi \cdot d^2 \cdot g(P_1 - P_2)}{128\,\gamma \cdot V \cdot l}$$

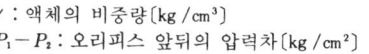

여기서, Q : 유량 $[cm^3/sec]$
   d : 구멍의 직경 $[cm]$
   $P_1 - P_2$: 압력차 $[kg/cm^2]$
   γ : 액체의 비중량 $[kg/cm^3]$
   V : 이동 점성계수 $[cm^2/sec]$
    $(1\,cm^2/s = 1\,st = 100\,cst)$
   l : 구멍의 길이 $[cm]$
   g : 중력의 가속도 $[980\,cm/sec^2]$

위의 공식은 관내 압력손실의 계산에도 사용된다. 다만, 층류의 경우에만 적용된다. (층류 : 액체의 흐름이 층모양으로 흘러서 혼란이 없는 경우를 말한다.)

8. 유체 동력

8·1 개   요

유체 동력이란 유체가 발생하는 동력을 말하며, 유압에 있어서 실용상 유량과 압력의 곱으로 나타낸다(유체에 미치는 동력의 크기로도 나타낸다).

일량=힘(F)×거리(S)이며,

제 1 절 유압의 기초 **21**

$$동력 = \frac{일량}{시간} = \frac{F \cdot S}{t} = F \cdot v \text{ 이다.}$$

여기서, t : 시간 F : 힘 S : 거리 v : 속도

오른쪽 그림의 실린더
작동상태는

F(힘) $= A$(단면적) $\times$
　　　　P(압력)

속도(v) $= Q/A$ 가 성
립되므로 이 경우의 동
력을 살펴보면

동력 $= F \cdot v$ 이므로

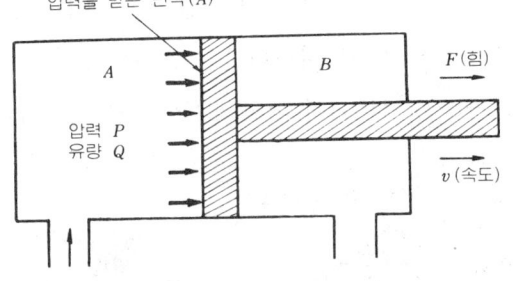

압력을 받는 면적(A)

A B F(힘)

압력 P
유량 Q

v(속도)

유체동력(L_0) $= A \cdot P \cdot \dfrac{Q}{A} = P \cdot Q$ 로 나타낸다.

[참고] 동력의 단위
- 동력의 기본단위 : kg-m/s
- 영국 마력 : HP
- 전력의 기본단위 : kW
- 미터 마력 : PS

〔**동력의 환산표**〕

구 분	PS	HP	kW	kg-m/s
PS	1	0.986	0.736	75
HP	1.014	1	0.746	76
kW	1.360	1.34	1	102
kg-m/s	0.0133	0.0131	0.0098	1

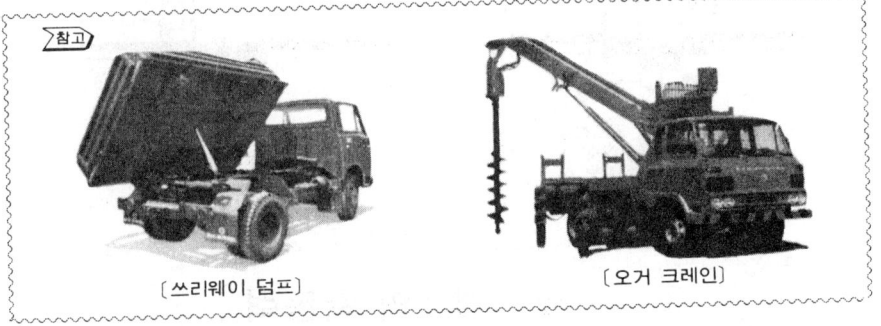

[참고]

〔쓰리웨이 덤프〕   〔오거 크레인〕

8·2 유체동력의 계산식

$$L_0 = \frac{P \cdot Q}{6} \text{ [kg-m/s]}$$

유체의 동력을 kW 로 나타내면

L_0(유체동력) : 〔kg-m/s〕
P(유체압력) : 〔kg/cm²〕
Q(유체유량) : 〔l/min〕

22 제 1 장 유・공압의 개요

$L_o = \dfrac{P \cdot Q}{612}$ [kW]가 되며, 1 [kW] = 102 [kg-m/s]이므로 102 × 6 = 612

유체동력을 [HP]로 나타내면

$L_o = \dfrac{P \cdot Q}{456}$ [HP]가 되며, 1 [HP] = 76 [kg-m/s]이므로 76 × 6 = 456

유체동력을 PS로 나타내면

$L_o = \dfrac{P \cdot Q}{450}$ [PS]가 되며, 1 [PS] = 75 [kg-m/s]이므로 75 × 6 = 450

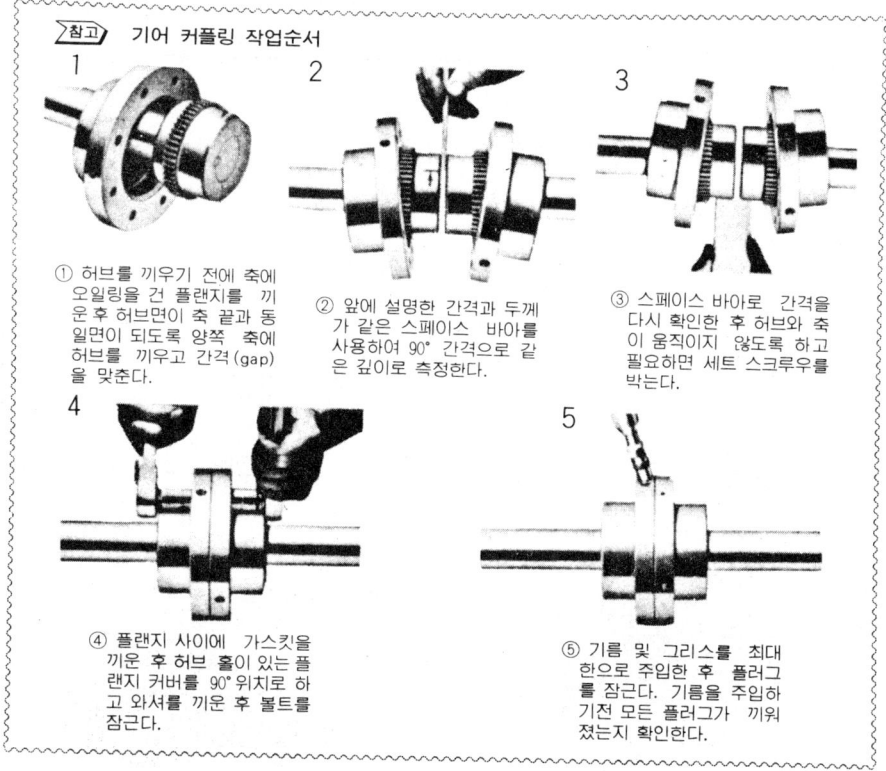

>［참고］ 기어 커플링 작업순서

① 허브를 끼우기 전에 축에 오일링을 건 플랜지를 끼운 후 허브면이 축 끝과 동일면이 되도록 양쪽 축에 허브를 끼우고 간격 (gap)을 맞춘다.

② 앞에 설명한 간격과 두께가 같은 스페이스 바아를 사용하여 90° 간격으로 같은 깊이로 측정한다.

③ 스페이스 바아로 간격을 다시 확인한 후 허브와 축이 움직이지 않도록 하고 필요하면 세트 스크루우를 박는다.

④ 플랜지 사이에 가스킷을 끼운 후 허브 홀이 있는 플랜지 커버를 90° 위치로 하고 와셔를 끼운 후 볼트를 잠근다.

⑤ 기름 및 그리스를 최대한으로 주입한 후 플러그를 잠근다. 기름을 주입하기전 모든 플러그가 끼워졌는지 확인한다.

9. 펌프의 축동력

유압에서는 유압펌프를 사용하여 유체동력을 발생시키므로 이 펌프를 작동시키기 위하여 일반적으로 전동기를 이용하여 펌프에 동력을 전달하며, 이를 **축동력**이라고 한다.

펌프의 축동력 $(LS) = \dfrac{P \cdot Q}{612 \times \eta_\rho}$ [kW]이며, η_ρ는 펌프의 효율을 나타낸다.

10. 유압모터의 여러가지 계산식

① 모터의 토오크 : $T = \dfrac{P \cdot q}{2\pi} \cdot \eta_T \, [\text{kg-cm}]$

② 모터의 회전수 : $N = \dfrac{Q}{q/\eta_v} \, [\text{r.p.m}]$

③ 모터의 출력 : $L_m = \dfrac{2\pi \cdot N \cdot T}{612 \cdot 10^3} \, [\text{kW}]$

여기서, T : 토오크 [kg-cm]　　　Q : 공급유량 [cm³/min]　　q : 모터 용량 [cm³/rev]
　　　　L_m : 모터의 출력 [kW]　　η_T : 토오크 효율　　　　η_v : 용적 효율
　　　　N : 회전수 [rpm]　　　　P : 유입구와 유출구의 압력차 [kg/cm²]

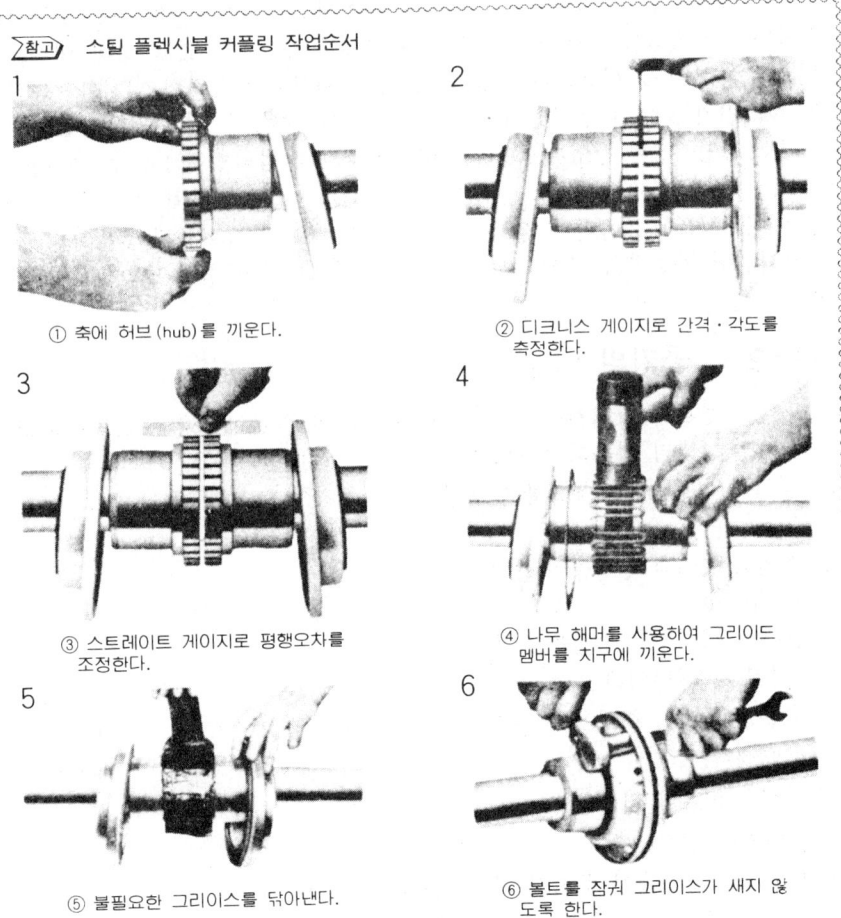

참고) 스틸 플렉시블 커플링 작업순서

1
① 축에 허브 (hub) 를 끼운다.

2
② 디크니스 게이지로 간격·각도를 측정한다.

3
③ 스트레이트 게이지로 평행오차를 조정한다.

4
④ 나무 해머를 사용하여 그리이드 멤버를 치구에 끼운다.

5
⑤ 불필요한 그리이스를 닦아낸다.

6
⑥ 볼트를 잠궈 그리이스가 새지 않도록 한다.

24 제 1 장 유·공압의 개요

제 2 절 공압의 기초

1. 공압기술의 발달

1·1 공압기술의 역사

압축공기는 인간이 사용한 가장 오래된 에너지중의 하나이며 BC 1000년 경 그리스 사람인 KTESIBIOS 가 최초로 사용하였다. 그 후 BC 100~AD 100년 경에는 무기·펌프·시계·오르간 등에 이용하기 시작하였고 고대 이집트인들은 이 압축공기를 이용하여 불을 피웠다. 14세기부터 동력의 기계화 및 작업성을 향상시키는 데 이용하면서 일찍이 광업이나 건설업 등에 사용되어 왔으며, 실제로 공압기술이 산업에 적용된 것은 제 2 차 산업혁명과 1850년 채광용 증기드릴, 1880년 공기브레이크, 1927 년 차량용 자동문 개폐장치 등을 들 수 있다. 현재에는 고도의 산업용 기기나 의료기기 등에도 널리 이용되고 있으며 품질이 고급화되어 자동화의 주체로서 유압제어, 전기제어와 함께 널리 사용되어지고 있다.

1·2 공기의 이용

공기는 생활에 없어서는 안될 중요한 것이며 인간의 생존으로부터 에너지의 공급원으로 널리 이용되고 있으며, 그 용도는 다음과 같다.
(1) 공기의 성분(주로 산소)을 이용한 것
    물질의 연소, 인간의 호흡
(2) 공기의 물리적 성질을 이용한 것
    열기구
(3) 흐름의 상대적인 현상을 이용한 것
    낙하산, 행글라이더
(4) 흐름의 물리적 현상을 이용한 것
    에어커튼
(5) 동력을 이용한 것
    공기수송, 풍차
(6) 인공적으로 압축한 공기의 에너지를 이용한 것
    공기브레이크, 자동문 개폐장치, 압축공기공구, 공압프레스

2. 공압의 특성

2·1 공압의 장·단점 및 제어방식별 비교

(1) 공압의 장점
① 공기는 사용할 수 있는 양이 무한으로 얼마든지 있다.
② 출력조정이 쉽고 무단변속이 가능하며 빠른 작업속도를 얻을 수 있으므로 작업시간이 까다롭지 않다.
③ 유압에서와 같이 리턴라인이 불필요하므로 배관이 간단하다.
④ 점성이 적으므로 압력강하가 적다.
⑤ 압축공기는 저장탱크에 저장할 수 있으며 필요에 따라 사용할 수 있으므로 압축기를 계속 운전할 필요가 없다.
⑥ 온도의 변화에 둔감하므로 극한온도에서도 대체로 운전이 보장되는 편이다.
⑦ 청결성이 있고 인체에 무해하므로 목재·섬유·피혁·식품가공 등에도 사용할 수 있다.

(2) 공압의 단점
① 공압기기에 급유를 하여 녹방지 및 윤활성을 주어야 한다.
② 이물질에 약하며 먼지나 습기가 있어서는 안된다.
③ 기준 이상의 힘이 요구될 때의 압축공기는 효율이 낮고 경제적이 되지 못한다.
④ 압축성으로 인하여 균일한 피스톤 속도나 일시정지 등이 곤란하며 응답속도가 늦다.
⑤ 밸브의 전환시에 배기소음이 크다.

(3) 제어방식별 비교

항목＼형식	기 계 식	전 기 식	전 자 식	유 압 식	공 기 압 식
조 작 력	과히 크지않다	과히 크지않다	작다	크다 (수십톤이상)	약간 크다 (약 1톤까지)
조작속도	느리다	빠르다	빠르다	약간 빠르다 (1m/s 정도)	빠르다 (10m/s 까지)
부하에 대한 특성의 변화	거의 없다	거의 없다	거의 없다	약간 있다	특히 크다
동작성 (위치결정)	좋다	좋다	좋다	좋은편이다	나쁘다

26 제 1 장 유·공압의 개요

항목＼형식	기계식	전기식	전자식	유압식	공기압식
구 조	보통	약간 복잡	복잡	약간 복잡	간단
배선배관	없다.	비교적 간단	복잡	복잡	약간 복잡
환경 온 도	보통	주의한다	주의한다	70℃까지보통	100℃까지보통
환경 습 도	보통	주의한다	주의한다	보통	드레인에주의
환경 부식성	보통	주의한다	주의한다	보통	산화에주의
환경 진 동	보통	주의한다	특히주의한다	괜찮다	괜찮다
보 수	간단	기술을 요함	특히기술을요함	간단	간단
위험성	특히없다	누전에 주의	특히 없다	인화성에 주의	없는편이다
신호변화	곤란	용이	용이	곤란	비교적 곤란
원격조작	곤란	특히 양호	특히 양호	양호	양호
동력원고장시	작동치 않음	작동치 않음	작동치 않음	어큐뮬레이터로 약간 작동	약간 작동
설치위치의자유도	적다	있다	있다	있다	있다
무단변속	약간 곤란	약간 곤란	양호	양호	약간 양호
속도조정	약간 곤란	용이	용이	용이	약간 곤란
가 격	보통	약간 높다	높다	약간 높다	보통

3. 공압의 기초이론

3·1 공압의 물리적 성질

3-1-1 대기와 공압

(1) 공기의 성분

지구표면은 공기층으로 되어 있으며 공기의 조성성분을 체적과 중량으로 알아보면 다음과 같다.

구분＼성분	N_2	O_2	Ar	CO_2
체적 조성	78. 09	20. 95	0.93	0.03
중량 조성	75. 53	23. 14	1.28	0.05

(2) 표준상태

공기의 표준상태는 온도 20℃, 절대압 760mmHg, 상대습도 65%인 상태를 말한다.

3-1-2 압 력

공기는 높이에 따라 밀도가 다르며 표고가 높은 곳일수록 공기의 무게는 가벼워진다. 이 공기가 단위면적에 작용하는 힘을 압력이라 한다.

(1) 단위의 관계

kg/cm²	bar	kPa	mmHg	mmHg
1	0.9807	98.07	735.6	10000
1.02	1	100	750	10197
0.0103	0.01	1	7.5	102

(2) 게이지압력과 절대압력

압력을 나타내는 데는 그 기준(압력 0의 상태)의 설정 방법에 따라 절대 압력과 게이지 압력으로 나누며, 통상적으로 게이지 압력으로 나타낸다.

① 절대 압력(absolute pressure) : 완전 진공을 기준으로 하여 나타낸다(완전 진공상태를 0으로 한다).

② 게이지 압력(gauge pressure) : 대기압을 기준으로 하여 나타낸다(대기압의 압력을 0으로 한다).

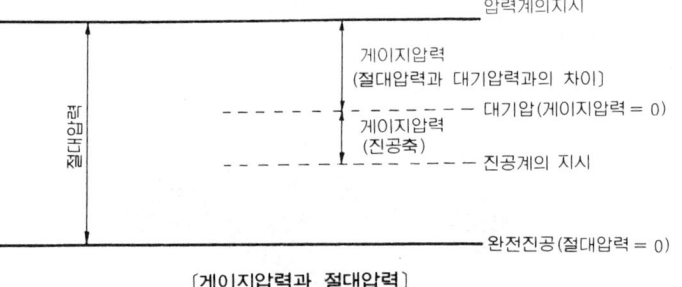

[게이지압력과 절대압력]

3-1-3 공기중의 수분

공기 중에는 수분이 함유되어 있고 이 수분은 기기에 악영향을 주게 된다. 그러면 관련용어와 수분의 양을 구하는 식을 알아보자.

(1) 관련용어

① 전압력(P kg/cm²abs) : 수분과 건조공기의 혼합기체가 나타내는 압력을 말한다.

② 수증기 분압(PW kg/cm²) : 습공기 중의 수증기가 나타내는 압력을 말한다.

③ 절대습도(kg/kg') : 습공기 중에 포함되어 있는 건조공기 1kg에 대한 수분의 양을 말한다.

④ 상대습도($\varphi\%$) : 어떤 습공기 중의 수증기 분압(P_w)과, 같은 온도에서의 포화공기의 수증기 분압(P_s)과의 비이다.

⑤ 노점온도 : 이슬점이 생기는 온도로 어느 습공기의 수증기 분압에 대한 증기의 포화온도이다.

(2) 수분의 양을 구하는 식

절대습도 $x=\dfrac{0.622P_w}{P-P_w}$ (kg/kg')

상대습도 $\varphi=\dfrac{P_w}{P_s}\times100(\%)$

$$\therefore \ x=\frac{0.622\ \varphi P_s}{100P-\varphi P_s} \ (kg/kg')$$

그러면 온도 40°C, 상대습도 50%, 압력 $7kg/cm^2$의 공기 중에 들어 있는 수분의 양을 알아보자.

다음의 습공기표에서 $P_s=7.523\times10^{-2}kg/cm^2$이므로

$$x=\frac{0.622\ \varphi P_s}{100P-\varphi P_s}$$

$$=\frac{0.622\times50\times7.523\times10^{-2}}{100\times(1.033+7)-50\times7.523\times10^{-2}}$$

$$=0.0029kg/kg'$$이 된다

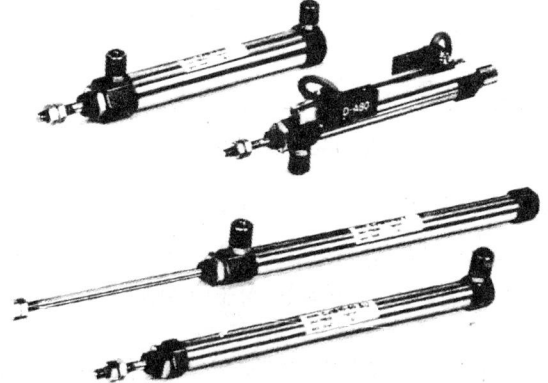

〔미니 표준 공기압 실린더(6ϕ)의 형태〕

(습 공 기 표)

t	p_s	h_s	x_s	t	p_s	h_s	x_s
°C	kg f/cm²	mmHg	kg f/kg′f	°C	kg f/cm²	mmHg	kg f/kg′f
−45.0	1.133 ×10⁻⁴	0.08336	0.06823×10⁻³	20.0	2.383 ×10⁻²	17.53	0.01459
−44.0	1.263 ×10⁻⁴	0.09292	0.07605×10⁻³	21.0	2.535 ×10⁻²	18.65	0.01564
−43.0	1.406 ×10⁻⁴	0.1034	0.08467×10⁻³	22.0	2.695 ×10⁻²	19.82	0.01666
−42.0	1.564 ×10⁻⁴	0.1150	0.09417×10⁻³	23.0	2.864 ×10⁻²	21.07	0.01773
−41.0	1.738 ×10⁻⁴	0.1278	0.1046 ×10⁻³	24.0	3.042 ×10⁻²	22.38	0.01887
−40.0	1.929 ×10⁻⁴	0.1419	0.1161 ×10⁻³	25.0	3.230 ×10⁻²	23.75	0.02007
−39.0	2.138 ×10⁻⁴	0.1573	0.1288 ×10⁻³	26.0	3.427 ×10⁻²	25.21	0.02134
−38.0	2.369 ×10⁻⁴	0.1742	0.1426 ×10⁻³	27.0	3.635 ×10⁻²	26.74	0.02268
−37.0	2.621 ×10⁻⁴	0.1928	0.1578 ×10⁻³	28.0	3.854 ×10⁻²	28.35	0.02410
−36.0	2.898 ×10⁻⁴	0.2132	0.1745 ×10⁻³	29.0	4.084 ×10⁻²	30.04	0.02560
−35.0	3.201 ×10⁻⁴	0.2354	0.1927 ×10⁻³	30.0	4.327 ×10⁻²	31.83	0.02718
−34.0	3.532 ×10⁻⁴	0.2598	0.2127 ×10⁻³	31.0	4.581 ×10⁻²	33.70	0.02885
−33.0	3.893 ×10⁻⁴	0.2864	0.2345 ×10⁻³	32.0	4.849 ×10⁻²	35.67	0.03063
−32.0	4.288 ×10⁻⁴	0.3154	0.2582 ×10⁻³	33.0	5.130 ×10⁻²	37.73	0.03249
−31.0	4.719 ×10⁻⁴	0.3471	0.2842 ×10⁻³	34.0	5.425 ×10⁻²	39.90	0.03447
−30.0	5.188 ×10⁻⁴	0.3816	0.3125 ×10⁻³	35.0	5.735 ×10⁻²	42.18	0.03655
−29.0	5.699 ×10⁻⁴	0.4192	0.3433 ×10⁻³	36.0	6.059 ×10⁻²	44.57	0.03875
−28.0	6.255 ×10⁻⁴	0.4601	0.3768 ×10⁻³	37.0	6.400 ×10⁻²	47.08	0.04109
−27.0	6.860 ×10⁻⁴	0.5046	0.4132 ×10⁻³	38.0	6.757 ×10⁻²	49.70	0.04352
−26.0	7.516 ×10⁻⁴	0.5529	0.4528 ×10⁻³	39.0	7.131 ×10⁻²	52.45	0.04611
−25.0	8.229 ×10⁻⁴	0.6053	0.4957 ×10⁻³	40.0	7.523 ×10⁻²	55.34	0.04884
−24.0	9.002 ×10⁻⁴	0.6621	0.5423 ×10⁻³	41.0	7.934 ×10⁻²	58.36	0.05173
−23.0	9.839 ×10⁻⁴	0.7237	0.5928 ×10⁻³	42.0	8.363 ×10⁻²	61.52	0.05478
−22.0	1.074 ×10⁻³	0.7902	0.6474 ×10⁻³	43.0	8.818 ×10⁻²	64.82	0.05800
−21.0	1.173 ×10⁻³	0.7902	0.7067 ×10⁻³	44.0	9.284 ×10⁻²	68.29	0.06140
−20.0	1.279 ×10⁻³	0.9406	0.7707 ×10⁻³	45.0	9.775 ×10⁻²	71.90	0.06499
−19.0	1.393 ×10⁻³	1.025	0.8399 ×10⁻³	46.0	0.10288	75.68	0.06878
−18.0	1.517 ×10⁻³	1.116	0.9146 ×10⁻³	47.0	0.10825	79.62	0.07279
−17.0	1.631 ×10⁻³	1.214	0.9951 ×10⁻³	48.0	0.11386	83.75	0.07703
−16.0	1.794 ×10⁻³	1.320	1.082 ×10⁻³	49.0	0.11972	88.06	0.08151
−15.0	1.949 ×10⁻³	1.434	1.176 ×10⁻³	50.0	0.12583	92.56	0.08625
−14.0	2.116 ×10⁻³	1.557	1.277 ×10⁻³	51.0	0.13221	97.25	0.09126

t	p_s	h_s	x_s	t	p_s	h_s	x_s
°C	kgf/cm²	mmHg	kgf/kg'f	°C	kgf/cm²	mmHg	kgf/kg'f
−13.0	2.296 × 10⁻³	1.689	1.385 × 10⁻³	52.0	0.13886	102.14	0.09657
−12.0	2.489 × 10⁻³	1.831	1.502 × 10⁻³	53.0	0.14580	107.24	0.1022
−11.0	2.696 × 10⁻³	1.983	1.627 × 10⁻³	54.0	0.15303	112.6	0.1081
−10.0	2.919 × 10⁻³	2.147	1.762 × 10⁻³	55.0	0.16057	118.1	0.1144
−9.0	3.158 × 10⁻³	2.323	1.907 × 10⁻³	56.0	0.16842	123.9	0.1211
−8.0	3.414 × 10⁻³	2.511	2.062 × 10⁻³	57.0	0.17660	129.9	0.1282
−7.0	3.689 × 10⁻³	2.713	2.229 × 10⁻³	58.0	0.18511	136.2	0.1358
−6.0	3.983 × 10⁻³	2.930	2.407 × 10⁻³	59.0	0.19397	142.7	0.1438
−5.0	4.208 × 10⁻³	3.161	2.598 × 10⁻³	60.0	0.2032	149.5	0.1523
−4.0	4.635 × 10⁻³	3.409	2.802 × 10⁻³	61.0	0.2128	156.5	0.1613
−3.0	4.995 × 10⁻³	3.674	3.021 × 10⁻³	62.0	0.2228	163.8	0.1709
−2.0	5.379 × 10⁻³	3.957	3.255 × 10⁻³	63.0	0.2331	171.5	0.1812
−1.0	5.790 × 10⁻³	4.259	3.505 × 10⁻³	64.0	0.2439	179.5	0.1922
0.0	6.228 × 10⁻³	4.581	3.772 × 10⁻³	65.0	0.2551	187.6	0.2039
1.0	6.696 × 10⁻³	4.925	4.057 × 10⁻³	66.0	0.2667	196.2	0.2164
2.0	7.194 × 10⁻³	5.292	4.361 × 10⁻³	67.0	0.2788	205.1	0.2298
3.0	7.725 × 10⁻³	5.682	4.685 × 10⁻³	68.0	0.2913	214.3	0.2442
4.0	8.290 × 10⁻³	6.098	5.031 × 10⁻³	69.0	0.3043	223.9	0.2597
5.0	8.891 × 10⁻³	6.540	5.339 × 10⁻³	70.0	0.3178	233.8	0.2763
6.0	9.531 × 10⁻³	7.010	5.791 × 10⁻³	71.0	0.3318	244.1	0.2943
7.0	1.0211 × 10⁻²	7.511	6.208 × 10⁻³	72.0	0.3464	254.8	0.3136
8.0	1.0933 × 10⁻²	8.042	6.652 × 10⁻³	73.0	0.3614	265.8	0.3346
9.0	1.1700 × 10⁻²	8.606	7.124 × 10⁻³	74.0	0.3770	277.3	0.3573
10.0	1.2511 × 10⁻²	9.205	7.625 × 10⁻³	75.0	0.3932	289.2	0.3820
11.0	1.3378 × 10⁻²	9.840	8.159 × 10⁻³	76.0	0.4099	301.5	0.4090
12.0	1.4294 × 10⁻²	10.514	8.725 × 10⁻³	77.0	0.4273	314.3	0.4385
13.0	1.5264 × 10⁻²	11.23	9.326 × 10⁻³	78.0	0.4452	327.5	0.4709
14.0	1.6292 × 10⁻²	11.98	9.964 × 10⁻³	79.0	0.4638	341.1	0.5066
15.0	1.7380 × 10⁻²	12.78	0.01064	80.0	0.4830	355.3	0.5460
16.0	1.8531 × 10⁻²	13.61	0.01136	81.0	0.5029	369.9	0.5898
17.0	1.9749 × 10⁻²	14.53	0.01212	82.0	0.5235	385.1	0.6387
18.0	2.104 × 10⁻²	15.47	0.01293	83.0	0.5448	400.7	0.6936
19.0	2.240 × 10⁻²	16.47	0.01378	84.0	0.5668	416.9	0.7557

제 2 절 공압의 기초 **31**

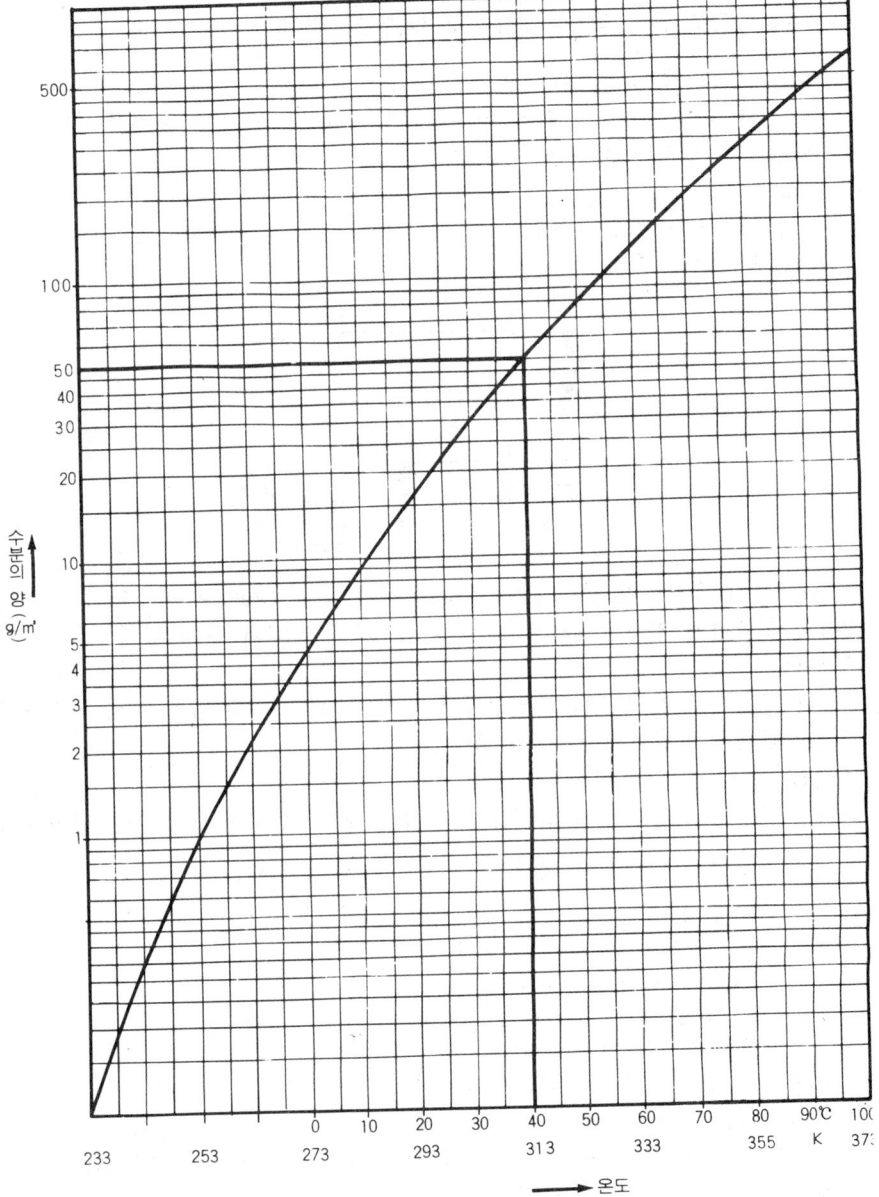

※ 313K (40℃) 에서 1㎥의 공기는 50g 의 물을 함유한다.

〔**노점 온도 곡선**〕

32 제 1 장 유·공압의 개요

3-1-4 공기의 압력과 온도 및 체적의 관계

(1) 보일의 법칙(Boyles law)

일정량의 공기온도를 균일한 상태에서 압축하면 압력이 상승하게 되며 그때의 체적은 이 압력과 서로 반비례한다.

$$PV = C$$

$\begin{pmatrix} P : 공기의\ 절대압력(kg/cm^2abs) \\ v : 비체적(m^3/kg) \end{pmatrix}$

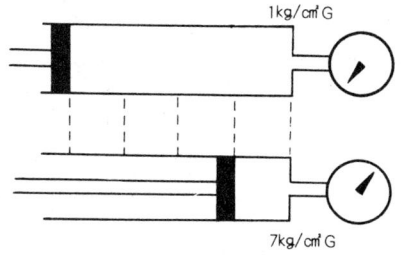

예를들어 윗그림과 같이 압력 $1kg/cm^2G(≒2kg/cm^2abs)$의 공기를 1/4의 체적까지 압축하면 압력은 $7kg/cm^2G(≒8kg/cm^2abs)$로 되어 절대 압력으로 약4배 증가한다.

이와 같이 온도가 일정하면 일정량의 기체압력과 체적의 곱은 항상 일정하며 이러한 관계를 보일의 법칙이라고 한다.

(2) 샬의 법칙(Charles law)

일정량의 공기를 일정한 압력으로 유지한 채 가열 또는 냉각하면 공기체적은 절대온도에 정비례한다(온도 1°에 $\frac{1}{273}$ 씩 증감한다).

$$v = \frac{v_0 T}{273} \qquad P = \frac{P_0 T}{273}$$

$\begin{pmatrix} v_0 : 온도\ 0°일\ 때의\ 체적(m^3) \\ P_0 : 온도\ 0°일\ 때의\ 절대압력(kg/cm^2 abs) \\ T : 절대온도(273+온도\ 변화량)\ (°K) \end{pmatrix}$

이러한 관계를 샬의 법칙이라 한다.

(3) 보일-샬의 법칙(Boyle-Charles law)

일정량의 기체에서 압력과 온도를 바꾸면 체적이 변한다는 것은 보일의 법칙과 샬의 법칙에서 알 수 있다.

그러나 압력, 온도, 체적이 같이 변하는 경우의 이들 법칙을 정리한것으로 일정량의 기체의 체적은 절대온도에 비례하고 압력에 반비례한다.

$Pv = RT$ (R : 가스정수로 공기는 29.27이다(kg m/kg °K)).

3-1-5 공기의 상태변화

(1) 단열변화

기체가 외부와 열의 교환이 없는 상태로 압력이나 체적이 변하는 것을 말하며 $Pv^m = C$, $Tv^{m-1} = C$ 가 된다.

(m : 단열지수(정압비열과 정적비열의 비)로 공기의 경우 약 1.4)

일반적으로 압축기를 이용하여 공기를 압축할 때와 용기에 담겨진 공기를 한꺼번에 방출하는 경우와 같이 현상의 변화가 단시간에 이루어지는 경우에도 단열변화로 본다.

(2) 등온변화

일정량 기체의 상태변화가 일정한 온도에서 이루어지는 변화를 등온변화라 하며 이때의 식은 $Pv = RT = C$ 가 된다.

(3) 폴리트로프의 변화

공업상 실제에 생기는 상태변화는 일반적으로 불완전한 모양으로 단열변화를 일으키며 이때에는 식에 $m > n > 1$인 지수 n이 주어진다.

$$TP^{\frac{1-n}{n}} = C \quad Tv^{n-1} = C \quad Tv^n = C$$

(n : 폴리트로프지수, $m > n > 1$ m : 기체의 비열비로 공기의 경우 약 1.4)

3-1-6 오리피스를 통과하는 흐름

(1) 유효 단면적

그림과 같이 날카로운 둘레를 가진 오리피스에서는 오리피스 그 자체의 최소 단면적 A_1보다, 하류측 흐름의 단면적 A_2가 최소로 되며 이때의 유속은 최대가 된다.

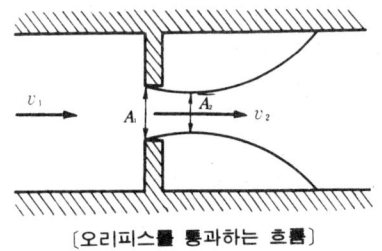

[오리피스를 통과하는 흐름]

이때의 A_2를 유효단면적이라고 하며 유동능력을 나타내는 가상적인 단면적이 된다.

(2) 축류율

앞의 오리피스를 통과하는 흐름의 그림에서 구멍부의 최소단면적 A_1과 이축

34 제 1 장 유·공압의 개요

류부의 최소단면적 A_2의 비 즉, A_2/A_1을 축류율이라 한다.

(3) 유 량

① 임계압력 : 오리피스를 통과하는 흐름의 1차측과 2차측의 압력비를 크게 할수록 유속과 유량이 증가하나 압력비가 어느 일정한 값에 이르면 유속은 음속이 되며 이때부터는 압력비를 크게 하여도 유량은 변하지 않는다. 이 때 압력을 임계압력이라 하며 그 비는 공기의 경우 $P_1=1.89P_2$가 된다.

② 아음속 흐름 : 기체의 속도가 음속 이하인 경우를 말하며 일반적으로 음속의 1/2 정도 이상이 되면 속도변화에 따라 압력변화가 생기는 것으로 $P_1+1.033<1.89(P_2+1.033)$인 경우이며 이때의 유량 Q는

$$22.2S\sqrt{(P_1-P_2)(P_2+1.033)}\cdot\sqrt{\frac{273}{273+t}}(l/\text{min})$$

이 된다.

③ 음속흐름 : 소리의 속도로 흐름을 나타내며 $P_1+1.033\geqq1.89(P_2+1.033)$인 경우이며 이때의 유량 Q는

$$11.1S(P_1+1.033)\cdot\sqrt{\frac{273}{273+t}}(l/\text{min})$$

이 된다.

3-1-7 밸브의 C_v값과 유효 단면적

(1) C_v값 (coefficient of valve)

15.5℃(60℉)의 깨끗한 물을 이용하여 밸브 전후의 압력차를 1PSI(0.07kg/cm^2)로 유지하여 흐르게 했을 때의 유량을 G. P. M(3.785l/min)단위로 나타낸 값을 말한다(PSI : Pound per Square Inch. G. P. M : Gallon Per Minute).

(2) 밸브의 유효단면적(S)

밸브의 실유량에 의한 밸브의 저항을 나타낸 값으로 동일조건에서 동일 유량이 통과할 수 있는 등가 계산상의 단면적을 말한다.

(3) C_v값과 유효단면적과의 관계식

$S≒18C_v(\text{mm}^2)$이 된다.

[양로드형 미니 공기압 실린더 형태]

제 **2**장 유압기기

1. 유압 펌프

1·1 개   요

유압 펌프는 전동기나 엔진 등에 의하여 얻어진 기계적 에너지를 받아서 기름에 압력과 유량의 유체에너지를 주어 유압 모터나 실린더를 작동 시키는 유압장치의 기본동력이다.

펌프에는 정 용량형(1회전당의 토출량을 변동할 수 없는 펌프) 펌프와 가변 용량형(1회전당의 토출량을 변동할 수 있는 펌프) 펌프가 있으나 일반적으로 정 용량형 펌프가 사용되고 있다.

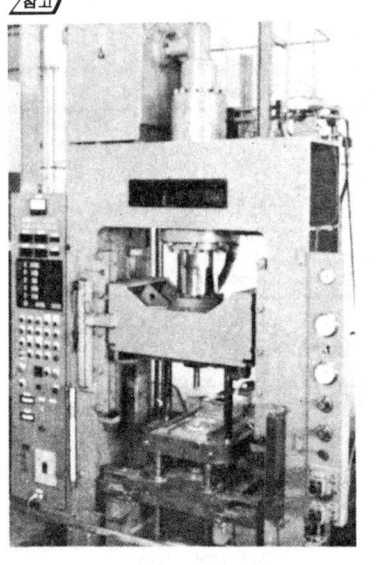

〔유압 프레스〕

36 제 2 장 유압기기

정.용량형은 밀폐된 유실의 용량변화에 의해 기름을 흡입·토출하며, 흡입과 토출쪽은 격리되어 있어서 부하가 변동하여 펌프의 토출압력이 변화하여도 펌프의 토출량은 거의 일정하여 유압장치에 적합하다.

1·2 기구에 의한 분류

- 유압 펌프
  ① 기어 펌프 : 외접기어 펌프, 내접기어 펌프
  ② 베인 펌프 : 1단 베인 펌프, 2단 베인 펌프, 각형 베인 펌프, 가변 베인 펌프, 2런 베인 펌프(복합 베인 펌프)
  ③ 피스톤 펌프 : 액셜형 피스톤 펌프, 레이디얼형 피스톤 펌프, 리시프트형 피스톤 펌프

1·3 기어 펌프의 특징 및 구조

(1) 기어 펌프의 특징
  ① 구조가 간단하다.
  ② 다루기 쉽고 가격이 저렴하다.
  ③ 기름의 오염에 비교적 강한 편이다.
  ④ 펌프의 효율은 피스톤 펌프에 비하여 떨어진다.
  ⑤ 가변 용량형으로 만들기가 곤란하다.
  ⑥ 흡입능력이 가장 크다.

(2) 외접식 기어 펌프 : 2개의 기어가 케이싱 안에서 맞물려서 회전하며, 맞물림 부분이 떨어질 때 공간이 생겨서 기름이 흡입되고, 기어 사이에 기름이 가득차서 케이싱 내면을 따라 토출쪽으로 운반한다(기어의 맞물림 부분에 의하여 흡입쪽과 토출쪽은 차단되어 있다).

(3) 내접식 기어 펌프 : 외접식과 같은 원리이나 두개의 기어가 내접하면서 맞물리는 구조이며, 초승달 모양의 간막이 판이 달려있다.

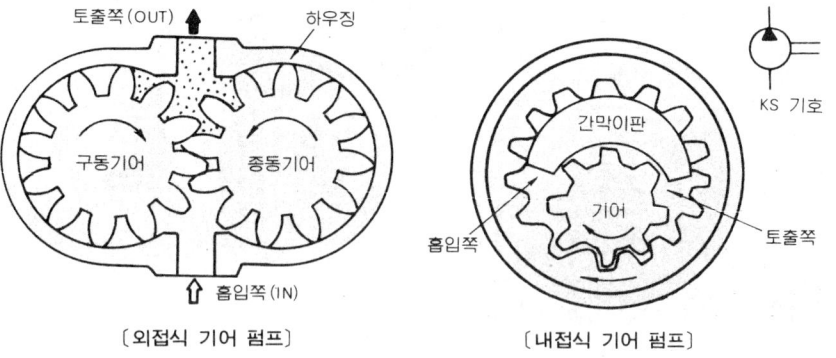

〔외접식 기어 펌프〕　　〔내접식 기어 펌프〕

1. 유압 펌프 **37**

1·4 피스톤 펌프의 특징 및 구조

(1) 피스톤 펌프의 특징
① 고압에 적합하며 펌프 효율이 가장 높다.
② 가변 용량형에 적합하며, 각종 토출량 제어장치가 있어서 목적 및 용도에 따라 조정할 수 있다.
③ 구조가 복잡하고 비싸다.
④ 기름의 오염에 극히 민감하다.
⑤ 흡입능력이 가장 낮다.

〔각종 피스톤 펌프〕

(2) 레이디얼형 피스톤 펌프 : 실린더 블록이 회전하면 피스톤 헤드는 케이싱 안의 로터의 작용에 의하여 행정이 된다. 피스톤이 바깥쪽으로 행정하는 곳에서는 기름이 고정된 밸브축의 구멍을 통하여 피스톤의 밑바닥에 들어가며, 안쪽으로 행정하는 곳에서 밸브 구멍을 통하여 토출된다.

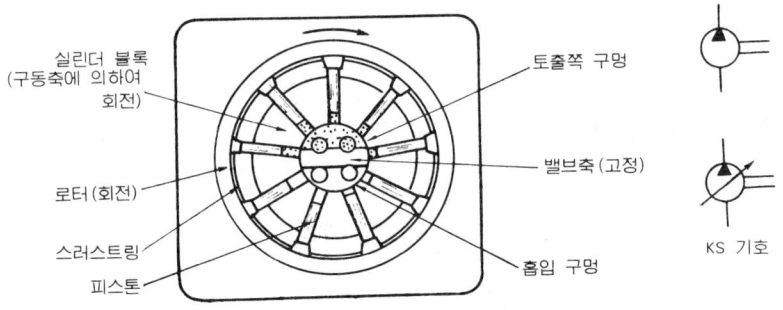

〔레이디얼형 피스톤 펌프〕

38 제 2 장 유압기기

(3) **액셜형 피스톤 펌프(사판식)** : 경사판과 피스톤 헤드 부분이 스프링에 의
하여 항상 닿아 있으므로 구동축을 회전시키면 경사판에 의하여 피스톤이
왕복운동을 하게 된다. 피스톤이 왕복운동을 하면 체크밸브에 의하여 흡입
과 토출을 하게된다. 사판의 기울기 α에 의하여 피스톤의 스트로크 (행정)
가 달라진다.

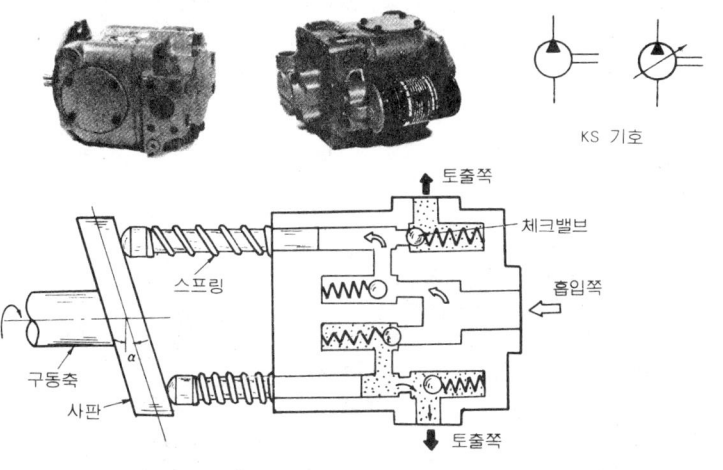

[액셜형 피스톤 펌프(사판식)]

(4) **액셜형 피스톤 펌프(사축식)** : 축쪽의 구동 플랜지와 실린더 블록은 피스
톤 및 연결봉의 구상이음(ball joint)으로 연결되어 있으므로 축과 함께 실
린더 블록은 회전한다. 기울기 α에 의해 피스톤의 스트로크(행정)가 달라
진다.

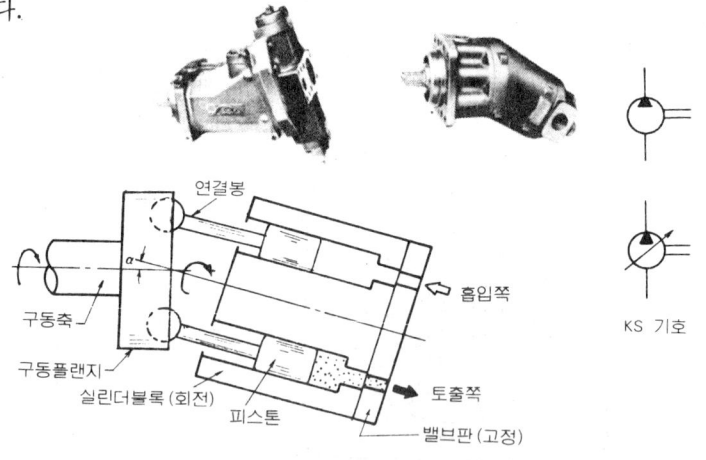

[액셜형 피스톤 펌프(사축식)]

1. 유압 펌프 **39**

(5) 리시프트형 피스톤 펌프 : 크랭크 또는 캠에 의하여 피스톤을 행정시키는 구조이며, 고압에서는 적합하지만 용량에 비하여 대형이 되므로 가변 용량형으로 할 수 없다.

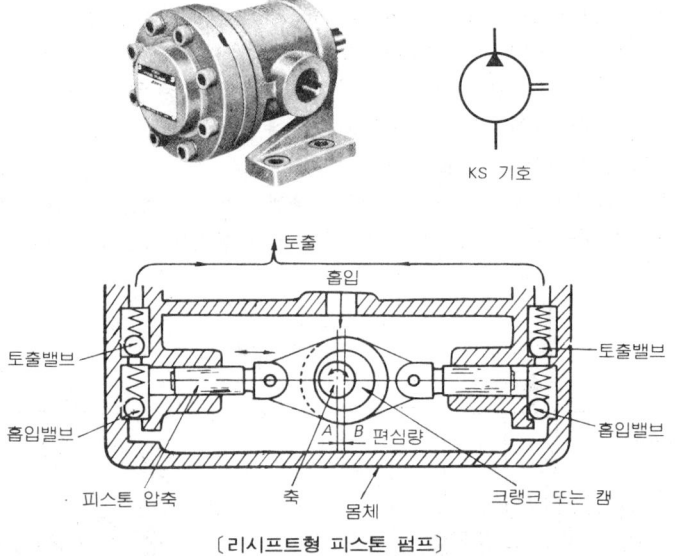

KS 기호

〔리시프트형 피스톤 펌프〕

1·5 베인 펌프의 특징 및 구조

〔각종 베인 펌프〕

(1) 베인 펌프의 특징

① 수명이 길고 장시간 안정된 성능을 발휘할 수 있어서 산업기계에 많이 쓰인다.

40 제 2 장 유압기기

② 맥동(끊어짐과 이어짐)이 적고 소음이 작다.
③ 수리 및 관리가 용이하다.
④ 작게 만들 수 있어 피스톤 펌프보다 단가가 싸다.
⑤ 기름의 오염에 주의하고 흡입 진공도가 허용한도 이하이어야 한다.
(2) **단단 베인 펌프**(single vane pump) : 축이 회전운동을 하면 로터가 회전하고 베인은 원심력 및 유압에 의하여 튀어나와 캠링 내면에 닿아 섭동한다. 베인 사이의 유실은 캠링의 곡선에 따라 용적을 하며, 유실이 넓은 곳에 흡입구가 달려 있어 기름이 흡입되며, 유실이 좁은 쪽에는 토출구가 있어서 기름이 강제적으로 토출된다.

로터 외부에 작용하는 유압은 평행되어 있으므로 베어링부에 작용하는 레이디얼 하중은 줄어들며, 이를 압력 평형형이라고도 한다.

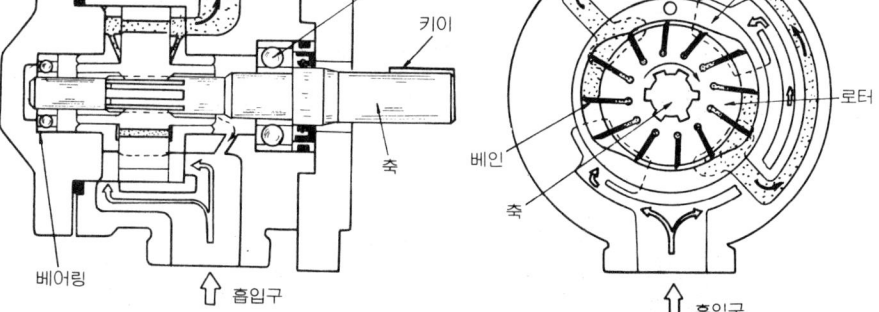

〔단단 베인 펌프〕

(3) **2 련 베인 펌프** : 용량이 같은 2 세트의 펌프가 같은 케이스안에 1 개의 축에 의하여 회전운동을 하는 구조로 되어 있으며, 양쪽의 펌프에 언제나 같은 부하가 걸리도록 압력 분배 밸브가 달려있다. 따라서 1 단쪽의 펌프 토출구가 2 단쪽의 펌프 흡입구와 통하고 있다.

압력 분배 밸브는 큰 플랜지와 적은 플랜지로 구성되며, 면적비는 2 : 1 로 되어 있다. 따라서 1 단쪽 펌프의 토출량이 2 단쪽 펌프의 흡입량보다 많을 때에는 과잉유압은 1 단쪽 펌프의 흡입부로 되돌아온다.

반대일 경우에는 2 단쪽 토출부에서 2 단쪽 흡입부로 유압유가 보충되어 언제나 같은 부하가 되게끔 작동한다.

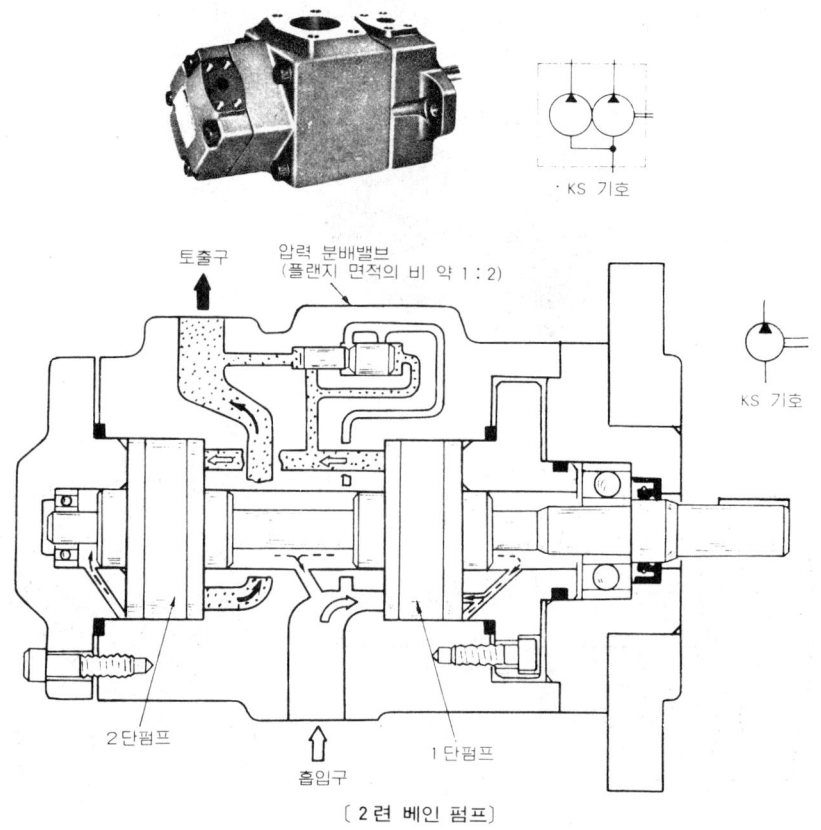

[2련 베인 펌프]

(4) 고압 단단 베인펌프 : 단단이고 140〔kg/cm²〕이상의 성능을 지니는 펌프이다. 베인펌프를 고압화 하기 위한 조건으로서는 흡입쪽에서의 베인과 캠링의 접촉력을 반드시 줄여야 한다. 이를 위하여 베인 바닥에 공급하는 압력을 감압해서 해결하고 있다.

그 밖에 고압으로 높은 용적효율을 유지할 수 있도록 압력판(pressure plate) 방식으로 하고, 또한 로터의 강도를 높이기 위하여 10장 베인 수직 홈 로터를 쓰고 있다.

베인 바닥에 압력을 공급하기 위하여 측판에 설치하는 포트를 4개로 나누어 펌프의 토출압력을 약 1/2로 감압한 다음 흡입쪽의 베인 바닥으로 유도한다.

흡입쪽 베인 바닥에 공급된 기름은 토출쪽에 오면 쵸크 구멍을 통하여 펌

42　제 2 장　유압기기

프 토출쪽 포트에 배출하는 기구로 되어 있으므로 토출쪽의 베인 바닥압력
은 머리부보다도 쵸크의 저항분 만큼 높아져서 캠링의 베인을 안정시킨다.

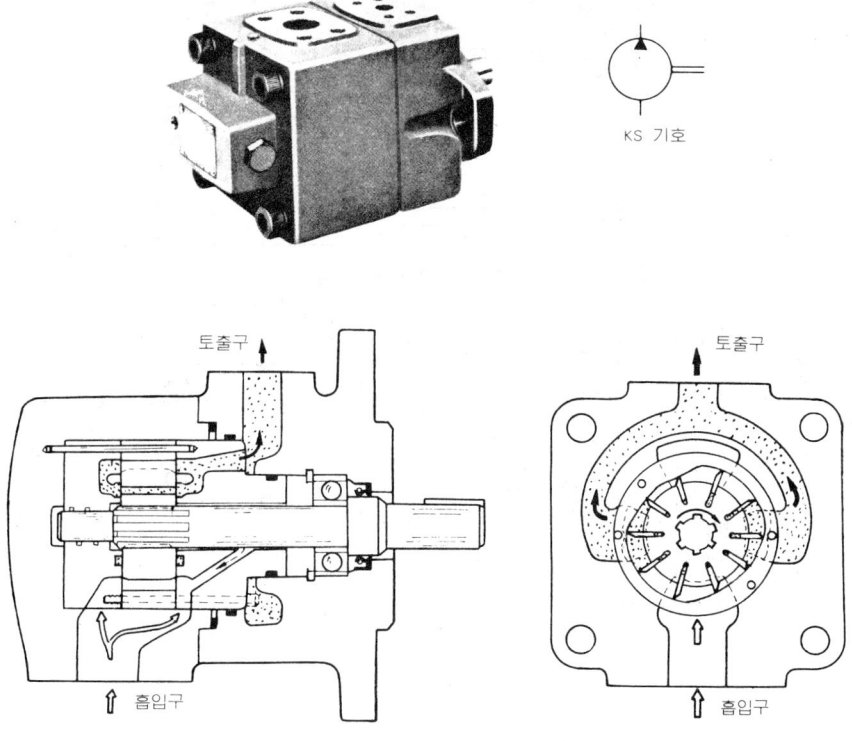

[고압 단단 베인 펌프]

(5) 가변 용량형 베인 펌프(variable displacement vane pump)：이 펌프는
고정 용량형 펌프 캠링에 비해 캠링 내면은 진원이다.　따라서 무부하시에
는 스프링 힘에 의하여 로터에 캠링을 편심시켜서 유실의 용적을 변화시
킨다.

　토출압력이 설정된 값에 도달하면 자동적으로 토출량은 0 에 가까와지고
그 이상 압력 상승은 일어나지 않으며, 링의 편심량 변동으로 토출량도 조
정할 수 있다.

　이 펌프는 동력절감, 유온상승의 감소, 릴리프 밸브의 불필요 등의 우수
한 점이 있으나 구조면에서 소음, 진동이 약간 크고 압력 평형형이 아니므
로 축 받침용 베어링의 수명이 짧아지는 등의 단점이 있다.

1. 유압 펌프 **43**

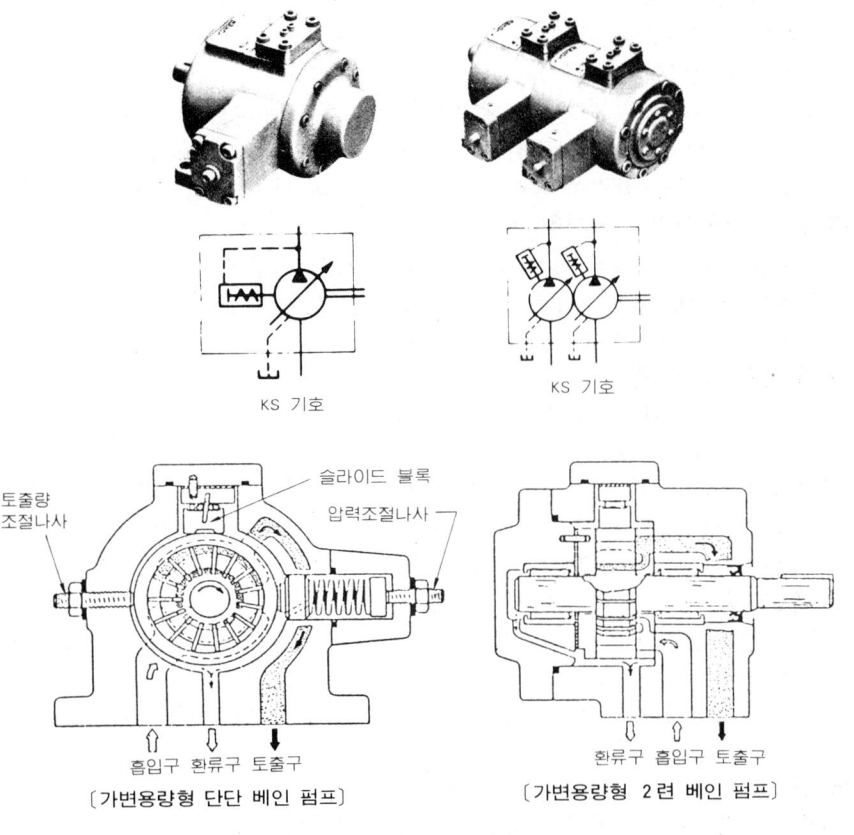

KS 기호   KS 기호

토출량
조절나사   슬라이드 블록
                압력조절나사

흡입구 환류구 토출구   환류구 흡입구 토출구
〔가변용량형 단단 베인 펌프〕   〔가변용량형 2련 베인 펌프〕

1·6 펌프 취급상의 주의사항

(1) 펌프의 고정 및 중심내기(centering) **작업**

① 벨트 체인 기어에 의한 가로 구동은 피하여야 하며, 이는 소음 발생이나 베어링 손상의 원인이 된다.

② 펌프를 전동기 또는 구동축과 연결할 때에는 양축의 중심선이 일직선상에 오도록 설치하여야 하며, 중심이 일치하지 않으면 베어링 및 오일 시일(oil seal)의 파손원인이 된다.

(2) 배관의 설치

① 배관은 규정대로 설치하여야 하며, 흡입저항이 펌프의 허용 흡입저항을 넘지 않고 되도록 작아야 한다.

② 흡입쪽의 기밀성에 특히 주의하여야 하며, 공기의 흡입은 소음 발생의 원인이 된다.

44 제 2 장 유압기기

③ 흡입쪽 및 토출쪽을 강관으로 배관할 때에는 배관에 의해 펌프가 강제적으로 편하중을 받지 않도록 주의하여야 하며, 이는 소음발생 및 펌프 파손의 원인이 된다.

④ 드레인 배관의 환류구는 탱크의 유면보다 낮게하되 흡입관에서 되도록 먼 위치에 설치하여야 하고, 드레인 압력은 $0.7[kg/cm^2]$ 이하로 하여야 하며, 드레인 압력이 높아지면 오일 시일의 파손 원인이 된다.

(3) 펌프 시동시의 주의사항

시동시에는 급격히 회전속도를 올리지 말고 처음에는 전동기의 입력 스위치를 여러번 ON-OFF시켜 배관중의 공기를 **뺴낸** 후 연속 운전하여 압력을 낮추거나 무부하 회로로 시동한다.

(4) 회전방향의 변경

① 펌프의 회전방향은 펌프의 앞쪽(축이 있는쪽)에서 보아 오른쪽으로 회전하는 것이 표준이다.

② 원형 펌프에서 회전방향을 변경할 때에는 커버를 떼고 카트리지(캠링 1개, 로터 1개, 베인, 부싱 2매)를 세트한 채로 꺼내어 반대 방향으로 조립하며, 이 때 핀의 위치에 주의한다

(5) 흡입저항

① 흡입저항은 허용 흡입저항이라고도 하며, 기기에 따라 $100\sim200[mm\,Hg]$가 있다.

② 흡입저항이 높아지면 부품의 파손, 소음, 진동의 원인이 되며, 펌프의 수명이 짧아진다.

(6) 필 터

① 흡입쪽에는 150메쉬의 석선 필터를 사용한다.

② 단단 고압 펌프일 경우에는 토출쪽에 25μ 이하의 라인 필터를 사용한다.

(7) 유압유

깨끗한 기름을 선택하여야 하며, 내마모성 유압유를 사용하면 수명이 길어진다.

1·7 펌프의 고장과 대책

(1) 펌프가 기름을 토출하지 않는다.

① 펌프의 회전방향이 올바른지 검사한다.

② 흡입쪽을 검사한다.

㈎ 오일탱크에 오일이 규정량으로 들어 있는가

㈏ 석선 스트레이너가 막혀있지 않은가

㈐ 흡입관으로 공기를 빨아들이지 않는가

⒯ 규정된 점도의 기름이 들어 있는가(점도가 아주 높으면 흡입이 안될 때도 있다.)

⒨ 석션 스트레이너의 눈 간격은 규정의 것인가

⒩ 오일탱크 유면에서 펌프까지의 높이가 너무 높지 않은가 또는 배관이 너무 가늘지 않은가, 배관이 심하게 휘어진 곳은 없는가

② 펌프는 정상적인가 검사한다.

⒢ 축의 파손은 없는가

⒣ 내부의 부품에 파손은 없는가 분해·점검한다.

⒤ 분해 조립시 내부 부품을 빠짐없이 끼웠는가

(2) 압력이 상승하지 않는다.

① 펌프로부터 기름이 토출되고 있는지 검사한다.

② 유압 회로를 점검한다.

⒢ 유압 배관이 도면대로 되어 있는지 검사한다.

⒣ 언로드 회로의 점검 : 펌프의 압력은 부하로 인하여 상승하며, 부하가 걸리지 않는 상태에서는 압력이 상승하지 않는다.

③ 릴리프 밸브를 점검한다.

⒢ 압력 설정은 올바른가

⒣ 릴리프 밸브 자체의 고장은 없는가

④ 언로드 밸브(시퀀스 밸브, 전자 밸브 등을 언로드용으로 사용하고 있는 경우)의 점검

⒢ 밸브의 설정압력은 올바른가

⒣ 밸브 자체의 고장은 없는가

⒤ 전자 밸브를 언로드 회로에 사용할 때에는 특히 전기신호(램프, 솔레노이드)의 확인 및 전자밸브가 실제로 작동하고 있는지의 여부를 검사한다(전기 회로의 전자 접속기는 작동하고 있지만 접점불량, 단선 등으로 전자밸브가 작동하지 않는 경우도 있다).

⑤ 펌프의 점검 : 축, 카트리지 등의 파손이나 헤드 커버 볼트의 조임상태 등을 분해 점검한다.

(3) 펌프의 소음

① 위의 현상과 관계가 있다.

⒢ 석션 스트레이너가 막혀 있지 않은가

⒣ 석션 스트레이너가 너무 적지 않은가

② 공기의 흡입은 없는가

⒢ 탱크안의 기름을 점검하여 기름에 기포등이 없는지 점검한다.

⒣ 유면 및 석션 스트레이너의 위치를 점검한다.

(대) 흡입관의 이완은 없는가, 패킹은 완전한가

(라) 펌프의 헤드 커버 조임 볼트가 느슨하지 않은가

③ 환류관의 점검

(가) 환류관의 출구는 흡입관 입구에서 적당한 간격을 유지하고 있는가

(나) 환류관의 출구가 유면 이하로 들어가 있는가(유면보다 높으면 기름속으로 공기가 들어가게 된다.)

④ 릴리프 밸브의 점검

(가) 떨림현상이 발생하고 있지 않은가

(나) 유량은 규정에 꼭 맞는가

⑤ 펌프의 점검

(가) 전동기 축과 펌프 축의 중심이 일치되었는가

(나) 파손부품은 없는가(특히 카트리지)를 분해 점검한다.

⑥ 진 동

(가) 설치면의 강도는 충분한가

(나) 배관등에 진동은 없는가

(대) 설치장소의 불량으로 떨림이나 소음이 없는가(소리의 메아리나 공명 등)

(4) 기름 누출

① 조임부의 볼트 이완

② 패킹, 오일 시일, "O"링의 점검(오일 시일 파손의 원인은 축 중심이 일치하지 않거나 드레인 압력이 너무 높을 때이다.)

(5) 펌프의 온도 상승

• 냉각기의 성능은 충분한가 또는 유량은 적지 않은가

(6) 펌프가 회전하지 않는다

• 펌프의 소손, 축의 절손 : 분해하여 소손부분을 조사하고 신품과 교환한다(이 경우 원인을 꼭 규명하여야 하며, 원인으로는 먼지에 의한 마모 또는 헤드 커버 볼트의 조임 불량, 토오크가 너무 클 때 등이다).

(7) 전동기의 과열

① 전동기의 용량이 맞는지 검사한다.

② 릴리프 밸브의 설정압력은 올바른가

(8) 펌프의 이상 마모

① 유압유의 오염

② 점도가 너무 낮거나 기름의 온도가 너무 높다.

③ 유압유의 열화(劣化)

1·8 분해 조립 방법

분해하기 전에 설명서를 확실히 읽고 지시에 따른다(틀린 분해조립은 도리어 다른 문제를 일으킬 우려가 있다).

① 펌프와 전동기는 반드시 작업대 위에서 분해 조립한다.
② 분해 순서대로 나열하여 역순으로 조립한다.
③ 케이싱 등의 분해시에는 표시점을 찍는다.(eye mark)
　여기서는 1단 베인 펌프로 한다.

(1) 분해 요령

① 헤드 커버 부착 볼트(육각 홈붙이 볼트)를 풀어 헤드 커버를 떼어낸다.
② 카트리지(캠링, 로터, 베인, 부싱, 핀)를 꺼낸다.
③ 축에서 키이를 분해하여 플랜지 설치볼트를 풀고 플랜지를 떼어낸다.
④ 헤드 커버쪽에서 축 끝을 가볍게 두드리면 축, 베어링 및 스페이서가 함께 빠진다(이 때 나무해머 및 플라스틱 해머를 사용한다).
⑤ 축에서 베어링을 분해할 때에는 스냅링을 빼고나서 프레스로 베어링을 빼낸다.

(2) 조립 방법

① 분해의 역순으로 하며, 마모부품이나 파손부품은 신품과 교환한다(오일 시일과 "O"링은 반드시 신품과 교환한다).
② 축에 베어링을 프레스로 압입한 후 스냅링을 끼운다.
③ 축을 몸체에 결합한다.
④ 스페이서를 결합하고 플랜지를 결합한다(오일 시일 및 "O"링이 들어있는지 확인한다).
⑤ 카트리지를 설치한다(이 때 회전방향에 따라 핀의 위치가 달라진다).
　베인은 경사진 부분(가공부분)이 회전방향에 대하여 뒤쪽이 되도록 하며, 로터는 베인 회전 방향에 대하여 앞쪽이 되도록 조립한다.
⑥ 헤드 커버를 부착하고 볼트로 조인다. 이때 "O"링을 꼭 확인한다.
　❖ 조임 토오크는 설명서를 잘 읽어보고 한다.

2. 유압 제어밸브

2·1 압력 제어밸브

압력 제어밸브란 유압 회로내의 압력을 설정치 이내로 유지하며, 회로내의 압력이 설정치에 도달하면 회로를 전환하여 환류시키는 밸브이다.

48 제 2 장 유압기기

2-1-1 종 류

- 압력 제어밸브 : 릴리프 밸브, 감압 밸브, 시퀀스 밸브, 언로인 밸브, 카운터 밸런스 밸브

〔각종 압력 제어 밸브〕

2-1-2 릴리프 밸브(relief valve)

최초의 압력이 설정압력 이상이 되면 회로 유량의 일부 또는 전부를 탱크로 보내어 회로내의 최고압력을 규제한다(같은 구조의 밸브로서 이상 고압 발생시에만 작동시켜서 과부하 방지용으로 사용하는 것을 안전밸브라고 한다).

릴리프 밸브를 구조면에서 나누어보면 직동형과 파일롯 작동형(밸런스 피스톤형)이 있다.

(1) **오버 라이드**(over-ride) **특성** : 사전 누설 특성이라고도 하며, 릴리프 밸브나 체크밸브 등에 회로압력이 증가했을 때 밸브가 열리기 시작하여 어느 일정한 흐름의 양으로 안정되는 압력을 크랭킹 압력이라고 하며, 압력이 더욱 증가하면 그 밸브의 소정 유량이 통과할 때에 밸브의 저항에 의한 압력 상승이 있다. 이러한 현상을 압력 오버 라이드라고 하며, 압력 유량선도로 나타낸다.

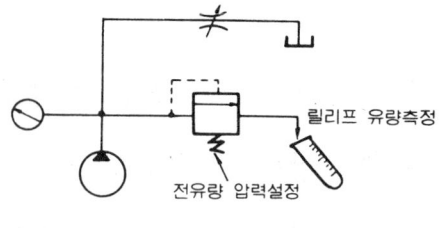

〔압력 유량 선도〕

① 회로압력이 상승해가는 과정에서 전 유량 압력에 도달하기 이전부터 밸브가 열리기 시작하여 유량의 일부가 빠져나가 작동기(모터, 실린더 등)의 유량이 줄어서 이용률이 저하된다(이 크랭킹 압력과 전유량압력의 차가 적을수록 릴리프의 성능이 좋은 것이다).

参考 오버 라이드는 $\Delta P [\mathrm{kg/cm^2}]$로 나타내거나 또는 $\dfrac{\Delta P}{\text{전유량압력}} \times 100\%$로 나타낸다.

② 직동형의 경우 ΔP가 커지기 때문에 전유량을 이용할 수 있는 압력 범위가 좁아진다.

③ 여기에서 리시트 압력이란 압력이 강하하기 시작하여 밸브가 닫힐 때까지의 압력을 말하며, $\Delta P + \alpha$가 된다(α는 히스테리시스손이다).

参考 직동형은 이 α도 파일롯 작동형에 비하여 커진다(α가 크다는 것은 리시트 압력으로 강하하기까지 밸브가 열려 있으므로 그동안 이용할 수 있는 유량이 줄어드는 셈이 된다).

(2) 직동형 릴리프 밸브(direct type relief valve)

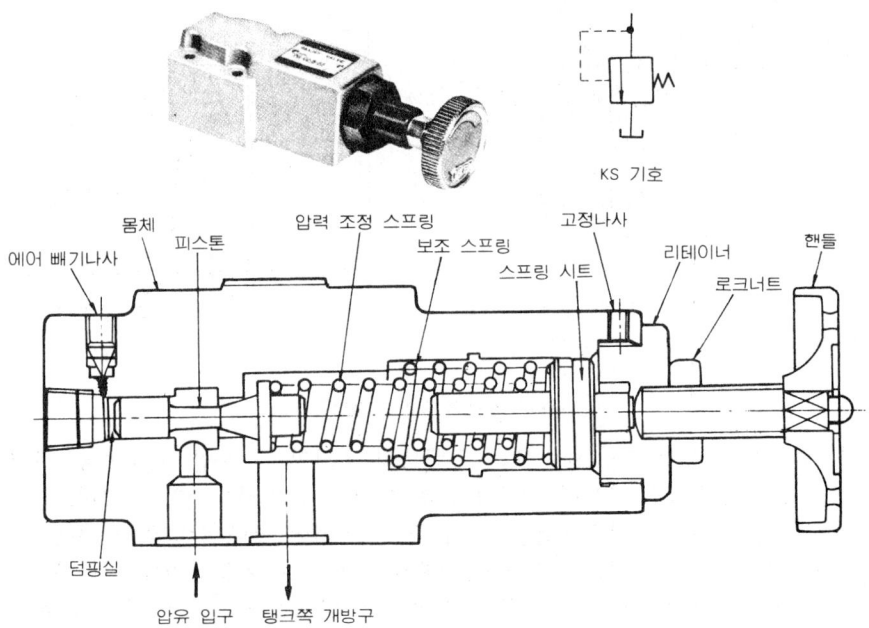

KS 기호

[직동형 릴리프 밸브]

① 용도에는 대체로 저압 또는 작은 유량일 때 쓰인다(고압 대용량이 되면 성능상 무리이므로 파일롯 작동형을 사용하게 되며, 그 파일롯 작동형의 파일롯 밸브로서도 쓰인다).

50 제 2 장 유압기기

② 릴리프 밸브의 성능 중 회로의 효율에 크게 영향을 미치는 것으로 오버
라이드 특성이 있다(직동형은 높은 압력, 많은 유량일수록 오버 라이드
특성이 저하한다).

③ 릴리프 밸브 작동시 채터링이 발생될 때가 있는데 직동형에서는 채터링
방지대책으로 덤핑실을 만든다.

(3) 파일롯 작동형 릴리프 밸브(pilot operated relief valve)

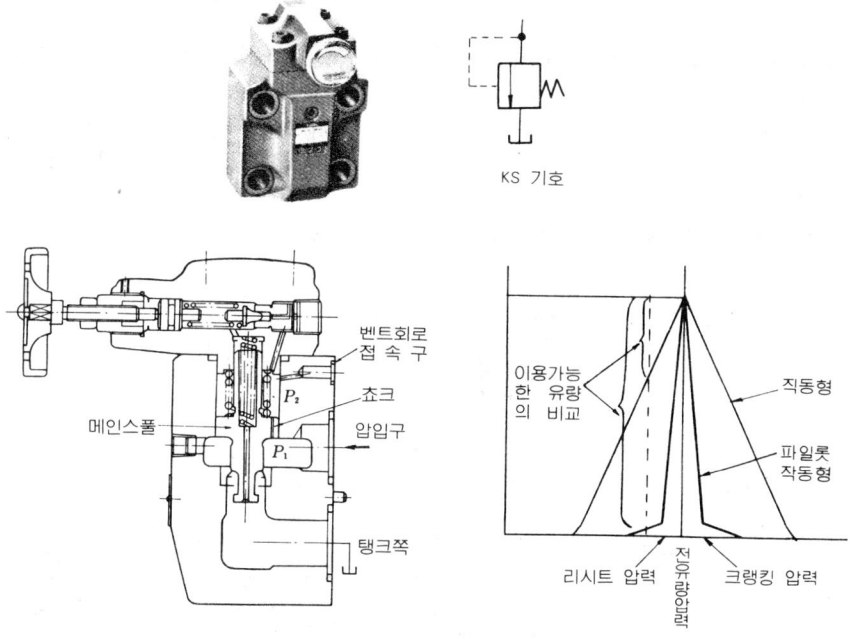

〔파일롯 작동형 릴리프 밸브〕

① 파일롯 작동형 릴리프 밸브는 주밸브의 움직임을 유압 밸런스로 하고
있으므로 채터링 현상이 일어나지 않고 압력 오버 라이드가 작으며, 벤트
구멍을 이용하여 원격제어를 할 수 있는 이점이 있다(압력의 설정은 스
프링을 이용하는 것은 직동형과 같으나 주밸브는 기름압력에 의한다).

㈎ 1차압 P_1이 설정 값 이하일 때 파일롯 밸브는 닫히므로 주밸브 쵸크
로부터 압의 전달이 $P_1 = P_2$가 되어 주밸브에 작용하는 유압력은 평형
이 되는 관계로 주밸브는 스프링 힘으로 닫히게 된다.

㈏ 1차압 P_1이 설정 값까지 올라가면 파일롯 밸브가 열려서 일부의 기름
이 주밸브 쵸크를 통하여 파일롯 밸브를 거쳐 탱크로 흐르는데, 이 때의

2. 유압 제어밸브 **51**

통과유량에 따라 압력의 차이가 생겨서 주밸브에 작용하는 P_1, P_2 의 압력차가 스프링의 힘 이상이 되면 주밸브가 열리어 탱크라인이 개방되고 펌프 압력이 그 이상으로 상승을 억제한다.

　(다) 1차압 P_1이 설정 값 이하로 돌아오면 파일롯 밸브가 닫히기 시작하여 쵸크를 통과하는 유량의 감소에 따라 차압도 감소하여 스프링의 힘에 의해서 주밸브가 닫혀진다.

② 파일롯 작동형의 경우 주밸브의 크랭킹을 릴리프 밸브의 크랭킹으로 하며, 오버 라이드는 5~20%(직동형 40~50% 정도)이고 히스테리시스도 작다.

(4) 파일롯 작동형 벤트를 이용한 언로드 제어 : 필요할 때 이외에는 펌프를 무부하 운전시켜 동력절감 및 유온상승을 억제하는데 널리 쓰이는 방법이며, 전자밸브의 ON-OFF로서 벤트를 개폐한다(릴리프 밸브와 전자밸브를 하나로 한 복합형도 있다).

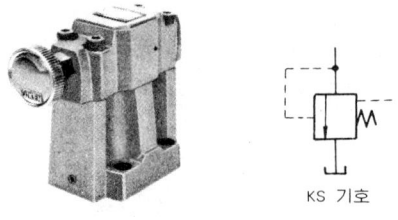

KS 기호

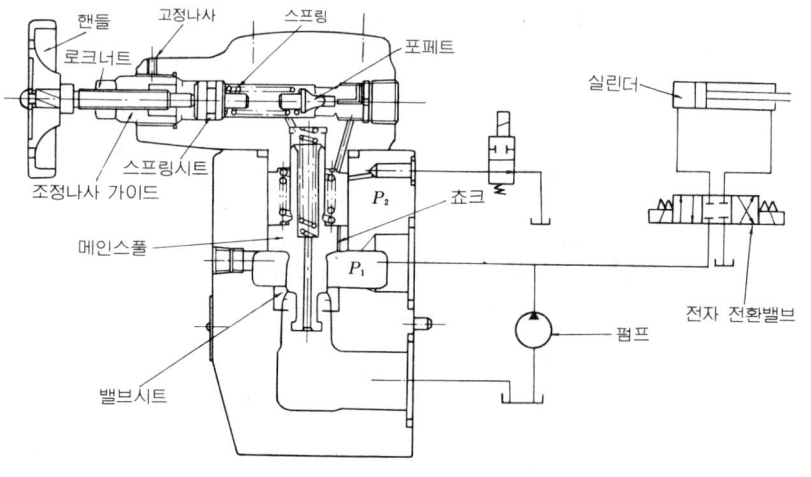

〔파일롯 작동형 벤트를 이용한 언로드 제어〕

52 제 2 장 유압기기

① 벤트가 열렸을 때의 언로드 : P_2는 열려 있으므로 쵸크부분의 흐름에 의하여 P_1 쪽으로 주밸브 스프링을 밀어올리는 것 만큼의 압력이 발생하며 주밸브는 열린다.

② 벤트가 닫혔을 때의 언로드 : $P_1 = P_2$가 되어 주밸브는 복귀하여 닫히고 설정압력까지 상승하면 릴리프가 작동한다.

참고 벤트 언로드 제어의 경우에는 벤트라인 배관계통의 영향으로 언로드로부터의 복귀시간에 지체가 생기기 쉬우므로 주밸브를 미는 스프링을 세계한 하이벤트형(표준은 로우벤트임)을 사용하여 복귀를 촉진한다.

(5) 벤트를 이용한 원방 제어 : 원방 조작으로 설정압을 변경하려고 할 때에 사용된다.

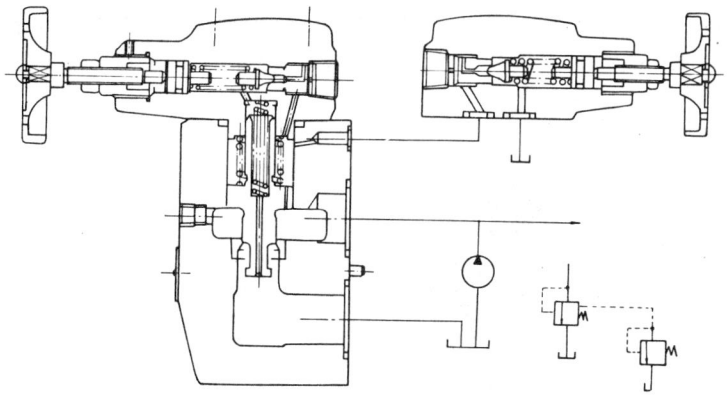

〔벤트를 이용한 원방 제어〕

참고 많은 수의 압력제어의 예 : 벤트 회로의 전환조작으로 P_1, P_2, P_3 언로드의 압력 전환이 이루어진다.

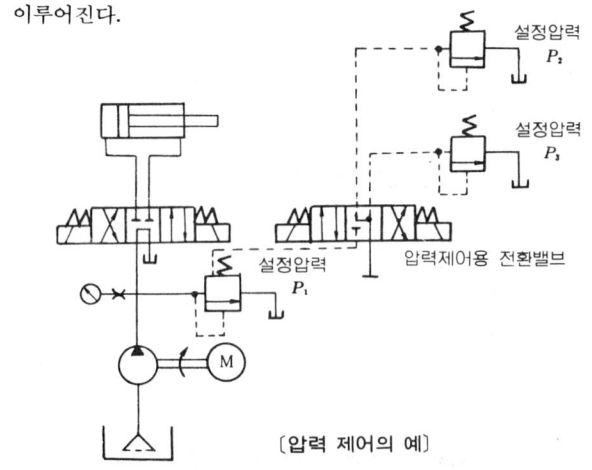

〔압력 제어의 예〕

2. 유압 제어밸브 53

(6) **파일롯 작동형과 직동형의 비교** : 유압에 사용하는 릴리프 밸브는 안전밸브를 겸하여 압력 조절 밸브로서 사용되는 때가 많으며, 구조면에서 분류하면 파일롯 작동형(밸런스 피스톤형)과 직동형의 2가지가 있다(유압장치의 라인압력 조정에는 파일롯 작동형이 많이 사용되고 있다).

〔파일롯 작동형과 직동형의 비교〕

구　　분	파일롯 작동형	직　동　형
구　　조	• 메인 스풀과 파일롯 스풀이 있으며, 메인 스풀을 유압으로 밸런스시켜서 압력을 유지한다(압력 조정은 파일롯부로 한다).	• 메인 스풀 밖에 없어 메인 스풀을 스프링으로 눌러 그 스프링의 힘으로 압력을 조정한다.
조　　작	• 파일롯 부분의 작은 스프링을 조작하기 위하여 핸들에 걸리는 힘이 작아서 쉽게 조정할 수 있다.	• 메인 스풀의 강력한 스프링을 조작하기 위하여 핸들에 걸리는 힘이 커서 압력 조절에는 큰 힘이 필요하다.
압력조절범위	• 하나의 스프링으로 광범위하게 조정할 수 있다.	• 스프링을 누르는 힘이 크기 때문에 작은 범위만 조정할 수 있다.
원　방　조　작	• 리모트 콘트롤 밸브로서 원격 압력 조정이 가능하며, 방향 전환밸브로서 언로드도 가능하다.	• 원격 압력조절이 불가능하다.
응　답　성	• 메인 스풀의 작동이 다소 지체되어 서어지압이 발생한다.	• 메인 스풀의 움직임이 빨라서 서어지압이 적어도 된다.
압력오버라이드 (유량－압력곡선)	• 압력변화가 적고 효율이 좋다. (곡선 변화)	• 압력변화가 커서 효율이 나쁘다. (직선 변화)

(7) **릴리프 밸브의 취급**

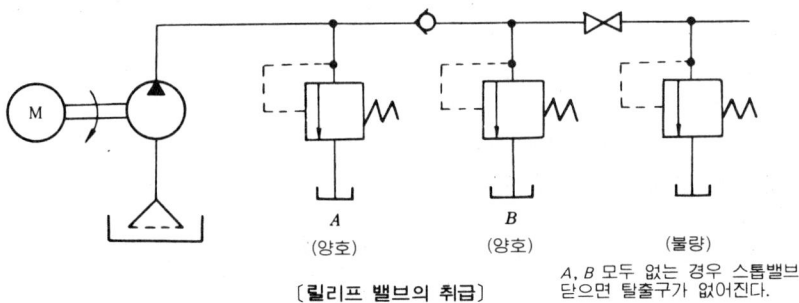

A (양호)　　　*B* (양호)　　　(불량)

〔릴리프 밸브의 취급〕　　　*A, B* 모두 없는 경우 스톱밸브를 닫으면 탈출구가 없어진다.

① 릴리프 밸브의 설치 위치는 압력조정을 필요로 하는 부분에 넣어 사용한다. 유압펌프의 토출라인에는 반드시 필요하며, 위의 그림과 같이 펌프에서 나온 라인이 닫히게 되는 사이에 넣지 않으면 파손의 원인이 된다.

② 원방 조작시에는 벤트 접속구에 접속한다.

54 제 2 장 유압기기

③ 핸들의 설치 위치 3/4, 1¼, 2 B 에서는 90° 단위에서 아무곳이나 설치하여도 사용이 가능하다.

④ 접속 : 유압유의 입구, 출구의 접속은 아무곳이나 입구 또는 출구로 하여 사용하여도 된다.

⑤ 펌프의 기동시에는 릴리프 밸브를 전부 연다.

⑥ 설정압력은 회로 작동압보다 $10\sim15$ [kg/cm²] 정도 높게 한다(너무 높으면 열손실이 일어나고, 너무 낮으면 작동압과 크랭킹압이 일치하여 헌팅 현상이나 압력변동이 발생한다).

⑦ 벤트의 길이는 3 m 이내로 하며, 너무 길면 파일롯실의 용적이 커져서 헌팅현상, 압력변동, 극단적인 시간지체 등의 불안정 현상을 일으킨다.

⑧ 배압 : 탱크라인(T 포트)은 직접 탱크에 개방하며, 배압을 걸어줄 필요가 있을 때에는 외부 드레인 방식으로 한다. (표준 : 5 [kg/cm²]까지)

⑨ 작동유의 점도범위는 $16\sim220$ CST 이다.

⑩ 작동유의 오염 : 스풀의 작은 구멍을 통과하는 기름을 파일롯 밸브로 제어하므로 깨끗한 기름을 사용한다(10 μ 정도의 필터를 사용하면 효과적이다).

⑪ 압력 조절범위를 바꾸려면 압력 조절 스프링을 교환하고 네임 플레이트 (name plate)의 형식을 바꾼다.

⑫ 설치조건에는 전혀 제한이 없다.

⑬ 압력조정시 승압은 핸들을 "INCREASE"(우회전), 감압은 핸들을 "DECREASE"(좌회전)으로 한다.

⑭ 서브 플레이트를 사용하지 않을 때에는 설치면을 6 - S 로 다듬는다.

⑮ 압력조정 후에는 반드시 로크너트를 조인다.

⑯ 허용압력 조정범위 : 압력설정은 조정범위의 최대 조정압력의 20%로 억제한다.

⑰ 불연성 작동유를 사용한다.

(8) 릴리프 밸브의 분해 점검 조립

① 분해 점검

  ㈎ 파일롯 부분의 6 각 홈 볼트를 풀어서 스풀 및 스풀용 스프링을 빼낸다.

    ● 점검 : 큰 밸브시트, 스풀의 시트부분의 홈의 정도를 점검한다.
      스풀이 손으로 가볍게 움직이는가를 점검한다.
      스풀의 쵸크 구멍에 먼지가 끼어 있는지 점검한다.

  ㈏ 파일롯 부분의 6 각 홈 멈춤나사를 풀고 로크너트, 조정나사 가이드를 분해하여 스프링 시트, 압력 조정 스프링, 포페트를 빼낸다.

- 점검 : 작은 밸브시트, 포페트 시트부분의 홈 및 접촉상태를 점검한다. 작은 밸브시트의 쵸크에 먼지가 끼어있지 않은가 점검한다.
② 조립 : 전부품을 깨끗이 세척유로 씻어서 깨끗한 작동유에 담근 다음 조립한다. 조립순서는 분해순서의 반대로 하되, 부품의 조립은 정확히 하고 특히 "O"링이 파손되지 않도록 하며, 몸체 커버 부착시 스풀이 변형되지 않도록 주의한다.

(9) 릴리프 밸브의 고장원인과 대책

고　　　장	원　　　　　　　인	대　　　　　　책
압력이 높거나 낮다.	① 설정압력이 맞지 않는다. ② 압력계가 고장이다. ③ 포페트가 밸브시트(小)에 제대로 닿지 않았다. ④ 스풀의 작동 불량 ⑤ 약한 스프링이 들어 있다. （스프링의 간격이 적다） ⑥ 밸브시트(大, 小) 부분이 파손되었거나 먼지가 끼어있다.	• 올바른 설정을 다시 한다. • 압력계를 점검 후 교체한다. • 포페트에 마모나 흠이 있으면 교환한다（새 것이면 조절나사를 풀고 안내봉을 몇 번 밀어서 교정할 수 있다）. • 몸체 커버를 떼고 스풀 쵸크에 먼지가 끼었는지 점검하고 몸체와 몸통 커버 구멍에 홈이 있는가, 손상되지는 않았는지 스풀을 가볍게 움직여본다. • 스프링을 교환한다. • 시트를 교환 또는 세척한다.
압력의 불안정	① 피스톤의 작동 불량 ② 포페트의 접촉 불안정 ③ 포페트의 이상 마모 ④ 기름속에 공기가 섞여있다. ⑤ 포페트 시트에 먼지가 끼어있다. ⑥ 펌프 불량 ⑦ 유량이 아주 작다.	• 전항 참조 • 교환한 작동유의 오염을 점검한다（흡입관의 접속부분 및 펌프의 에어 흡입을 점검한다）. • 포페트의 교환（작동유의 오염을 점검한다） • 회로중의 공기를 빼낸다. • 전항 참조 • 유면이 낮아서 환류관이나 스트레이너가 기름속에 들어있지 않다.（펌프를 수리한다）. • 사이즈를 바꾼다.
압력계가 미세하게 변동하거나 이상음이 발	① 피스톤의 작동 불량 ② 포페트의 이상 마모 ③ 벤트 포트의 공기 ④ 기름을 허용량 이상으로 보낸다 ⑤ 다른 밸브와의 공진	• 특히 몸체와 커버의 중심 내기에 주의한다. • 포페트의 교환 • 회로중의 공기를 빼낸다. • 큰 밸브로 바꾼다. • 설정압을 조정한다（설정 값의 차가 5〔kg/cm²〕이내에서 발생하기 쉽다）.

56 제 2 장 유압기기

생한다.	⑥ 탱크의 설치 불량
	⑦ 탱크 배관에 배압이 발생한다.
	
	⑧ 벤트라인과 포페트가 공진한다.
	⑨ 점도가 낮다(온도가 높다).
		• 일부를 바꾼다.
		• 밸브 근처에서 직각으로 굽히지
		  말 것(밸브를 외부 드레인 형으
		  로 바꾼다).
		• 배관속에 오리피스를 넣는다.
		• 적당한 점도와 온도로 한다.

2-1-3 감압밸브(pressure reducing valve)

이 밸브는 회로의 일부에 감압한 압력을 가하는 기능을 지니는 압력 제어 밸브이다(주회로의 압력은 릴리프 밸브로 제어한다). 설정된 2 차 압력 이상 의 1 차 압력 변동에 대해서 2 차 압력은 변화를 받지 않고 언제나 설정된 일 정한 압력을 유지시킨다.

제어 밸브로서의 파일롯 압력은 밸브의 출구쪽, 즉 2 차 압력으로부터 유 도되며, 항상 2 차쪽의 파일롯 유압으로 제어되며 1 차 압력과는 관계가 없 다. 역지 밸브의 내장형은 역류를 얻을 수 있다.

감압 밸브는 2 차 쪽을 일정하게 하기 위하여 항상 파일롯 밸브로부터 압 유를 드레인으로 탱크에 내보내 메인 스풀을 압력 밸런스시켜서 감압하는 기 능을 가지고 있으므로 반드시 드레인을 탱크라인에 배관하여야 한다.

(1) 릴리프 밸브와의 차이점

릴리프 밸브는 여분의 기름을 탱크에 돌려 보내어 주회로의 압력을 설정치 이하로 억제하지만 감압 밸브는 주회로압력(1 차압)보다 낮게 2 차압력을 제 어하기 위하여 여분의 기름을 2 차쪽으로 통과시키지 않는 밸브이다.

(2) 감압 밸브의 종류

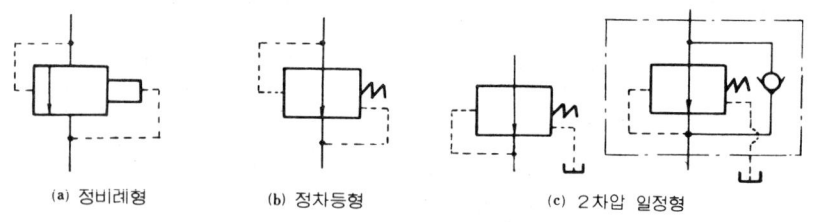

(a) 정비례형   (b) 정차등형   (c) 2차압 일정형

〔감압 밸브의 종류〕

① **정비례형** : 1 차 압력을 일정한 비율로 감압하는 것이며, 고압 1 단 베인 펌프에 쓰이고 있는 것과 같다.

② **정차등형** : 1 차 압력과 2 차 압력의 차를 일정하게 유지하는 밸브이며, 유량 조절밸브의 압력 보상기구로 쓰인다.

③ **2 차압 일정형** : 1 차 압력이 설정압력 이하일 때는 전부 열리고, 설정된

2. 유압 제어밸브 **57**

압력 이상이 되면 이에 작용하여 2 차 압력을 설정 값에서 멈추게 한다. 유압회로내의 일부 압력을 감압하는데 쓰인다.

(3) 2 차압 일정형 감압밸브(파일롯 작동형)의 기구와 응용 예

클램프용 실린더 *B*를 릴리프 압력으로 가압하며, 가공용 실린더 *A*는 필요에 따라 그 이하로 제어하는 예이다.

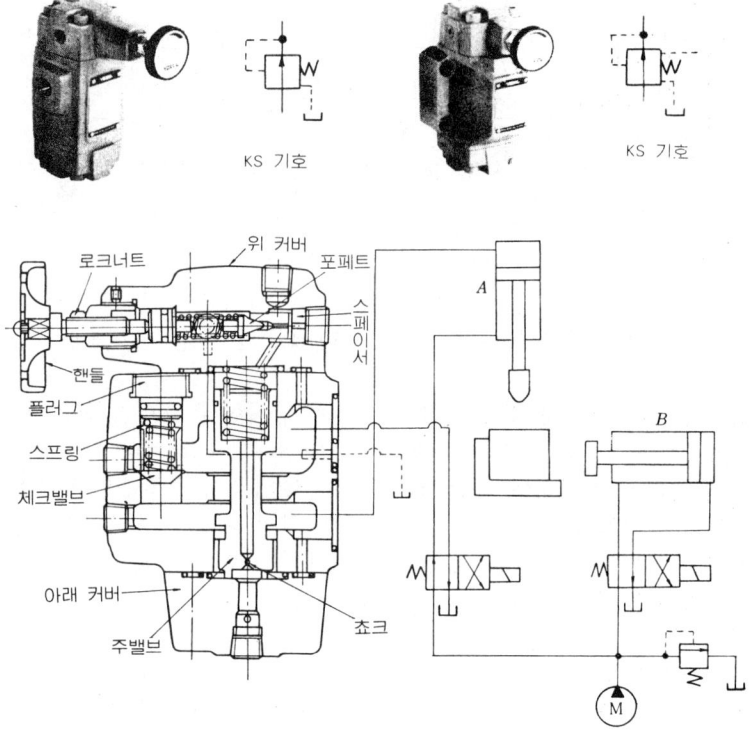

〔2 차압 일정형 감압밸브〕

① *A*실린더의 작동압력이 감압밸브의 설정된 압력에 도달하지 않았을 때 파일롯 밸브는 닫혀 있으므로 주밸브의 위쪽과 아래쪽의 압력은 쵸크를 통하여 같은 압력이 되고, 주밸브는 스프링의 힘으로 열린다.

② *A*실린더 헤드쪽의 압력이 설정 값이 되면 감압밸브의 2 차쪽 압력으로 파일롯 밸브는 열려 쵸크부분 흐름의 압력강하분 만큼 그 밸브 위·아래에 차압이 생기며, 쵸크 유량의 증가에 따라 커져서 결국 주밸브를 밀어 올려 1 차에서 2 차쪽으로 흐름을 멈추는 방향으로 작용하는 이유로 1 차 압력이 더 상승하여도 2 차 압력은 설정 값에서 멈춘다(주밸브의 열

58 제 2 장 유압기기

리는 각도는 드레인 양 및 실린더 라인에서의 누출분이 1 차에서 2 차로
흐르는 상태에 따라 다르다)

⑷ 2차압 일정형(직동형)의 구조

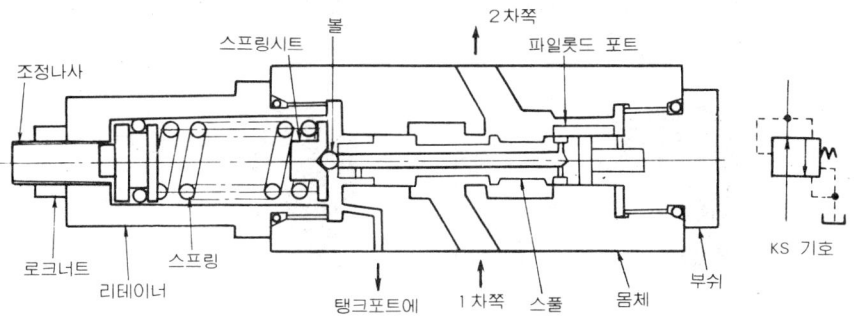

〔2차압 일정형(직동형)의 구조〕

① 2차 압력이 설정압력 이하일 때 : 2차 압력은 상부 파일롯 포트를 통하
여 주밸브의 우측에 작용하고 있는데 스프링의 힘으로 주밸브는 열리고
있다.

② 2차 압력이 설정 값을 넘을 때 : 2차 압력이 스프링의 힘을 이겨내어 주
밸브를 닫는 방향으로 작동하며, 2차 압력은 그 이상 상승하지 않는다.

③ 실린더가 정지하여 가압 상태일 때 : 1차에서 2차로의 누출은 주밸브
안의 구멍에서 흘려보내 2차 압력이 설정 값을 넘지 않도록 작용한다.

④ 2차 압력이 다시 떨어졌을 때 : 스프링의 힘이 주밸브 우측에 작용하는
전압력을 이겨내어 주밸브는 복귀한다.

⑸ 감압밸브의 사용 방법

유압장치에 있어서 사용압력 이상의 압력원이 있어서 그 압력을 사용 압력
까지 감압하여 사용할 때 설치된다(2개 이상의 유압 구동부가 있고 압력이
다를 때 사용된다).

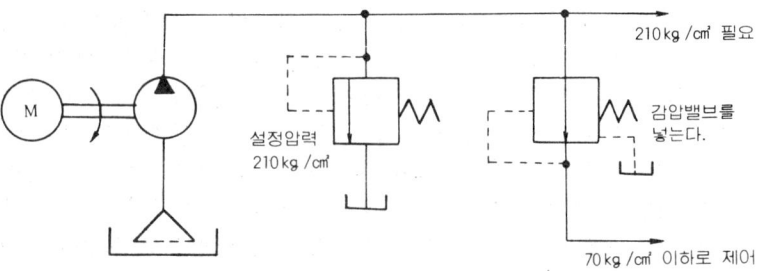

〔감압밸브의 사용예〕

2. 유압 제어밸브 **59**

① 감압밸브도 릴리프 밸브처럼 벤트라인으로 배관함으로서 원방제어도 가능하다.
② 펌프 시동시에는 압력 조정 핸들을 전부 열어 놓으면 처음부터 라인에 고압이 가해지지 않아서 안전하다.
③ 핸들 방향은 90° 단위에서 3방향으로 사용할 수 있다(단, 가스킷형은 제외한다).
④ 감압밸브는 드레인 압력이 설정압력의 기준이 되어 있으므로 반드시 탱크에 개방시킨다(배압이 크면 압력변동이 생기거나 최소압력의 설정이 불가능해질 때도 있다).
⑤ 기름의 오염, 먼지 등은 고장의 원인이 되므로 주의한다.

(6) 감압밸브의 분해 점검 방법

① 파일롯 부분의 볼트를 풀어 큰 스프링과 메인 스풀을 뺀다("O"링에 흠이 없는지 점검한다).
② 아래쪽의 몸체 바닥 커버를 떼어낸다("O"링의 흠 상대 및 체크 밸브의 움직임(가볍게 움직여야 한다), 체크 밸브 시트부분과 몸체 밸브시트에 흠이 없는지 점검한다).
③ 파일롯 하부의 조정나사 가이드를 풀어 "O"링 압력 조절 스프링 포페트를 빼낸다("O"링에 흠이 없는가, 포페트 및 밸브시트(小)에 흠이 없는지 점검한다).
④ 불량품이 있으면 새부품과 교환한다(메인 스풀, 몸체의 다듬질은 정밀하게 되어 있으므로 부품이 맞지 않으면 감압밸브 전체를 교환하여야 한다).
⑤ 조립 : 감압밸브의 전부품을 깨끗한 기름으로 씻고 깨끗한 작동유에 담근 다음(특히 "O"링) 조립하며, 조립순서는 분해의 반대순서로 한다.
🔡 부품의 조립은 정확하게 하며, 특히 "O"링이 파손되지 않도록 한다.

2-1-4 시퀀스밸브(sequence valve ; 순서 작동밸브)

이 밸브는 사용방법에 따라 시퀀스 밸브, 언로드 밸브, 카운터 밸런스 밸브 등의 이름으로 사용되는 밸브이다.

(1) 파일롯 및 드레인의 내(內), 외(外) 방식의 조합과 KS 기호

직동형의 밸브이며, 주밸브의 조작압력(파일롯 압력)을 자기 내부압에서 끌어내느냐 또는 외부압에서 끌어내느냐는 밑 뚜껑의 조립변경으로 가능하다. 드레인을 내부로 하느냐, 외부로 하느냐는 윗 뚜껑의 조립을 변경하여 할 수 있으며, 이들 조합으로서 1~4형으로 분류하고 필요에 따라 체크 밸브가 사용된다.

60 제 2 장 유압기기

[체크밸브를 사용하지 않는 경우]

형 식	1 형	2 형	3 형	4 형
명 칭	릴리프 밸브	시퀸스 밸브	시퀸스 밸브	언로드 밸브
파일롯압력	내부 파일롯	내부 파일롯	외부 파일롯	외부 파일롯
드레인방식	내부 드레인	내부 드레인	외부 드레인	외부 드레인
KS 기호				

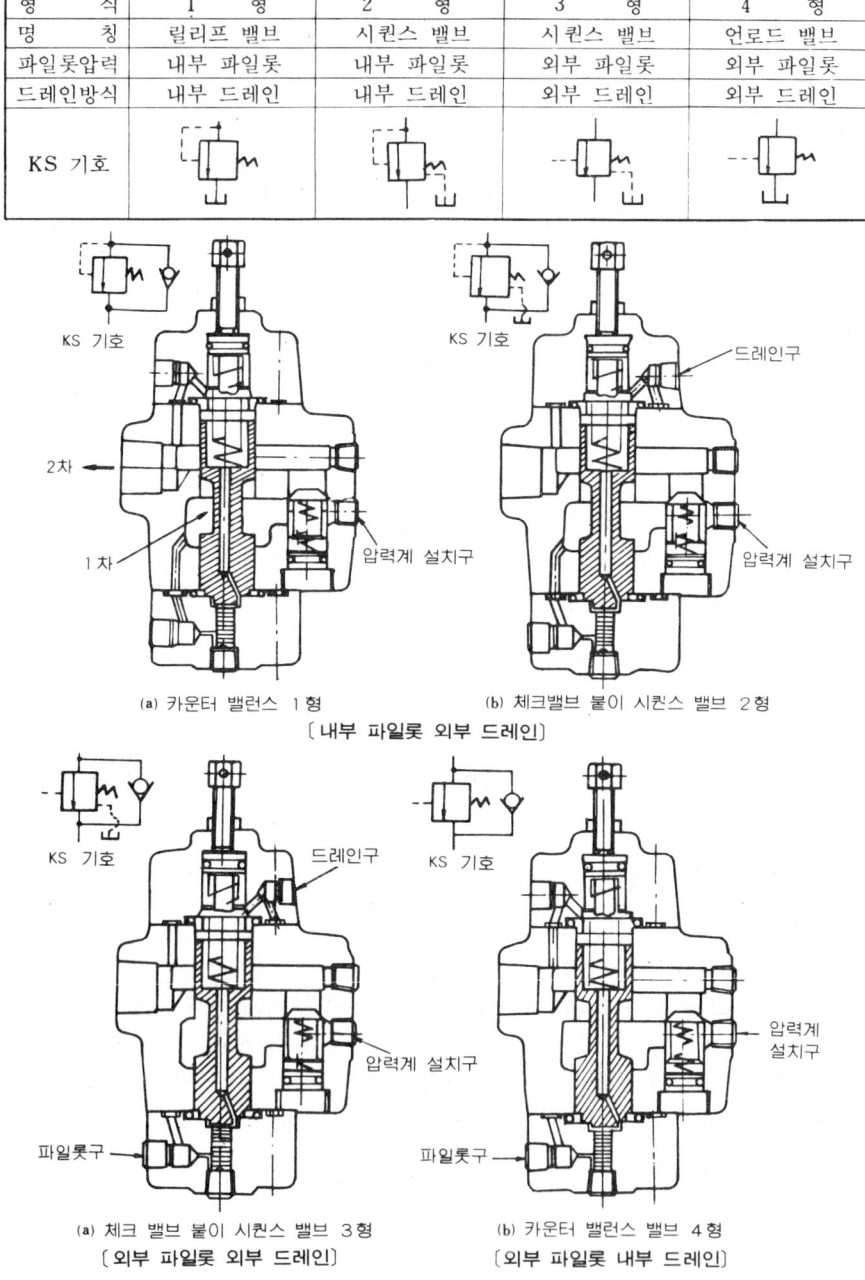

(a) 카운터 밸런스 1 형

(b) 체크밸브 붙이 시퀸스 밸브 2 형

[내부 파일롯 외부 드레인]

(a) 체크 밸브 붙이 시퀸스 밸브 3 형
[외부 파일롯 외부 드레인]

(b) 카운터 밸런스 밸브 4 형
[외부 파일롯 내부 드레인]

2. 유압 제어밸브 **61**

(2) 시퀀스 밸브로서의 사용법(실린더의 작동 순서의 예)

① 2 형의 예 : 클램프 실린더가 전진하여 클램프가 끝나면 *A* 라인의 압력
이 상승하여 시퀀스 밸브를 열어서 가공 실린더를 전진시킨다. 후진도
역시 가공 실린더의 후진이 끝난 직후 시퀀스 밸브가 열려서 클램프 실
린더를 후진시킨다.

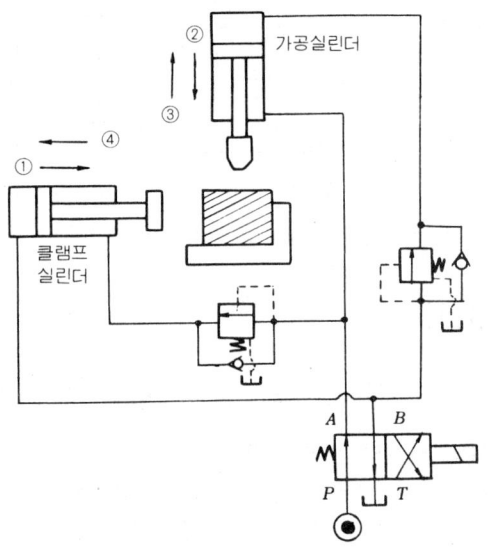

〔실린더 작동순서의 예(2 형)〕

안정된 작동 순서를 얻기 위해서
는 시퀀스 밸브의 크랭킹 압력은
전행정의 실린더 작동 압력보다 10
〔kg /cm²〕이상 높게 하는 것이 좋다.
또한 필요한 통과유량을 확보하려면
시퀀스 밸브의 오버 라이드분을 감
안하여 릴리프 설정압력과의 차이를
얻는다.

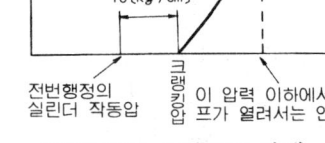

〔작동압력과 소요유량의 관계〕

② 3 형의 예 : 클램프 실린더가 장입 실린더까지 겸하고 있어서 이에 속도
제어를 하였을 경우, 전진 중 *A* 라인 압력이 릴리프 설정압력 가까이 상
승하므로 2 형에서는 시퀀스 밸브가 열리어 가공 실린더도 동시에 전
진하여 작동 순서가 이루어지지 않으므로 시퀀스 밸브 3 형을 사용하여
파일롯 압력은 유량 제어밸브의 2 차쪽에서 유도한다.

62 제 2 장 유압기기

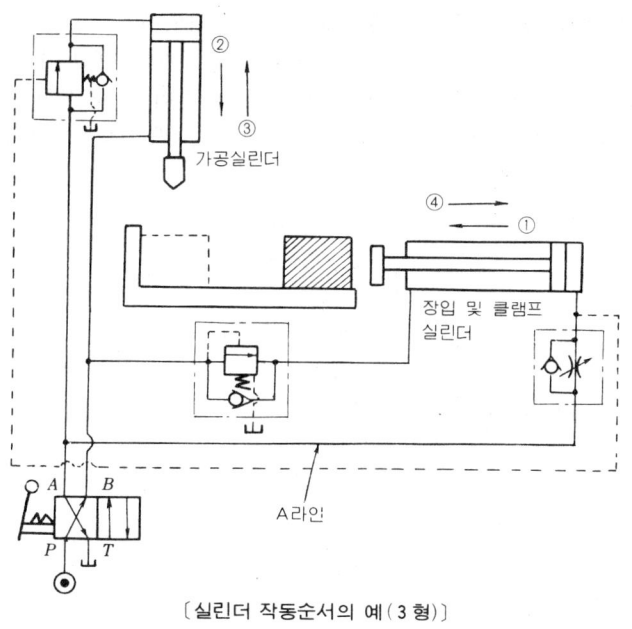

〔실린더 작동순서의 예(3 형)〕

(3) 언로드 밸브로서의 사용법(무부하 밸브)

파일롯 압력은 외부에서 끌어들이는 관계로 1차 압력에 관계없이 스프링
에 설정된 이상의 파일롯 압력이 작용하면 주밸브는 열려 1차 압력을 탱크
로 보낸다.

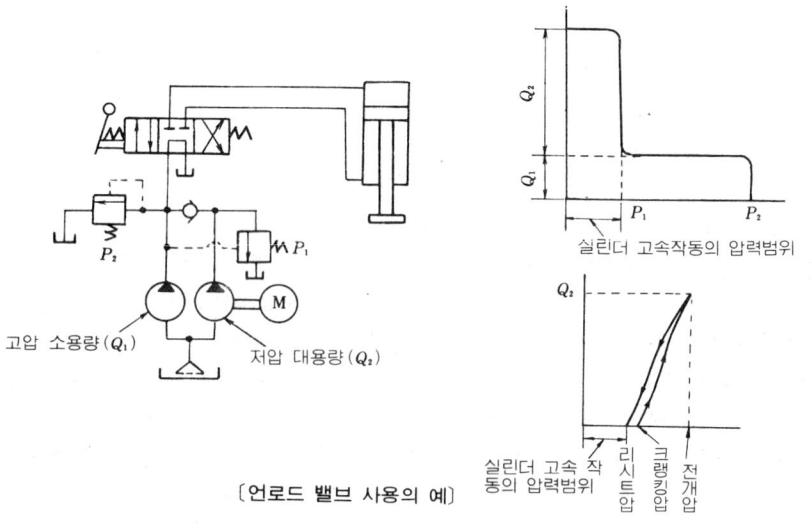

〔언로드 밸브 사용의 예〕

2. 유압 제어밸브 **63**

• 응용 예 : 컴비네이션 회로

프레스 등에 쓰이는 회로이며, 컴비네이션 회로로 불리운다. 작업의 효율을 높이기 위하여 부하 압력이 낮을때에는 양쪽 펌프의 유량으로 고속 작동시키고, 부하 압력이 높아지면 그것을 파일롯 압력으로 하여 언로드 밸브가 열려서 우측 펌프의 유량은 차단되며 좌측의 고압 소용량 펌프만으로 작동되어, 작은 동력을 이용하여 효율적으로 일을 할 수가 있다.

이 경우도 실린더 고속 작동시에 필요한 압력과 언로드 밸브의 오버 라이드 와의 관계를 감안하여 설정하지 않으면 실린더의 속도가 부족한 경우도 있다. 즉, 언로드 밸브의 전개압을 되도록 낮게 억제하면서 크랭킹 압력은 실린더 전진에 필요한 압력 이상으로 설정압력을 결정할 필요가 있다.

(4) 카운터 밸런스 밸브(배압 유지 밸브)로서의 사용법

작동기에 부하가 걸렸을 경우 움직임을 방지하기 위하여 배압을 유지하는 밸브이며, 시퀸스 밸브처럼 회로의 저항으로서 작용되는 셈이며, 1형과 4형이 있다.

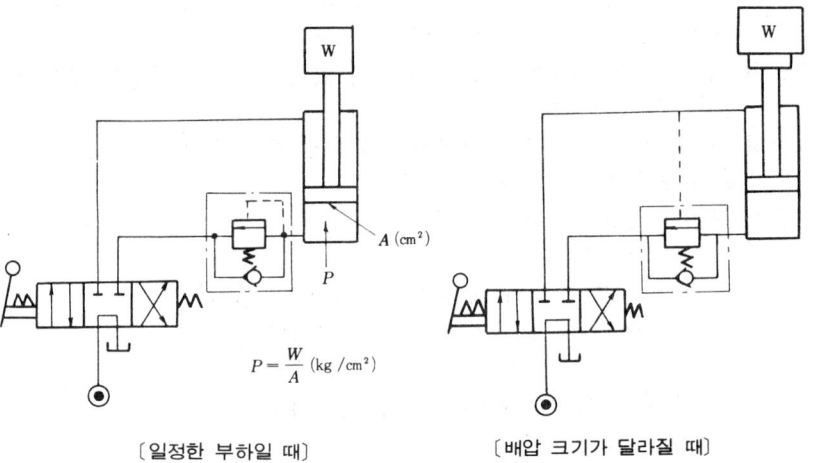

$$P = \frac{W}{A} \, (\text{kg} / \text{cm}^2)$$

〔일정한 부하일 때〕   〔배압 크기가 달라질 때〕

① 일정한 부하일 때는 1형 사용

하중에 의하여 발생하는 배압(P)이 일정하면 그 배압만으로 밸브가 열리지 않도록 약간 올린 상태로 압력을 설정하며, 자기압 제어인 관계로 안정성이 뛰어나다.

② 배압의 크기가 달라질 때

1형에서는 일정한 설정압력에 대하여 배압이 줄면 밸브를 열기 위해서는 감소된 크기만큼 보다 큰 압력이 필요하게 된다. 이 때 4형이면 하중으로 인해 발생하는 배압과는 아무런 관계가 없다.

64 제 2 장 유압기기

주밸브 스프링의 힘과 외부 파일롯 압력과의 관계에 의하여 작동되므로 설정압력 자체가 높지 않아도 된다. 효율, 발열 등에서 1 형보다 유리하지만 배압변동의 정도나 실린더 속도에 따라 노킹현상이 일어나기 쉬운 결점이 있다(노킹 방지에는 파이프 라인의 관 단면적(관경)을 줄여서 한다).

(5) 시퀀스 밸브의 분해 점검 방법

시퀀스 밸브의 고장은 그 대부분이 잘못된 조립에 의한 것이며, 때로는 배관을 넣지 않을 때도 있다.

① 로크너트를 풀고 압력 조정나사의 설정치를 바꾸어 압력이 달라지는지 검사한다.

② 윗 덮개의 볼트를 풀고 스프링 밸브를 빼내어 점검하며, 각 형식대로 드레인 구멍이 맞는지 검사한다(스풀이 가볍게 움직이는가를 점검한다. 스풀 및 몸체의 정밀 가공부를 점검한다).

③ 아래 덮개의 볼트를 풀고 아래 덮개를 뗀다(윗 덮개보다 아래덮개를 먼저 풀면 밸브가 밑으로 떨어져 흠이 생기는 경우가 있으므로 주의한다).

　(가) 각 형식대로 파일롯 구멍이 맞는지의 여부를 점검한다.

　(나) 피스톤이 정상 작동하는가 또는 흠이 없는가, 몸통 구멍에 흠이 생기지 않았는지 점검한다.

④ 조립 : 나쁜 부품은 신품과 교환하여 등유로 깨끗이 씻고 새 작동유에 담근 다음 분해의 반대 순서로 조립한다.

(6) 시퀀스 밸브의 고장과 대책

① 압력이 높거나 낮다.

　(가) 설정압력이 맞지 않는다(올바른 설정을 다시 한다).

　(나) 약한 스프링이 끼어 있다(스프링을 교환한다).

　(다) 압력계가 고장이다(압력계를 점검 후 교체한다).

　(라) 회로에서 기름이 새고 있다(배관을 점검한다).

② 압력이 불안정하다.

　(가) 기름속에 공기가 섞여 있다(회로 중의 공기를 빼낸다).

　(나) 피스톤의 작동불량(몸체와 커버 사이의 중심내기에 주의한다).

③ 탱크 배관에 배압이 발생한다(밸브의 상태 검토, 밸브의 선정을 다시함)

2·2 유량 제어밸브

유압 실린더나 유압 모터 등 작동기의 운동속도를 제어하기 위하여 유량을 조정하는 밸브를 **유량 제어 밸브**(flow control valve)라고 한다.

2. 유압 제어밸브 **65**

유량의 제어법에는 가변 용량형 펌프를 사용하여 1회전당의 토출량을 변경하는 방법과 정 용량형 펌프와 유량 제어밸브를 함께 사용하는 방법이 있다.

일반적으로 가변 용량형 펌프에 의한 경우에는 회로의 효율은 좋지만 펌프의 구조가 복잡하고 정밀한 속도제어도 어려우므로 대체적으로 유량 제어밸브를 사용하고 있다. 그런데, 이 유량 제어밸브는 관로 일부의 단면적을 줄여서 저항을 주어 유압회로의 유량을 제어하는 것이며, 일명 **속도 제어 밸브**라고도 한다.

[각종 유량 제어 밸브]

2-2-1 종 류

• 유량 제어
밸브
- 교축밸브
  - 스톱밸브(stop valve)
  - 스로틀밸브(throttle valve)
  - 스로틀 체크밸브(throttle check valve)
- 유량 조절
밸브
  - 압력 보상 붙이(low control valve)
  - 온도 보상 붙이(temperature compensated control valve)
- 디세러레이션밸브(deceleration valve)
- 분류(나눔) 밸브(flow dividing valve), 집류(모음) 밸브 (flow combiner valve)

66 제 2 장 유압기기

2-2-2 스톱밸브(stop valve)

하나의 라인의 흐름을 열거나 닫는 역할을 하는 밸브이며, 시트 타입이기 때문에 완전히 닫힌다(핸들 조작을 쉽게 하기 위하여 압력 밸런스 구조로 되어 있다).

스로틀 밸브로서 사용하지는 못하나 대체적인 유량 조정을 할 수 있다. 특히 고장나는 부분은 없으나 기름속에 먼지가 많을 경우 닫히면 밸브 시트 부분에 홈이 생겨 완전히 닫히지 않을 때도 있다.

＊ 스톱밸브 분해 점검 요령

① 핸들 고정너트를 풀어 핸들을 빼낸다.
② 로크 너트를 늦추어 패킹 가압링을 빼낸다.

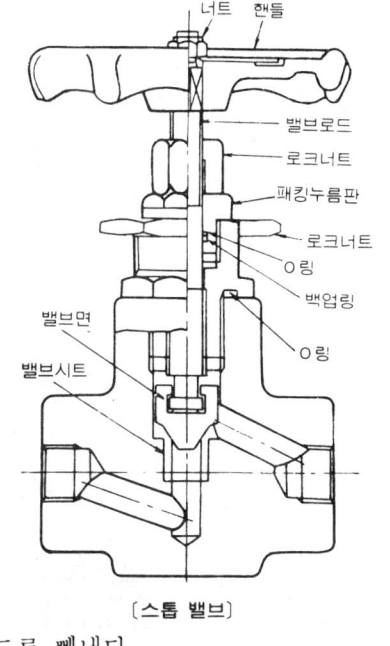

〔스톱 밸브〕

③ 뚜껑을 풀어서 밸브 몸체, 밸브 로드를 빼낸다.
   • 밸브몸체, 시트부분, 밸브 케이스, 밸브 시트부분의 홈의 유무를 점검한다.
④ 조립 : 깨끗이 씻은 후 분해의 반대순서로 조립한다.

2-2-3 스로틀밸브 및 스로틀 체크밸브

(1) 스로틀(관줄임) 밸브의 형상

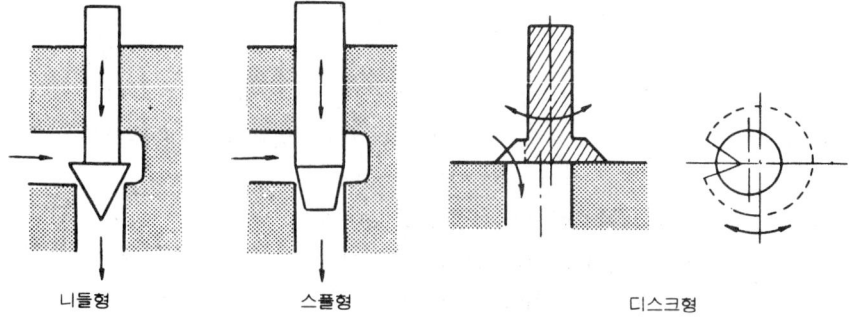

니들형   스풀형   디스크형

〔스로틀 밸브의 형상〕

2. 유압 제어밸브 **67**

유량 제어밸브는 기본적으로는 스로틀 밸브이다. 스로틀 밸브의 형상에는 니들형, 스풀형, 디스크형 등이 있다. 니들형보다는 스풀형이 조정하기 쉬워서 일반적으로 사용되나, 니들형과 같이 완전히 닫히지는 않는다(경사도). 최근들어 디스크형이 사용되기 시작하였으며, 조정하기 쉽고 완전히 닫은 후 누출도 줄어들었다.

(2) 스로틀밸브의 특징

① 구조가 간단하고 조작이 쉽다.

② 압력이 밸런스되어 있으므로 고압에서도 핸들조작이 쉽다.

③ 스풀식은 유량을 완전히 차단시키지는 못한다.

④ 열리는 각도가 일정하여도 스로틀 밸브 전·후의 압력에 변동이 생기면 밸브를 통과하는 유량이 달라지는 결점이 있다.

⑤ 이 밸브를 사용할 때에는 아주 정확한 유량제어를 필요로 하지 않는 회로 또는 부하변동에 의한 압력변동이 적은 회로에 사용한다.

(3) 스로틀밸브 및 스로틀 체크밸브

[스로틀 밸브 및 체크 밸브]

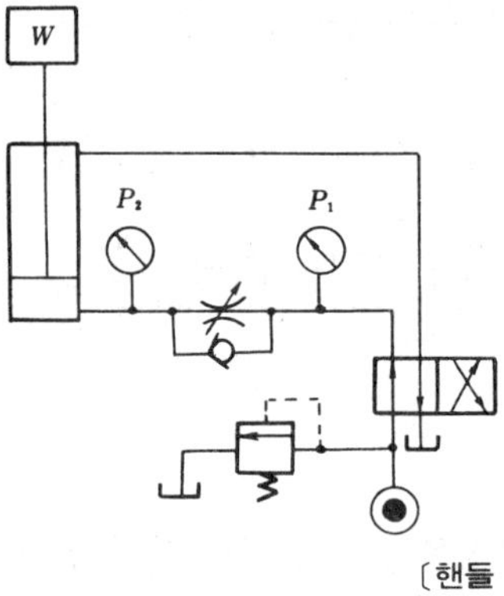

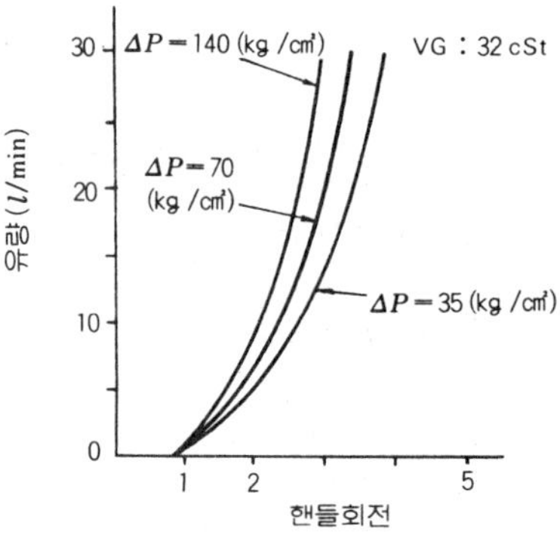

[핸들 회전-유량 특성의 예]

68 제2상 유압기기

스로틀 밸브는 기름의 흐름 방향에 관계없이 두 방향의 흐름을 항상 유량 제어하며, 스로틀 체크밸브는 스로틀 밸브와 체크밸브를 합한 것이며 내장된 체크밸브에 의하여 한방향으로만 자유류를 얻을 수 있는 것이다(스로틀과 관계없이).

핸들 회전-유량 특성에서 보는바와 같이 같은 핸들 회전 위치에서도 밸브 입구와 출구의 압력차(ΔP)에 의해 유량이 달라진다. 부하(W)가 변동하면 압력계(P_2)가 변동하여(압력계 P_1은 그때의 릴리프 압력) ΔP가 달라지기 때문에 작동기의 속도도 달라지게 된다. 또한 온도의 높고 낮음에서 점도가 달라지면 유량도 약간 변동된다.

따라서, 부하의 크기가 달라지거나 온도가 달라져도 정밀한 속도가 요구되는 경우에는 다음의 압력보상 및 온도보상붙이 제어밸브를 사용해야 한다.

(4) 스로틀밸브의 분해 점검 방법

① 육각 너트를 풀어 조정나사 가이드(특수 볼트)를 풀고 육각 홈 플러그를 풀어 스풀, 스프링, 푸시로드, 리테이너를 빼낸다.

몸체, 스풀, "O"링에 홈이 없는지 점검하고 홈이 있으면 새것과 교환한다.

② 조립 : 몸체, 스풀, "O"링을 등유로 깨끗이 씻고나서 깨끗한 작동유에 담근 다음 분해의 반대 순서로 조립한다.

2-2-4 유량 조절밸브(flow control valve)

(1) 압력 보상기구의 구조

유량 조정 밸브도 기본적으로는 스로틀 밸브이지만 밸브 입구 및 출구의 압력에 변동이 있더라도 유량이 달라지지 않도록 내부의 스로틀 부분의 앞과 뒤는 일정한 차압을 유지하는 압력 보상기구를 갖추고 있다.

$\dfrac{F}{A}+P_2<P_1 \rightarrow$ 스풀이 좌로 움직여 감압부가 줄어듬$\rightarrow P_1$ 강하 현상

$\dfrac{F}{A}+P_2>P_1 \rightarrow$ 스풀이 우로 움직여 감압부가 열림$\rightarrow P_1$ 상승 원인

$\dfrac{F}{A}+P_2=P_1 \rightarrow$ 안정된다.

따라서, $P_1-P_2=\dfrac{F}{A}$

P_0 : 릴리프 압력

P_1 : 감압부에서 제어되는 압력

P_2 : 부하압력 ($2\sim6$ [kg /cm²]으로 되었음)

P_0 또는 P_2가 변동하여도 P_1-P_2가 일정한 값으로 유지되어 유량은 변동

되지 않는다. 다만, 입구압력 P_0는 P_2보다 10〔kg/cm²〕 이상 높지 않으면 충분한 압력 보상은 되지 않는다. 이것을 최소 작동 압력차라 하며, 회로압 설정시 항상 이점을 생각해야 한다.

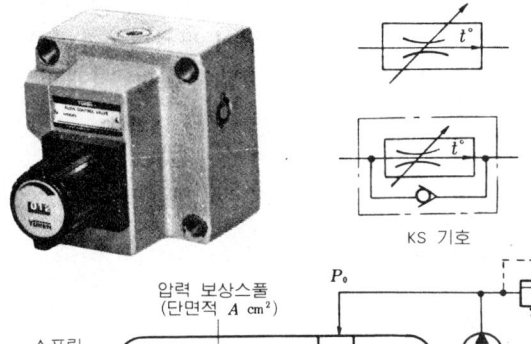

KS 기호

KS 기호

〔압력 보상기구의 구조〕

(2) 온도 보상의 구조

$$Q = C \cdot A \sqrt{\frac{2g \cdot \Delta P}{r}}$$

여기서, C : 유량 계수
　　　　A : 스로틀 열린 면적
　　　　ΔP : 1차, 2차의 압력차 $(P_1 - P_2)$
　　　　r : 기름의 비중량
　　　　g : 중력의 가속도
　　　　Q : 제어 유량

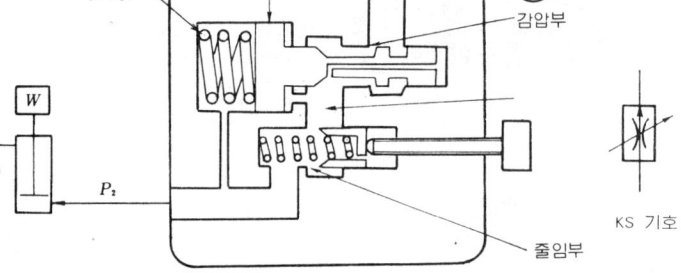

얇은날 오리피스

흔히 아침의 운전 시작시와 수시간 운전 후와는 조정핸들의 눈금은 같지만 작동기의 속도가 달라지는 수가 있다. 이것은 운전으로 인하여 기름의 온도가 올라가고 점도가 떨어져서 제어 유량이 증가되고 있기 때문이다.

　이와같이 온도의 변화로서 기름의 점도가 달라지면 스로틀의 형상에 따라 유량계수의 값이 크게 영향을 받기 때문에 그 영향이 적은 얇은날 오리피스

70 제 2 장 유압기기

를 스로틀 부분에 사용하여 점도의 변화에 따른 유량의 변동을 최소화한다.

(3) 미세한 유량의 제어

압력보상이 충분히 가능한 최소유량의 최소값은 밸브 용량의 크기로서 달라지지만 유량이 적어질수록 먼지의 영향이 커진다. 먼지로 인한 스풀의 섭동 불량과 함께 스로틀 부분에 먼지가 쌓여서 통과면적이 작아지는 경향이 나타난다. 미소 유량 제어의 경우 시간이 지남에 따라 유량이 차차 감소하는 현상이 나타남은 이 때문이다.

유량 조정밸브의 경우 100〔cm³/min〕에서 스로틀이 열리는 면적은 약 0.1 〔mm²〕이 되며, 따라서 제어유량이 200~500〔cm³/min〕 이하가 되면 10 μ 이하의 라인 필터를 달아야 한다.

(4) 유량 제어밸브의 분해 점검 방법

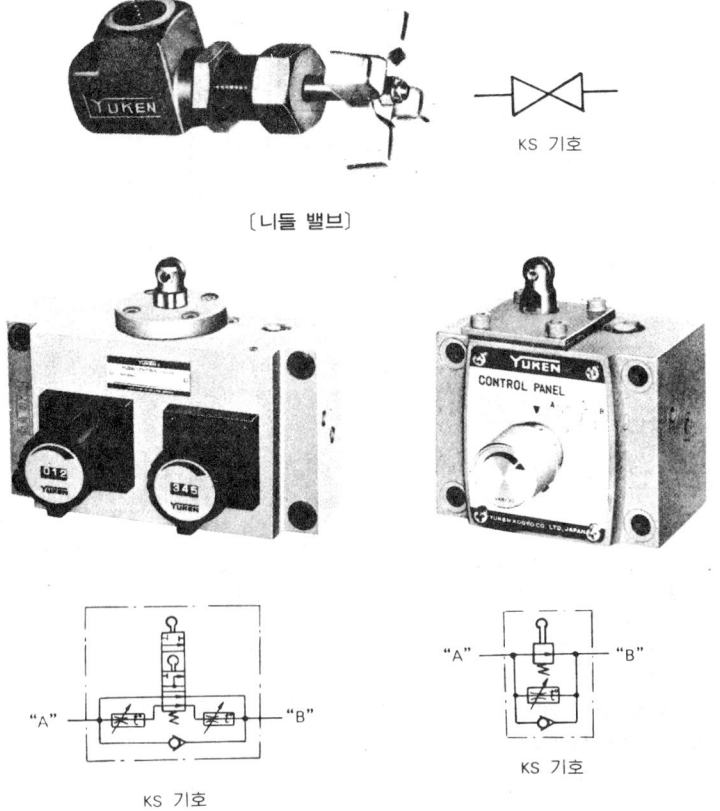

KS 기호

〔니들 밸브〕

KS 기호

KS 기호

〔속도 조정 밸브〕

2. 유압 제어밸브 **71**

① 분 해
　㈎ 십자 홈 나사를 풀어서 눈금판 핸들 유량 조정나사를 **빼낸다**(이 때 스
　　프링이 튀어나와 잃어버리는 수가 있으므로 주의한다).
　　• "O"링, 백업링에 홈이 없는가 점검한다.
　㈏ 스톱퍼를 풀어서 스프링 유량 조정스풀을 **빼낸다**
　　• 몸체 및 스풀에 홈이 없는가 점검한다.
　㈐ 플러그 및 스톱퍼를 **빼낸다**.
　　• "O"링에 홈이 없는가 점검한다.
　㈑ 드라이버를 몸체 구멍에 넣어 스냅링을 **빼낸다**. 리테이너, 스프링 및
　　스풀을 **빼낸다**(리테이너가 빠지지 않을 때에는 반대쪽으로부터 스풀을
　　가볍게 두드린다).
　　• 몸체 및 스풀에 홈이 없는가, 먼지가 끼지 않았는가, "O"링에 홈이
　　　없는가 점검한다.
　㈒ 체크붙이의 것은 플러그를 풀어서 스프링과 체크를 **빼낸다**.
　　• 체크 및 몸체 시트에 홈이 없는가, "O"링에 홈이 없는가 점검한다.
　㈓ 그 밖에 외부 포트 부분의 "O"링도 점검한다.
② 조립 : 전 부품을 깨끗이 씻은 후 작동유에 담그며, "O"링에는　그리스
　와 와세린을 발라서 분해의 반대순서로 조립한다(이 때 핸들을 돌려서 닫
　았을 때, 회전 플레이트의 0 의 숫자가 눈금판의 창에 보이도록 한다.)

2-2-5 디세러레이션(decèlaration) 붙이 스로틀밸브

　이 밸브는 체크밸브 붙이 유량 조정밸브와 디세러레이션 밸브를 내장한 것
인데, 유압 실린더의 속도를 행정 도중에 감속 또는 증속할 때 사용된다. 주
로 공작기계의 이송속도 제어용으로서 캠 조작으로 조기이송→지체이송 (절
삭이송) →조속 환원의 속도제어에 적합하다.

(1) 스로틀과 디세러레이션의 구조 (로터리형)
　핸들의 회전에 따라 유량 조정축의 왕복운동을 디세러레이션 스풀의 머리
부분에 가공된 캠에 전달하여 스풀을 회전시켜서 기름의 흐름을 전환한다.

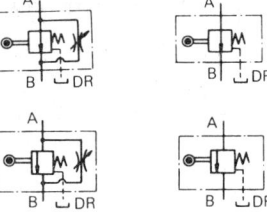

72 제 2 장 유압 기기

〔로터리형 디세러레이션〕

(2) 조기이송 → 절삭이송 → 조기복귀의 구조 (로울러형)

최초 조기이송으로 진행하여 바이트가 일감에 접근한 시점에서 테이블에 세트된 핀(도그)으로 디세러레이션 스풀이 눌려서 닫힌 상태가 되어 실린더로부터의 유출량은 스로틀부에서 제어되어 절삭 이송이 된다. 복귀행정은 체크밸브를 지나서 자유류가 되므로 실린더의 조기 복귀가 된다.

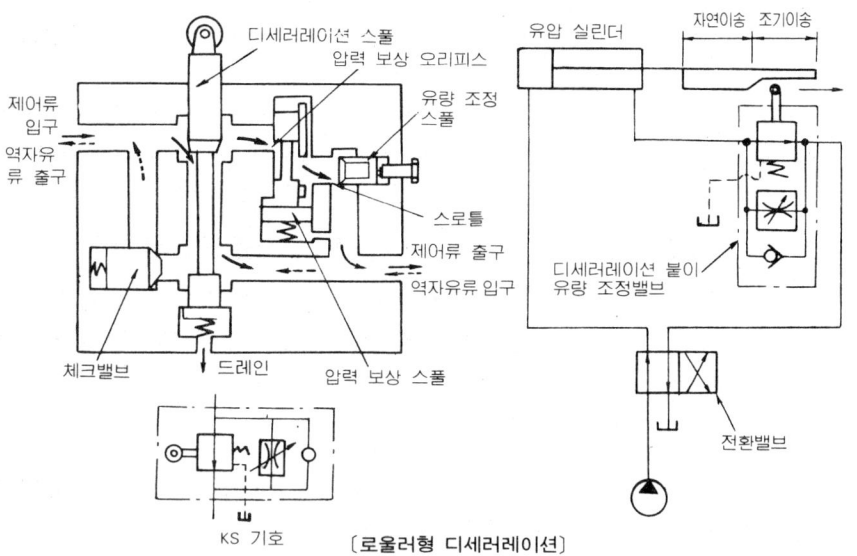

KS 기호 〔로울러형 디세러레이션〕

(3) 디세러레이션 밸브의 분해 점검 방법

고장의 대부분은 스풀이 원위치로 돌아오지 않는 것이며, 원인으로는 거의가 먼지가 섞여서이다.

- 메인 스풀이 완전히 나온 상태인지의 여부를 조사한 후에 분해를 시작한다.

① 아래 커버 볼트 4 개를 풀어서 아래 커버 스프링 키를 빼낸다(메인 스풀

이 밑에 떨어지지 않도록 주의하여야 한다).
- 스프링을 빼낸 상태에서 메인 스풀이 손으로 움직여 지는가를 조사한다.
② 메인 스풀을 아래쪽으로 빼낸다.
- 메인 스풀, "O"링, 몸체쪽 습동면에 홈이 없는지 조사한다. 체크밸브 불량일 경우(스풀이 블록의 위치에 있더라도 기름이 샐 때에는) 체크 밸브를 분해한다.
③ 체크밸브부의 결합 플러그를 풀고 스프링, 체크밸브를 빼낸다.
- 체크밸브, 몸체 밸브시트 및 습동면에 홈이 없는지 점검한다.
④ 불량부품은 신품과 교환한다.
⑤ 조립 : 깨끗이 씻은 후에 조립하며, 메인 스풀이 손으로 움직여 지는가 검사한다.

〔유압장치의 배관상태〕

2-2-6 분류밸브, 집류밸브

분류밸브는 유압원으로부터 압력이 다른 2개의 유압 관로에 각 관로의 압력에는 관계없이 언제나 일정한 관계를 가지는 유량으로 나누는 기능을 하는

74 제 2 장 유압기기

밸브이다. 또한 집류밸브는 반대로 유압 회로로부터의 유량을 일정 비율로 집합하는 기능을 가지고 있다. 이 두가지 밸브는 두개의 실린더를 농조시킬 때에 쓰인다.

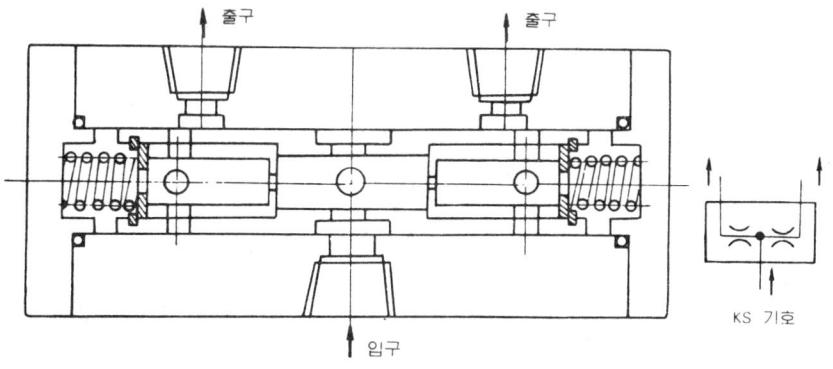

[분류 밸브, 집류 밸브]

2·3 방향 제어밸브

방향 제어밸브(directional control valve)는 관로내 기름의 개폐작용 및 역류를 저지하는 작용을 하는 것이며, 작동기의 시동정지 및 운동방향 등을 변환하는 것을 목적으로 하여 유압의 흐름 방향을 제어하기 위하여 사용하는 밸브이다.

[각종 방향 제어 밸브]

2. 유압 제어밸브 **75**

2-3-1 종 류

방향 제어밸브는 구조면에서 분류하면 볼이나 피스톤을 시트에 붙였다 떼었다 하는 포페트(popet)형과 스풀을 축 둘레에서 회전시키는 회전 스풀형, 그리고 스풀을 축방향으로 섭동시키는 직동 스풀형이 있으며, 조작방식에 따라 분류하면 수동식, 기계식(캠식), 전자식, 파일롯식(유압식)으로 나눈다.

```
                 ┌ 흡입형 체크밸브
                 ├ 스프링 부하형 체크밸브(앵글형, 인라인형)
          ┌ 체크밸브┼ 유량제한형 체크밸브(throttle and check valve)
          │      └ 파일롯 조작 체크밸브(pilot operated check
방향 제어밸브┤           valve)
          ├ 디세러레이션 밸브
          └ 방향 전환밸브 : 캠 조작밸브, 수동 조작밸브, 전자 조작밸브,
                        파일롯 작동 전환밸브, 전자 유압 전환밸브
```

2-3-2 체크밸브(check valve)

(1) 흡입형 체크밸브

흡입형 체크밸브는 공동현상 발생을 방지할 목적으로 사용한다. 즉 펌프 흡입구 또는 유압회로의 부(−)압 부분에 이 밸브를 사용하여 유압이 어느 정도 압력 이하로 내려가면 포핏이 열려 압유를 보충한다.

(2) 스프링 부하형 체크밸브

이 밸브는 유압회로 배관의 중간에 축방향 또는 직각방향으로 설치하여 스프링 및 압력에 의하여 한 방향의 흐름을 저지하고, 그 반대 방향의 흐름은 자유로이 흘려보내는 밸브이며, 인−라인 체크밸브와 앵글 체크밸브가 있다.

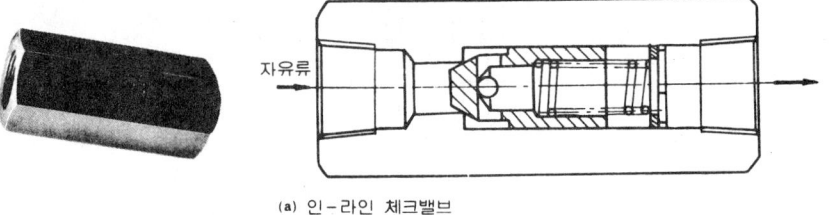

자유류

(a) 인−라인 체크밸브

76 제 2 장 유압기기

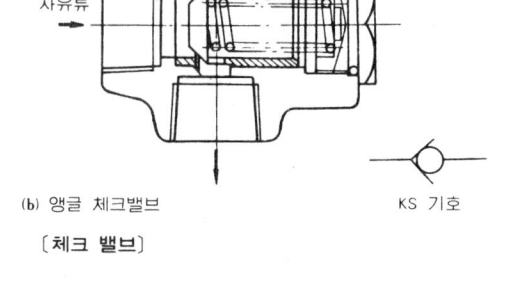

(b) 앵글 체크밸브   KS 기호

〔체크 밸브〕

(3) **유량 제한형 체크밸브**(throttle and check valve)

한 방향의 유동은 자유 유동이 허용되고 역류는 오리피스를 통하게 하여 유량을 세한하는 밸브

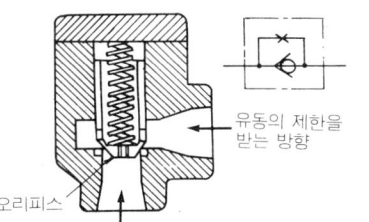

유동의 제한을 받는 방향

오리피스

자유류의 방향

(4) **파일롯 체크밸브**

이 밸브는 체크밸브에서 필요할 때에 역류를 할 수 있도록 한 것이다. 파일롯 스풀을 이용하여 외부로부터의 압력신호에 의해 역류 방향으로 강제로 열린다. 파일롯 체크밸브는 전환밸브와 같이 관로의 개폐용으로 쓰이며, 주로 실린더 하중의 장시간 로크용으로 사용된다.

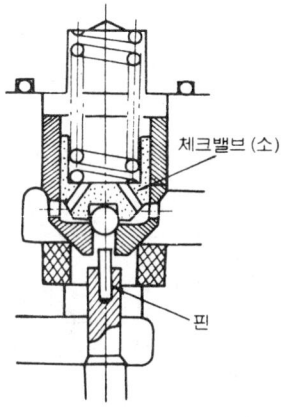

체크밸브 (소)

핀

〔디콤프렉션타입 파일롯 체크밸브〕

① 구조도

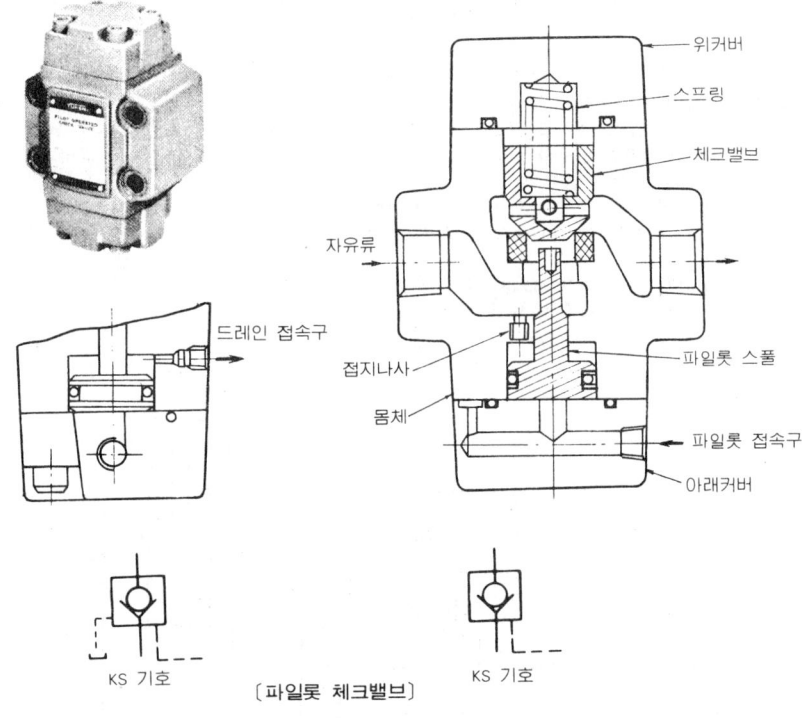

위커버

스프링

체크밸브

자유류

접지나사

몸체

파일롯 스풀

파일롯 접속구

아래커버

드레인 접속구

KS 기호   KS 기호

〔파일롯 체크밸브〕

② 내부 드레인형과 외부 드레인형의 사용법

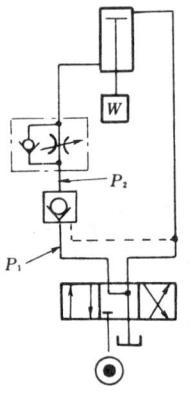

〔내부 드레인형〕

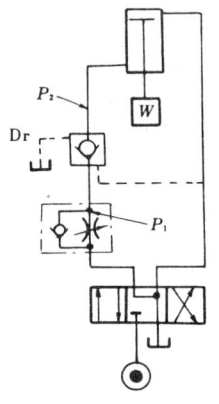

〔외부 드레인형〕

78 제 2 장 유압기기

③ 파일롯 압력 계산법

$$P_p = \frac{A_1 \cdot W}{A_2 \cdot A - A_1 \cdot B} = \frac{W}{\frac{A_2}{A_1} \cdot A - B}$$

(단, P_p는 릴리프 압력 이하이어야 한다.)

여기서, P_p : 파일롯 압력[kg/cm²]
P_1 : 역자유류 출구압력[kg/cm²] (기름이 흐르지 않을 때는 $P_1 = 0$으로 본다.)
P_2 : 역자유류 입구압력[kg/cm²]
A_1 : 포펫 시트 면적[cm²]
A_2 : 파일롯 스풀이 압력을 받는 면적[cm²]
  (A_1, A_2는 면적비 A_1을 1로 했을 때의 면적비를 그대로 식에 대입해도 된다.)
W : 하중[kg]
A : 배압 발생쪽의 피스톤 면적[cm²]
B : 가압쪽 피스톤 면적[cm²]

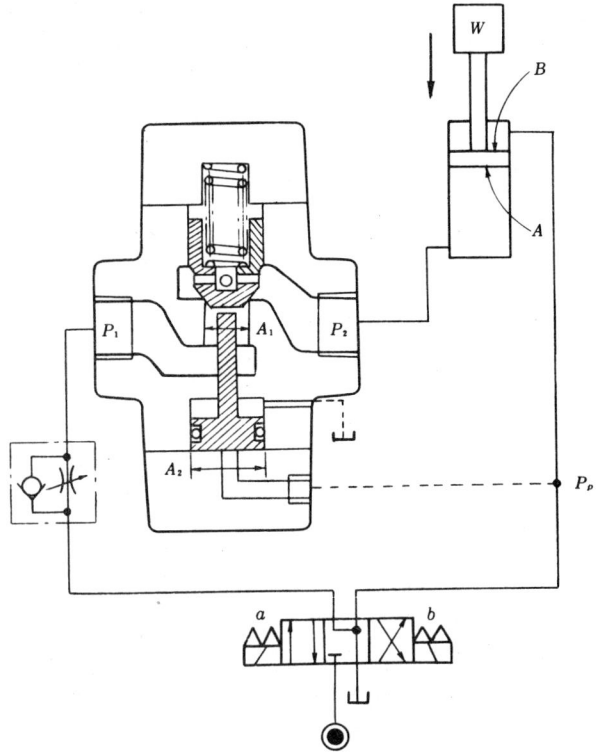

[파일롯 체크밸브 설치예]

④ 파일롯 체크밸브의 분해 점검 방법

(가) 체크 밸브쪽의 위 커버 볼트를 풀고 위 커버 "O"링, 스프링, 체크밸브를 빼낸다(스풀은 손으로 가볍게 움직일 수 있는 상태이어야 한다).
• "O"링 체크밸브, 체크 시트에 홈이 없는지 점검한다.

(나) 파일롯 스풀쪽 아래 커버 볼트를 풀어서 아래 커버, "O"링 파일롯 스풀을 빼낸다(파일롯 스풀은 손으로 가볍게 움직이는 상태이어야 한다)
• "O"링 파일롯 스풀 몸통에 홈이 없는지 살펴본다.

🔲 불량부품은 신품과 교환한다.

(다) 조립 : 깨끗하게 씻은 다음 작동유에 담근 후 분해의 반대순서로 조립한다.

(5) 체크밸브의 용도

체크밸브의 강도(스프링의 강도)는 용도에 따라 2종류가 있다.

크랭킹 압력 $\begin{cases} 0.5[\text{kg}/\text{cm}^2] : 단지\ 역류방지용\ 체크밸브로\ 사용한다. \\ 4.5[\text{kg}/\text{cm}^2] : 배압밸브(저항밸브)로\ 사용한다. \end{cases}$

① 저항밸브의 사용 예

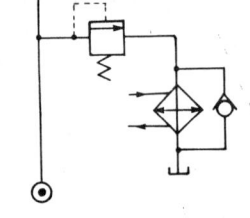

(a) 전자 파일롯 전환밸브의
파일롯 압력 발생용

(b) 오일 쿨러 등의 바이패스용

〔저항 밸브의 사용 예〕

② 체크 밸브의 사용 예

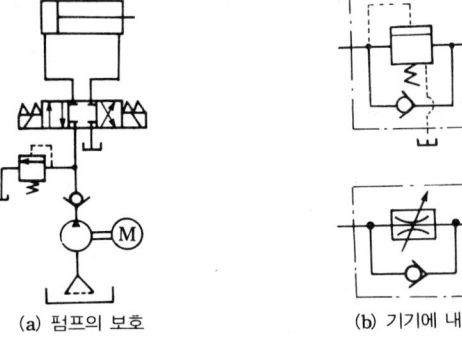

(a) 펌프의 보호

(b) 기기에 내장

〔체크밸브의 사용 예〕

80 제 2 장 유압기기

(6) 체크밸브의 분해 점검 방법

먼지가 시트면에 끼어 2차에서 1차로 역류하는 중에 고장이 있는 경우에는 분해하여 세척한다.

① 양쪽의 배관을 분리하고 2차쪽에서 스냅링을 풀어 스프링을 분해하며 스프링, 리테이너, 밸브를 빼낸다.

· 밸브 및 몸체의 시트에 흠이 없는지 점검한다(흠이 있으면 새것과 교환한다).

② 조립 : 등유로 깨끗이 씻은 다음 깨끗한 작동유에 담근 후 조립한다.

2-3-3 방향 전환밸브

전환밸브의 사용 목적은 유압회로에서 기름의 방향을 제어하는 한편 유압원, 유압 실린더, 유압 탱크 및 기타 조작계통간의 회로에서 기름의 흐름을 정하는 밸브이다.

전환밸브는 포트 수, 위치 수, 방향 수, 스풀 형식의 4가지를 포트의 구성요소라고 하는데 전환기능은 이들 요소의 조합에 따라 여러가지가 된다. 또한 전환밸브의 기능은 포트의 구성요소, 스풀의 조작방법, 스풀의 작동특성으로 나타낼 수 있다.

전환밸브의 기능 ─┬─ 포트의 구성요소 ─┬─ 포트 수(2, 3, 4 포트)
　　　　　　　　　　　　　　　　　　├─ 방향 수(1, 2, 4 방향)
　　　　　　　　　　　　　　　　　　├─ 위치 수(2, 3 위치)
　　　　　　　　　　　　　　　　　　└─ 스풀 형식(중립위치의 상태, 스풀 전환과 도시의 상태)
　　　　　　　　　　└─ 스풀의 조작방법 ─┬─ 외부 조작방법(수동식, 기계식, 전자식, 파일롯식, 전자 파일롯식)
　　　　　　　　　　　　　　　　　　└─ 리턴기능(스프링 센터형, 노우스프링형, 스프링 옵셋형)

(1) 전환밸브의 기능 개요

① 포트의 명칭

㈎ 유압용 전환밸브에서는 다음과 같은 주요 4가지 포트가 있다.

· P : 펌프 포트(프레셔 포트)

· $T(R)$: 탱크 포트(리턴 포트)

· A, B : 실린더 포트

㈏ 주요 포트 4가지 이외에는

• Pl : 파일롯 포트　　　　　• Dr : 드레인 포트

② 포트 수 : 전환밸브에서의 배관의 입구수이다.

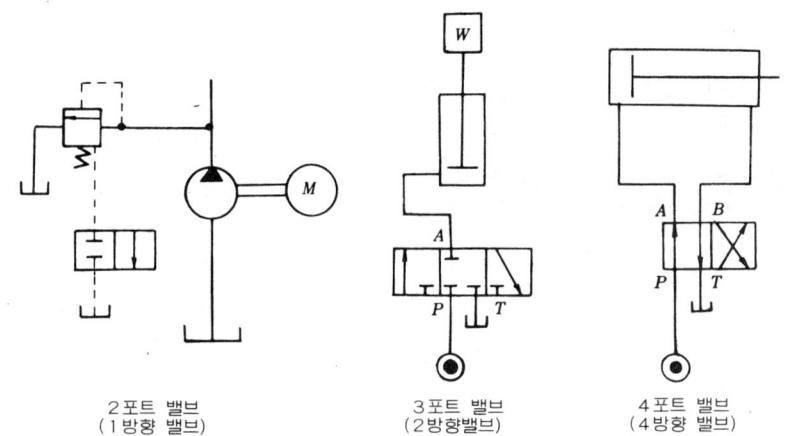

2포트 밸브
(1방향 밸브)

3포트 밸브
(2방향밸브)

4포트 밸브
(4방향 밸브)

③ 위치 수 : 스풀 밸브가 작동될 수 있는 위치의 총수로 나타내며 2위치, 3위치 밸브 등이 있다.

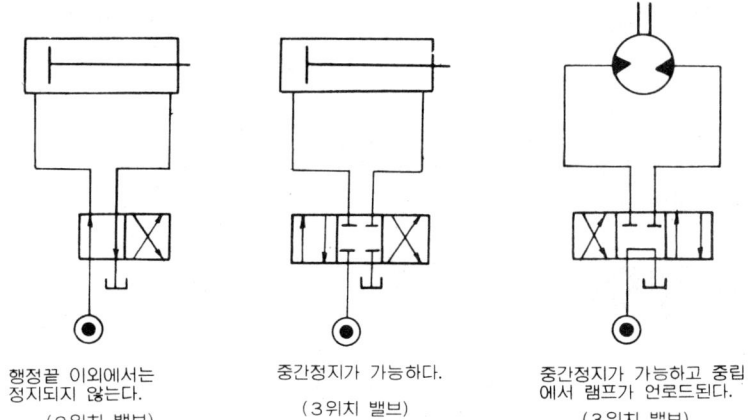

행정끝 이외에서는
정지되지 않는다.
(2위치 밸브)

중간정지가 가능하다.
(3위치 밸브)

중간정지가 가능하고 중립
에서 램프가 언로드된다.
(3위치 밸브)

④ 스풀 형식

　㈎ 3위치 밸브의 중립위치에서 각 포트간 연결상태를 나타내는 것이다. (2위치 밸브이면 전환 과도기)

　㈏ 실린더, 모터의 전진(정전), 후진(역전)외에 중립위치에서 실린더 등의 정지 또는 펌프 언로드 기능을 하는 것이다.

　㈐ 밸브가 스풀 형식에 따라 중립위치의 기능이 달라진다(전자 조작밸브 심볼 참조)

82 제 2 장 유압기기

[포트 3위치 전환밸브의 스풀형식과 표시기호]

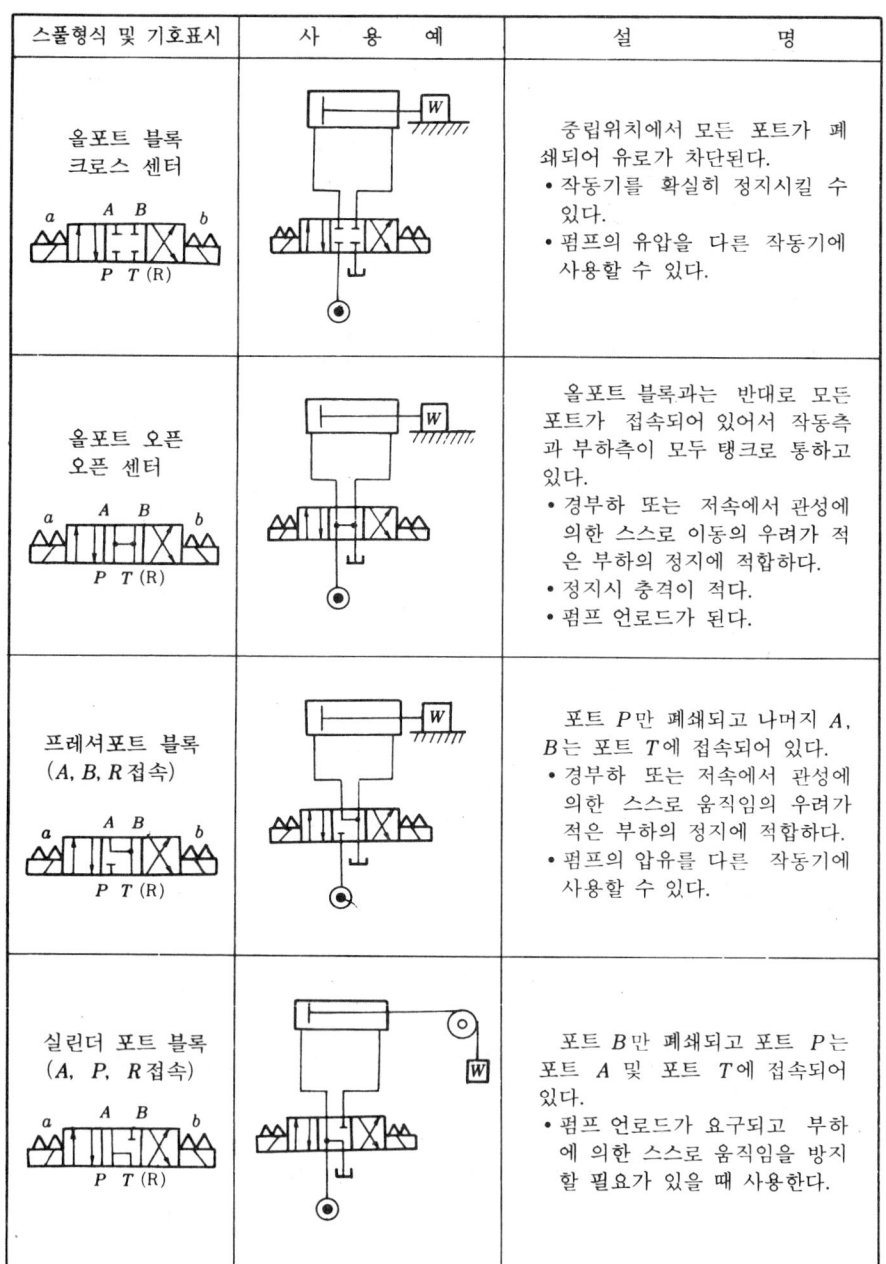

스풀형식 및 기호표시	사 용 예	설 명
올포트 블록 크로스 센터		중립위치에서 모든 포트가 폐쇄되어 유로가 차단된다. • 작동기를 확실히 정지시킬 수 있다. • 펌프의 유압을 다른 작동기에 사용할 수 있다.
올포트 오픈 오픈 센터		올포트 블록과는 반대로 모든 포트가 접속되어 있어서 작동측과 부하측이 모두 탱크로 통하고 있다. • 경부하 또는 저속에서 관성에 의한 스스로 이동의 우려가 적은 부하의 정지에 적합하다. • 정지시 충격이 적다. • 펌프 언로드가 된다.
프레셔포트 블록 (A, B, R접속)		포트 P만 폐쇄되고 나머지 A, B는 포트 T에 접속되어 있다. • 경부하 또는 저속에서 관성에 의한 스스로 움직임의 우려가 적은 부하의 정지에 적합하다. • 펌프의 압유를 다른 작동기에 사용할 수 있다.
실린더 포트 블록 (A, P, R접속)		포트 B만 폐쇄되고 포트 P는 포트 A 및 포트 T에 접속되어 있다. • 펌프 언로드가 요구되고 부하에 의한 스스로 움직임을 방지할 필요가 있을 때 사용한다.

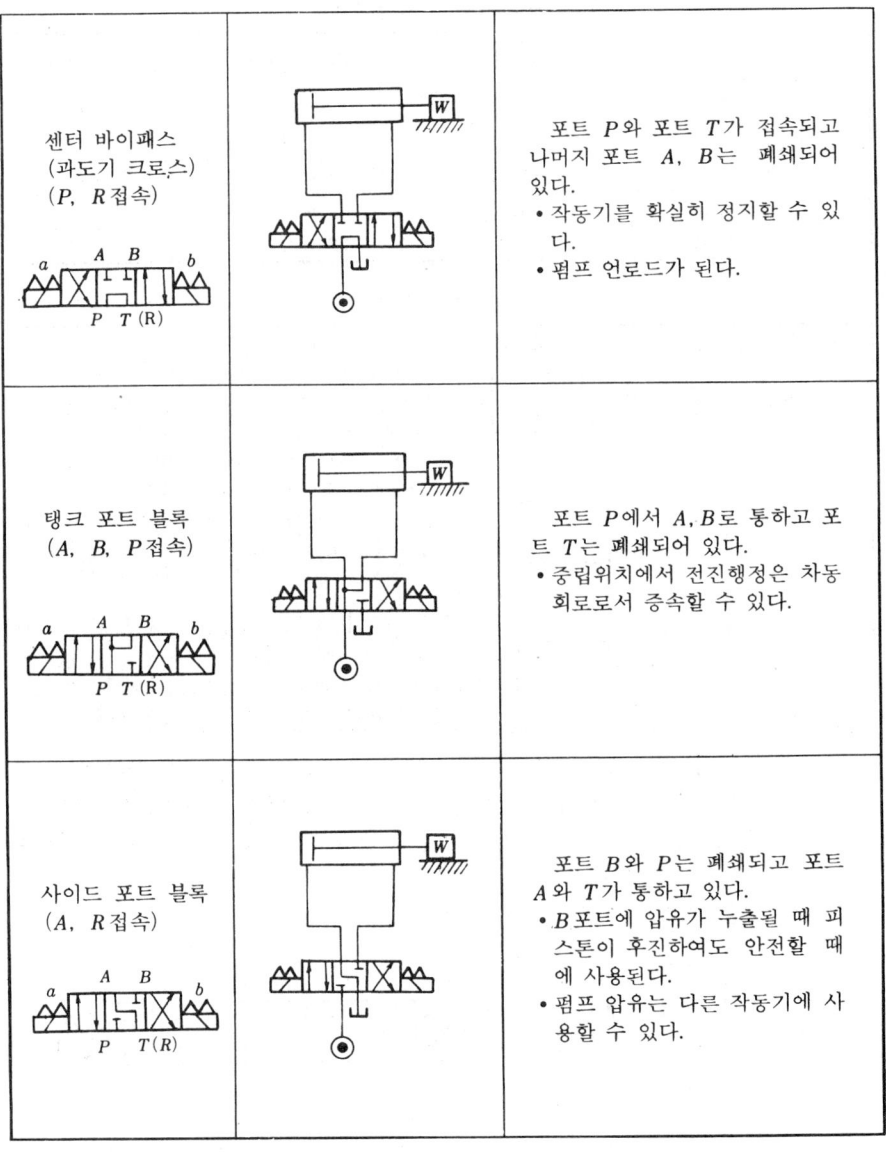

센터 바이패스 (과도기 크로스) (P, R접속)		포트 P와 포트 T가 접속되고 나머지 포트 A, B는 폐쇄되어 있다. • 작동기를 확실히 정지할 수 있다. • 펌프 언로드가 된다.
탱크 포트 블록 (A, B, P접속)		포트 P에서 A, B로 통하고 포트 T는 폐쇄되어 있다. • 중립위치에서 전진행정은 차동 회로로서 증속할 수 있다.
사이드 포트 블록 (A, R접속)		포트 B와 P는 폐쇄되고 포트 A와 T가 통하고 있다. • B포트에 압유가 누출될 때 피스톤이 후진하여도 안전할 때에 사용된다. • 펌프 압유는 다른 작동기에 사용할 수 있다.

⑤ 외부 조작방법과 중립위치의 리턴 기능

• 외부 조작 방식 : 전환밸브의 전환 조작을 하는 방식은 수동식, 기계식 파일롯식, 전자식, 전자 파일롯식 등이 있으며, 리턴 기능에는 스프링 옵셋형과 스프링 센터형 그리고 스프링이 없는 형이 있다.

84 제 2 장 유압기기

〔조작방법과 리턴기능 및 위치수의 관계〕

외부 조작방식 \ 리턴 기능	스프링 센터형	스프링 옵셋형	노-스프링형
수 동 조 작	3 위치	2 위치	2 또는 3 위치
캠 조 작	—	2 위치	—
전 자 조 작	3 위치	2 위치	2 위치
파 일 롯 조 작	3 위치	2 위치	2 위치
전자파일롯조작	3 위치	2 위치	2 위치

〔리 턴 기 능〕

리턴기능명칭	약어	기 호 표 시	기 능 설 명
스프링센터형	C		3 위치 밸브이며 신호를 보내면 중립위치에서 좌우 어느 위치로 전환되고 신호를 끊으면 자동적으로 중립위치로 돌아온다.
노-스프링형	N		2 위치 밸브이며 신호를 끊어도 그대로의 위치로 계속 유지된다. 다만, 수동 조작 밸브에서는 유지기구를 붙여서 3 위치 밸브로 하는 것도 있다(솔레노이드의 소손이나 순간의 정전시에도 가공물을 조인 상태에서 가공할 수 있다).
스프링 옵셋형	B		2 위치 밸브이며 신호를 주면 노말 포지션에서 한쪽 위치로 전환되고 신호를 끊으면 자동적으로 원위치로 돌아온다(오동작으로 스프링 백하여도 지장이 없는 회로에 사용된다).

또한 방향 전환밸브를 나타내는 경우에는 다음의 순서에 따라 부른다.

(포트 수)＋(위치 수)＋(스풀의 형식)＋(리턴기능)＋(조작방식)

예를들면 4 포트 3 위치 프레셔 포트 블록 스프링 센터 전자 조작밸브라 한다.

⑥ 전환 과도기의 표시와 그 사용 예

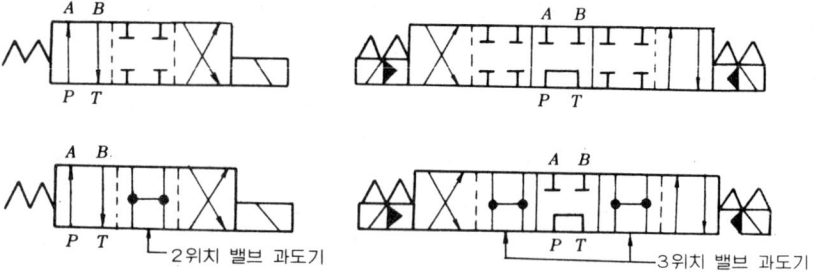

〔전환 과도기의 표시법〕

방향 전환밸브는 위치가 달라지는 순간에 각 포트 사이가 열리거나 닫히는 상태가 된다. 그 위치가 변동되는 순간의 상태를 전환 과도기라 하며, 앞의 그림과 같이 표시된다.

다음 그림의 회로에서 드릴 실린더용의 전환밸브에 과도기 오픈의 것을 사용하면 ③의 공정시 순간적으로 언로드 되기 때문에 클램프 압력이 떨어져 구멍 가공에 문제가 생긴다. 따라서 과도기 크로스 전환밸브를 사용한다.

3 위치 밸브의 센터 바이패스형의 전환밸브에서는 중립에서 언로드 상태에 있고 전환시 쵸크가 작은 과도기 오픈의 것이 표준으로 사용된다.

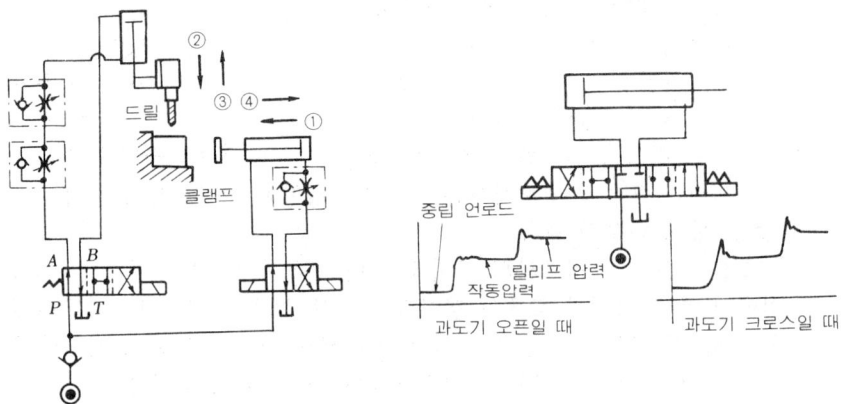

〔전환 과도기의 사용 예〕

⑦ 스풀 밸브와 유체 고착현상

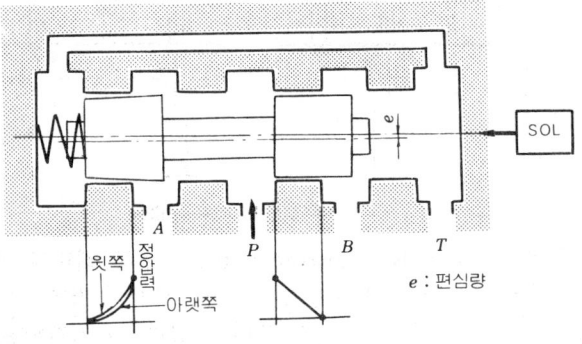

〔스풀 밸브의 크기〕

86 제 2 장 유압기기

원통형의 스풀 밸브는 고압 아래서 장시간 전환된 상태로 방치하면 다음 전환시 스풀이 움직이지 않는 수가 있다. 이것을 스풀 밸브의 고착현상이라고 하며, 원인으로는 더트록과 하이드로릭 록이 있다.

○ 유체 고착의 원인

㉮ 더트 록(dirt lock) : 틈에 먼지가 끼어서 고착을 일으키는 현상이며, 10 μ 정도의 필터를 넣어 기름의 오염을 방지한다.

㉯ 하이드로릭 록(hydraulic lock) : 틈의 누출로 생기는 스풀축 직각방향의 불평형 압력에 의해 스풀이 슬리브의 한쪽으로 밀려나는 현상이며, 스풀에 많은 기름 홈을 넣어 압력을 평형시켜서 유막이 끊어짐을 막고 정기적으로 밸브 스풀을 작동시킨다(2 위치 밸브에서는 노-스프링형이 고착현상이 적다).

⑧ 스풀 밸브 내부의 누출

스풀 밸브는 슬리브와의 사이에 틈이 있어서 올 포트 블록 등 중립 위치에서 포트 사이가 블록의 것이라도 내부 누출이 생긴다. 이 누출은 스풀형식, 구멍압력, 사용온도 등에 따라서도 다르지만 최고 사용압력 온도 50℃에 있어서 1 포트당 정격유량의 약 0.5% 이하이다.

[로크와 압력과의 관계]

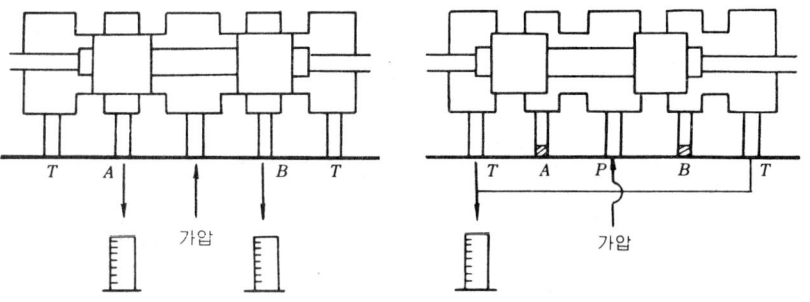

[스풀 밸브의 내부 누출]

(2) **수동 조작밸브**(manually operated valve) : 수동 레버로 밸브 스풀을 조작하는 것을 말하며, 작동기의 운동을 손으로 직접 조작할 수 있기 때문에 토목, 건설, 기계, 차량용으로 널리 쓰이고 있다(이 전환밸브는 크기가 1½이 한도이며, 사람이 레버나 페달 등으로 조작하여 스풀을 움직여서 밸브

안의 유료를 전환하는 밸브이며, 조작기구가 간단하고 고장이 적으며 가격도 저렴한 등의 이점이 있으나 복잡한 유압회로의 제어나 자동운전에는 적합하지 않다).

① 구조도

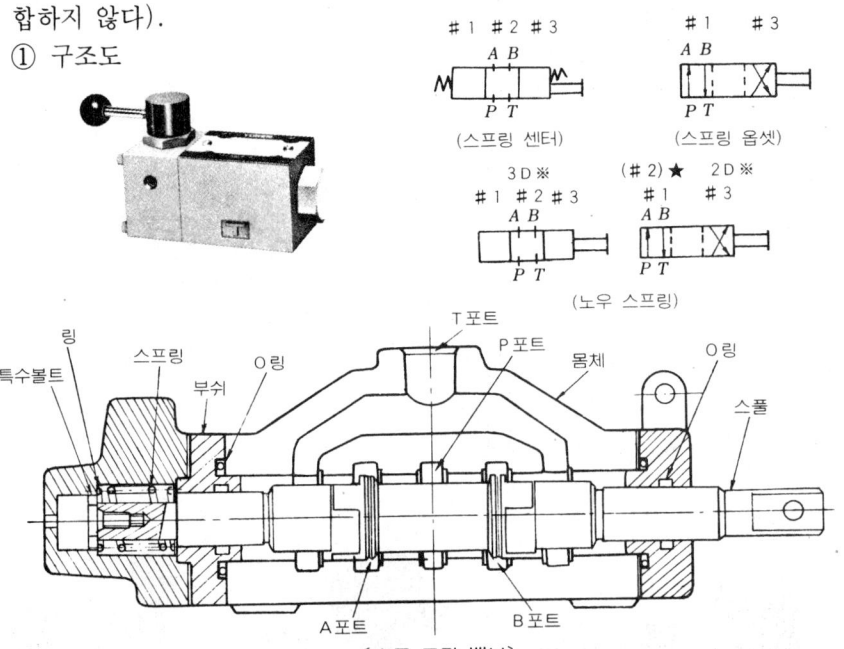

〔수동 조작 밸브〕

② 3위치 밸브 스프링 센터형 : 이 형은 손을 놓으면 중립위치로 돌아오는 형식이다. 수동 전환밸브에는 스프링 하나만 사용하여 스프링이 어느 쪽으로 움직여도 압착되도록 되어 있다.

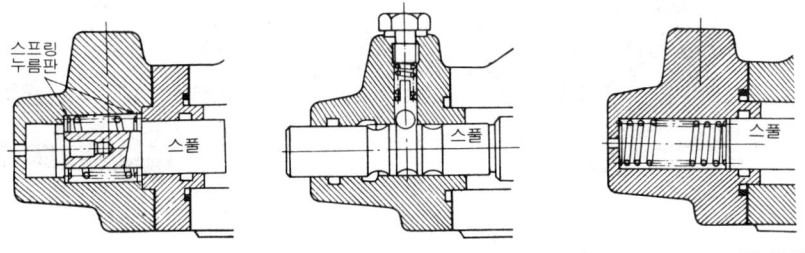

〔3위치 밸브 스프링 센터형〕　〔3위치 밸브 노-스프링형〕　〔2위치 밸브 스프링 옵셋형〕

③ 3위치 밸브 노-스프링형 : 이 형은 레버를 조작하여 손을 떼어도 그 위치에서 그대로 멈추어 있다. 노-스프링형은 스풀의 한쪽 원주 위에 홈을 내어 각 위치에서 진동 등으로 스풀이 다른 위치로 옮기는 것을 막

88

아주고 있다.

④ 2 위치 밸브 스프링 옵셋형 : 스프링 옵셋형은 2 위치밖에 없는데 노말
   상태에서 스프링의 힘으로 스풀을 한쪽으로 밀며, 전환시에는 레버를 손
   으로 잡아주어야 한다.

⑤ 레버 조작과 심볼의 관계

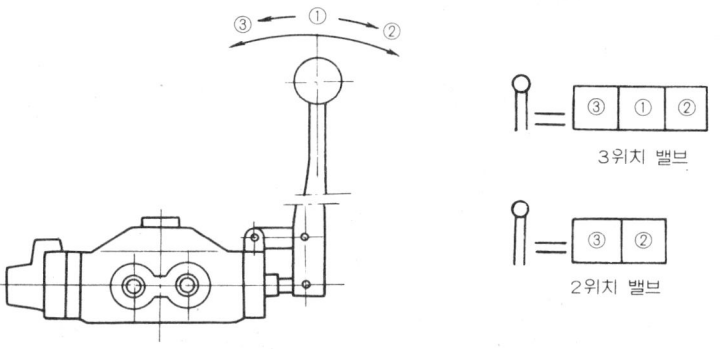

3위치 밸브

2위치 밸브

〔배관 고정구〕

⑥ 수동 전환밸브의 분해 점검 방법

  ㈎ 분할핀을 빼고 레버를 푼다.

  ㈏ 레버쪽 볼트를 풀어 커버를 떼어낸다.

    • 뚜껑안의 "O"링을 점검한다.

(대) N형의 경우에는 스풀의 위치 결정용 스프링을 눌러서 볼트를 풀고 패킹 스프링, 스프링 가이드 위치 결정용 볼을 빼낸다.
- 패킹, 스프링 그 밖의 가부품 파손유무를 점검한다.

(래) 결합볼트를 빼고 레버 반대쪽 뚜껑을 푼다.
- 뚜껑안의 "O"링, 스프링(C형과 B형)의 파손유무를 점검한다.

(매) 스풀을 빼낸다.
- 스풀 몸체의 홈 파손유무를 점검한다(가스킷의 경우에는 몸체와 서보 플레이트를 처음으로 분해하고, "O"링 등의 파손을 점검한다).

(배) 조립 : 불량부품은 신품으로 교환하고나서 다른 기기처럼 깨끗이 씻어서 조립하며, 분해순서의 반대로 조립한다("O"링의 파손에 특히 주의한다).

(3) 전자 조작밸브(solenoid operated valve)

이 밸브는 리미트 스위치 계전기(릴레이), 한시계전기(타이머) 등에서 발신된 전기신호에 의해서 전자석을 이용하여 직접 스풀을 조작하는 것이며 전달 신호에는 ON, OFF 2가지 밖에 없다.

또한 전환의 조작은 솔레노이드로 하고 있는 관계로 자동제어, 원방제어, 다수제어 등이 쉽게 이루어지도록 유압을 사용하는 거의 대부분의 자동 기계에 쓰이고 있으며, 사이즈는 1/8, 1/4, 3/8 등이 있다(전자 조작밸브는 전기 신호로 전환 조작을 하기 때문에 자동운전, 원방조작 또는 비상정지 등이 쉽게 되며, 전환시간이 빠르고 정확하므로 현재 가장 많이 쓰이고 있다. 다만 솔레노이드의 흡인력을 이용하기 때문에 지나치게 많은 유량의 것은 곤란하며, 통상압력 210[kg/cm²], 최대유량 76[l/min]까지의 전환에 쓰인다.

① 스프링에 따른 분류

(가) 스프링 센터형

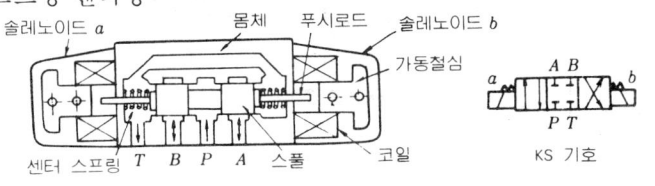

90 제 2 장 유압기기

(내) 노-스프링형

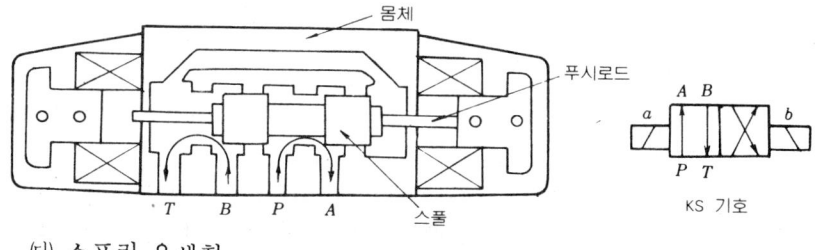

KS 기호

(대) 스프링 옵셋형

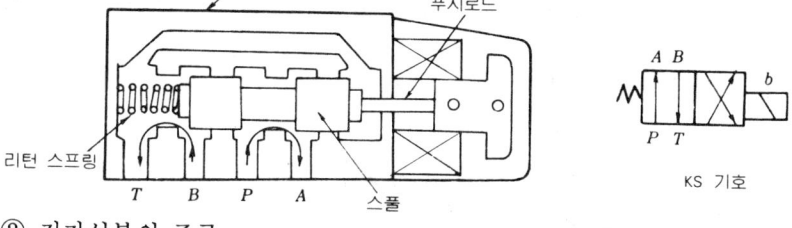

KS 기호

② 전자석부의 종류

(가) 전자석

㉮ 개방형 : 전자석 가동부가 대기중에서 작동하는 것.

㉯ 웨트 아마추어형(밀폐형) : 전자석 직동부가 기름속에서 작동하는 것.

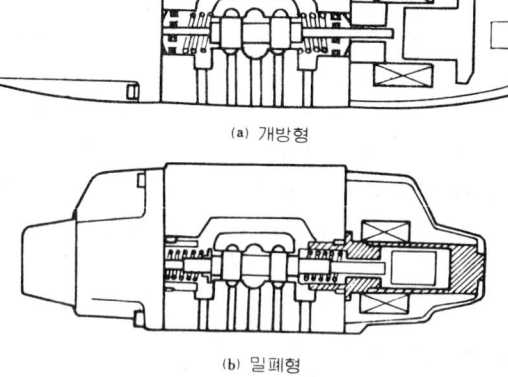

(a) 개방형

(b) 밀폐형

〔전자석의 종류〕

(내) 각 형의 비교

2. 유압 세어밸브 **91**

[개방형과 아마추어형의 비교]

종류 \ 구분	소비전력 (전기적특성)	전환 작동시간	가동부의 기름 누출
개 방 형	좋다	빠르다	푸시로드 부분은 "O"링으로 시일
웨트아마추어형	약간 나쁘다.	느리다	가동부의 시일부분이 없다.

③ 전자 조작밸브의 분해 점검

(가) 몸통을 서브 플레이트에서 분해한다.

• "O"링을 점검한다.

(나) 솔레노이드 커버설치용 나사를 풀어 솔레노이드 세트 가스킷을 빼낸다(양쪽 모두) (스프링 옵셋형에서는 한쪽 커버를 떼어낸다).

• 솔레노이드 코일의 단선, 단락유무를 점검한다.

(다) 스냅링, "O"링 리테이너, "O"링 누름, 스프링, 스프링 리테이너, 푸시로드 등을 빼낸다.

• 각 부품의 상태를 점검한다.

(라) 스풀을 몸체에서 빼낸다.〔몸체와 스풀 사이의 클리어런스(간격)가 아주 적으므로 무리하게 빼내려고 하면 섭동부에 상처가 나는 수가 있다.〕

• 스풀이나 몸체 섭동면의 홈의 유무를 점검한다.

(마) 조립 : 깨끗이 닦은 다음 분해의 반대순서로 조립한다.

　[참고] 솔레노이드 코일의 전원 연결이 직류시에는 같은색의 리이드가 같은 극이 되도록 접속하여야 한다(이 때 솔레노이드에 달려있는 문자판의 결선방식을 확인할 것).

(4) 전자 파일롯 전환밸브(solenoid controlled pilot operated directional)

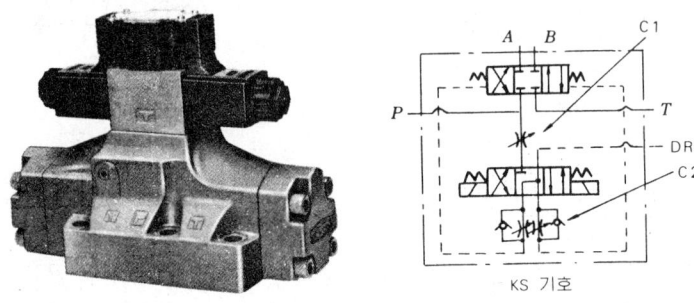

[전자 파일롯 전환밸브]

　전자 조작밸브로 다룰 수 있는 유량에는 전자력, 유체적 쇼크, 내구성 등의 이유로 한계가 있다. 큰 유량의 제어나 전환시의 쇼크레스의 효과를 얻을 목적으로 전자 파일롯 전환밸브가 사용된다. 전자 조작밸브와 스풀형식의 나타냄은 같지만 파일롯 밸브(전자 조작밸브)와 주밸브에는 일정한 조립형태가

92

있다.

① 기본적인 조립 형태

리턴기능 기호	스프링 센터형(C 형) (3 위치 밸브)	노-스프링형(N 형) (2 위치 밸브)	스프링 옵셋형(B 형) (2 위치 밸브)
KS 기호			
상세기호			
파일롯밸브 (전자조작밸브)	스프링 센터형 3 위치 밸브 프레셔 포트 블록형	노-스프링형 2 위치 밸브 과도기 올 포트 블록형	스프링 옵셋형 2 위치밸브 과도기 올 포트 블록형
주 밸 브	스프링 센터형 3 위치 밸브	노-스프링형 2 위치 밸브	노-스프링형 2 위치 밸브

② 파일롯 방식의 변경 : 전자 파일롯 전환밸브의 파일롯 유압방식에는 내
  부 파일롯 방식과 외부 파일롯 방식이 있다.

파일롯 방식 { 내부 파일롯 방식(표준) : 저항밸브를 탱크라인에 넣는다.
              외부 파일롯 방식 : 저항밸브를 펌프라인에 넣는다.

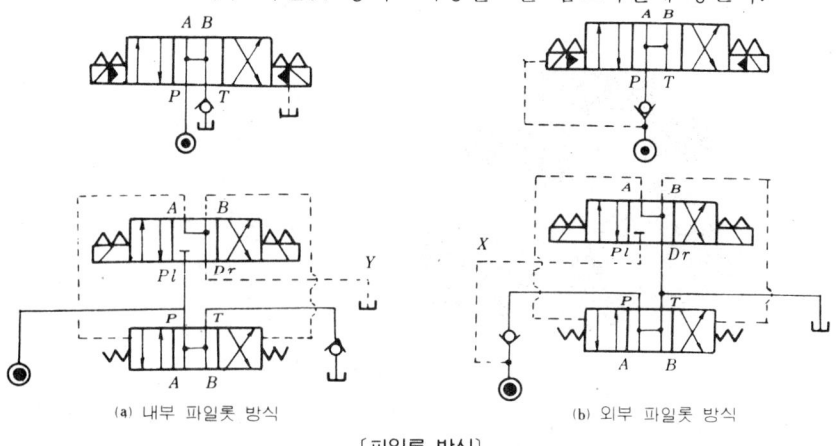

(a) 내부 파일롯 방식   (b) 외부 파일롯 방식

〔파일롯 방식〕

🟥 변경 : 내부 파일롯 방식을 외부 파일롯 방식으로 바꾼다.
  (드레인 방식의 변경에도 같은 방법으로 한다.)

2. 유압 제어밸브 **93**

[전환밸브의 일반적인 분류표]

분 류		기 호 표 시	설 명
포 트 수	2 포 트		2 개의 작동유 접속구가 있는 밸브
	3 포 트		3 개의 작동유 접속구가 있는 밸브
	4 포 트		4 개의 작동유 접속구가 있는 밸브
위 치 수	2 위 치		2 개의 작동유 접속구 위치가 있는 밸브
	3 위 치		3 개의 작동유 접속구 위치가 있는 밸브

중 립 위 치 에 서 의 흐 름 의 형 식	올 포트 블록 (크로스센터)	프레셔 포트 블록 (ABR 접속)	센터 바이패스 (PR 접속)	사이드 포트 블록 (AR 접속)
	올 포트 오픈 (오픈센터)	실린더 포트 블록 (APR 접속)		탱크 포트 블록 (ABP 접속)

스 프 링 형 식	스프링옵셋		전환 조작력이 없어지면 스프링의 힘으로 원위치로 돌아오는 밸브(2 위치 밸브)
	노-스프링		전환 조작력이 없어져도 전환 스위치를 유지하는 밸브(수동 조작밸브에서는 데턴트 붙이 3 위치 밸브도 있다.)
	스프링센터		전환 조작력이 없어지면 스프링 힘으로 중립 위치로 돌아오는 밸브(3 위치 밸브)

조 작 방 식	기 계 조 작		캠, 로울러 등 기계력으로 조작되는 밸브
	파일롯조작		파일롯으로 유압력으로 조작되는 밸브
	수 동 조 작		인력으로 조작되는 밸브
	전 자 조 작		전자력으로 조작되는 밸브
	전 자 파일롯조작		전자력으로 조작되는 파일롯 밸브로부터의 유압으로 주 밸브 스풀을 작동시키는 밸브

94 제 2 장 유압기기

2·4 복합 밸브

복합 밸브란 압력, 유량, 방향 등 모든 제어를 할 수 있는 다기능 밸브이다.

2-4-1 특 징

동력손실이 적은 압력이 특성이며, 부하에 필요한 압력에 따라 펌프의 압력을 조정한다. 차축 소형 선박에 있어서는 한정된 동력을 효율적으로 이용할 수 있으며, 생산 설비에서도 에너지가 절약된다.

바이패스형을 예로들면 펌프의 압력은 다음과 같이 된다.

- 전환밸브 중립시 : 언로드
- 실린더 작동시 : 부하 작동에 맞는 압력이 발생된다.
- 실린더 끝단 : 릴리프 압력으로 가압된다.

압력신호에 비례한 유량 특성을 지니며, 부하의 미세한 속도제어가 자유로이 이루어진다. 수동 비례 밸브에서는 레버 각도를 변경하고 전자 비례 밸브에서는 솔레노이드에 걸리는 전류값을 변경하여 속도제어를 한다.

쇼크레스 특성을 지니며 부하의 기동 정지 가속도 정역전이 쉽게 이루어지고 종래의 밸브에 비하여 콤팩트(compact) 하다.

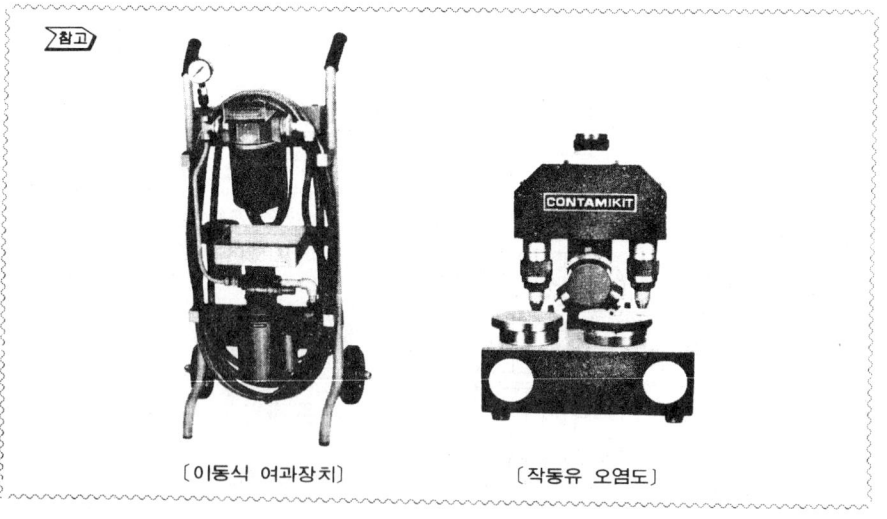

〔이동식 여과장치〕　　　〔작동유 오염도〕

2-4-2 복합 밸브의 구성

복합밸브는 다음 3가지 블록으로 구성되어 있다.

(1) 입구 밸브 블록(바이패스형 또는 감압형)

2. 유압 제어밸브 **95**

(2) 전환 밸브 블록(최대 8련까지 가능하다)
(3) 앤드 플레이트(전자 비례밸브, 전자 파일롯 전환밸브에서는 이들을 결합
    하는데 서브 블록을 사용한다)

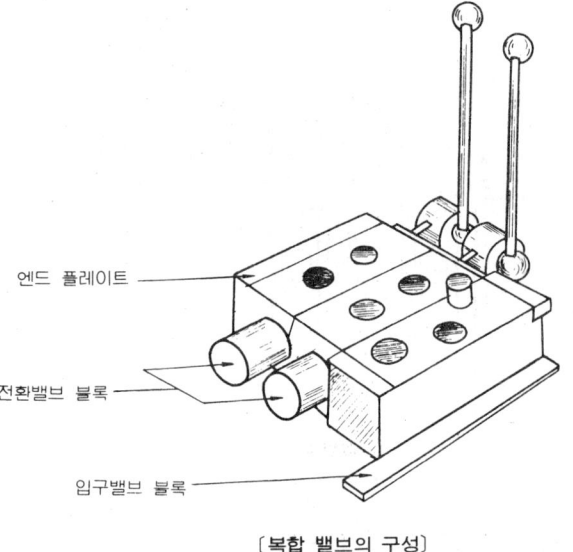

엔드 플레이트

전환밸브 블록

입구밸브 블록

〔복합 밸브의 구성〕

2-4-3 종 류

• 복합밸브
  - 수동 전환밸브
    - 수동 비례 전환밸브
    - 선박용 윈치 조작밸브
    - 차량용 멀티폴 컨트롤 밸브
  - 전자 전환밸브
    - 전자 비례밸브
    - 전자 파일롯 전환밸브

2-4-4 바이패스형과 감압형의 사용 구분

① 바이패스형은 정용량 펌프(릴리프 밸브 불필요) 회로에서 사용한다 (남
   은 유량은 입구 밸브에서 탱크로 되돌아온다.)
② 감압형은 압력보상형 가변용량 펌프 또는 어큐뮬레이터를 사용한 회로
   에서 사용한다(하나의 펌프로 여러개의 전환밸브를 사용하는 병렬회로이
   며, 완전한 동시 조작이 요구될 경우 각 전환밸브 블록마다 감압형 입구
   밸브를 부착하면 가능하며, 이 때 펌프는 동시조작을 만족시킬 수 있는
   용량이어야 한다.)

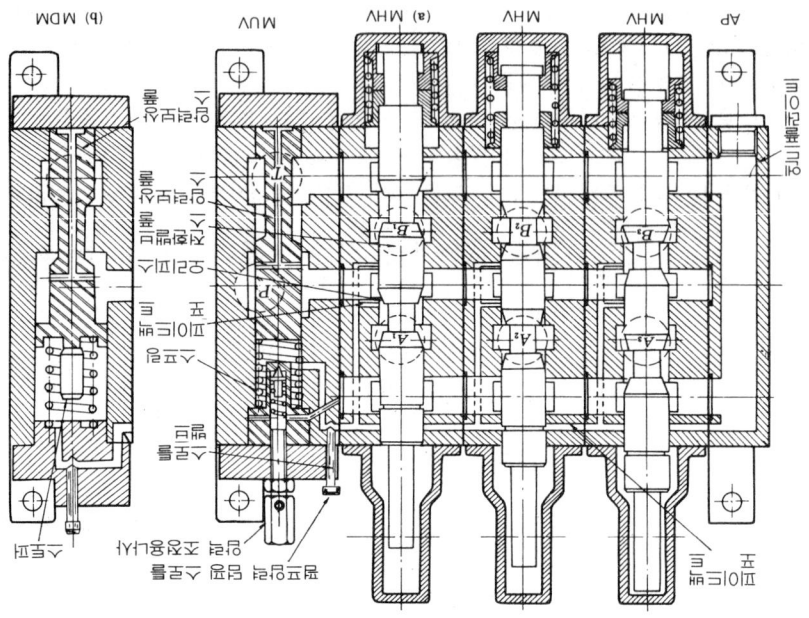

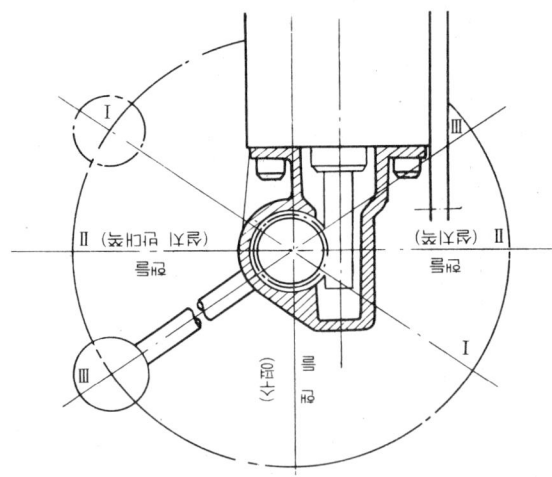

그림 2-4-5 유압 밸브의 구조도

2. 유압 제어밸브 **97**

2-4-6 바이패스형 수동 비례밸브의 기구와 작동

(1) 전환밸브의 스풀이 중립위치일 때(언로드)

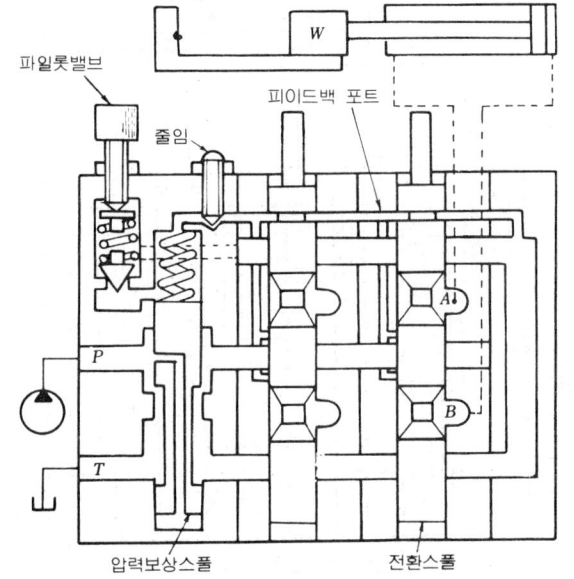

〔스풀 중립시 작동상태(언로드)〕

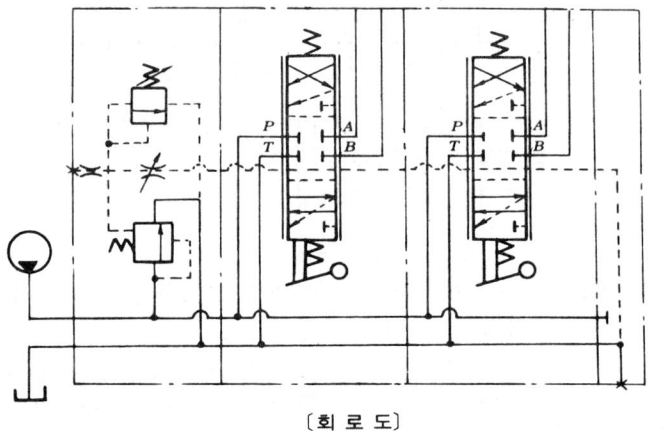

〔회 로 도〕

전환 스풀이 모두 중립일 때 압력 보상 스풀 상부의 유실은 피이드백 포트를 거쳐서 탱크라인으로 통하고 있으므로 압력 보상 스풀 아래에 작용하는 펌프의 압력이 상부의 스프링 힘 이상이 되면 스풀을 밀어 올린다. P라인은그

98 제 2 장 유압기기

압력을 유지하면서 펌프의 유량은 탱크에 바이패스한다(스프링은 3 [kg /cm²]
또는 6 [kg /cm²]의 2 종류가 있다).

(2) **전환 스풀을 열어서 실린더 전진일 때**(펌프의 압력은 부하 입구 스프링힘)

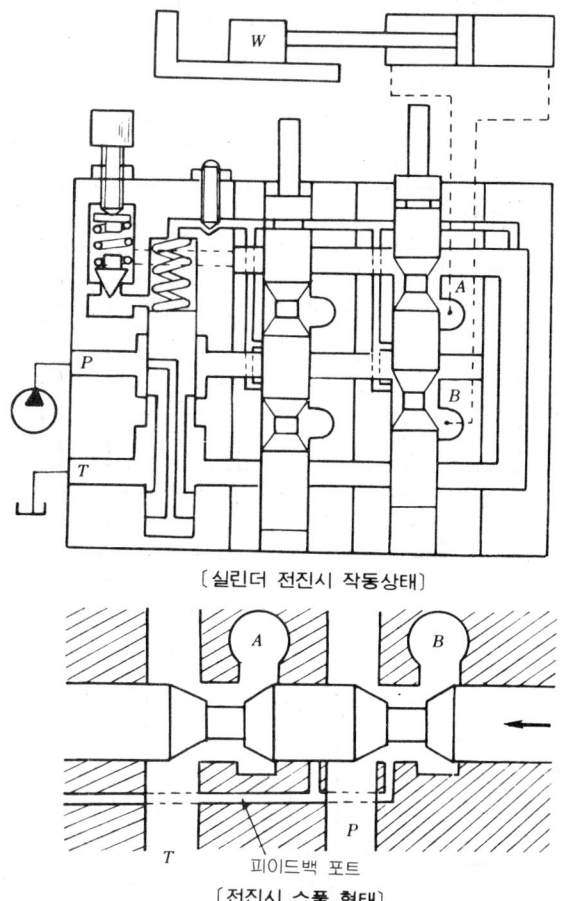

〔실린더 전진시 작동상태〕

〔전진시 스풀 형태〕

스풀은 $P \rightarrow B$로 전환하며, 압력 보상 스풀 위의 유실로는 피이드백 포트
를 거쳐서 B 포트의 압력(부하압력)이 들어간다.

압력 보상 스풀 하부의 압력 P는 B 포트압력+스프링 힘을 유지하면서 스
풀을 밀어 올려서 남는 펌프의 유량을 탱크에 바이패스 한다. 이 때 P에서 B
로의 열린 최소 단면적은 스풀 이동량, 레버 각도에 비례한다.

P 포트와 B 포트 압력의 차 ΔP는 부하압에 관계없이 스프링 힘에 따라 일
정하기 때문에 통과유량은 레버 각도에 비례하며, 부하압이 변하여도 달라지
지 않는다.

2. 유압 제어밸브 **99**

(3) 실린더가 정지했을 때(릴리프 설정압력(최대 $210[\text{kg}/\text{cm}^2]$)으로 가압)

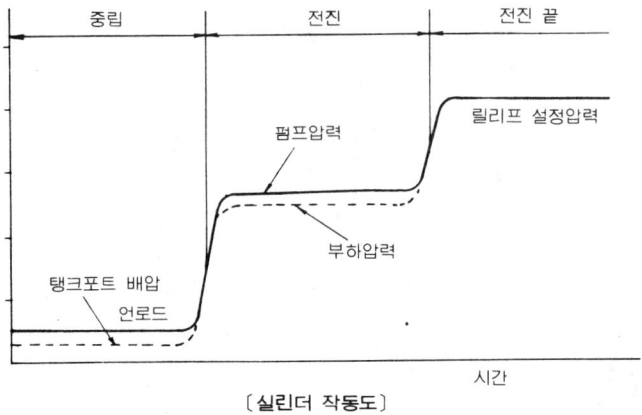

〔실린더 정지시 작동 상태〕

〔실린더 작동도〕

　실린더가 정지하면 압력이 상승하여 파일롯 밸브를 열며, 일부의 기름이 스로틀를 통하여 압력 보상 스풀의 윗쪽을 거쳐서 탱크에 흐른다. 이 스로틀 앞뒤의 압력차가 압력 보상 스풀의 윗쪽과 아래쪽에 작용하여 스풀을 밀어올려 P라인은 그 압력을 유지하면서 펌프의 유량을 탱크로 보낸다.

100 제 2 장 유압기기

2-4-7 감압형 수동 비례 전환밸브의 구조와 작동

(1) 전환 스풀이 중립일 때(입구 밸브 닫힘)

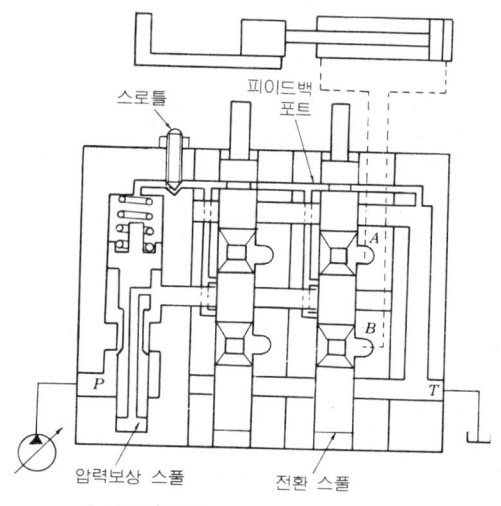

〔스풀 중립시 작동 상태(입구밸브 닫힘)〕

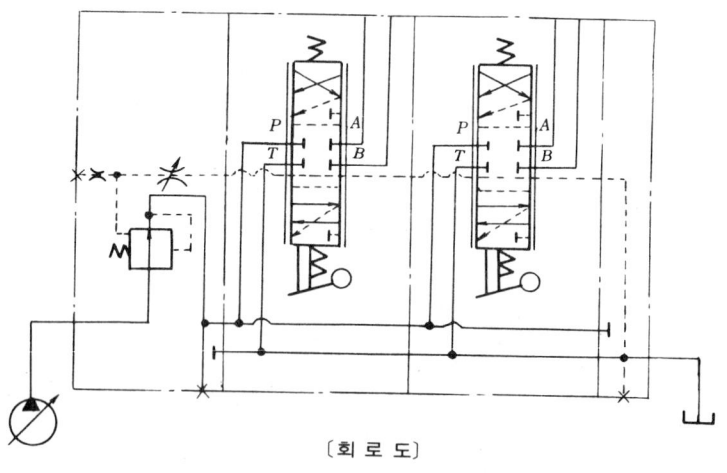

〔회 로 도〕

전환 스풀이 모두 중립일 때는 압력 보상 스풀 윗쪽의 유실은 피이드백 포
트를 거쳐 탱크라인으로 연결되어 있으므로 내부의 P 포트 압력이 스프링 힘
과 같은 3〔kg/cm²〕 또는 6〔kg/cm²〕이 되면 펌프로부터의 입구는 닫힌다(필
요 이외의 유량은 소비하지 않는다).

(2) 전환 스풀을 열어서 실린더 전진(부하에 필요한 압력 유량만 받아들인다)

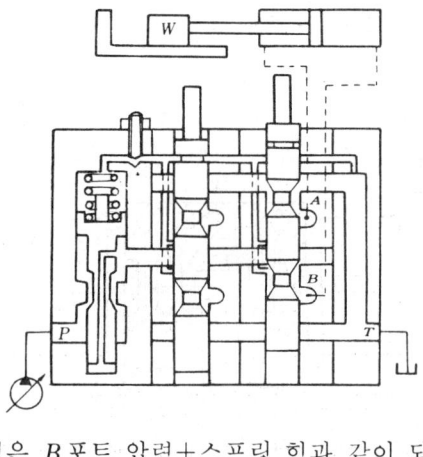

내부 P포트 압력은 B포트 압력+스프링 힘과 같이 되며, 제어 유량은 레버의 각도에 따라 비례하는 것은 바이패스형과 같다. 바이패스형에서는 일부 유량을 탱크에 바이패스하여 제어하지만 감압형에서는 내부 P포트 압력이 B포트 압력+스프링 힘 이상이 되면 입구밸브의 열린 면적이 줄어들어서 차압은 일정하게 유지되어 열린 면적에 비례한 유량만이 흐르게 된다.

(3) 실린더가 정지했을 때(실린더 전진 끝)

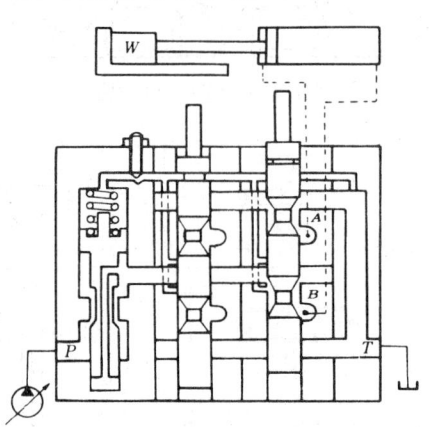

실린더가 정지하면 모든 포트의 흐름이 없어지기 때문에(정압의 전달뿐) 압력 보상 스풀의 상·하는 같은 압력이 되어 스프링 힘으로 입구 밸브가 열리어 펌프의 최고압력이 들어가게 되며, 그 압력으로 실린더는 가압된다 (펌프는 데드헤드의 상태가 된다).

102 제 2 장 유압기기

2-4-8 복합 전자 비례 전환밸브

(1) 복합 전자 비례 전환밸브 구조도

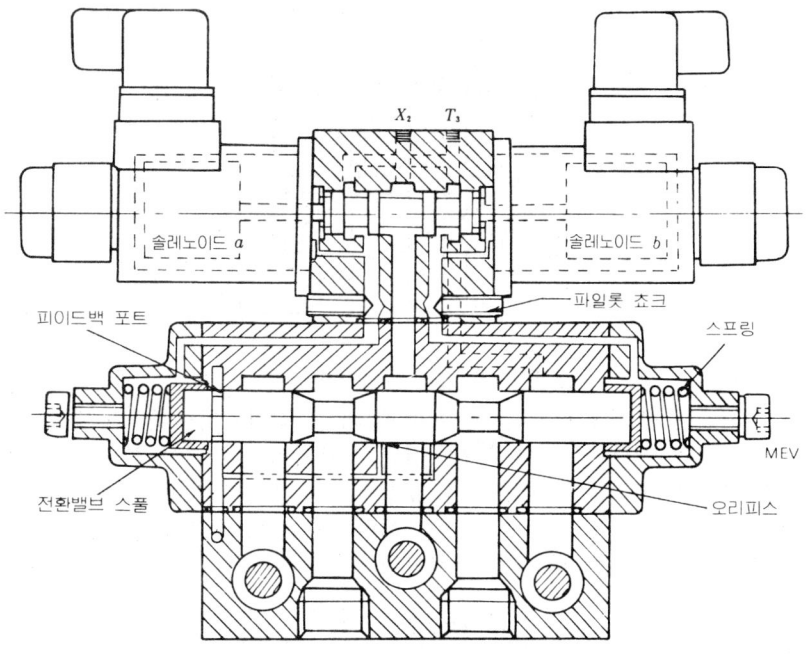

[복합 전자 비례 전환밸브의 단면도]

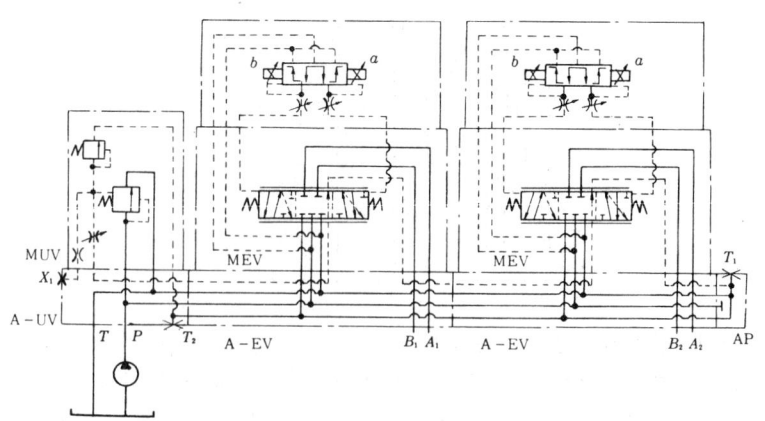

[복합 전자 비례 전환밸브의 회로도]

(2) 복합 전자 비례 전환밸브의 구조와 작동

입구밸브는 수동의 경우와 같다(스프링은 6 [kg/cm²]이 표준임). 포텐션미터 또는 전용의 전기 콘트롤러에 의하여 솔레노이드부가 전류 값을 제어하여 필요한 유량을 얻는다.

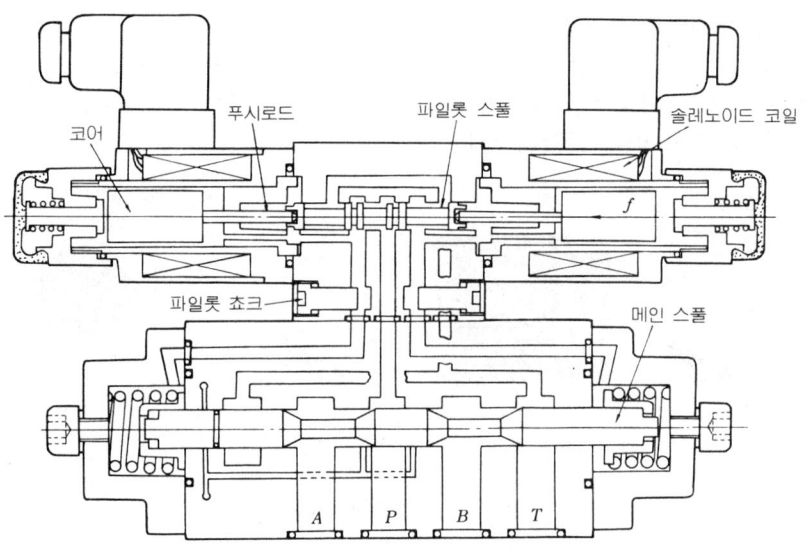

[복합 전자 비례 전환밸브의 구조]

(3) 유량 특성

부하 압력에 관계없이 솔레노이드 전류(스풀 행정;스트로크)에 비례하여 유량을 얻는다.

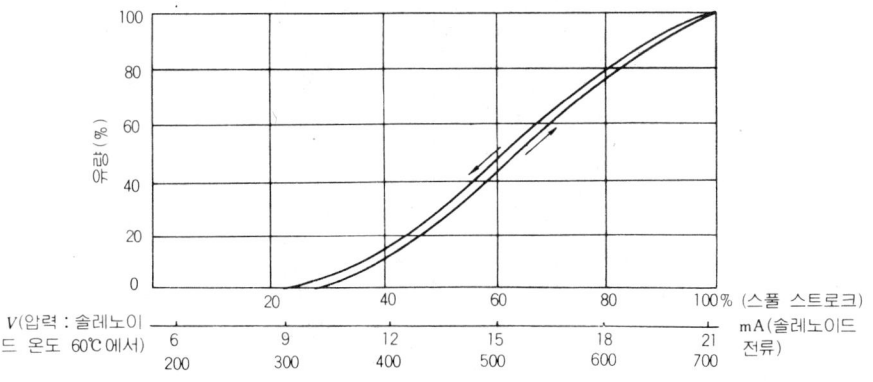

[유량 특성선도]

104 제 2 장 유압기기

(4) 전자 파일롯 감압밸브의 구조

솔레노이드부가 전류 값 I 에 비례한 흡인력에 의하여 파일롯 스풀이 눌리어 P 포트에서 파일롯 라인으로 흐르는데는 그 파일롯 압력은 스풀의 반대쪽 단면에 작용하여 그 전압력과 ƒ가 평행된 상태에서 스풀은 정지하기 때문에 I 에 맞는 파일롯 압력(최대 12〔kg/cm²〕)을 얻을 수 있다.

(5) 주 전환밸브의 구조

파일롯 압력이 전환 스풀의 측면에 작용하여 그 전압력과 반대쪽의 스프링 힘이 평행한 위치에서 정지하여 I 에 맞는 행정을 얻을 수 있다.

(6) 복합 전자 비례 전환밸브의 제어

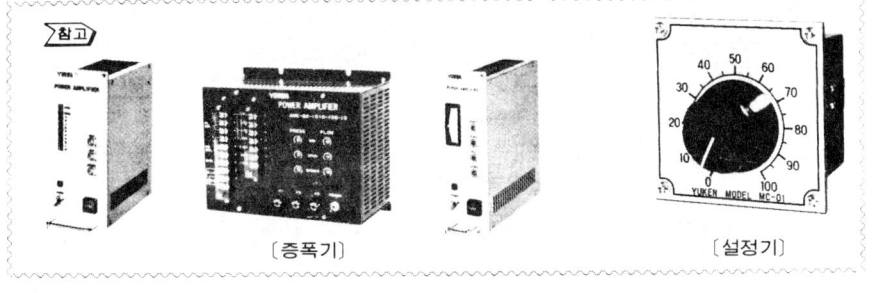

〔증폭기〕　　　　　〔설정기〕

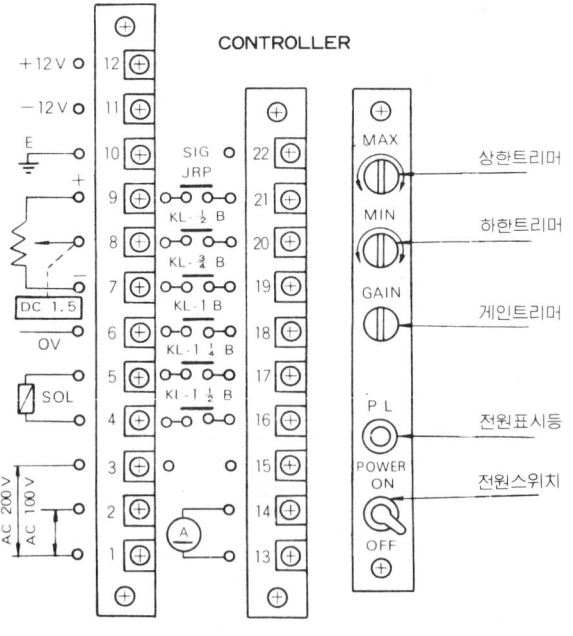

〔전기 콘트롤러 전면〕

2. 유압 제어밸브 **105**

복합 전자밸브의 제어에는 교류 전원 콘트롤러가 있으며, 전환밸브 유량은 솔레노이드부가 약 300〔mA〕의 전류가 흐르기 시작하여 700〔mA〕에서 최대가 되는데 포텐션 미터를 사용하여 (0~1kΩ 접속) 0~850〔mA〕의 범위에서 출력 전류를 제어한다. 또한 솔레노이드부의 전류를 안정시키기 위하여 정전류 회로를 사용하며 (전원 전압의 변동 및 솔레노이드의 온도상승에 의한 저항증가 억제 역할) 파일롯 스풀, 메인 스풀의 마찰에 의한 히스테리시스는 직류 전류에 펄스파를 넣어 마찰을 감소시킨다.

⑺ 단자 접속의 예

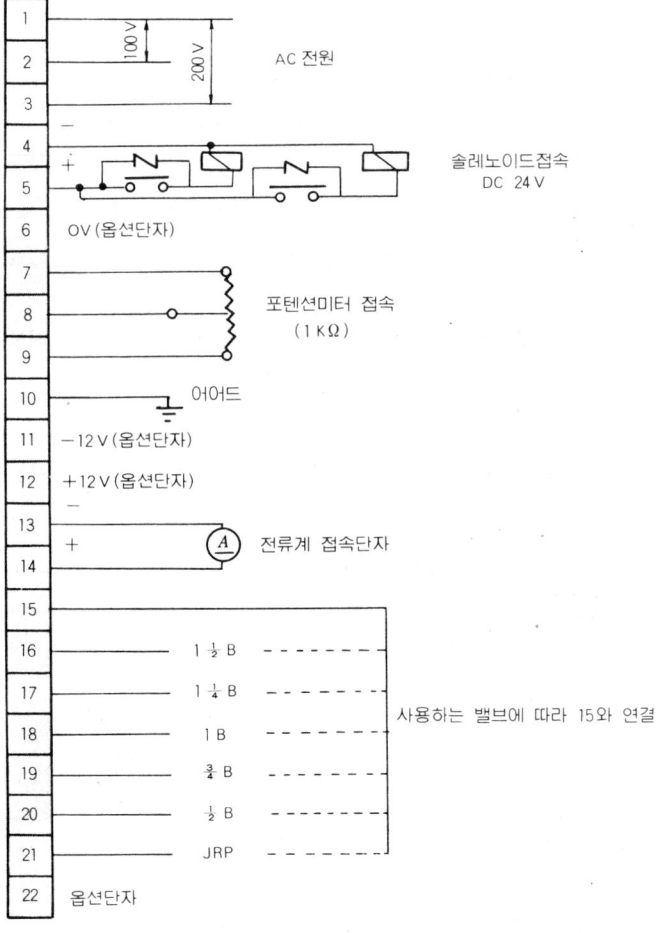

〔단자 접속의 예〕

106 제 2 장 유압기기

(8) 응용 예
외부 포텐션 미터 2 개에 의한 2 단 속도제어

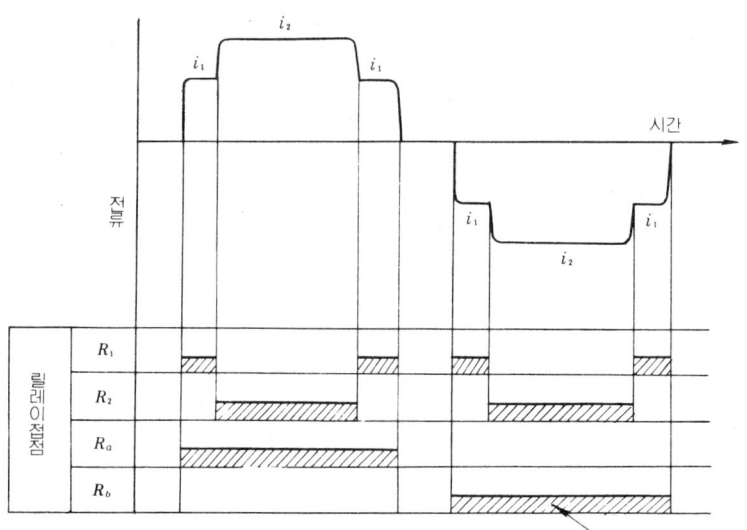

〔각 릴레이 접점의 **ON, OFF**에 의한 솔레노이드 a, b 및 여자 전류 i_1, i_2의 전환〕

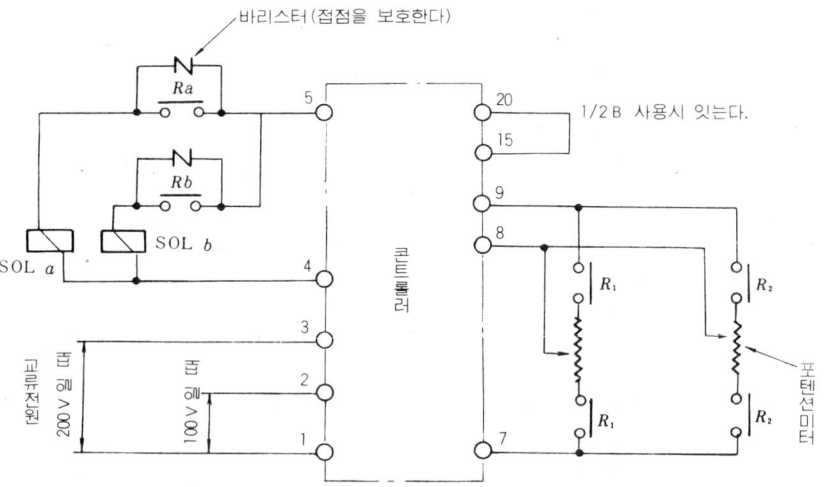

〔전기 회로도〕

2. 유압 제어밸브 **107**

(9) 트리머 조정

상한 트리머, 하한 트리머를 조정하여 포텐션 미터 저항(Ω)값의 변화에 따르는 출력 전류치를 조정할 수 있다.

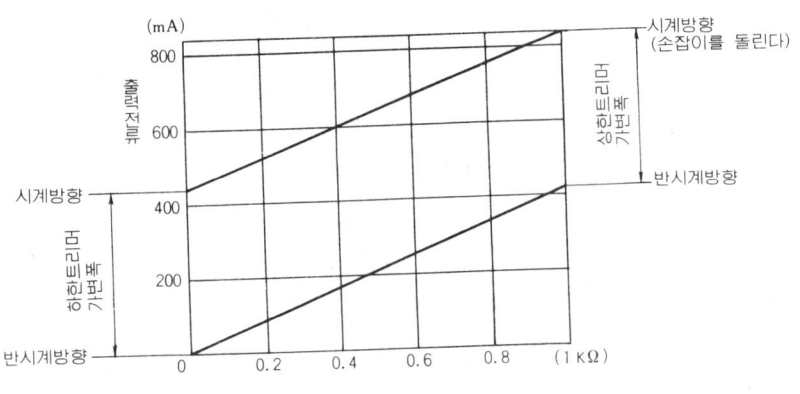

[트리머 조정선도]

[유압식 앵글 커터]

108 제 2 장 유압기기

⑽ 복합 전자 파일롯 전환밸브

전자 비례 전환밸브의 파일롯 밸브를 웨트 아마추어 전자 조작밸브로 바꾼 것이며, 비례 유량 특성 이외의 기능은 같으므로 바이패스형(MUV), 감압형 (MDM) 입구밸브와 조립하여 일반 전환밸브의 전기회로로 조작할 수 있다.

유량의 조정은 주 전환밸브의 조정나사로 하며, 파일롯 라인에는 스로틀 밸브를 붙이면 파일롯 라인을 줄임으로서 주 스풀의 쇼크레스를 얻을 수 있다.

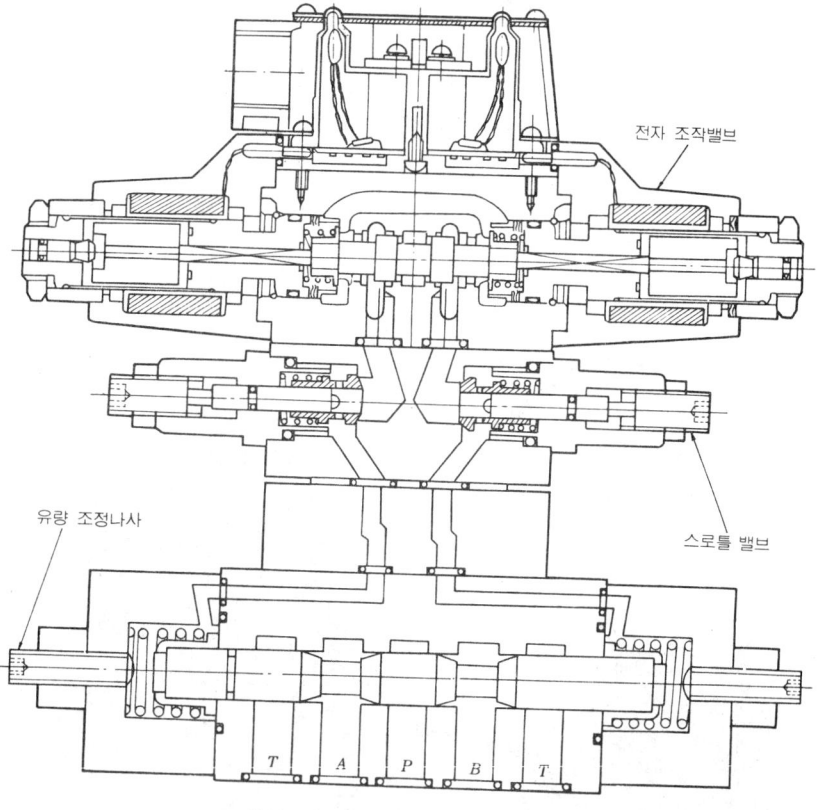

〔복합 전자 파일롯 전환 밸브〕

⑾ 복합밸브의 용도

복합밸브는 기기의 종류가 다양하여 차량, 선박, 공작기계, 플라스틱 가공기, 단조 프레스, 하역 운반기계 그 밖의 모든 유압 응용기계에 적용할 수 있다(적정한 형식 선택으로 유압기기의 성능이 높아지고 합리화 및 원가절감도 높일 수 있다).

2. 유압 제어밸브 **109**

〔복합밸브의 응용 예〕

복합밸브 사용에 따른 구분	응 용 예
속도의 fine control	원치, 크레인, 포크리프터, 사다리차, 이동대, 하역 운반기계 등
쇼 크 레 스	테이블 이송, 이동대, 프레스 단조기계
동 력 절 감	배터리 포크 리프터, 토목 건설기계, 일반기계
자동제어, 시퀸스제어, 프로그램제어, 원방제어, 간단한 서보제어	사출성형기, 각종 유압 프레스, 기타 자동기계
단순화 및 원가절감	각종 기계

(12) **파워 매치 구성**(부하에 필요한 압력 유량의 공급)

복합밸브와 가변 피스톤 펌프의 조합으로 종래의 개회로에서는 얻지 못하는 회로효율을 얻을 수 있다. 종래에는 부하에 필요한 압력 유량보다 많은 압력 유량을 발생하는 경우가 많아서 언로드 회로, 바이패스 회로, 압력보상 회로(가변펌프에 의함) 등이 필요하게 되었으며, 이것들은 모두 부분적인 대책에 그칠뿐 완전하지는 못하였다. 파워 매치는 동력소비의 최소화는 물론 펌프 토출압력이 필요한도로 억제되기 때문에 펌프의 수명이 길어지고 열손실도 줄어든다.

① 원리 : 복합 전환밸브 블록으로 유량을 콘트롤 하지만 부하 유량에 대하여 펌프 토출량이 클 때에는 부하압력에 대하여 펌프 토출압력이 커지기 시작하여 그 압력차로 파워매치 밸브가 움직이며, 펌프 토출압력이 가변 펌프의 조작 실린더에 들어가 토출량을 감소시키므로 펌프 토출량은 부하에 필요한 유량과 같고, 또한 토출압력도 부하압력과 비슷하게 된다.

② 작동 설명

㈎ 전환밸브가 중립일 때

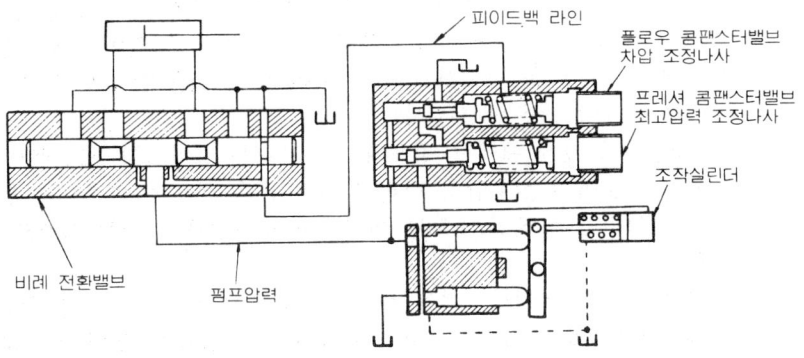

110 제 2 장 유압기기

플로우 콘트롤 밸브는 펌프 토출압력과 부하압력과의 차압에 의하여 작동하며 압력설정은 7 [kg /cm²]이 표준이다. 프레셔 콤펜스터 (P.C ; pressure compensator) 밸브는 펌프의 최고 토출압력을 제어하며 70 [kg /cm³]용, 140 [kg /cm²]용, 210 [kg /cm²]용이 있다.

중립 위치에서의 전환밸브, 피이드백 포트는 닫혀 있으므로 피이드 백 압력은 0 이 되고, 펌프 토출압력은 F.C 밸브를 열어서 조작 실린 더에 들어가기 때문에 펌프 토출량은 0 에 가까워진다.

펌프 토출압력은 조작 실린더를 작동시키기 위한 압력(약 15 [kg /cm²]) 만 발생한다.

(나) 유량제어를 했을 때

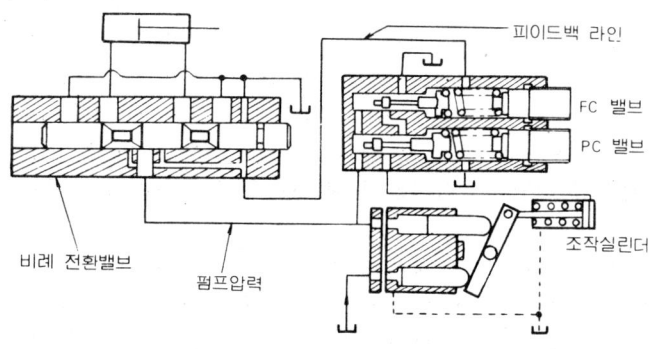

전환밸브를 열면 부하에 필요한 압력이 피이드백 되어 F.C 밸브의 스프링에 작용하므로 펌프 토출압력이 높아지기까지 조작 실린더는 드 레인 라인에 이어져 토출량을 증대시킨다.

제어유량에 비하여 펌프의 토출량이 많을 때에는 펌프 토출압력은 높 아져서 피이드백 되어온 부하압력과의 차압이 F.C 밸브의 설정압력보 다 높아진다. 그리고 펌프의 토출압력은 F.C 밸브를 열어서 조작실린 더에 들어가 토출량을 감소시킨다. 이 때의 펌프 토출압력(부하 압력＋ F.C 밸브 설정압력)은 유지된다.

제어유량이 늘었을 때에는 펌프의 토출압력은 떨어지고 F.C 밸브 양 쪽의 차압이 줄어서 설정압력 이하가 되면 F.C 밸브는 왼쪽으로 밀리 어 조작 실린더는 드레인 포트에 이어져서 토출량을 늘리는 쪽으로 작 용한다.

부하 실린더의 끝에서는 펌프 토출압력이 P.C 밸브의 설정압력이 되 면 P.C 밸브를 열고 조작 실린더에 들어가 토출량은 0 에 접근하여 펌프 토출압력은 P.C 밸브 설정압력을 유지한다.

3. 작동기　**111**

3. 작동기(actuator)

　유압펌프에 의하여 공급되는 유체의 압력에너지를 이용하여 기계적 에너지로 바꾸어 작동물체를 회전 및 직선 요동의 각 운동을 행하는 것을 작동기라 한다. 왕복운동을 하는 실린더와 회전 요동운동을 하는 요동모터 및 회전운동을 하는 유압모터가 있다.

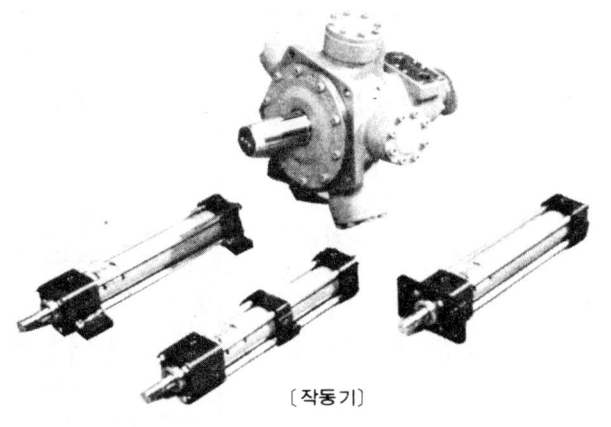

〔작동기〕

3·1 종　류

$$
작동기
\begin{cases}
유압실린더 \begin{cases} 단동형 : 플랜지식, 피스톤식 \\ 복동형 : 한쪽 로드식, 양쪽 로드식 \\ 다단형 \end{cases} \\
요동형 유압모터 \\
유압모터 \begin{cases} 기어형 \\ 베인형 \\ 회전 피스톤형 : 액셜형, 레이디얼형 \end{cases}
\end{cases}
$$

3·2 유압 실린더

KS 기호

〔유압 실린더〕

112 제 2 장 유압기기

유압용 실린더는 한국 공업규격(KS B 7676)에 의해 정해져 있다.
이 표준 실린더를 사용하면 다음과 같은 이점이 있다.
① 부품의 호환성이 좋다.
② 기능 설정 시험을 통하여 그 성능이 보증된다.
③ 값이 싸고 취득이 쉽다.

(1) 실린더의 종류

〔실린더 작동기능에 의한 분류〕

구 분	분 류	기 호
단 동 형 KS 호칭기호(CS)	단동 램형	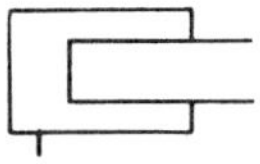
	단동 한쪽 로드형	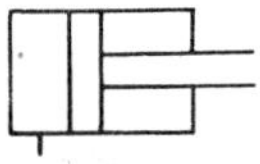
	단동 양쪽 로드형	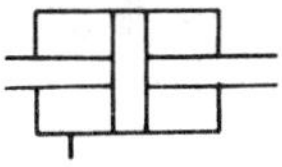
	단동 텔레스코픽형	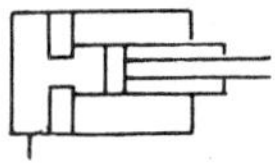
복 동 형 (KS 호칭기호(CU)	복동 한쪽 로드형	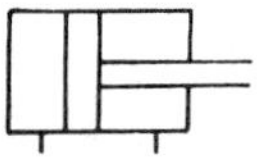
	복동 양쪽 로드형	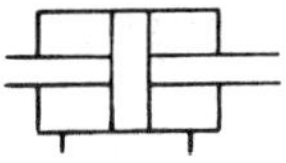
	복동 더블형	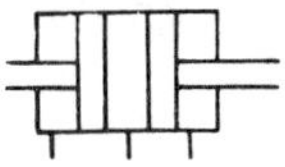
	복동 텔레스코픽형	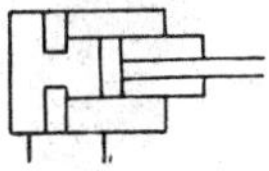

⑵ 실린더 부착형식에 의한 분류

〔실린더 부착 형식에 의한 분류〕

구　　분	분　　류		기　　호
축심 고정형	파일롯형		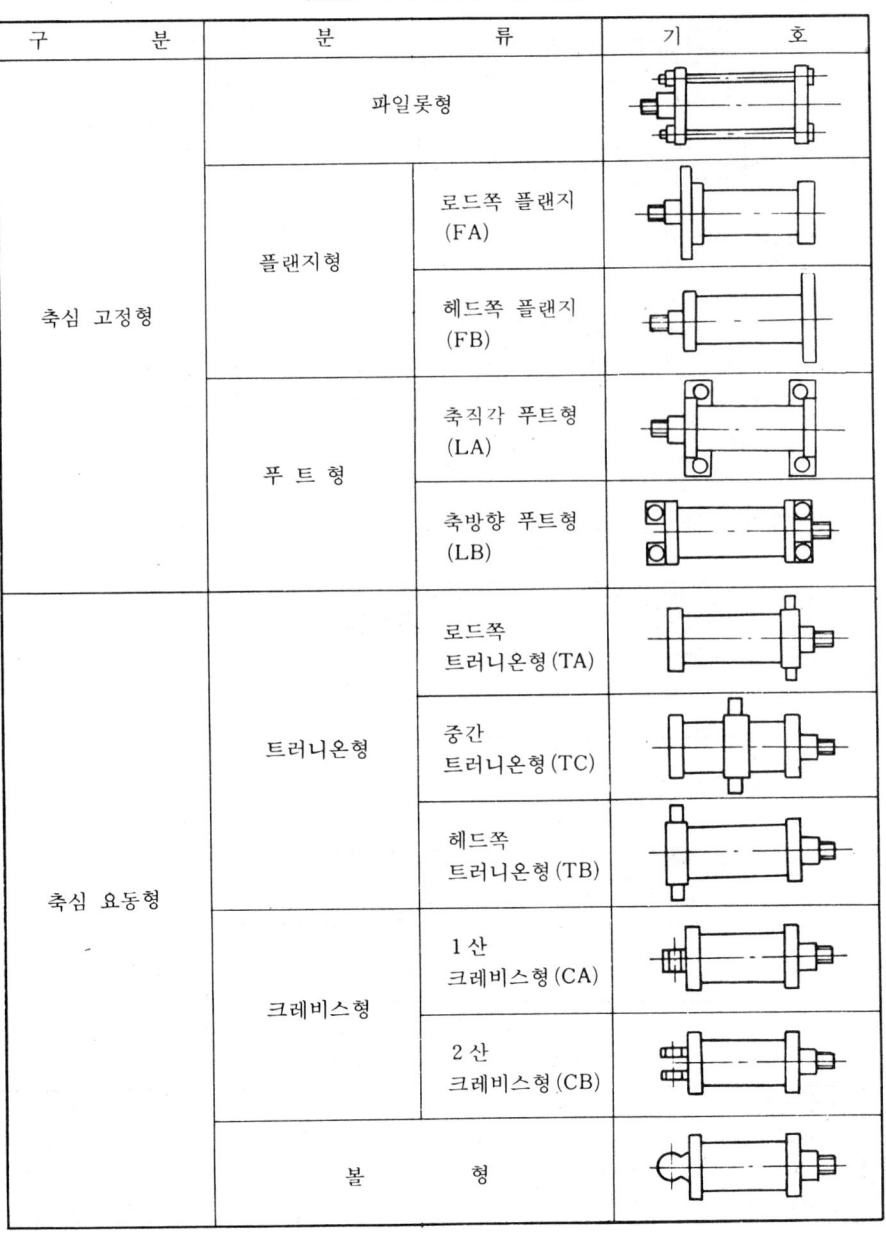
	플랜지형	로드쪽 플랜지 (FA)	
		헤드쪽 플랜지 (FB)	
	푸 트 형	축직각 푸트형 (LA)	
		축방향 푸트형 (LB)	
축심 요동형	트러니온형	로드쪽 트러니온형 (TA)	
		중간 트러니온형 (TC)	
		헤드쪽 트러니온형 (TB)	
	크레비스형	1 산 크레비스형 (CA)	
		2 산 크레비스형 (CB)	
	볼　　형		

114 제 2 장 유압기기

(3) 커버 고정 방식에 의한 분류

① 파일롯식

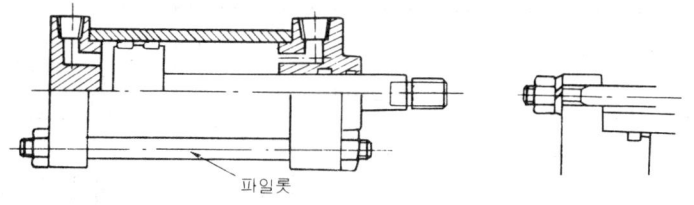

파일롯

② 튜브 플랜지식

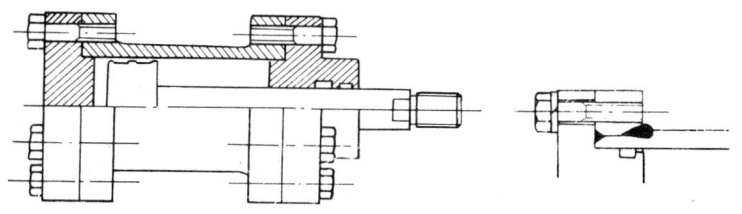

③ 커버 나사 조임 방식

커버나사조임

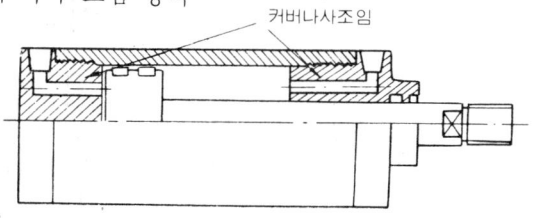

④ 커버 용접 방식

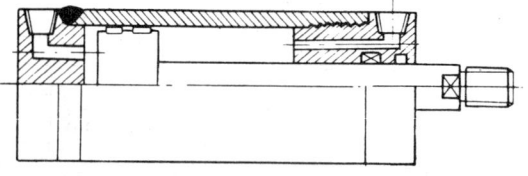

[커버 고정방식과 스트로크 길이와의 관계]

커버 고정방식	파	일	롯 식	튜브 플랜지식
실린더 내경	40 φ	50~160 φ	180~250 φ	180~250 φ
70 [kg/cm²]	1500 [mm]	2000 [mm]	1500 [mm]	1500~2000 [mm]
140 [kg/cm²]	1500 [mm]	2000 [mm]	800 [mm]	800~2000 [mm]

3. 작동기 **115**

파일롯 방식은 일반 산업기계용으로 수요분야가 가장 넓다. 그러나 가혹한 사용조건에서는 실린더의 비틀림, 파일롯의 헐거움이 발생할 때도 있다. 제철기계 등 특히 가혹한 조건에서는 튜브 플랜지 방식이 쓰이며, 커버 나사 조임방식은 포트의 위치가 가공하기 어렵고 구조상의 약점 때문에 거의 쓰이지 않는다. 용접방식은 경제성에 알맞는 실린더라는 면에서 건설기계용 실린더의 대부분에 쓰인다.

(4) 유압 실린더의 구조도

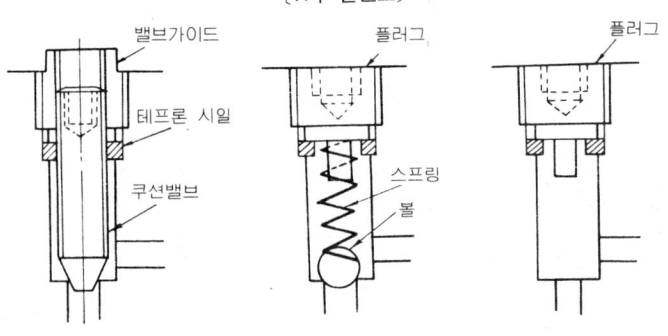

〔유압 실린더의 구조〕

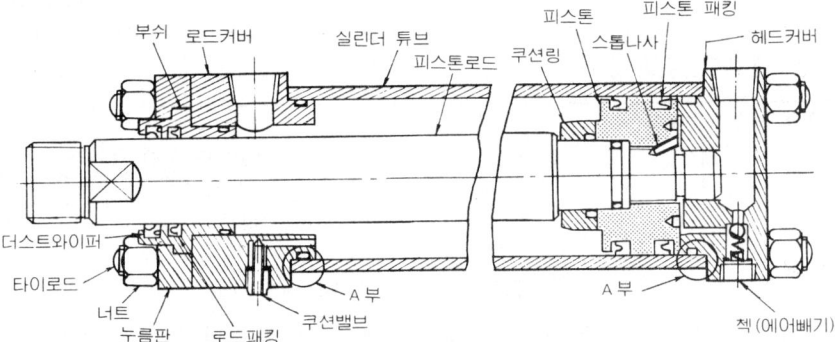

$\phi40\sim\phi160$의 구조 $\phi180\sim\phi250$의 구조

〔A부 단면도〕

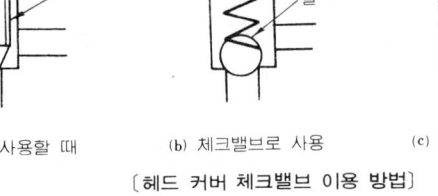

(a) 쿠션으로 사용할 때   (b) 체크밸브로 사용   (c) 쿠션이 없을 때

〔헤드 커버 체크밸브 이용 방법〕

116 제 2 장 유압기기

(5) 표준형 유압 실린더

① 로드 지름의 종류와 면적비

튜브의 내경 및 로드지름의 기본치수는 규격화되어 있으며, 로드 지름의 종류와 면적비는 다음과 같다.

[로드 지름의 종류와 면적비]

로드지름의기준	A	(X)	B	(Y)	C	(Z)	D
면적비(AH : AR)	2 : 1	1.6 : 1	1.45 : 1	1.32 : 1	1.25 : 1	1.18 : 1	1.12 : 1

(가) ( )안의 로드 지름의 형식은 가급적 사용하지 않는다.

(나) 면적비는 로드쪽 수압면적 AR을 1로 했을 때의 헤드쪽 수압면적과의 비이다.

② 패킹의 형상 종류와 특징

패킹의 종류	기호	패킹 형태	비 고
V 패킹	V		저압, 고압에의 왕복운동에 적합하다. 마찰저항은 약간 크지만 내구성이 좋으며, 압력에 따라 여러장을 포개어 사용한다 (300[kg/cm²] 이하)
L 패킹	L		비교적 저압용에 쓰인다. (35[kg/cm²] 이하)
U(Y) 패킹	U		한개로서 SEAL 성이 좋고 마찰저항도 적다. (210[kg/cm²] 이하)
J 패킹	J		로드부의 시일에 쓰이나 최근에는 별로 사용하지 않는다. (70[kg/cm²] 이하)
X 패킹	X		"O"링과 같은 홈이 취부되며 압축분이 작고 비틀림이 좀처럼 일어나지 않는다.
"O" 링	O		운동용으로도 쓰이지만 주로 고정용 가스킷에 적합하다. 압축분 약 5~20%이며, 100[kg/cm²] 이상의 고압에서는 백업링을 사용.
슬리퍼시일	S		습동 부분에 테프론의 엔드리스 링을 사용하여 "O"링과 조합한 것이며, 부윤활 사용이 가능하다.
피스톤 링	P		내열성 및 내구성이 뛰어나지만 기름의 누출이 많다.

③ 최저 작동압력 : 무부하 상태에서 헤드쪽으로부터 압력을 걸었을 때의 작동압력으로 나타내며, 패킹의 형상에 따라 다음과 같이 정한다.

피스톤 패킹의 종류	최 저 작 동 압 력
V	5[kg/cm²] 또는 최고 사용압력×6%
L, U, X, O, S	3[kg/cm²] 또는 최고 사용압력×4%
P	1[kg/cm²] 또는 최고 사용압력×1.5%

🈺 로드 패킹에 V 패킹을 사용할 경우 위표의 값을 50%로 크게 하여도 된다.

3. 유압기 **117**

④ 기름 누출 : 실린더의 기름 누출은 로드쪽으로부터의 외부 기름 누출과 피스톤부로부터의 내부 기름 누출이 있다.

㈎ 외부 기름 누출 : 피스톤의 이동거리 100〔m〕의 총량으로 나타내며, 로드로부터의 기름 누출량에 따라 다음 그림과 같이 A종, B종 및 C종으로 구분하고 있다.

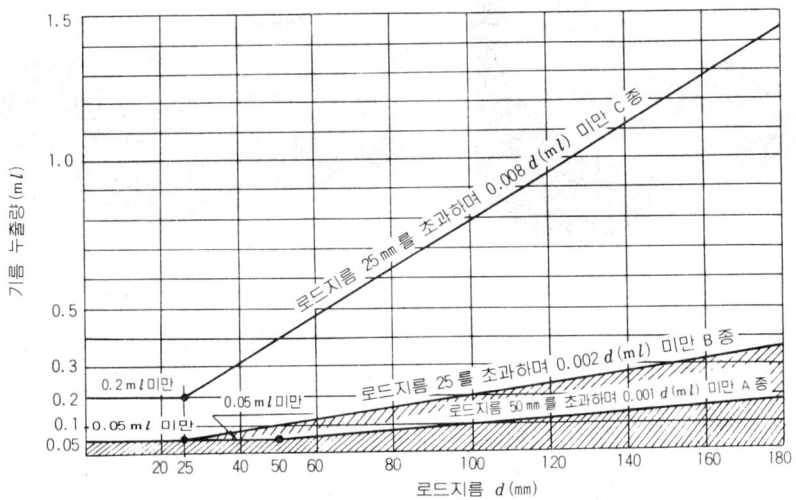

〔외부 기름 누출량〕

㈏ 내부 기름 누출 : 피스톤의 한쪽에 최고 사용압력을 걸어서 피스톤의 반대쪽으로 누출되는 기름의 양을 측정한다. 피스톤 링을 사용하지 않은 링의 내부 기름 누출량은 다음 표와 같다.

〔피스톤 링을 사용하지 않은 링의 내부 기름 누출량〕 (단위 : ml/10 min)

내경〔mm〕	기름누출량	내경〔mm〕	기름누출량	내경〔mm〕	기름누출량
32 (31.5)	0.2	100	2.0	200	7.8
40	0.3	125	2.8	220 (224)	10.0
50	0.5	140	3.0	250	11.0
63	0.8	160	5.0		
80	1.2	180	6.3		

⑤ 패킹 재질과 유압유의 적합성

(× : 사용불가, ○ : 사용가능)

패킹의 재질 / 유압유의 종류	니트릴고무	우레탄고무	불소고무	4 불화 에틸렌수지	금속
일반 광유계 유압유	○	○	○	○	○
물 그리콜계 유압유	○	×	○	○	○

W/O 에멀존계 유압유	○	×	○	○	○
O/W 에멀존계 유압유	○	○	○	○	○
인산에스텔계 유압유	×	×	○	○	○

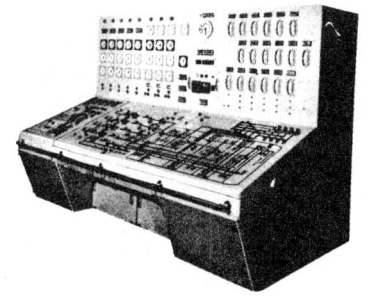

[유압 제어 시스템]   [유압 파워 유닛 서보 시스템]

⑥ 쿠션의 구성 : 쿠션기구는 필요에 따라 로드쪽, 헤드쪽 및 양쪽 모두에 설치할 수 있다. 쿠션 효과가 있는 피스톤 속도는 5 [m/min] 이상이다.

[쿠션의 작동 설명]

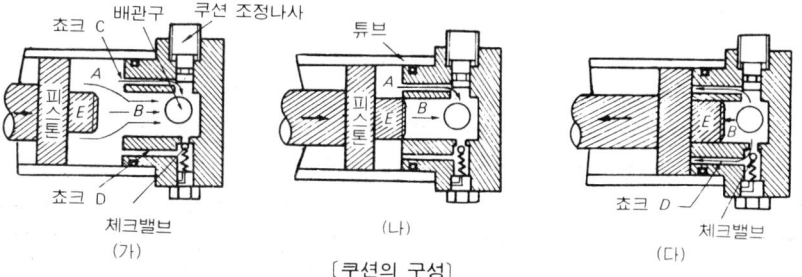

[쿠션의 구성]

⑺ 화살표 방향으로 등속으로 진행한 로드 끝부분 E가 커버에 들어가기전 A실의 기름은 B실에서 배관구로 유출한다.

⑻ 로드 끝부분 E가 커버의 B실에 들어가면 A실의 기름은 저지되어 쵸크 C를 통과하여 쿠션 조정나사로 줄여지면서 B실에서 배관구로 유출하여 A실로부터의 유출량이 제한되는 이유로 로드는 감속된다. 여기서, 피스톤 몸체와 커버가 맞닿을 때의 충격을 완화한다.

⑼ 복귀의 경우, B실의 압유는 체크밸브를 열어서 쵸크 D를 통과하여 A실에 들어가 피스톤 몸체 전체면에 유압이 작용하는 관계로 로드는 스무스하게 작동한다.

참고 로드 끝부분이 커버에서 떨어질 때까지 체크밸브는 작용한다.

3. 작동기 **119**

⑦ 하중 압력계수 : 이 값은 패킹의 종류와 하중이 걸리는 상태, 실린더의 속도 등에 따라 다르며, 실린더의 효율에 해당하는 것이다. 일반적으로 실린더 단동체에서는 0.9 이상의 값이 되어 저압에서는 급격히 저하한다.

$$\lambda = \frac{W}{P \times A}$$

여기서, λ : 하중 압력계수 W : 하중〔kg〕
       P : 작동압력〔kg/cm²〕 A : 피스톤의 유효 수압면적〔cm²〕

⑧ 피스톤의 속도 : 유압실린더 피스톤의 속도는 패킹의 종류나 재질에 따라 다르지만 약 0.6~18〔m/min〕의 범위에서 사용된다.

> 참고 스틱 슬립 현상 : 피스톤의 속도를 0.6〔m/min〕 이하로 사용하는 경우 가끔 스틱 슬립 현상을 일으킬 때가 있다. 따라서, 마찰저항을 줄이면 스틱 슬립이 쉽게 일어나지 않으며, 습동면용 윤활유를 작동유로서 사용하거나 습동저항이 적은 패킹을 선정한다.

⑨ 유압실린더의 분해 점검 방법

유압실린더에서 많이 발생하는 고장은 기름 누출이며, 사용 조건에 크게 영향을 준다. 때로는 로드의 휨 또는 홈도 생기므로 사양 결정시와 설계시에 신중을 기하여야 한다(유압실린더는 주 기기에 달려 있으므로 분해시에는 특히 주의하여야 하며, 또한 무거운 물체가 많아서 안전면에도 주의하여야 한다).

㈎ 유압실린더를 주 기기에서 떼어내어 먼지가 없는 곳(작업대)에서 분해한다.

㈏ 타이 볼트(너트)를 빼낸다.

㈐ 로드쪽 누름판, 부싱, 더스트 와이퍼, 패킹 로드 커버를 빼낸다(패킹의 로드 나사부분에 홈이 나지 않도록 주의한다).

    • 더스트 와이퍼, 패킹, "O"링 및 부싱의 홈과 파손을 점검한다.
    • 쿠션 기구의 쿠션밸브, "O"링, 체크 볼, 스프링 등을 점검한다.

㈑ 피스톤을 빼낸다.

㈒ 멈치나사를 풀고 피스톤 쿠션 링의 순서로 분해한다.

    • 각 부품의 홈 및 손상도를 점검한다.

㈓ 필요에 따라 헤드 커버를 분해하여 쿠션기구를 분해 점검한다.

㈔ 조립 : 물체가 커서 기름속에 담그기가 어렵지만 반드시 등유에 씻은 후 작동유를 발라서 분해와 반대순서로 조립한다.

⑹ 취부 및 취급상의 유의사항

① 중심내기 : 실린더에는 로드와 부시, 튜브와 피스톤의 습동부분에 미소한 틈이 있다. 실린더의 중심내기가 좋지 않으면 이 습동부분에 마모를 일으켜 기름 누출의 원인이 된다.

120 제 2 장 유압기기

중심내기 작업은 다음의 요령으로 한다.

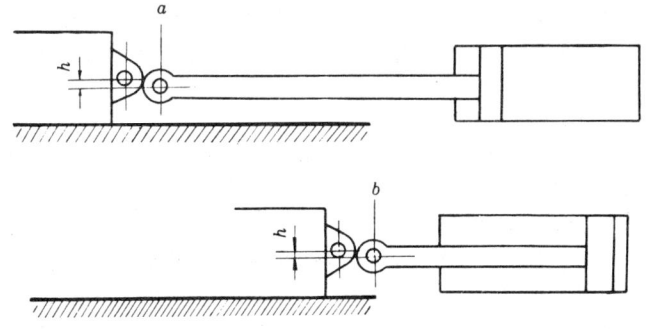

〔중심내기 작업〕

중심내기 작업은 평행도와 중심선의 이동 조정을 하는 것이다. 주기 연결부의 링부와 실린더 로드 끝의 링부가 평행하게 되도록 a, b 두 위치에서의 실린더 높이로 맞춘다.

평행도가 나오면 중심 높이의 이동분의 라이너를 깔고 중심높이가 일치하도록 조정한다.

② 실린더 취부와 부하의 방향 : 실린더의 취부는 부하의 중량에 견디는 동시에 부하를 움직일 때 발생하는 반력에 대해서도 충분한 강성이 필요하다.

③ 플랜지형 실린더의 취부

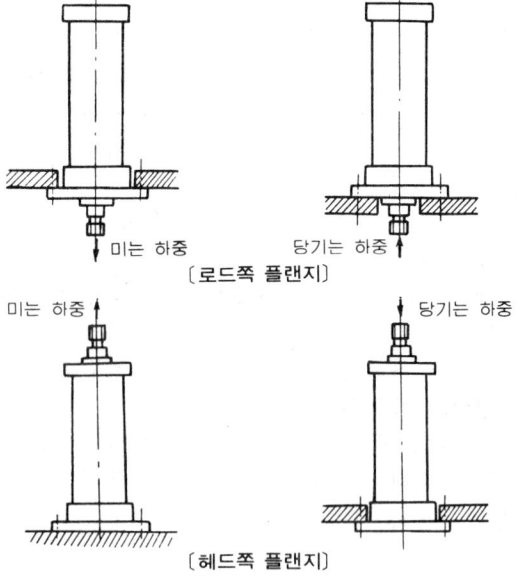

4. 유압 부속기기 **121**

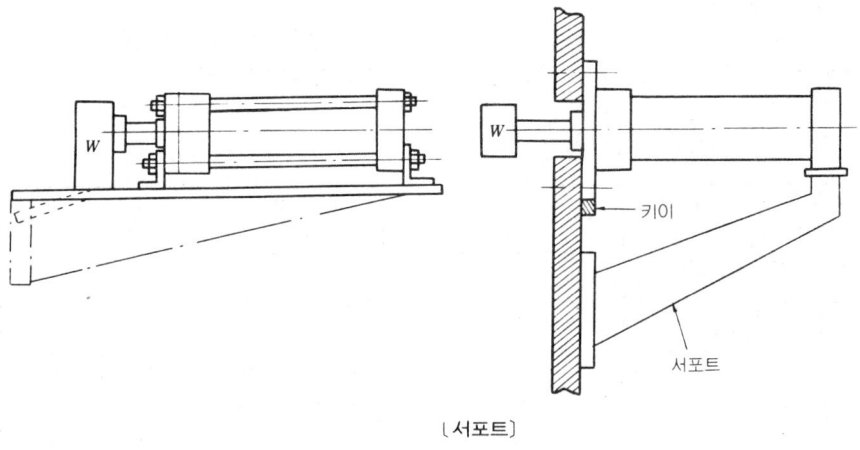

[서포트]

④ 키의 위치

[키의 위치]

- 키 : 밀어내는 하중의 반력(스러스트 하중)을 키로 받는다.
- 취부 볼트 : 하중 구동으로 발생하는 들어올리는 힘은 취부볼트가 받음.
⑤ 공기빼기 : 실린더안에 공기가 들어가면 공기는 압축성이 있어서 스틱슬립현상(고착현상)이 일어나거나 작동속도가 불안정해진다. 따라서 실린더를 구동하기 전에는 반드시 완전하게 공기를 빼지 않으면 안된다.

공기빼기는 실린더를 한쪽으로 움직여서 기름 유입쪽의 공기빼기 플러그를 열며 번갈아 반복하여 실시한다.

㊟ 공기빼기는 안전상 저압상태에서 하여야 한다.

전진시의 공기빼기는 ①의 밸브, 공기빼기 플러그를 연다.

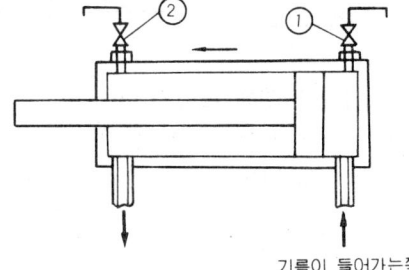

기름이 들어가는쪽

122 제 2 장 유압기기

⑺ 동조 실린더

유압장치에 있어서 2개의 실린더 또는 그 이상의 실린더내에 동일 운동을 하게 하는 회로를 동조회로 또는 동기제어라고 한다(2회로에서는 동조 실린더를 사용한다).

① 동조 실린더의 일반사항

최고 사용압력〔kg/cm²〕			70, 140				
연 수(連數)			2연, 3연, 4연				
사용속도범위〔m/min〕			0.05~10				
사용온도한계〔℃〕			-10~+80(통상 70℃ 이하)				
작동유 점도범위 (cst)			15~200				
내 경〔φ〕			75	100	150	200	300
로드지름〔φ〕			35	45	70	90	140
유효면적〔cm²〕			34.5	62.6	138	250	552.5
최대 스트로크〔mm〕	2	연	535	700	820	760	685
	3	연	370	495	575	520	445
	4	연	275	370	430	375	300
최소 스트로크〔mm〕			100				
펌프 접속구(PT)	2	연	1	1¼	1½	2	2½
	3	연	1¼	1½	2	2½	2½
	4	연	1¼	1½	2	2½	3
조작실린더접속구(PT)			¾	¾		1¼	1½

② 구 조

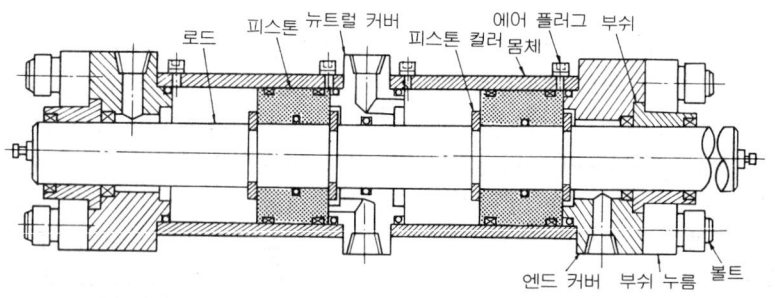

로드 피스톤 뉴트럴 커버 피스톤 컬러 몸체 에어 플러그 부쉬
엔드 커버 부쉬 누름 볼트

⑻ 유압 실린더에 필요한 계산식

- 전진시 (헤드쪽에서 기름이 들어간 경우)

$$F_1 = A \cdot P_1 - B \cdot P_2 \cdots\cdots\cdots 출력$$

$$v_1 = \frac{Q_1}{A} \cdots\cdots\cdots 속도$$

$Q_2 = B \cdot v_1$

• 후진시(로드쪽에서 기름이 들어간 경우)

$F_2 = B \cdot P_1 - A \cdot P_2$ ··· 출력

$Q_2 = \dfrac{Q_1}{A}$ ·· 속도 v_2

$Q_2 = A \cdot v_2$

$\left[\text{압력이 걸리는 면적} \quad A = \dfrac{\pi D^2}{4}, \quad B = \dfrac{\pi}{4}(D^1 - d^2) \right]$

여기서, F_1 : 전진시의 출력[kg] F_2 : 후진시의 출력[kg]
　　　　A : 헤드쪽의 수압면적[cm²] B : 로드쪽의 수압면적[cm²]
　　　　P_1 : 입구압력[kg/cm²] P_2 : 출구압력[kg/cm²]
　　　　Q_1 : 유입량[cm³/sec] Q_2 : 유출량[cm³/sec]
　　　　v_1 : 전진시 피스톤의 속도[cm/sec] v_2 : 후진시 피스톤의 속도[cm/sec]

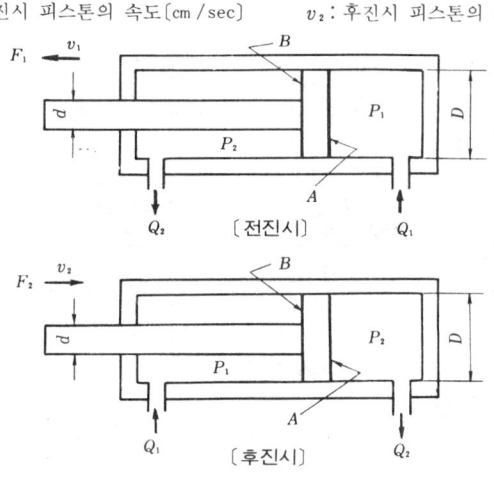

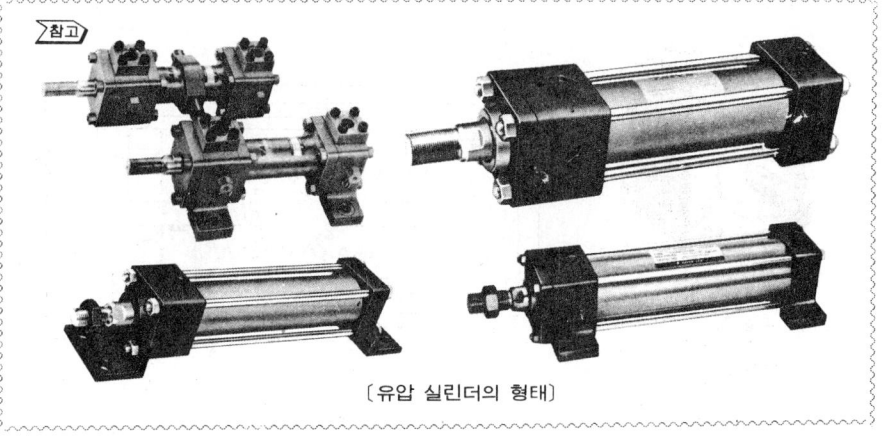

〔유압 실린더의 형태〕

124 제 2 장 유압기기

3·3 요동 모터

요동 모터의 종류에는 피스톤형, 베인형, 기타가 있으며, 실린더의 경우실제 응용에서 링크기구가 필요하게 되지만 요동 모터의 경우에는 그 자체가 직접 작동체로서 사용할 수 있기 때문에 장치 전체가 간단해진다.

(1) 실제 사용 예

밸브 개폐장치　　　토글 클램프장치　　　주기적 회전운동　　　크레인장치

컨베이어 턴장치　　　화물 승강장치　　　위치 분할장치　　　횡운전장치

믹서장치　　　단속 이송장치　　　회전 가압장치　　　장력 조정장치

〔요동 모터 사용 예〕

(2) 피스톤형 요동 모터

다음 그림은 피스톤 2개를 사용하고 래크와 피니언을 이용한 피스톤형 요동 모터이다.

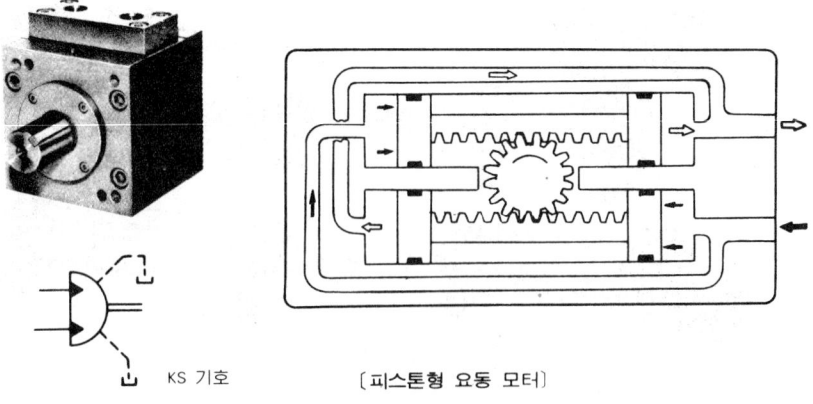

KS 기호　　　　　〔피스톤형 요동 모터〕

4. 유압 부속기기 **125**

(3) 베인형 요동 모터

요동 베인이 1～3장의 형식이 있고 요동각도 베인 갯수에 따라 60～280°이지만 다음 그림은 2링 베인을 나타내는 비교적 간단하고 제작비도 싸며, 밸브의 개폐 이송기구 등에 쓰인다.

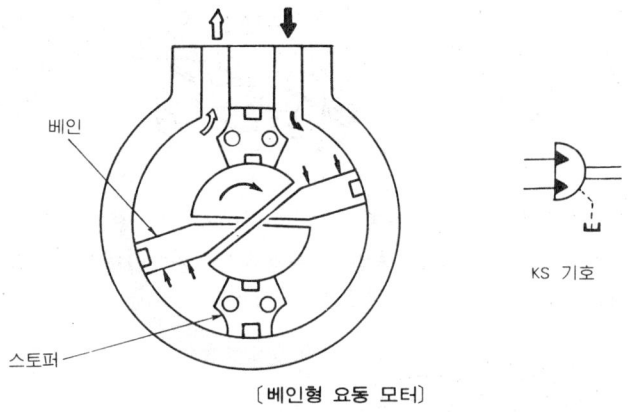

KS 기호

〔베인형 요동 모터〕

3·4 유압 모터

유압 모터는 유압에 의하여 출력축을 회전시키는 것이며, 기구는 유압펌프와 비슷하지만 구조상 다른점이 많다.

유압 모터는 속도제어나 역전이 손쉬우며 소형 경량이고 큰 힘을 낼 수 있다. 가변 용량형도 있으나 일반적으로 정 용량형 모터를 사용하고 속도제어는 펌프로부터의 유량을 제어하는 방법을 쓰고 있다.

(1) 종 류

• 유압 모터 ┤ 기어 모터
　　　　　　 베인 모터
　　　　　　 피스톤 모터 ┤ 액셜형
　　　　　　　　　　　　 레이디얼형

(2) 유압 모터의 사용 예

① 기어 모터 : 변속기, 윈치, 콘베이어, 목공톱, 콘크리트 믹서, 굴삭기, 냉동기 등
② 베인 모터 : 콘베이어, 목공톱, 윈치, 크레인, 콘크리트 믹서 등
③ 피스톤 모터 : 변속기, 선반, 그라인더, 착암기, 권선기, 크레인, 압연기, 원심분리기, 기동기, 기관차, 콘크리트 믹서, 윈치 등

(3) 기어 모터 : 구조가 간단하고 경량이며 고속 저토오크 모터에 적합하다.

기어 펌프와 기본적으로 같은 구조이지만 모터의 경우는 모두 외부 드레인

126 제 2 장 유압기기

방식이다(그림과 같이 압유가 작용하는 기어면에 토오크가 발생한다).

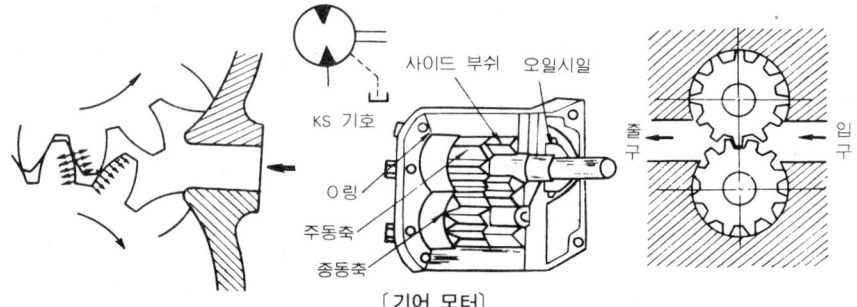

〔기어 모터〕

(4) 베인 모터 : 베인펌프와 비슷하지만 무부하에서 베인을 오랜시간 사용할 필요가 있으므로 스프링 또는 유압을 이용하는 형식이다(출력 토오크가 비교적 고르며 중속 중 토오크의 용도에 적합하다.

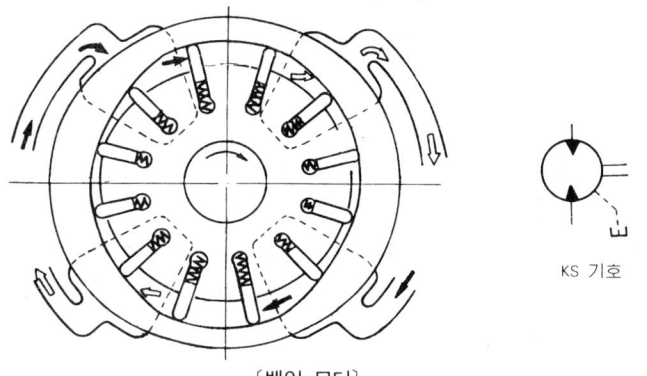

〔베인 모터〕

(5) 액셜 피스톤형 모터 : 구조가 복잡하고 고가이지만 효율이 높고 큰 출력을 얻을 수 있다(가변 용량형의 제작이 가능하다).

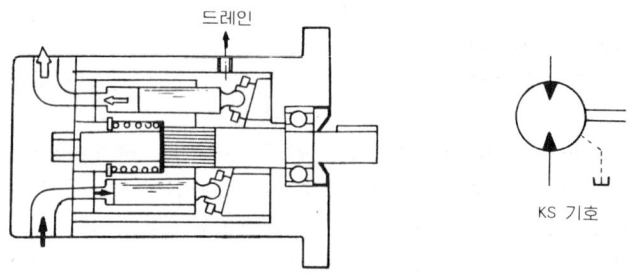

〔액셜 피스톤형 모터〕

4. 유압 부속기기 **127**

(6) **레이디얼 피스톤형 펌프** : 입구에서 들어간 압유는 회전밸브를 통하여 실린더에 들어가 피스톤을 민다. 피스톤은 연결 로드를 매개로 하여 편심 캠을 밀어서 축을 회전시킨다. 피스톤의 바깥쪽에서의 행정은 회전밸브의 출구 포트가 열리므로 기름은 배출된다(기름의 입구, 출구를 반대로 하면 회전방향도 반대가 된다). 저속 고 토오크용으로 쓰인다.

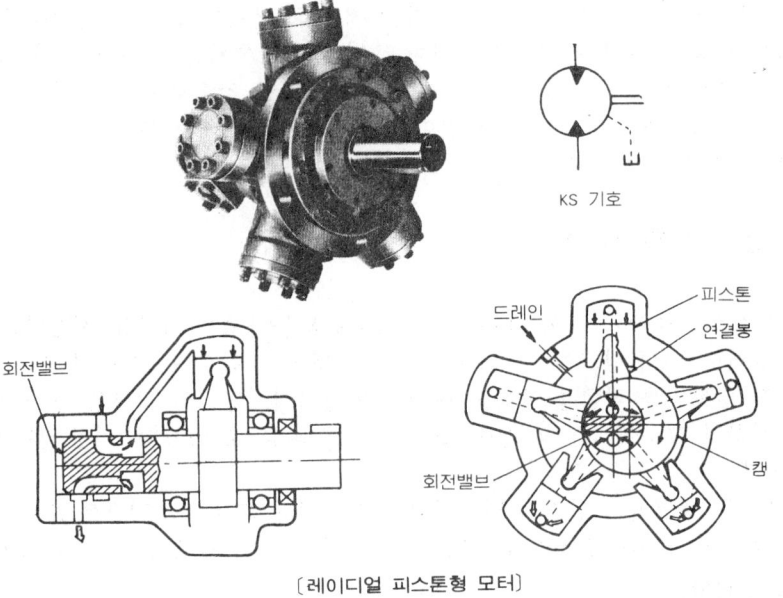

KS 기호

〔레이디얼 피스톤형 모터〕

〔배관의 지지〕

128 제 2 장 유압기기

4. 유압 부속기기

4·1 개 요

일반적으로 불리우고 있는 부속기기는 기계등 본래의 목적을 달성하기 위한 것이 아니고 자칫 장식적인 느낌이 들지만 유압에서는 펌프 밸브와 더불어 그 중요성이 아주 커서 이들의 기능이 부족하면 장치로서의 결정적인 결함을 가져오는 경우가 많다. 이와같이 뚜렷하게 나타나지는 않지만 이들 부속기기는 갖가지 중요한 임무를 가지고 있다.

4·2 기름 탱크

기름탱크는 유압유를 회로내에 공급하거나 되돌아오는 기름을 저장하는 용기를 말한다. 기름탱크에는 개방탱크와 예압탱크가 있으며, 개방형은 탱크안의 공기가 통기용 필터를 통하여 대기와 연결되며, 탱크의 기름은 자유 표면을 유지하기 때문에 압력의 상승 또는 저하를 피할 수 있으며, 가장 일반적인 형태이다.

예압형은 탱크안이 완전히 밀폐되어 압축공기나 그밖의 방법으로 언제나 일정한 압력을 가하는 형식인데 캐비테이션이나 기포의 발생을 막을 수 있다.

(1) 외관 형상

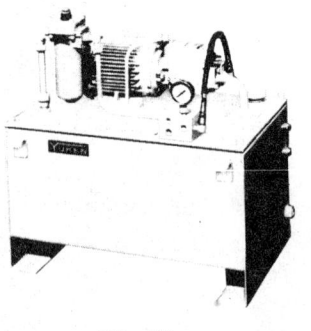

〔외 형〕

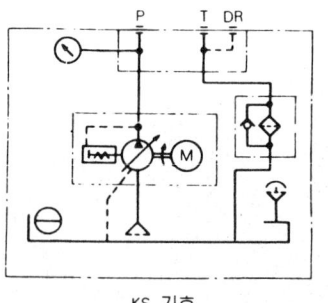

KS 기호

4. 유압 부속기기 **129**

  탱크는 대부분 강판을 용접하여 만드는데 수분, 그밖의 이물이 침투할 수 없는 구조 이어야 한다. 밑판은 방열이 잘 되도록 공기의 유통이 되게 띄워져 있다. 내부의 청소는 측면의 커버를 떼어내고 실시하며, 위판을 분해하는 구조는 특별한 경우를 제외하고는 사용하지 않는다. (밑판은 가급적 방열관계로 바닥에서 분리하며, 가능한 한 경사가 지도록 하여 가장 낮은 부분에 이물이 모이도록 한다)

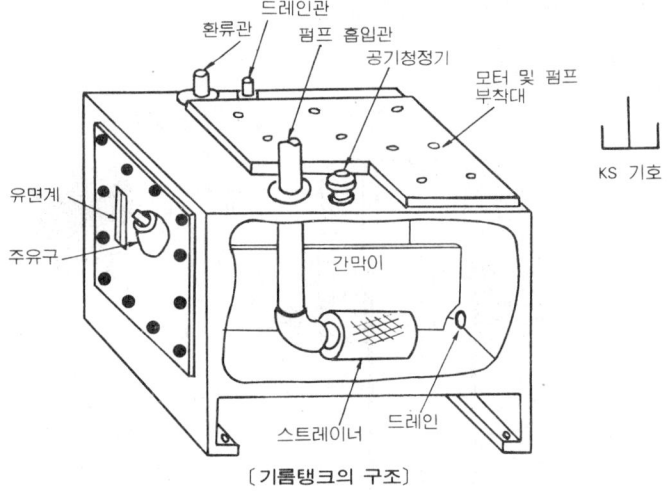

〔기름탱크의 구조〕

(2) 배관 출입구 및 환류관

  흡입관 및 환류관이 탱크 윗면을 관통하는 부분은 패킹을 넣은 플랜지 형식으로 하며, 먼지의 침투를 방지하는 구조로 하여야 한다.

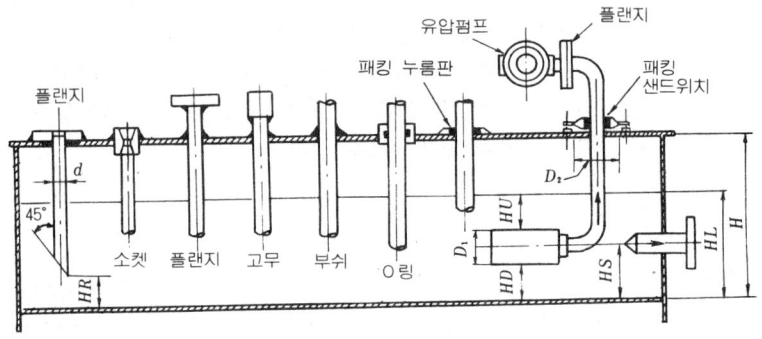

130 제 2 장 유압기기

환류관의 선단은 45°로 절단하여 흐름을 탱크 측면에서 기울게 함으로써
침전물의 직접적인 교반작용을 방지하고 기름의 냉각작용을 촉진한다. 너무
가까우면 공진 소음의 원인이 된다.

- 환류관 : $HR > 3\,d$, 흡입관 : $D_1 > D_2$
 이물이 섞이지 않도록 벽면으로 하며, 최저 유면시에도 기름에 잠길 것.
- 최저 위험 유면 : $HL = 1/2\,H$, 석션 위치$(HS) = 1/4\,H$를 기준으로 하여
 $HD,\ HU$가 $50 \sim 100\,[\mathrm{mm}]$ 이상일 것.

4·3 공기 청정기

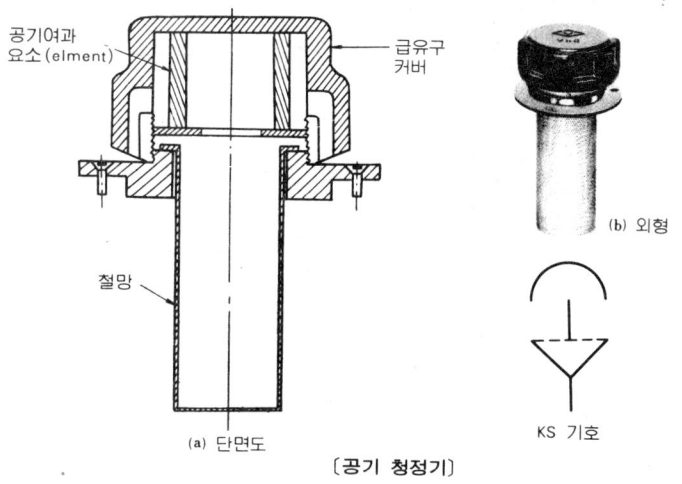

〔공기 청정기〕

오일탱크 윗부분의 통기구에 공기 청정기(air breather)를 부착하여 공기중
의 먼지가 안으로 들어오는 것을 막는다. 또한 급유시 오일탱크 안의 압력이
상승하거나 펌프 구동시 압력저하의 발생을 막는 역할도 한다.

보통 펌프 용량의 1.5~2배에 해당하는 공기를 통과시키는 크기이면 된다.
여과제로는 철망, 여과지, 펠트 및 폴리 비닐 등이 쓰이며, 여과 입도는 5~
60〔μm〕 정도이고, 통기 저항은 100〔mm Aq〕 정도이다.

4·4 필   터

필터(filters)는 기름중의 먼지를 제거하여 깨끗한 기름을 유압회로나 유압
기기에 공급하는 부속기기이다. 일반적으로 아주 작은 먼지를 제거할 목적으
로 사용하는 것을 필터라고 하며, 비교적 큰 먼지를 제거할 목적으로 사용되

는 기기를 스트레이너라 한다.

유압회로에 사용되는 경우는 펌프의 흡입관로에 넣는 것을 스트레이너, 펌프의 토출관로나 탱크에의 환류관로에 사용되는 것을 필터라고 하며, 모두 다 아주 작은 먼지를 제거하는데 쓰인다(모두 다 필터라고 한다).

또한 펌프의 흡입관로에 쓰이는 것은 탱크용 필터, 탱크용 필터를 제외한 것을 관로용 필터라고 한다. 일반적으로 탱크용 필터를 사용목적에 따라 석션 필터로 부르고 있으며, 관로용 필터를 라인 필터라고도 한다.

4-4-1 필터 엘리먼트(filters element)

유압장치에서 많이 쓰이는 필터 엘리먼트 여과제는 여과지, 철망, 노치 와이어, 소결 금속 등이다.

(1) 여과지 엘리먼트

여과지에 페놀레진 처리를 하여 아코디어 모양으로 주름을 넣어 원통형으로 한 것이며, 마이크로닉 엘리먼트라고도 한다.

(2) 노치 와이어 엘리먼트

스테인레스, 모델, 브론즈 따위의 선을 기계적으로 성형하여 원통에 감은 것이며, 리턴 표면의 돌기로 오일의 통로를 열 수 있다. 통로의 단면적은 안쪽이 커지는 기울기를 가지고 있어 세척하기 쉬우며, 메탈 에지 엘리먼트 라고 한다.

(3) 소결 금속 엘리먼트

스테인레스, 브론즈, 황동 등의 미립자를 그 재질의 용융점보다 약간 낮은 온도에서 소결한 것이며, 여과도는 입자의 크기(입자크기의 약 18%)와 압축에 따라 결정된다. 형태에 따라 원통형, 판형, 콘형 등이 있다.

4-4-2 탱크용 필터

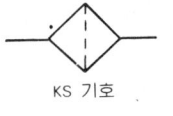

KS 기호

〔탱크용 필터〕

132 제 2 장 유압기기

펌프의 흡입관에 설치하는 석션 필터이며, 케이스 없는 탱크용 필터와 케이스 붙이 탱크용 필터가 있다. 보통 여과 입도는 150~100 메쉬(100~149 μm) 정도이고, 펌프에 따라 그 이상의 것도 사용되고 있다.

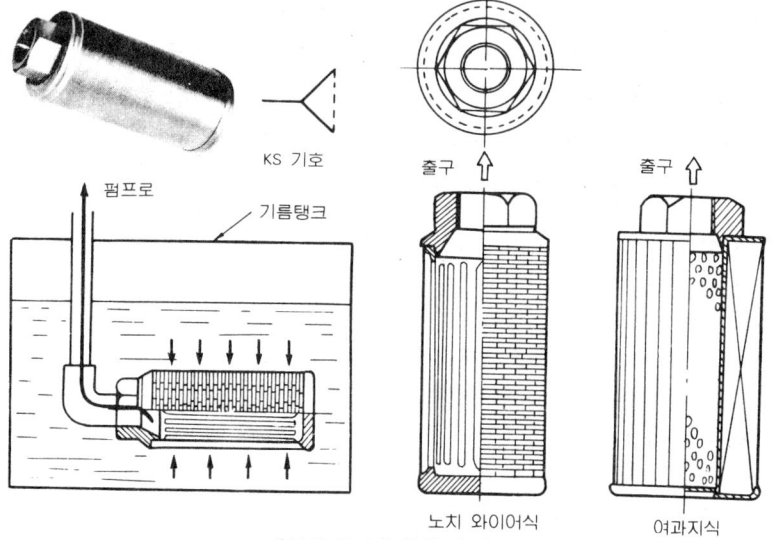

〔석션 필터의 설치 방법〕

〔석션 필터 용량〕

분류 유압유	석션라인의 소요메쉬	용　　　량	재　　　질
광　유　계	100 μm (150 메쉬)	펌프 토출량× 2	Al
물＋글리콜 계	149 μm (100 메쉬)	펌프 토출량× 3	SUS
인산에스텔 계	149 μm (100 메쉬)	펌프 토출량× 3	Al 또는 SUS
W /O 에멀존계	149 μm (100 메쉬)	펌프 토출량× 3	Al 또는 SUS

4-4-3 케이스 붙이 탱크용 필터

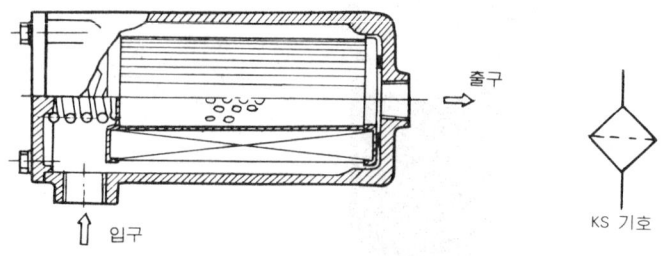

〔케이스 붙이 탱크용 필터〕

케이싱 속에 필터 엘리먼트를 부착한 것이며, 오일탱크 외부에 설치한다. 이 필터는 차압 인디케이터(indicator)를 장치할 수 있다. 또한 배관을 분리하지 않고도 엘리먼트를 꺼낼 수 있기 때문에 막힌 곳의 점검이나 엘리먼트의 교환에 편리하다. 기밀이 완전하지 못하면 공기를 빨아들이므로 주의하여야 한다.

4-4-4 차압 인디케이터 붙이 필터

필터의 막힌 사항을 외부에서 알기 위하여 인디케이터를 붙이는 경우가 많다. 이는 필터, 필터 엘리먼트의 입·출구쪽의 압력차가 커지면 케이스밖에 설치해 놓은 지침을 압력차에 비례하여 기계적으로 돌려서 차압을 지시하는 것이다. 지시반에는 안전 또는 운전, 주의, 위험 등의 표시가 붙어 있다. 지침에 의해서 마이크로 스위치를 작동시켜서 램프, 브져 등으로 막힘을 알릴 수 있다.

4-4-5 관로용 필터

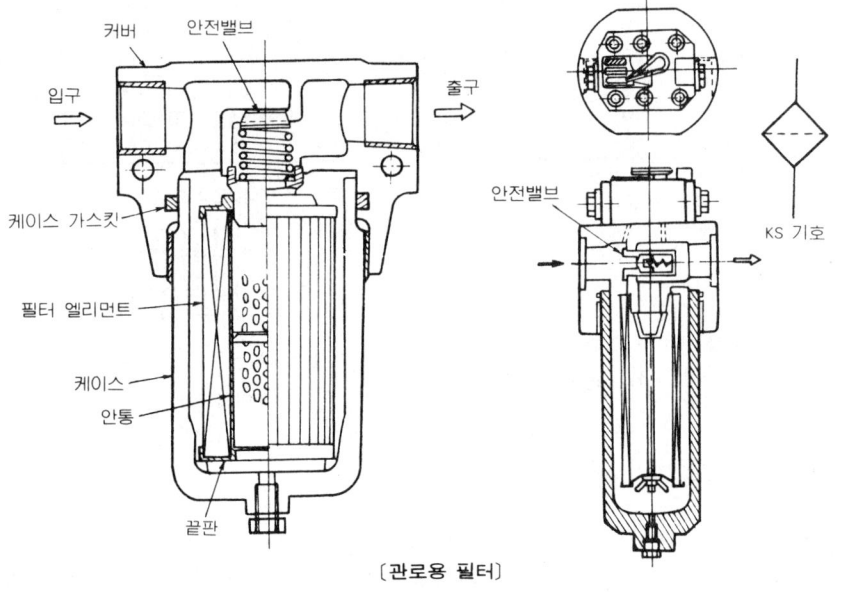

[관로용 필터]

환류관로와 펌프 토출관로에 설치된다. 여과입도는 장치에 사용되고 있는 기기에 따라 선택하며, 토출 관로에 설치하는 것은 $10 \sim 40 \, \mu m$ 의 것이 많이 쓰이고, 환류관로에는 보통 토출관로에 사용하는 것보다 입도가 굵은 것을 사용한다.

134 제 2 장 유압기기

4-4-6 필터 눈의 조밀도 표시

이제까지는 메쉬에 의한 필터 눈의 조밀도 표시가 많았으나 현재에는 이 조밀도를 〔μm〕로 표시하도록 되어 있다(실제로는 메쉬를 많이 사용한다).

〔표준 표시 조밀도〕

(1) 한국 KS			(2) 미국 A.S.T.M			(3) 미국 TYLER		
눈의간격 〔μm〕	선의지름 〔mm〕	환 산 〔mesh〕	눈의간격 〔μm〕	선의지름 〔mm〕	메 쉬 〔No.〕	눈의간격 〔μm〕	선의지름 〔mm〕	환 산 〔mesh〕
420	0.290	36	420	0.290	40	417	0.3099	35
350	0.260	42	✱ 354	0.247	45	351	0.2540	42
297	0.232	48	297	0.215	50	295	0.2337	48
250	0.174	60	✱ 250	0.180	60	246	0.1778	60
210	0.153	70	210	0.152	70	208	0.1829	65
177	0.141	80	✱ 177	0.131	80	175	0.1422	80
149	0.105	100	149	0.110	100	147	0.1067	100
125	0.087	120	✱ 125	0.091	120	124	0.0965	115
105	0.070	145	105	0.076	140	104	0.0660	150
88	0.061	170	✱ 88	0.064	170	88	0.0610	170
74	0.053	200	74	0.053	200	74	0.0533	200
63	0.039	250	✱ 63	0.044	230	61	0.0406	250
53	0.038	280	53	0.037	270	53	0.0406	270
44	0.028	350	✱ 44	0.030	325	43	0.0356	325
37	0.026	400	37	0.025	400	38	0.0254	400

① KS 7676에는 메쉬의 규정에 의함.
② ASTM : 미국 재료 시험 협회
③ 미국 타일러 회사 표준 필터 규격
④ ✱표는 I.S.O

참고 • 메쉬(mesh)란 1인치 (25.4mm) 평방의 길이안에 있는 눈의 줄수를 말한다.
• 눈의 조밀도와 메쉬와의 관계

눈의 조밀도 = $\dfrac{25.4}{메쉬}$ - 선의 직경

〔메쉬의 표시〕

4·5 온도계

유압회로의 온도를 측정하기 위하여 사용하는데 일반적으로는 오일 탱크안의 오일온도를 재는데 쓰이며, 그 형상에는 막대 온도계와 압력계형 온도계가 있다.

4-5-1 바이메탈(bymetal)식

바이메탈 온도계는 감온부에 바이메탈을 넣어 열로서 바이메탈이 움직이는

양을 지시계에 전달하여 지침을 움직여서 그때의 온도를 지시한다. 바이메탈식 온도계는 그 구조가 간단한 이유로 고장이 적고 내구성 및 내진성에 뛰어난 장점이 있다.

4-5-2 구 조

바이메탈이란 온도로 인한 팽창계수가 다른 2종의 금속판을 포갠 것을 말한다. 다음 그림의 (a)는 최초의 상태이고, (b)는 온도가 변화한 경우의 상태이다. 이 움직인 상태로 지침을 움직여서 온도를 나타내고 있다. 온도가 원래 상태로 되면 바이메탈도 원래 상태로 돌아온다. 실제는 그림 (c)처럼 헬리컬(helical)로 되어 있는 것을 사용하며, 온도계는 그림 (d)와 같은 구조가 된다.

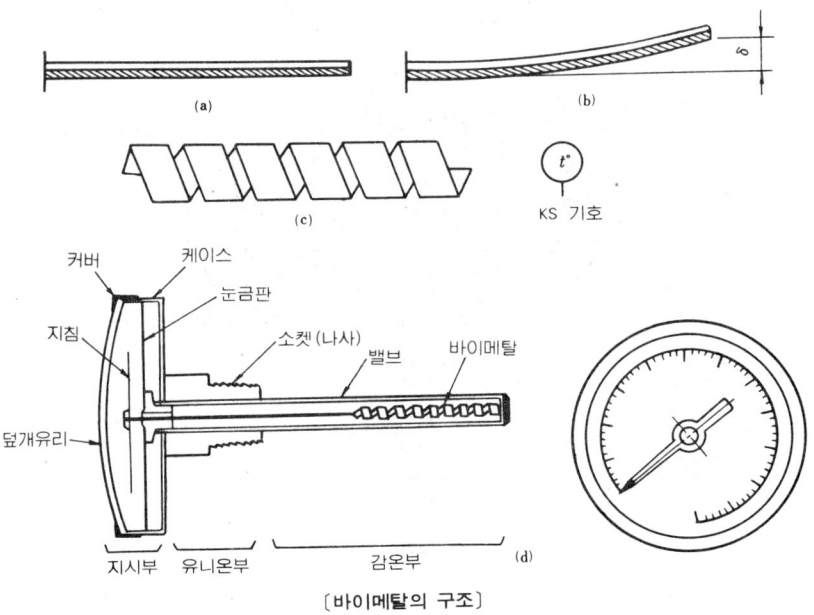

〔바이메탈의 구조〕

4·6 압력계

4-6-1 브르든관식 압력계

용도에 따라 다음의 3가지가 있다.
① 압력계 : 압력을 측정한다.
② 진공계 : 진공도를 측정한다.

136 제 2 장 유압기기

③ 연성계 : 압력과 진공도를 한개의 계기로 측정한다.

4-6-2 브르든관 압력계의 원리와 구조

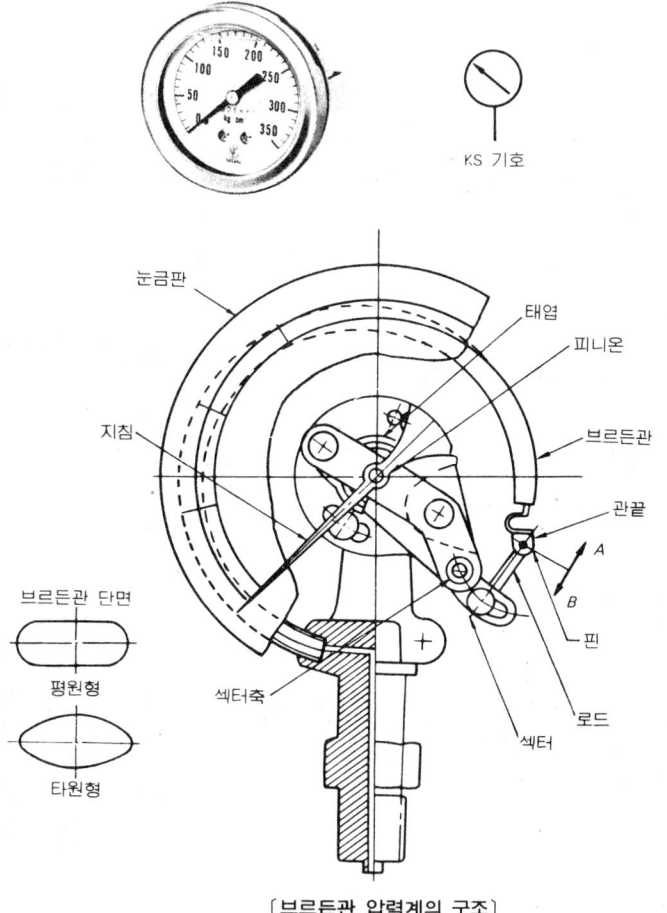

〔브르든관 압력계의 구조〕

윗 그림은 브르든관식 압력계의 구조를 나타낸 것이다. 압력계 연결부는 밑의 측압 물체에 접속하는 나사(관용나사)가 나와 있고 윗부분에 브르든관이 접착되어 있다. 연결부는 압력 인입구와 구멍이 관통하고 있으므로 측압체의 압력은 연결부를 통하여 브르든관으로 들어온다.

브르든관은 그 단면이 평원형 또는 타원형의 금속관을 둥글게 감은 것인데, 윗 그림과 같은 C 형의 것은 "C" 브르든관으로 불리우며, 브르든관의 끝은 막혀 있고, 또 관끝은 핀으로 확대기구에 연결되어 있다.

확대기구는 피니언축, 섹터축, 로드, 로드핀 및 피니언 섹터의 기어면에 유동을 취하기 위한 스파이럴 스프링(유사 태엽) 등으로 구성되어 있으며, 피니언에는 지침이 연결되어 있다.

4-6-3 압력계의 호칭

일반적으로 압력계라고 불리우는 이 원형 지시압력계는 KS 7676에 규정되어 있다. 이 규정에 의한 게이지 압력계이므로 대기압을 기준으로 한 압력을 측정하는 것이다.

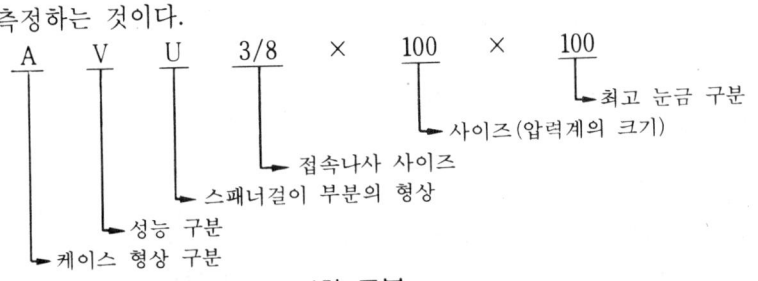

(1) 케이스의 외부 형상에 의한 구분

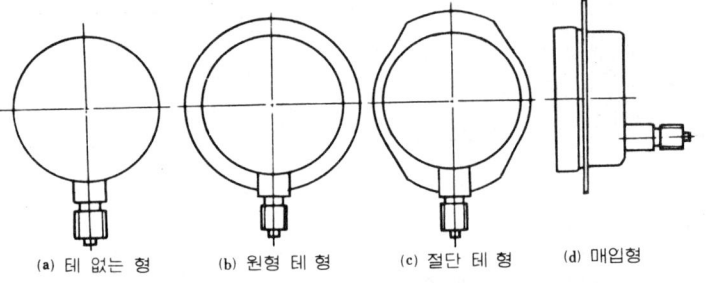

(a) 테 없는 형　(b) 원형 테 형　(c) 절단 테 형　(d) 매입형

〔케이스의 외부 형상에 의한 구분〕

(2) 성능 구분

성능 구분 형　　명	기 호	시 험 항 목					사용 주위온도 〔℃〕
		지시도	정 압	내충격	내 열	내 진	
보　　통	없음	○	○	○			− 5 〜+40
증 기 용 보 통	M	○	○	○	○		+10〜+50
내　　열	H	○	○	○	○		− 5 〜+80
내　　진	V	○	○	○		○	− 5 〜+40
증 기 용 내 진	MV	○	○	○	○	○	+10〜+50
내 열 내 진	HV	○	○	○	○	○	− 5 〜+80

138　제 2 장　유압기기

⑶ 스패너 걸이 부분의 형상

접속부의 형상은 다음의 3 가지로 나눈다.

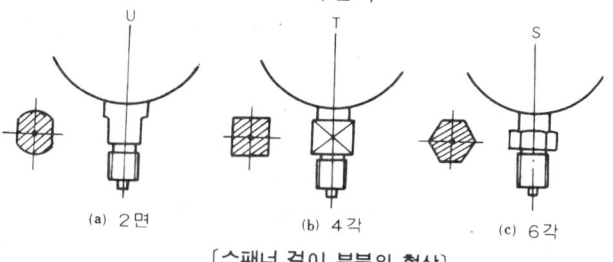

(a) 2면　　　(b) 4각　　　(c) 6각

〔스패너 걸이 부분의 형상〕

⑷ 접속나사 사이즈

관용 스트레이트나사 : 1/4 B, 3/8 B, 1/2 B 의 3 가지가 있다.

⑸ 사이즈 (압력계의 크기)

65 ϕ, 75 ϕ, 100 ϕ, 150 ϕ, 200 ϕ, 300 ϕ의 6 종류가 있으며, 일반적으로 많이 쓰이는 것은 100 ϕ 이며, 100 ϕ 이하 사이즈의 것에서는 높은 정밀도의 압력을 읽을 수가 없기 때문에 정밀도가 과히 중요하지 않은 압력의 측정이나 주위 기기 관계상 넓은 크기의 것을 사용할 수 없는 곳에 사용한다.

⑹ 압력계의 눈금 구분

구　　분	압　　　력　　　[kg/cm²]
저압 압력계	0.5, 1, 1.5, 2, 3, 4, 6, 10, 15, 20, 25, 35, 50
고압 압력계	70, 100, 150, 250, 350, 500, 700, 1000
연성 압력계	1×76, 1.5×76, 2×76, 3×76, 4×76, 6×76, 10×76, 15×76, 20×76

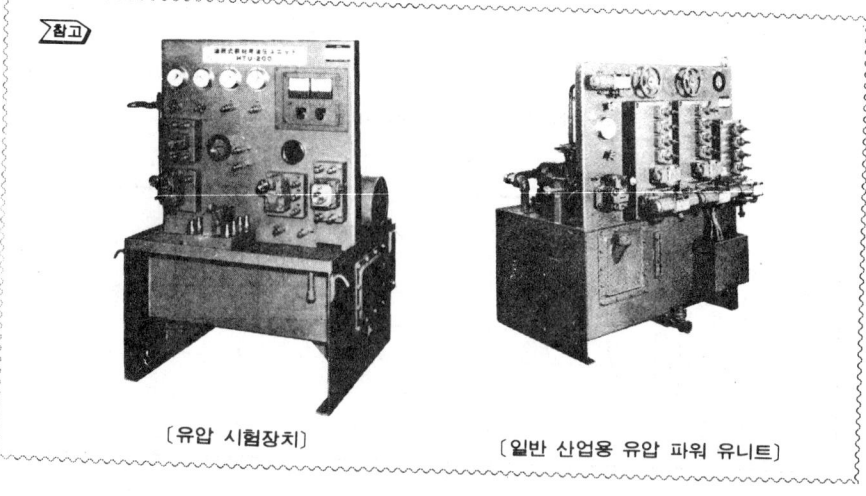

참고

〔유압 시험장치〕　　　　　〔일반 산업용 유압 파워 유니트〕

4-6-4 압력계의 선정

압력계에 필요한 최고 압력범위를 측정할 때에는 압력의 변동이 있는가, 맥동이 있는가 등에 따라 다르지만 압력변동이 작은 경우에는 상용압력이 최고 눈금압력값의 2/3 이하로 하며, 압력변동이 크거나 맥동이 있는 경우에는 1/2 이하가 되도록 선정한다.

4-6-5 게이지 댐퍼 압력계용 스톱밸브

압력계에 급격한 압력변동(맥동, 서어지 등)이 있는 경우 압력의 판독을 쉽게 하거나 압력계가 파손하여 교환할 경우 등을 위하여 스톱밸브를 사용한다.

4·7 기름 냉각기

유압장치에서는 기름중의 먼지와 열이 고장의 주원인으로 되어 있다. 열의 발생은 회로내의 마찰이나 저항에 의한 손실 또는 외부로부터의 전열로 인하여 도저히 피할 수가 없다. 따라서 작동유를 냉각하는 방법을 보면
- 오일탱크 용량을 가급적 크게하여 열을 방산시키는 방법이다.
- 오일탱크 내부에 동관의 코일을 넣어 이 코일에 냉각수를 순환시켜서 작동유를 냉각시키는 방법이다. 이 방법은 오일탱크 내부에서 장소를 차지하여 습기가 찬 동관에 닿아 물방울이 되어 기름과 혼합하는 관계로 과히 좋지 않다.
- 유압회로안에 기름 냉각기(열교환기)를 사용하는 방법이며, 바람직한 방법이다(기름 냉각기는 통상 다관식 냉각기를 말한다).

4-7-1 구조(다관식 기름 냉각기)

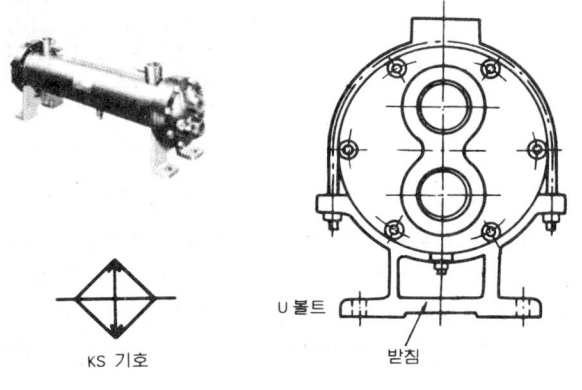

KS 기호

U볼트

받침

140 제 2 장 유압기기

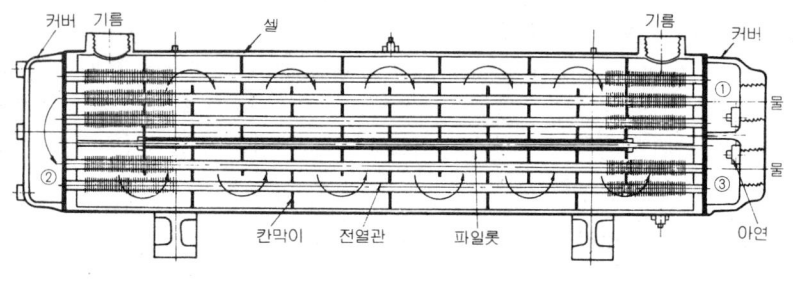

[다관식 기름 냉각기의 구조]

① 기름은 차단판으로 차단되어 셀(shell) 속을 누비면서 냉각된다. 일반 관으로 흐르는 것보다 훨씬 냉각관과의 접촉시간이 길어져서 냉각능력이 커진다.

② 물의 흐름은 ①실에서 전열관 속을 통과하여 ②실과 ③실로 흐른다. 이 경우 흐름이 반대 방향이 되어도 아무 지장이 **없다.**

4-7-2 오일 냉동기(콘디쇼너 ; oil condensing unit)

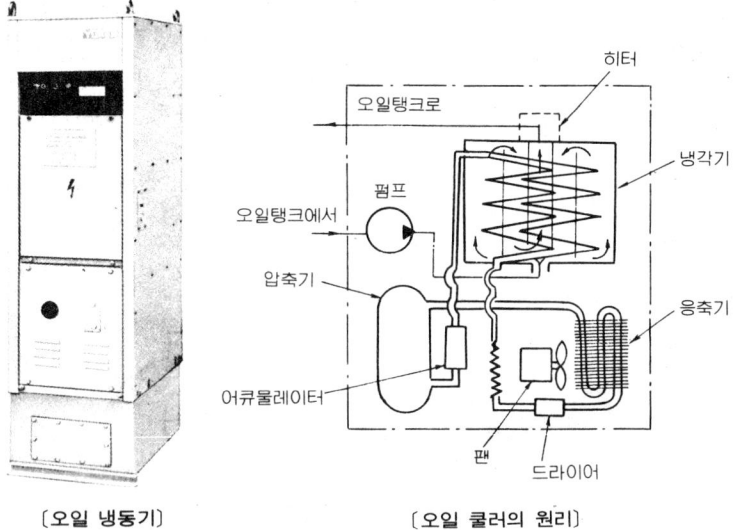

[오일 냉동기]　　　　　[오일 쿨러의 원리]

　오일 냉동기에 의하여 작동유, 절삭유, 윤활유를 임의의 사용온도로 조절할 수 있어서 다이얼 조작만으로 자동으로 유온을 일정하게 유지하는 기름온도 조절장치이다. 공작기계의 수치 제어방식, 고 정도화 등으로 높은 정밀도, 보다 안정된 가공, 보다 발달된 합리화에는 필수 불가결한 장치이다.

[특징]
① 냉각수가 필요없다.
② 유온(+2℃)이 언제나 일정하다.
③ 장소가 적게 든다.
④ 보수관리가 쉽다.

- 오일 냉동기 유니트는 펌프를 내장하여 오일탱크에서 흡입한 작동유를 냉각기의 바깥쪽으로 유동시킨다.
- 관의 속은 냉매가 흐르는데, 이 냉매는 여기서 기름의 열을 빼앗아 액체에서 기체로 기화된다. 열을 빼앗긴 기름은 냉각되어 오일탱크로 환류된다. 오일 냉동기에는 보통 히터도 달려있어 작동유가 저온일 때는 가열도 한다.
- 압축기에 의해 냉매가스를 응축기로 쉽게 냉각 액화할 수 있도록 고온, 고압의 가스로 한다.
- 이 응축기에서는 고온·고압의 가스가 공기로 냉각되어 응축하며, 고온·고압의 액체가 된다.
- 캐비탈 튜브에서는 이 고온·고압의 액체를 압착하여 감압 냉각기에서 쉽게 증발할 수 있도록 저온·저압으로 한다.
- 냉각기에서는 이 저온·저압의 액체가 주위에서 열을 빼앗아 증발하여 저온·저압의 가스가 된다.

4·8   어큐물레이터(축압기)

어큐물레이터는 구조가 간단하고, 그 용도도 매우 광범위하여 유압장치의 계획 설계에 꼭 필요한 기기의 하나이다. 대표적인 용도로서는 다음과 같은 것이 있다.
- 에너지 축적용
  순간적인 유량으로 하는 경우 정전 등으로 펌프가 정지했을 때 또는 기름누출 및 온도변화로 유압의 변화가 생기는 경우에 어큐물레이터에 축적된 유압을 방출시켜서 유압을 일정 한계내에 유지시킬 수 있다.
- 충격압력의 흡수용
  유체가 흐르고 있는 회로에서 차단밸브를 급격히 닫음으로서 발생하는 충격압력을 흡수하여 기기, 계기, 배관 등을 보호한다.
- 펌프의 맥동 제거용
  플런저(피스톤)형 펌프에 의해 발생하는 맥동압을 제거하여 유압을 일정하게 할 수 있다.

142　제 2 장　유압기기

4-8-1 종 류

어큐물레이터 { 공기압축형 { 분리형 { 고무 주머니 (브리드) 형 / 다이어프램 (판형) / 피스톤형 }　비분리형 }　중추하중형 / 스프링형 }

4-8-2 분리형의 구조

　　액체와 기체의 접촉방지를 위해 분리벽을 사용한 형식이다. 가장 많이 쓰이며, 크기도 작고, 설치하기도 쉽다. 이 형식에는 고무주머니형, 다이어프램형, 피스톤형 등이 있다.

(1) 고무주머니형 (브리드형)

　　① 이 형식은 단면이 반구형인 원통형 용기이며, 기체를 봉입하는 고무 주머니가 안에 있다. 고무주머니 맨위에 기체 봉입용 밸브가 달려있고, 용기 밑에는 용기 밖으로 고무주머니가 튀어나가지 못하도록 포펫 밸브 (poppet valve) 가 있다.

　　② 이 형식은 고무주머니의 관성이 낮아서 응답성이 아주 좋으며, 유지관리가 쉽고 광범위한 용도에 쓸 수 있는 장점이 있다

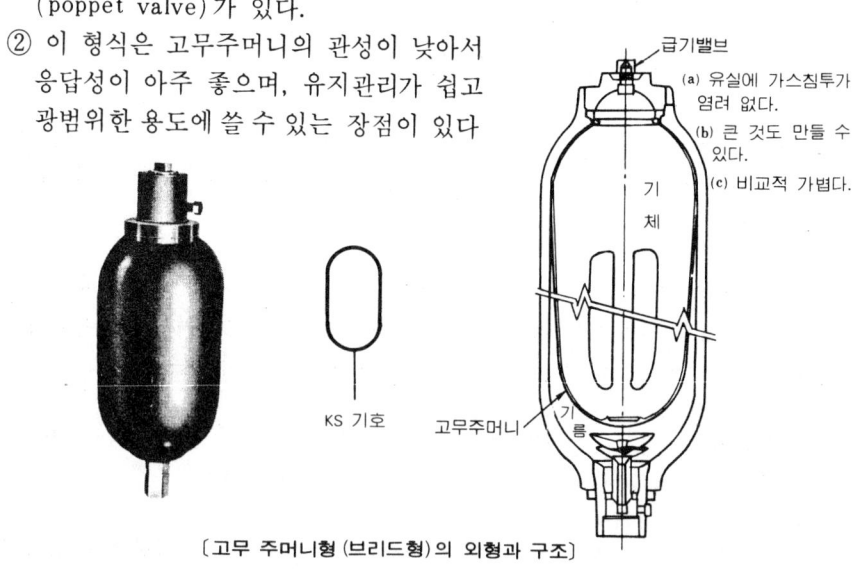

(a) 유실에 가스침투가 염려 없다.
(b) 큰 것도 만들 수 있다.
(c) 비교적 가볍다.

급기밸브
기체
기름
KS 기호　고무주머니

〔고무 주머니형 (브리드형)의 외형과 구조〕

(2) 다이어프램형

　　① 반구체의 용기를 2 개 합쳐서 구형으로 하고, 그 사이에 있는 다이어프

4. 유압 부속기기 **143**

램으로 액체와 기체를 분리한다.

② 동일 용적에 대하여 형상이 구형인 관계로 중량과 용적의 값이 최소이고 항공기용으로 많이 쓰인다.

③ 단점은 크기가 구조상 제한이 있으며, 토출량과 용적의 비가 적고 또 수명에서는 고무주머니보다 떨어진다.

(3) 피스톤형

① 이 형식은 가공된 실린더 내부를 피스톤이 자유로이 축방향으로 이동할 수 있게 되어 있다.

② 피스톤이 기체와 액체를 차단하고 있으며, "O"링 등으로 기체의 누설을 막고 있다.

③ 피스톤형의 장점은 강도가 크고 가혹한 조건에서 사용할 수 있다는 점이며, 단점은 피스톤의 질량 및 시일의 마찰로 저압에서는 맥동 흡수가 원활하지 못하며, 가공면에서 가격이 비싸다.

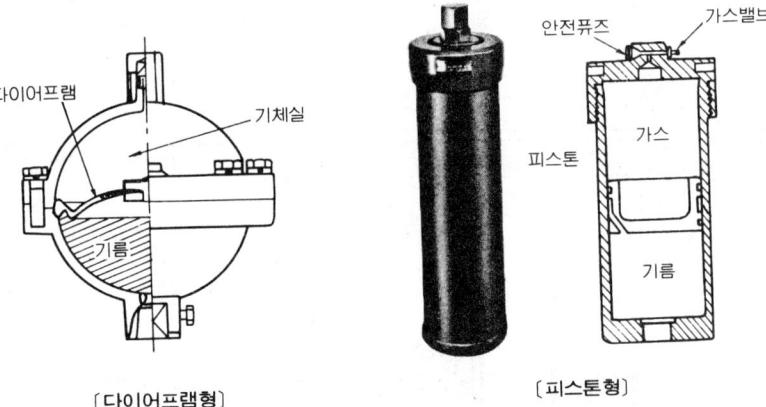

〔다이어프램형〕　　　　　〔피스톤형〕

4-8-3 브리드형 어큐뮬레이터의 용량계산(에너지 축적용)

$$P_1 \cdot V_1^n = P_2 \cdot V_2^n = P_3 \cdot V_3^n$$

$$V_1 = \frac{V_w}{\eta \cdot P_1^{\frac{1}{n}} \left\{ \left(\frac{1}{P_2}\right)^{\frac{1}{n}} - \left(\frac{1}{P_3}\right)^{\frac{1}{n}} \right\}} \text{ 가 된다.}$$

$\eta : 0.95$(어큐뮬레이터의 효율)　　$n :$ 등온변화일 때 1, 단열변화일 때 1.4

윗식으로 등온변화의 경우는

$$V_1 = \frac{V_w}{\eta \cdot P_1 \left(\frac{1}{P_2} - \frac{1}{P_3}\right)} = \frac{V_w \cdot P_2 \cdot P_3}{\eta \cdot P_1 (P_3 - P_2)}$$

144 제 2 장 유압기기

단열변화의 경우는

$$V_1 = \frac{V_w}{\eta\,(P_1)^{\frac{1}{1.4}}\left\{\left(\dfrac{1}{P_2}\right)^{\frac{1}{1.4}}-\left(\dfrac{1}{P_3}\right)^{\frac{1}{1.4}}\right\}}\ \ 가\ 된다.$$

여기서, V_w : 어큐물레이터의 방출량 ($V_w = V_2 - V_3$) 〔l〕
$\quad\quad\ V_1$: 어큐물레이터의 기체용량 〔l〕
$\quad\quad\ P_1$: 예압력 (브리드의 경우 $P_1 = (0.8 \sim 0.85)\,P_2$) 〔kg/cm²〕
$\quad\quad\ P_2$: 최저 작동압력 (기체의 최저 작동압력) 〔kg/cm²〕
$\quad\quad\ P_3$: 최고 작동압력 (기체의 압축 최대압력) 〔kg/cm²〕
$\quad\quad\ V_2$: P_2 에서의 기체의 체적 〔l〕
$\quad\quad\ V_3$: P_3 에서의 기체의 체적 〔l〕

4·9 전기 히터

유압장치를 겨울에 사용하는 경우나 시동시 온도가 낮은 경우에는 적정온
도로 하기 위하여 히터 및 온도계 조정기를 조합하여 자동 온도 조절이 되도
록 한다.

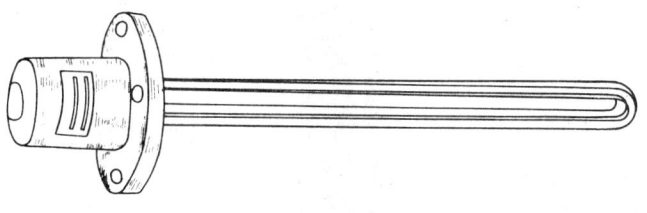 

KS 기호

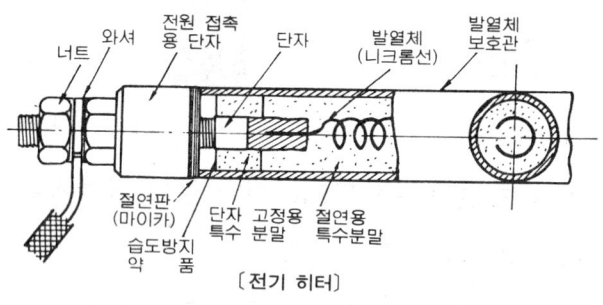

〔전기 히터〕

〔가변 사축식 피스톤 모터〕

4. 유압 부속기기 **145**

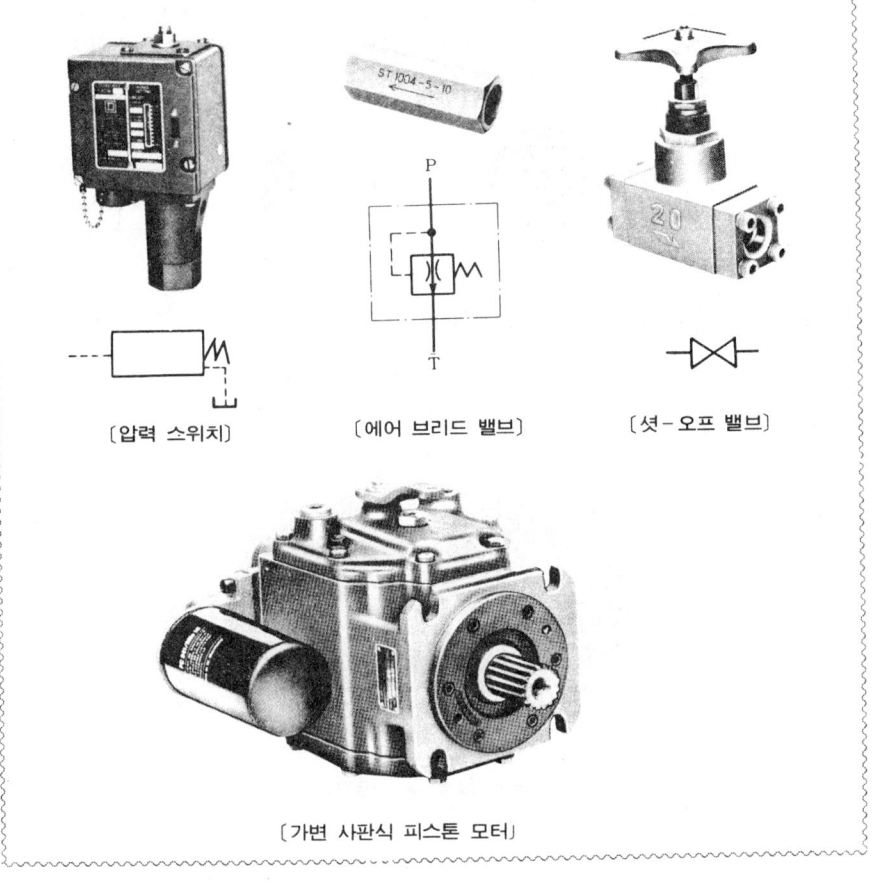

〔압력 스위치〕　　〔에어 브리드 밸브〕　　〔셧-오프 밸브〕

〔가변 사판식 피스톤 모터〕

4·10 커플링

커플링은 전동기와 펌프의 축을 직결하는데 쓰이며, 종류는 여러가지가 있지만 일반적으로 체인 커플링을 사용하고 있다(커플링의 연결시 전동기와 펌프의 축 중심이 약간 틀려도 펌프의 소음이나 진동의 원인이 되므로 주의하여 설치하여야 한다).

4-10-1 체인 커플링

표준형 2열 로울러 체인 1개와 2개의 스프로킷이 조립되어 있는 간단한 구조이며, 양축의 연결분리가 쉽다. 장치가 간단하고 체인과 스프로킷 이의 맞물림 유동에 의하여 신축효과를 얻기 때문에 베어링의 과열이나 마모를 막

146 제 2 장 유압기기

을 수 있다. 회전력은 맞물리고 있는 로울러체인과 스프로킷 이 전체에 나뉘는데 외주근처에 힘이 걸린다. 따라서 강력한 로울러 체인과 커플링 전체를 작고 가볍게 하여 높은 효율을 얻는다.

〔커플링〕　　　　　〔케이싱〕

4-10-2　러버 플랙시블 커플링

강력한 타이어 코드를 이용하여 그 양면에 탄성과 굴곡회로에 강한 고무로 피복한 타이어형의 플랙시블 커플링이다.

〔러버 플랙시블 커플링〕

〔특징〕
- 조립이 간단하여 장착시간이 절약되며, 정비가 간편하다.
- 전기 절연이 완전하다.
- 주유, 분해, 정비 등이 필요없으며 진동, 충격 등의 흡수가 우수하다.
- 각도 오차의 허용범위가 크다.

4·11　배관 재료

유압배관은 기기사이, 유닛사이, 작동기 까지의 유로를 접속하는 것인데 관이나 이음부로 구성되어 있다. 이들 관이나 이음은 다종 다양한 것이 시판되고 있는데 유압장치의 용도와 목적에 맞고 유압기기와의 균형이 맞는것을 선택하여야 한다. 이밖에 배관의 작업성, 관로 유지성, 신뢰성, 경제성 등을 고려하여 유압기능을 보증하는 것이 아니면 안된다.

4-11-1 강관의 종류

유압장치에 쓰이는 관은 강관, 동관, 스테인레스관, 고무 호스 등이 있는데 동관은 석유계 작동유에 산화를 촉진시키는 이유로 쓰이지 않는다. 스테인레스관은 화학설비나 선박 등 내식성을 필요로 하는 경우 또는 서브밸브 사용시 녹을 방지하기 위하여 사용된다.

4-11-2 강관의 선정

〔사용압력에 대한 강관의 선정기준〕

구 경		유 체 압 력 범 위				
A	B	15〔kg/cm²〕이하	15〔kg/cm²〕이상 70〔kg/cm²〕이하	70〔kg/cm²〕이상 140〔kg/cm²〕이하	140〔kg/cm²〕이상 210〔kg/cm²〕이하	210〔kg/cm²〕이상 315〔kg/cm²〕이하
10	3/8					
15	1/2			STPG 38, sch 80		
20	3/4					
25	1					
32	1¼	SGP				STS 42 sch 160 이상
40	1½					
50	2			STS 38, sch 160		
65	2½					
80	3					
100	4					

외경〔mm〕	10.5	13.8	17.3	21.7	27.2	34.0	42.7	48.6	60.5	76.3	89.1	101.6	114.3	139.8	165.2
관호칭경 관기호 (B)	1/8	1/4	3/8	1/2	3/4	1	1¼	1½	2	2½	3	3½	4	5	6
S G P	2.0	2.3	2.3	2.8	2.8	3.2	3.5	3.5	3.8	4.2	4.2	4.2	4.5	4.5	5.0
STPG 38 (sch 80)	2.4	3.0	3.2	3.7	3.9	4.5	4.9	5.1	5.5	7.0	7.6	8.1	8.6	9.5	11.0
STS 38 (sch 80)	2.4	3.0	3.2	3.7	3.9	4.5	4.9	5.1	5.5	7.0	7.6	8.1	8.6	9.5	11.0
STS 38 (sch 160)	–	–	–	4.7	5.5	6.4	6.4	7.1	8.7	9.5	11.1	12.7	13.5	15.9	18.2

4-11-3 관경 및 두께의 표시방법

① SGP 일 때

호칭경(A 또는 B)으로 나타낸다.

예 10A 또는 3/8B(실제 외경 17.3mm)

148 제 2 장 유압기기

② STPG, STS, STPT일 때

　　마찬가지로 호칭경(A 또는 B) 및 호칭두께(스케줄 번호;sch)로 나타낸다.

③ 스케줄 번호(sch)에 대하여

　　배관용 탄소강 강관(SGP)의 강관에서는 관의 두께를 나타내기 위하여 스케줄 번호가 쓰이고 있다. 스케줄 번호에는 sch 10~160의 10 단계가 있다.

④ STPS, OST에 대하여

　　관 외경의 실제 치수[mm]와 두께[mm]로 나타내어진다. 나사 가공이나 용접을 하지 않고 소요 내압에 견딜만큼의 얇은 두께의 관이며, 외경으로 압접하는 관계(삽입이음 사용)로 외경치수의 허용차가 작고 다듬질 정밀도가 높아진다.

〔삽입식 이음용 강관의 외경치수〕

관외경[mm] / 관기호	4	6	8	10	12	15	16	18	20	22	25	28	30	35	38	42	50
STPS 2	○	○	○	○	○	—	○	—	○	—	○	—	○	—	○	—	—
OST 2	○	○	○	○	○	—	○	—	○	—	○	—	○	—	○	—	○

4-11-4 이 음

(1) 나사 이음

이 이음은 관용나사(PT)를 사용하여 관과 기기를 연결하는 것이다.

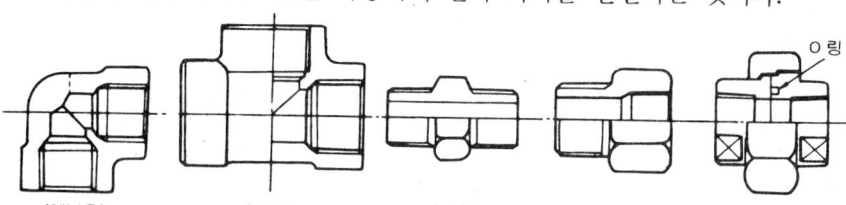

（엘보우）　　（티이）　　（니플）　　（부쉬）　　（유니온）

〔나사 이음〕

(2) 용접 이음

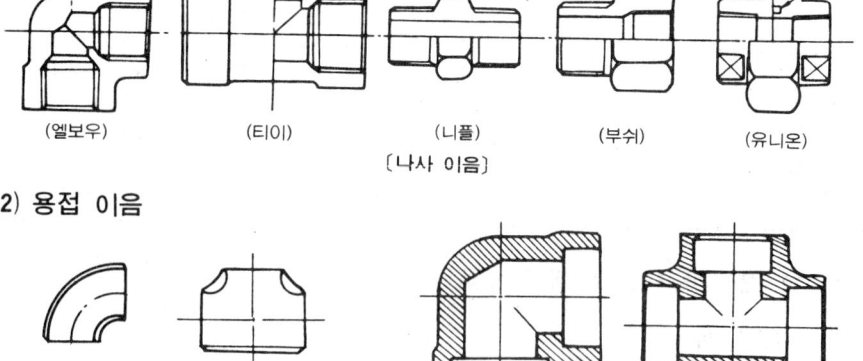

（맞대기 용접형）　　〔용접 이음〕　　（삽입 용접형）

4. 유압·부속기기 **149**

이 이음은 맞대기 이음과 삽입형 이음의 2종류가 있으며, 맞대기 이음은 보통 2B 이상의 복귀라인에 사용되고, 삽입형은 보통 3B 이하의 압력라인에 사용된다(삽입형 이음 부속이나 맞대기 이음 부속 모두 파이프의 스케줄 번호로 표시되어 시판되고 있다).

(3) 관 플랜지

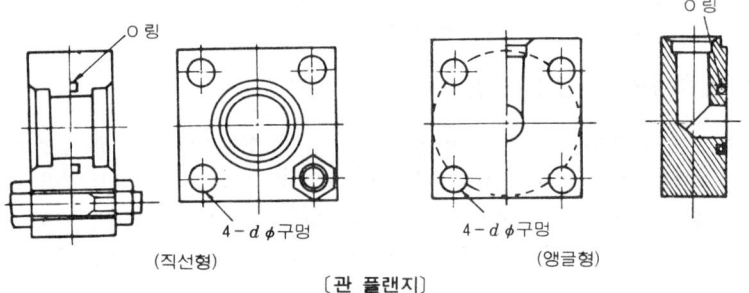

(직선형)   (앵글형)

4−dφ구멍   4−dφ구멍

〔관 플랜지〕

플랜지를 이용한 이음으로 환류관에는 1.5〔kg/cm²〕용이 쓰이며, 압력관에는 210〔kg/cm²〕관 플랜지가 사용된다.

(4) 체결식 이음

유압용 체결식 관이음이 있으며, 일반적으로 사이즈 1½B, 50〔mm〕이하이며, 압력은 350〔kg/cm²〕이지만 700〔kg/cm²〕의 고압에 사용되는 것도 있다. 관 재료는 OST, STPS의 박관이 쓰인다.

다음 그림은 이음에 관을 삽입하여 너트를 조인후의 슬리브 결합상태를 나타낸다. 최초의 슬리브는 원통형이지만 너트로 조여지면 그 왼쪽의 파일롯 테이퍼면 위로 밀려서 슬리브의 절단 끝부분이 줄어든다.

그리고 끝은 관속으로 들어가 슬리브의 중앙이 구부러져 강력한 스프링 작용에 의해 진동 충격으로 인한 너트의 풀림을 막을 수 있다.

슬리브와 몸체사이의 시일은 테이퍼면에서 압접으로 이루어진다. 또한 슬리브의 오른쪽 끝이 관과 닿는 곳에서 관은 유지된다. .

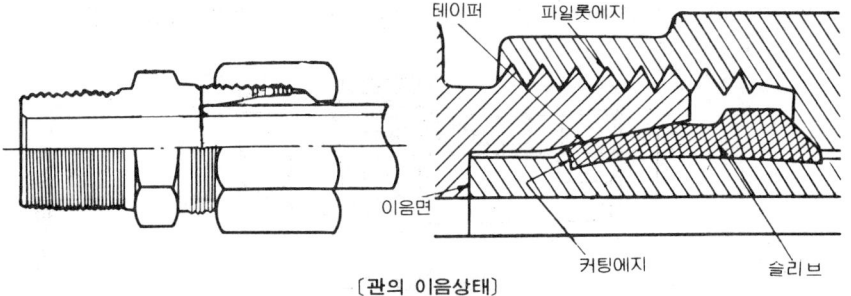

〔관의 이음상태〕

150 제 2 장 유압기기

4·12 고무 호스

고무호스는 내유성, 내압성, 내열성을 지니며 유연성이 있어 자유 자재로 구부러지는 관계로 취급이 쉬워 강관의 배관이 곤란한 장소에서의 배관 또는 이동용 장치의 배관에 쓰이며 차량, 건설 화학공업, 제철 등의 일반 공업용, 선박용, 항공기용 등으로 널리 쓰인다.

4-12-1 고무호스의 구조

고무호스에는 저압, 중압, 고압용의 3 종류가 있으며, 저압용 호스는 합성고무관의 바깥쪽에, 다만 면사로 짠 것을 피복한 것이나 고무관 뿐인 것도 있다. 고압용 호스는 내유, 내열성이 뛰어난 합성고무의 내측 고무층, 강선을 짠 보강층 및 내유, 내후성의 합성고무 표면층의 3 층으로 되어 있다.

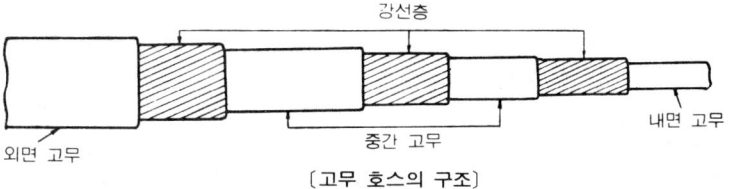

[고무 호스의 구조]

[호스의 내경]

나사의 크기	1/4	1/4	3/8	3/8	1/2	3/4	3/4	1	1 1/4	1 1/2	2
호스 사이즈	3	4	5	6	8	10	12	16	20	24	32
호스실내경〔mm〕	4.8	6.3	7.9	9.5	12.7	15.9	19	25.4	31.8	38.1	50.8

4-12-2 셀프 시일링 커플링

호스와 같이 사용되는 장치로 셀프 시일링 커플링이 있다. 사용상태를 별로 바꾸지 않고 쉽게 떼었다 붙일 수 있으며, 회로를 완전 차단할 수 있다. 이것을 쓰면 유압회로의 부분적 교환이나 기름의 공급을 간단히 할 수 있다.

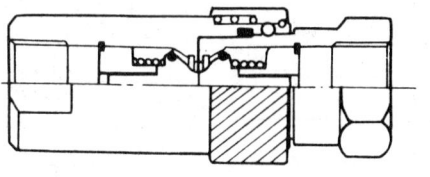

[셀프 시일링 커플링]

5. 유압유 **151**

5. 유압유(油壓油)

유압유는 유체에너지를 전달하기 위하여 매우 중요한 역할을 하는 것이며, 기계의 종류나 운전조건에 따라 여러가지가 쓰이고 있다. 유압장치를 설계, 제작, 운전, 관리하기 위해서도 유압기기와 더불어 유압유도 알고 있어야 하겠다.

5·1 유압유의 종류

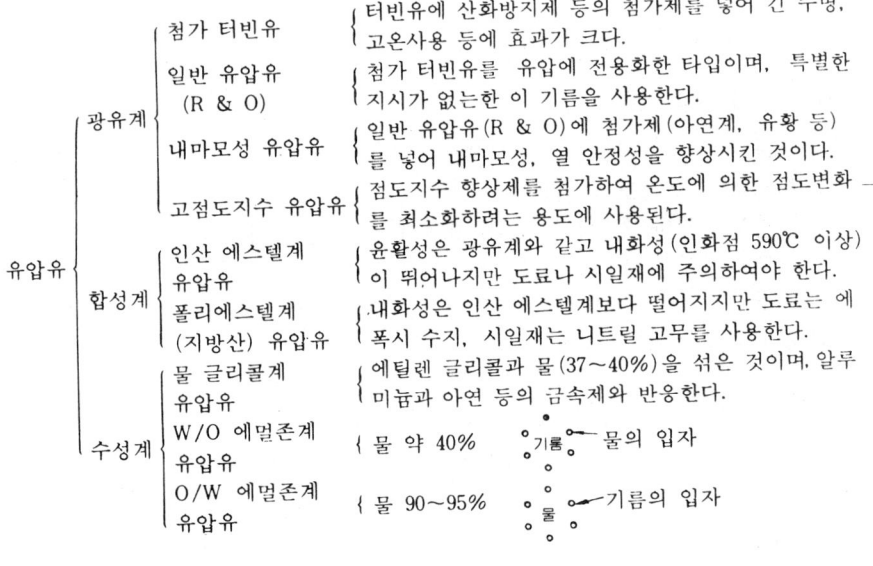

5·2 기름에 관한 용어

5-2-1 비 중

비중이란 4℃의 증류수와 같은 체적의 기름이 15℃에서의 중량비를 말한다.

152 제·2 장   유압기기

$$\left\{\begin{array}{l}\text{광유계의 유압유} : 0.85\sim0.95 \\ \text{인산에스텔계 유압유} : 1.12\sim1.35 \\ \text{수성계의 유압유} : 0.92\sim1.1\end{array}\right\}$$

15℃의 기름 ÷ 4℃의 물 = 비중

• 비중과 비중량

비중은 무명수로 표시하고, 비중량은 단위체적당의 중량[kg/m³]으로 표시한다 (압력손실의 계산에는 비중량의 값으로 계산한다).

5-2-2 비 열

비열이란 1[kg]의 액체를 1[℃] 올리는데 필요한 열량을 비열이라고 하며, 유압장치의 발생열량에서 냉각기로 흡수할 열량을 계산할 때 기름이나 물의 비열이 필요하다. 단위는 [kcal/kg·℃]로 표시한다.

$$\left\{\begin{array}{l}\text{광유계 유압유} : 0.44\sim0.47[\text{kcal}/\text{kg}\cdot\text{℃}] \\ \text{인산에스텔계 유압유} : 0.3\sim0.4[\text{kcal}/\text{kg}\cdot\text{℃}] \\ \text{물} : 1[\text{kcal}/\text{kg}\cdot\text{℃}]\end{array}\right.$$

5-2-3 점 도

점도는 기름의 끈끈한 성도를 나타내는 것이다.

(1) 유압에서의 점도의 영향

① 유압펌프나 유압모터 등의 효율에 영향을 준다.

② 관로저항에 영향을 준다.

③ 유압기기의 윤활작용, 누설량에 영향을 준다.

(2) 점도의 표시방법

• 공학적 점도표시 $\left\{\begin{array}{l}\text{절대점도} : \text{포아즈}(\text{P}) \\ \text{동점도} \left\{\begin{array}{l}\text{스토크스}(\text{st}) \\ \text{센티스토크스}(\text{cst})\end{array}\right.\end{array}\right.$

$$\upsilon = \frac{\mu}{\rho}$$

여기서, μ(뮤) : 절대점도 υ(뉴) : 동점도 ρ(로우) : 밀도

[참고] 공업적 점도표시 $\left\{\begin{array}{l}\text{세이볼트}(\text{미국}) : \text{SUS 또는 SSU} \\ \text{레이웃드}(\text{영국}) : \text{RSS} \\ \text{앵귤러}(\text{독일, 소련}) : \text{°E}\end{array}\right.$

일반적으로 유압유는 점도수(cst)로 표시된다(전에는 점도표시로서 세이볼트 유니버셜초(SSU)로 나타낸 것이 많았다).

(3) 적정 점도

유압장치에서의 적정 점도는 펌프 종류나 사용압력 등에 따라 다르지만 일반적으로 40[℃]에서 20~80[cst]의 유압유가 사용된다.

5-2-4 점도 지수(VI ; Viscocity Index)

점도지수란 온도의 변화에 대한 점도의 변화량을 표시하는 것이다.
① 점도지수가 높은 기름일수록 넓은 온도범위에서 사용할 수 있다.
② 일반 광유계 유압유의 VI는 90 이상이다.
③ 고점도지수 유압유의 VI는 130~225 정도이다.

5-2-5 압축성

유압유의 압축성은 고압화가 진행됨에 따라 제어기기의 응답성이나 정밀도에 영향을 주는 관계로 최근 중요시되고 있다.

압축률 β는 다음식으로 나타낸다.

$$\beta = \frac{1}{V} \cdot \frac{\Delta V}{\Delta P}$$

로 압축했을 때 최소량을 살펴보면

$\Delta V = \beta \cdot V \cdot \Delta P$로 된다.

〔압축전의 용적〕   〔ΔP 가입시의 축소용적〕

유압유의 종류	β 〔cm^3/kg〕
광유계 유압유	6×10^{-5}
항공기 유압유	5×10^{-5}
각종 연료유	5×10^{-5}
인산에스텔계 유압유	3.3×10^{-5}
물 글리콜계 유압유	2.87×10^{-5}
W/O 에멀죤계 유압유	4.39×10^{-5}

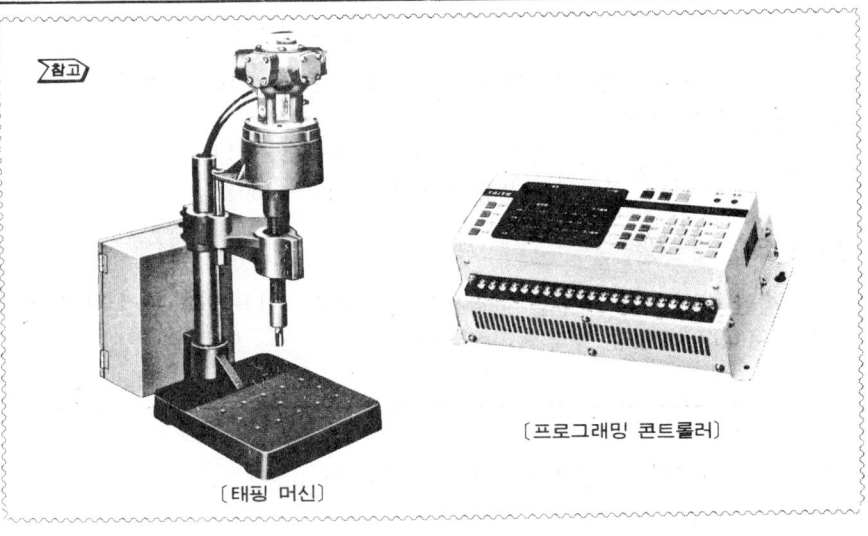

〔태핑 머신〕

〔프로그래밍 콘트롤러〕

154 제 2 장 유압기기

5-2-6 인화점

기름을 가열하여 그 발생가
스에 불꽃을 가까이 했을때 순
간적으로 빛을 발하며, 인화할
때의 온도를 인화점이라고한다.

〔유압유의 인화점〕

① 광유계 유압유 : 일반적으
로 200〔℃〕이상

② 인산에스텔계 유압유: 250
〔℃〕전후

③ 물 글리콜계 유압유
④ W/O 에멀죤계 유압유
⑤ O/W 에멀죤계 유압유

위 ③④⑤는 인화점이 없다.

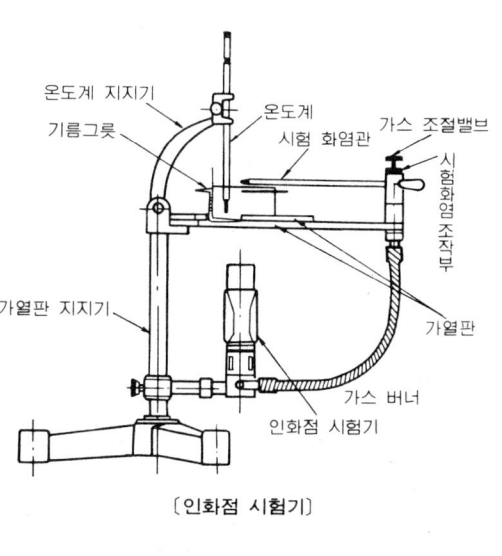

〔인화점 시험기〕

5-2-7 유동점

유동점은 기름이 응고하는 온도보다 2.5〔℃〕높은 온도를 말하며, 저온 유
동성을 나타내는 방법으로 표시한다(실용상의 최저온도는 유동점보다 10〔℃〕
이상 높은 온도가 바람직하다).

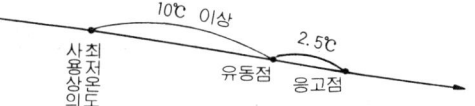

한냉지에서의 겨울철 사용개시시 −10〔℃〕이하가 되는 곳에서는 유동점에
주의할 필요가 있다.

- 시판 유압유의 유동점 $\begin{cases} \text{일반 유압유}: -10 \sim -35〔℃〕 \\ \text{저온용 유압유}: -40 \sim -60〔℃〕 \end{cases}$

5-2-8 색 상

색상이란 유압유의 색깔을 나타내는 방법이며, 기름 열화 판정의 기준으로
쓰인다(유니온 색으로 불리우고 있다).

무색투명   흑갈색

1　1½　2　2½　3　3½　4　4½　5　　　6　　　7　　　8

참고 일반 유압유의 사용전 유니온 색은 1~1½이다.

5·3 기름의 산화·열화

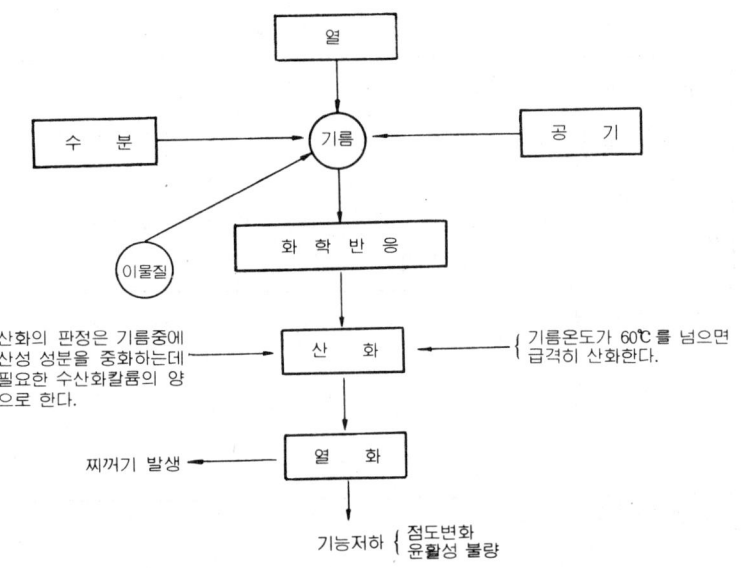

5-3-1 유압유의 적정 사용온도

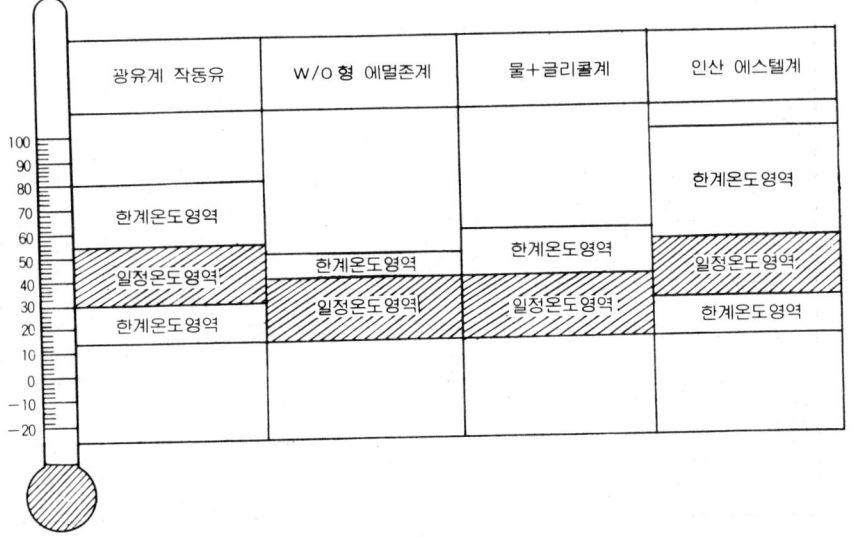

156 제 2 장 유압기기

5-3-2 유압유와 소방법

유압유는 소방법에 의해 인화점이 존재하는 것을 위험물로 규정된다.

〔제 4 류 석유류의 종류와 지정수량〕

유 별		인 화 점	위험물로서 취급되는양 〔l〕	석 유 제 품 예
제 4 류	제 1 석유류	21℃ 미만의 것	100	가솔린, 아세톤
	제 2 석유류	21℃ 이상 70℃ 미만의 것	500	등유, 경유
	제 3 석유류	70℃ 이상 200℃ 미만의 것	2000	중유(유압유도 있음)
	제 4 석유류	200℃ 이상의 것	3000	기어유, 실린더유, 일반 유압 유, 인산에스텔계 유압유

참고 유압장치의 기름이 지정수량을 초과하는 경우 소방법에 적용된다.

5·4 유압유의 개략특성 일람표

유압유의 종류 항목	광 유 계 유 압 유	인산에스텔계 유 압 유	물 글리콜계 유 압 유	W／O 에멀죤계 유 압 유
비 중	0.85〜0.95	1.12〜1.35	1.04〜1.1	0.92〜0.94
점 도 지 수	90〜110(보통)	−15〜20(낮다)	140〜170(대단히 높다)	120〜150(높다)
방 청·방 충	매우 좋다	약간 좋다	좋 다	좋 다
가 연 성	가연성	난연성	불연성	불연성
인 화 점	150〜270℃	230〜280℃	없 다	없 다
독 성	없 다	무해라고 할 수 없다	없 다	없 다
상 대 적 가 격	100	500	400	150
펌 프 의 수 명	보 통	보 통	약간 떨어진다	많이 떨어진다
온 도 적 정	30〜55℃	30〜55℃	15〜45℃	15〜45℃
한 계	80℃	100℃	60℃	50℃
최 고 사 용 압 력	350〔kg／cm²〕	350〔kg／cm²〕	120〜140〔kg／cm²〕	105〔kg／cm²〕
패 킹 재 질 사 용 가 능	니 트 릴 실 리 콘 불 소 고 무	실리콘, EP 부 틸 부 소 고 무	니트릴, 실리콘 부틸, EP 불 소 고 무	니 트 릴 실 리 콘 불 소 고 무
사 용 불가능	부틸, EP	니 트 릴 폴리우레탄고무	폴리우레탄고무	부틸, EP 폴리우레탄고무
탱 크 안 도 장	에폭시계, 페놀계	적정도료가 없음		
윤 활 성	좋 다	좋 다	나쁘다	나쁘다
적 합 성	보통의 금속에는 좋다.	보통의 금속에는 좋다.	아연, 카드뮴, 마그 네슘에 사용불가	마그네슘에 사용 불가

5. 유압유 **157**

5·5 작동유의 올바른 사용법

성능이 우수한 작동유를 사용한다고 하여도 올바르게 사용하지 않으면 유압기구의 성능을 충분히 발휘시킬 수가 없다.

5-5-1 작동유의 오염

유압기기 고장의 대부분은 먼지에 의하여 일어나고 있으며, 마찰이나 용접작업 기타 기계가공시의 칩, 녹 등 금속입자로 이루어진 경질의 먼지와 오일의 열화나 시일재의 마모 등으로 일어나는 연질의 먼지가 있으며, 경질의 먼지는 기계의 섭동부에 홈을 내게하여 오일 누설이 이루어지고 기계의 성능이 저하되며, 연질의 먼지는 회로의 관로를 막아서(파일롯 라인 등) 작동불량이나 유량유속 등에 영향을 주고 있다.

• 회로중에 먼지의 발생상태를 대별하면

① 회로중에 처음부터 들어있는 먼지

기계 가공중이나 조립시 들어온 용접 슬래그, 칩 등이 있으며, 경질의 먼지로서 섭동부에 홈을 내어 가장 위험하다. 회로속에 발생하는 녹은 재료의 선정 잘못이나 조립전의 보관 잘못 등으로 인하여 생기는 것이 보통이며, 온도의 변화에 따라 공기중의 수증기가 응고(결로 현상)하여 생기는 수도 있다.

② 운전중 회로속에서 발생하는 먼지

기계의 마찰에 의하여 마찰부분이 마모하여 생기는 기계적인 것과 작동유의 산화에 의하여 생기는 화학적인 것이 있으며, 오일의 산화 생성물은 고형인 먼지나 수분과 함께 슬러지가 되는 수도 있다.

③ 사용중 외부에서 들어온 먼지

오일 주유구의 필터 불량이나 통기구의 필터 불량으로 들어오는 경우가 많으며, 또한 피스톤 로드를 통하여 들어오는 경우도 있다.

④ 보충 오일속에 들어있는 먼지

특히 물이 가장 많은 이물질이다. 물이 들어가면 무겁기 때문에 탱크 바닥에 모이나 유압펌프의 작동에 의하여 미세하게 분해되어 기계의 각부분에 녹을 발생시킨다.

5-5-2 작동유의 점검과 교환

작동유의 상태를 점검하는 방법에는 눈으로 보는 방법과 시험에 의한 방법이 있으나 보통 5,000~20,000시간 사용하면 작동유의 성질이 변하여 응고되는 경향이 생긴다. 따라서 처음에는 100~1000시간 정도에 교환을 하고 2 회

158 제 2 장 유압기기

부터는 2,000시간마다 교환하며, 흑갈색을 띠고 있으면 즉시 교환하고 비중, 점도 등도 확인하는 것이 좋다.

5·6 플래싱(flashing)

5-6-1 플래싱의 종류

플래싱은 유압회로내의 이물질을 제거하는 것과 작동유 교환시 오래된 오일과 슬러지를 용해하여 오염물의 전량을 회로 밖으로 배출시켜서 회로를 깨끗하게 하는 것이다.

플래싱유는 작동유와 거의 같은 점도의 오일을 사용하는 것이 바람직하나 슬러지 용해의 경우에는 조금 낮은 점도의 플래싱유를 사용하여 유온을 60~80℃로 높여서 용해력을 증대시키고 점도변화에 의한 유속 증가를 이용하여 이물질의 제거를 용이하게 한다. 열팽창과 수축에 의하여 불순물을 제거시키는 수도 있으나 특히, 적당한 방청특성을 가진 플래싱유를 사용해야 한다.

5-6-2 플래싱의 방법

플래싱은 주로 주회로 배관을 중점적으로 한다. 유압 실린더는 입구와 출구를 직접 연결하고 유압 실린더 내부는 플래싱 회로에서 분리한다. 전환 밸브등도 고정하며 회로가 복잡한 경우나 대형인 경우에는 회로를 구분하여 플래싱한다.

오일탱크는 플래싱 전용 히터를 사용하여 오일을 가열하고 회로 출구의 끝에 필터를 설치하여 플래싱유를 순환시켜서 배관내의 오염물질을 제거한다.

일반적으로 플래싱 시간은 수시간 내지 20시간 정도이나 가설필터에 이물질이 없어도 다시 1시간 정도 더 플래싱 해준다.

제3장 공압기기

1. 공압계통의 기본구성

다음 페이지의 그림과 같은 공압장치의 기본구성에서 보는 바와 같이 공기를 압축해서 대기압보다 높은 상태의 압축공기를 만들어, 공압실린더나 모터 등의 작동기 (actuator) 에 의하여 기계적인 힘으로 변화시켜 장치나 기기의 구동력으로 이용하기 위한 기술을 공압기술이라 하며 여기에는 반드시 압축공기의 압력흐름 등을 알맞게 조절할 수 있는 기술이 있어야 한다.

1·1 공기의 압축

압축공기는 압축기(compressor)에서 만들어지며 이때의 압력은 통상 게이지 압력 $7 \sim 10 \ kg/cm^2$이 일반적이나 용도에 따라서 $10 kg/cm^2$ 이상의 고압이 사용되기도 하며 이때에는 고압가스규정에 저촉되므로 이런 점을 생각하여야 한다.
또 부압이나 진공압을 얻기 위해서는 진공펌프가 사용된다.

1·2 압축공기의 처리

압축기에서 발생한 압축공기는 그대로의 상태에서는 다음과 같은 문제점이 있으므로 정상적인 공기압으로 사용할 수 없다.
(1) **온도** : 압축기로부터 토출된 직후의 압축공기는 그 온도가 매우 높다.
(2) **수분** : 대기 중의 수증기가 응축되므로 많은 양의 수분이 포함된다.
(3) **먼지** : 대기 중의 먼지가 농축되므로 많은 먼지가 포함된다.
(4) **유분** : 고온에 의하여 변질된 압축기의 오일이 포함되어 있다.
(5) **압력** : 압축기의 기동, 정지에 의하여 압력변동이 생기며 실제사용 압력보다 압력이 너무 높다.

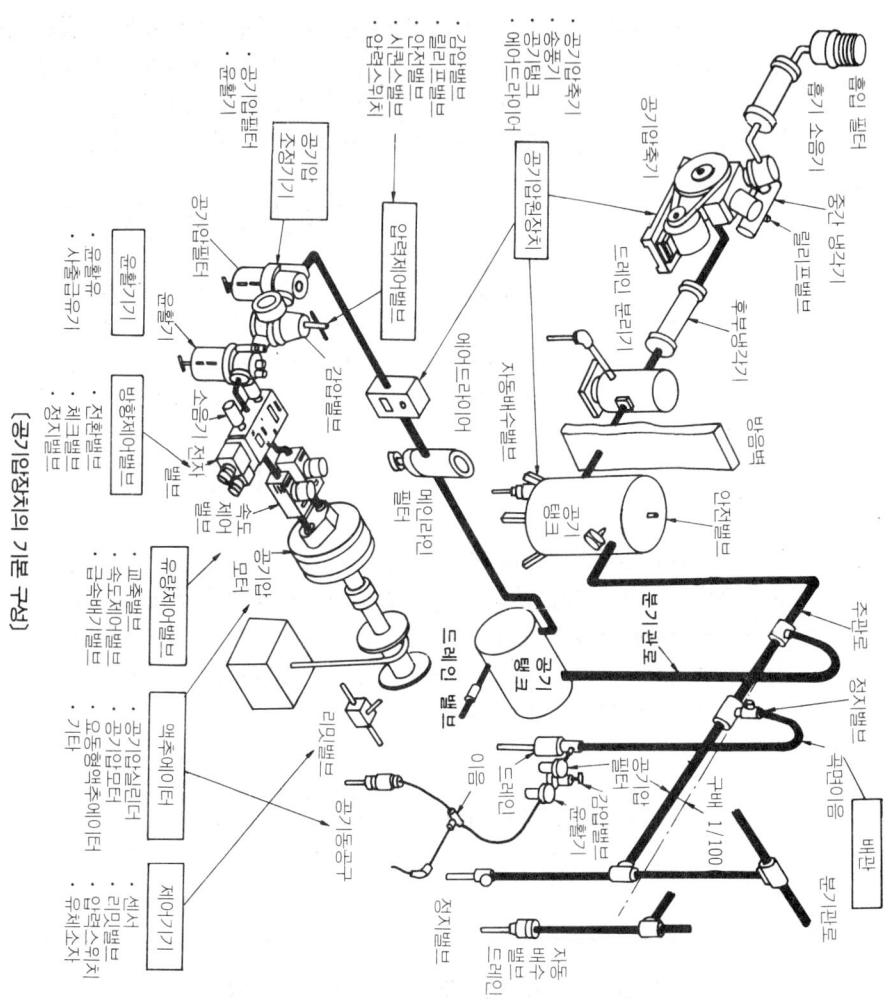

2. 공기원과 청정화 계통

2·1 공기압축기(air compressor)

기계에너지를 기체에너지로 변환하는 기계이며 통상적으로 토출압력이 1kg/cm² 이상인 것을 말하고 구조에 따라 왕복식, 나사식, 터보식 등이 있다.

2-1-1 압축기의 종류

(1) 왕복식 압축기(reciprocating type)

왕복피스톤 압축기는 오늘날 가장 일반적인 압축기이며 실린더 안을 피스톤 이 왕복운동하여 압축한다.

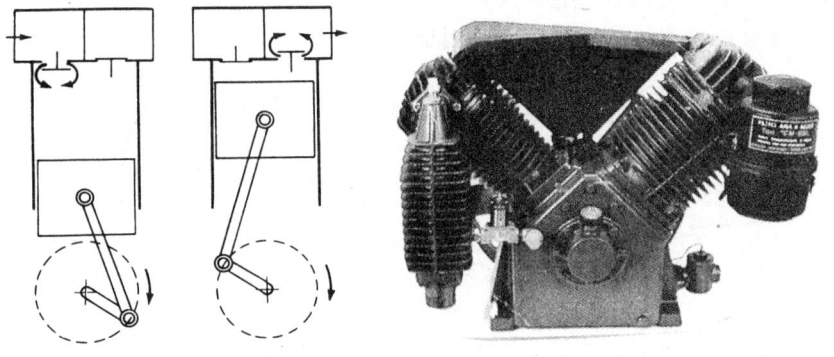

사용압력 범위는 1kg/cm²에서 수십 kg/cm²까지이며 고압으로 압축하기 위해서는 다단식이 필요하다.

다단식 압축기는 실린더내경이 큰 첫번째 압축실과 실린더내경이 작은 두번째 압축실을 가진 구조로 되어 있으며 첫번째 압축실에서 1차 압축한 공기를 두 번째 압축실에서 다시 한 번 압축하여 높은 압력의 공기를 얻게 되는 것이다.

(2) 나사식 압축기

나사모양으로 된 암수 두개의 로터가 한쌍으로 되어 있으며 이 로터가 서로 반대로 회전하여 축방향으로 들어온 공기를 서로 맞물려 회전시켜 압축하는 형태의 압축기이다.

162 제 3 장 공압기기

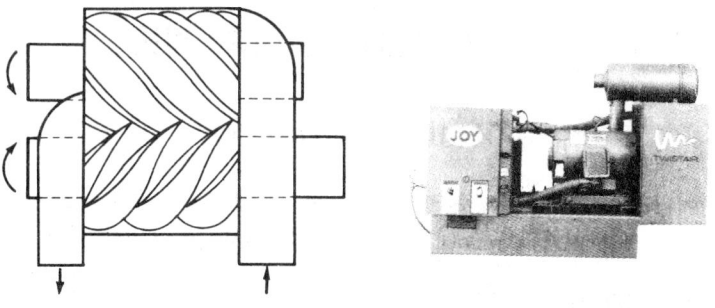

(3) 터보 압축기

이 압축기는 공기의 유동원리를 이용한 것으로 대용량에 적합하며 터보를 고속으로 회전시키면 공기도 고속으로 되어 질량×유속이 압력에너지로 바뀌면서 압축되는 형태의 압축기이다.

※ 이 밖에 공기의 체적을 변화시키지 않고 한쪽에서 다른 쪽으로 옮기는 데 사용되는 블로어(blower) 압축기도 있다.

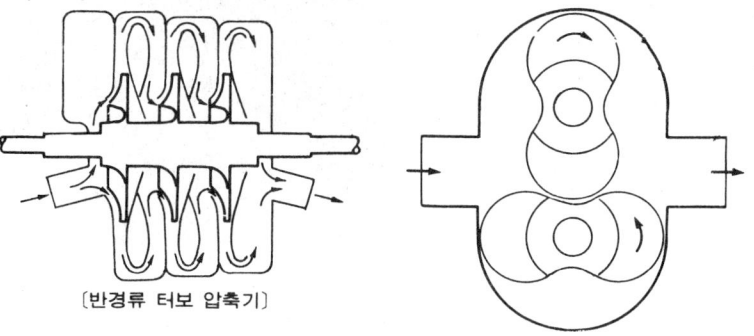

〔반경류 터보 압축기〕

2-1-2 공기 압축기의 특성

압축기의 종류 구분	왕복식	나사식	터보식
비 용	작다	높다	높다
맥 동	크다	작다	작다
진 동	크다	작다	작은편임
소 음	크다 유분, 탄소	작다 유분, 먼지	크다 먼지
이물질의 종류	먼지, 수분	수분	수분
정기수리(시간)(분해검사)	3000~5000	12000~20000	8000~15000

2. 공기원과 청정화 계통 **163**

2-1-3 공기 압축기의 선정방법

공기압축기의 선정시에는 컴프레서 용량이 공압기기 공기소비량의 1.5~2배로 하는 것이 좋다.

(1) 공급체적

공급체적은 압축기가 공급해 주는 공기의 양이며 이를 나타내는 단위는 m³/min 이나 m³/h 로 표시된다.

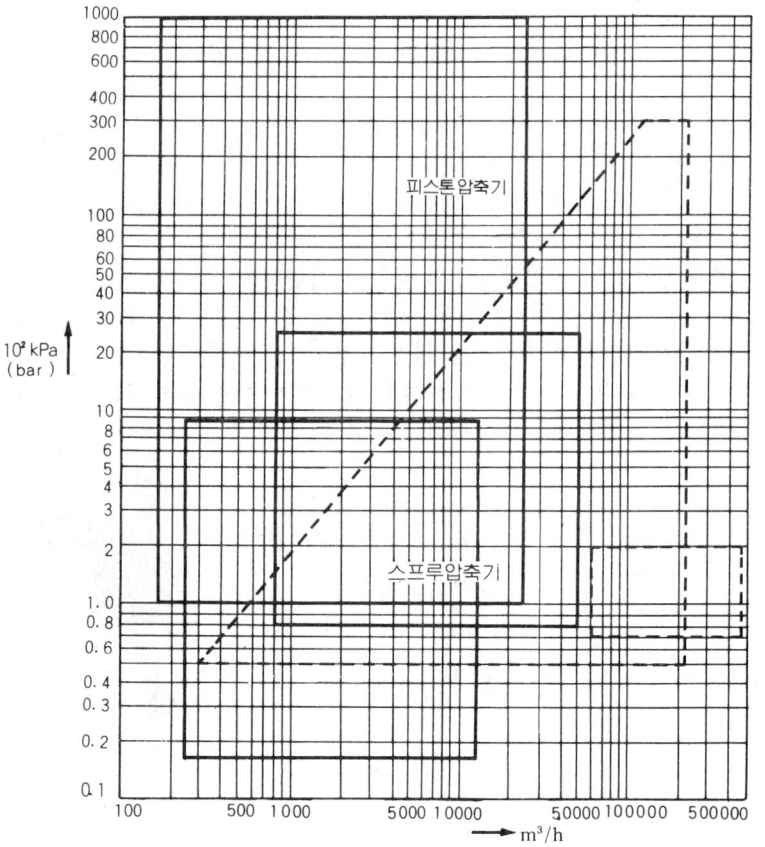

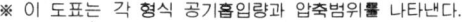

※ 이 도표는 각 형식 공기흡입량과 압축범위를 나타낸다.

〔공급 체적표〕

164 제 3 장 공압기기

(2) 압 력

압력에는 작업압력과 작동압력이 있으며 작업압력은 압축기의 출구측 압력이나 탱크, 파이프라인의 압력을 나타내고 작동압력은 직접 공압기기를 작동시킬 때 요구되는 압력으로 대부분 $7 \text{kg}/\text{cm}^2$이 많이 사용되고 있다.

(3) 구동장치

작업조건에 따라 전동기나 내연기관이 사용되고 있으며 공장내에서는 일반적으로 전동기가 사용되고 도로공사 등과 같이 이동식인 경우에는 가솔린이나 디젤 등을 사용하는 내연기관이 압축기의 구동장치로 사용되고 있다.

(4) 압축기의 용량제어

압축기의 용량제어 방법에는 무부하제어, 저속제어, 온-오프제어의 3가지가 있으며 공급체적은 최대압력과 최저압력 사이에서 조절된다.

① 무부하제어

(가) 배기제어 : 가장 간단한 조정방법으로 압력안전밸브로 압축기를 제어한다. 탱크내의 압력이 설정된 압력이 되면 안전밸브가 열려서 압축공기를 대기중으로 방출시키는 것이며 체크밸브는 탱크의 압력이 규정값 이하로 되는 것을 방지한다.

(나) 차단제어 : 이 조정방식은 흡입쪽을 차단하여 공기를 빨아 들이지 못하게 하는 것으로 대기압보다 낮은 압력(진공압)에서 계속 운전 된다. 이 형식은 피스톤 압축기에서 널리 사용된다.

(다) 그립-암(grip-arm)제어 : 피스톤 압축기에 사용되는 것으로 흡입밸브를 열어서 압축공기가 생산되지 않도록 하는 방법을 말한다.

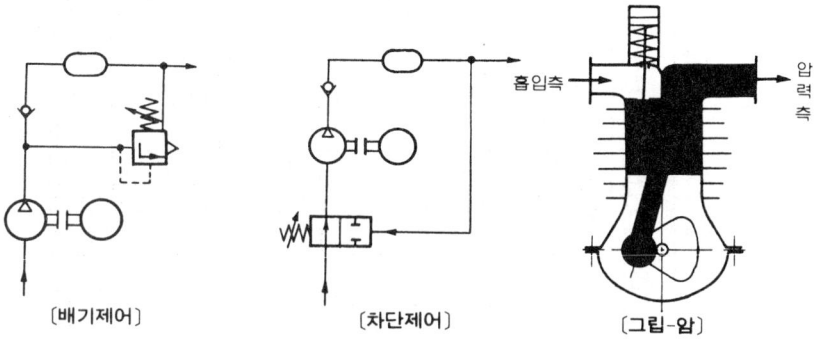

〔배기제어〕　　　〔차단제어〕　　　〔그립-암〕

② 저속제어

(가) 속도조정 : 엔진의 속도를 조정하여 압축량을 조절하는 방법으로 수동, 자동 모두 가능하며 작업압력에 따라 조정된다.

(나) 흡입량조정 : 흡입공기 입구를 줄임으로서 공기압축량을 줄이는 방법으로 터보압축기 등에 사용된다.

③ 온 – 오프제어

탱크가 필수적으로 요구되며 압력스위치의 작동에 의하여 최대압력이 되면 모터가 정지하고 최소압력이 되면 다시 작동하게 되는 것으로 스위치의 작동횟수를 적게 하기 위하여 가급적 대용량의 탱크가 필요하게 된다

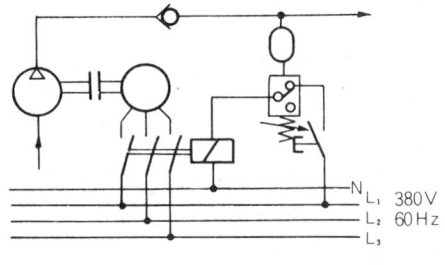

2-1-4 냉각장치

공기를 압축하면 열이 발생되므로 이것을 제거하여 주어야 한다. 소형 용량의 압축기에서는 핀을 이용하여 냉각시킬 수 있으나 대형 압축기에서는 냉각팬을 이용하여야 하며 30kW 이상의 압축기에서는 물을 이용한 수냉식으로 냉각해야 한다.

냉각이 좋아야 압축기의 수명도 연장되고 압축된 공기도 양질의 냉각된 것을 얻을 수 있다.

2-1-5 공기압축기의 유지

공기압축기의 성능을 유지시키기 위해서는 통풍을 좋게 하여 모터와 공기압축기가 냉각이 잘 되도록 하여야 하며 정기점검을 철저히 하여 윤활유가 검게 되지 않도록 하여야 한다.

166 제 3 장 공압기기

2·2 압축공기에 포함되는 이물질

압축공기 중에는 먼지, 유분, 탄소, 수분 등의 이물질들이 포함되어 있으며 이것들은 다음과 같은 영향을 준다.

(1) 먼 지

공기를 $7 kg/cm^2$ 까지 압축하면 먼지의 농도가 8배까지 되며 먼지는 밸브의 스플이나 슬리브 사이의 막힘 또는 코일을 소손시키는 원인이 된다.

(2) 유분 및 탄소

고온공기에 의하여 기름이 분무화되고 이것은 다시 탄화 또는 증기화되며 탄화된 오일은 흑연형태의 미세한 탄소입자가 되어 나중에는 타르(tar)상의 탄소물질로 된다. 또한 이것은 피스톤 및 밸브의 고착·마모·실불량 및 고무계의 부풀어 오름으로 인하여 기기의 수명을 짧게 한다.

(3) 수 분

공기를 $7 kg/cm^2$ 로 압축하면 체적은 1/8로 줄어들어 과포화 상태의 수분이 응축수가 되며 이 수분은 코일의 절연불량, 녹 등이 생기게 되고 이로 인하여 밸브의 고착이나 고무계통이 부풀어 오르는 현상 등이 생겨서 기기의 수명을 짧게 한다.

2·3 압축공기의 청정화 계통

압축공기의 청정화계통에는 애프터쿨러, 저장탱크, 주라인필터, 자동배출기, 공기건조기, 공기필터와 유(油)분리기 등이 있다.

또한 공기압축기, 애프터쿨러, 저장탱크를 주라인(main line)이라 하고 주라인필터, 자동배출기, 공기건조기를 서브라인(sub line)이라 하며 공기필터 유(油)분리기를 로컬라인(localline)이라 한다.

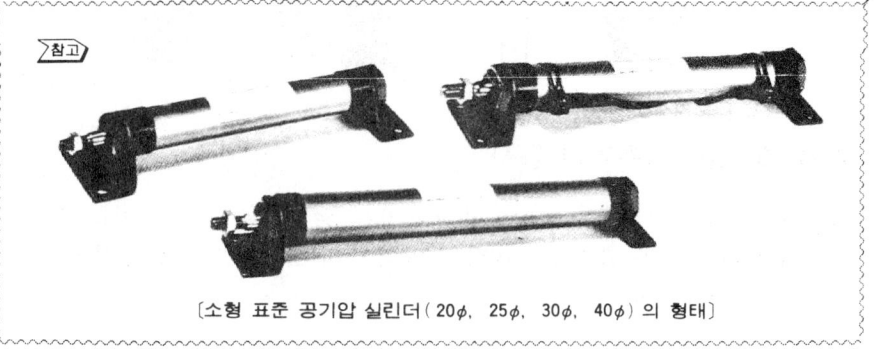

〔소형 표준 공기압 실린더(20ϕ, 25ϕ, 30ϕ, 40ϕ)의 형태〕

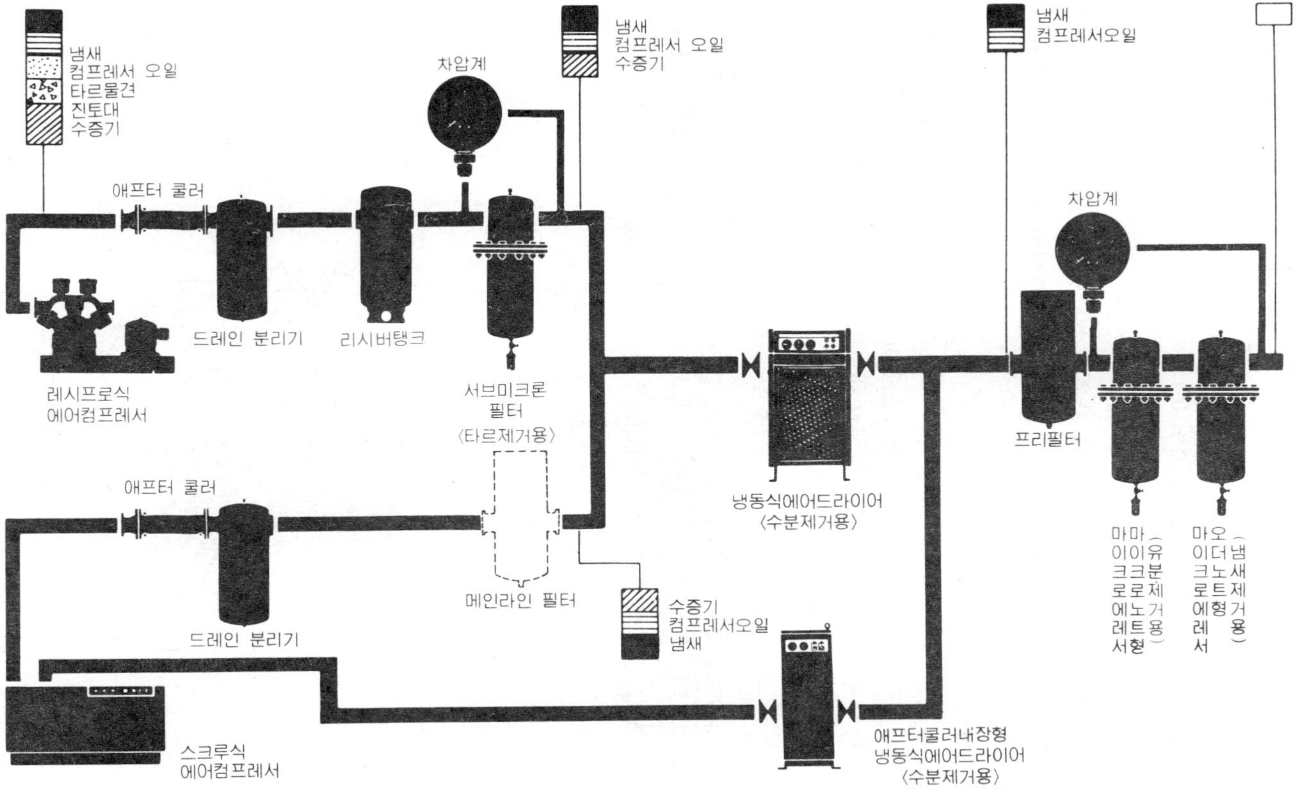
냄새
컴프레서 오일
타르물건
진토대
수증기
애프터 쿨러
드레인 분리기
리시버탱크
차압계
냄새
컴프레서 오일
수증기
레시프로식
에어컴프레서
서브미크론
필터
〈타르제거용〉
애프터 쿨러
드레인 분리기
메인라인 필터
수증기
컴프레서오일
냄새
스크루식
에어컴프레서
냉동식에어드라이어
〈수분제거용〉
애프터쿨러내장형
냉동식에어드라이어
〈수분제거용〉
냄새
컴프레서오일
차압계
프리필터
(유분제거용)
마이크로에레서
마이크로노트형
(냄새제거용)
마이크로에레서
오더노트형

〔압축공기의 청정화 계통〕

168 제 3 장 공압기기

2·4 청정화기기

2-4-1 애프터 쿨러(after cooler)

(1) 설치목적

공기압축기로부터 토출되는 고온의 압축공기를 공기건조기로 공급하기 전 건조기의 입구온도조건(약 35℃)에 알맞도록 1차냉각시키고 수분을 제거하는 장치이다.

(2) 종 류

수냉식과 공랭식이 있으며 수냉식은 고온다습하고 먼지가 많은 악조건에서 안정된 성능을 얻을 수 있으므로 냉각효율이 좋아 공기소비량이 많을 때 사용되고 공랭식은 냉각수의 설비가 불필요하므로 단수나 동결의 염려가 없으며 보수도 쉽고 유지비도 적게 든다.

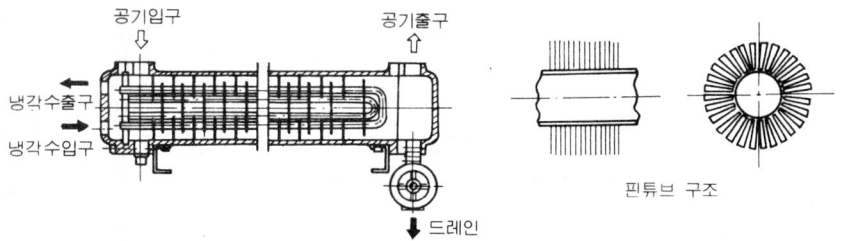

〔수냉식 애프터 쿨러〕

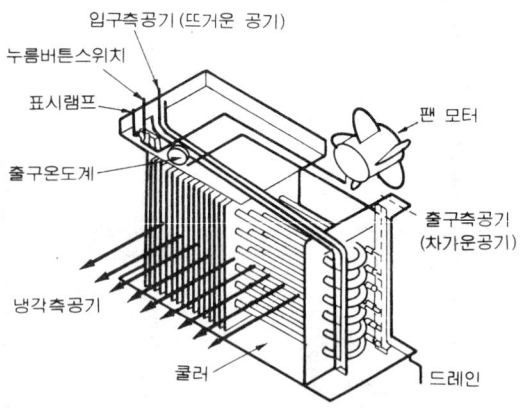

〔공랭식 애프터 쿨러〕

(3) 사용시 주의사항

① 수냉식

(가) 공기압축기와 가까운 곳에 설치하여 보수점검이 쉽도록 하여야 한다.

(나) 입구관로에 $100\,\mu\mathrm{m}$ 정도의 여과도를 가진 필터를 설치하여 관 속에 물때가 생기는 것을 방지함으로써 냉각성능을 보장할 수 있다.

(다) 단수시 경보를 낼 수 있는 장치가 있어야 한다.

(라) 청소시에는 기계적인 방법이나 적당한 세정제를 사용하여야 한다.

② 공랭식

(가) 보수점검이 쉬운 장소에 설치한다.

(나) 통풍이 잘 되도록 벽이나 기계로부터 20cm 이상의 간격을 두고 설치하여야 한다.

(다) 먼지가 많은 장소에서의 설치는 피하도록 하되 부득이 설치해야 될 경우에는 필히 방진용 필터를 설치하여야 하며 정기적인 청소가 이루어져야 한다.

③ 애프터 쿨러는 출구온도가 40℃ 이하를 유지하도록 설계되어야 한다(공기 건조기 등의 성능 보장을 위한 것임).

2-4-2 저장탱크

(1) 설치목적

압축기 부근에 설치하여 압축공기를 저장하기 위한 탱크로 일반적으로 압력은 $7\sim10\,\mathrm{kg/cm^2}$ 정도이며 압력용기의 구조규격에 의한 제3종 압력용기에 속한다.

설치목적은 방열효과를 얻고 맥류를 방지하며 비상시(정전이나 공기압축기 고장 등)에 대처하기 위한 것이다.

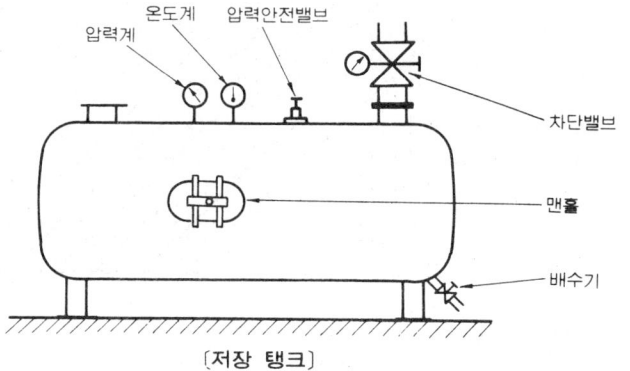

〔저장 탱크〕

170 제 3 장 공압기기

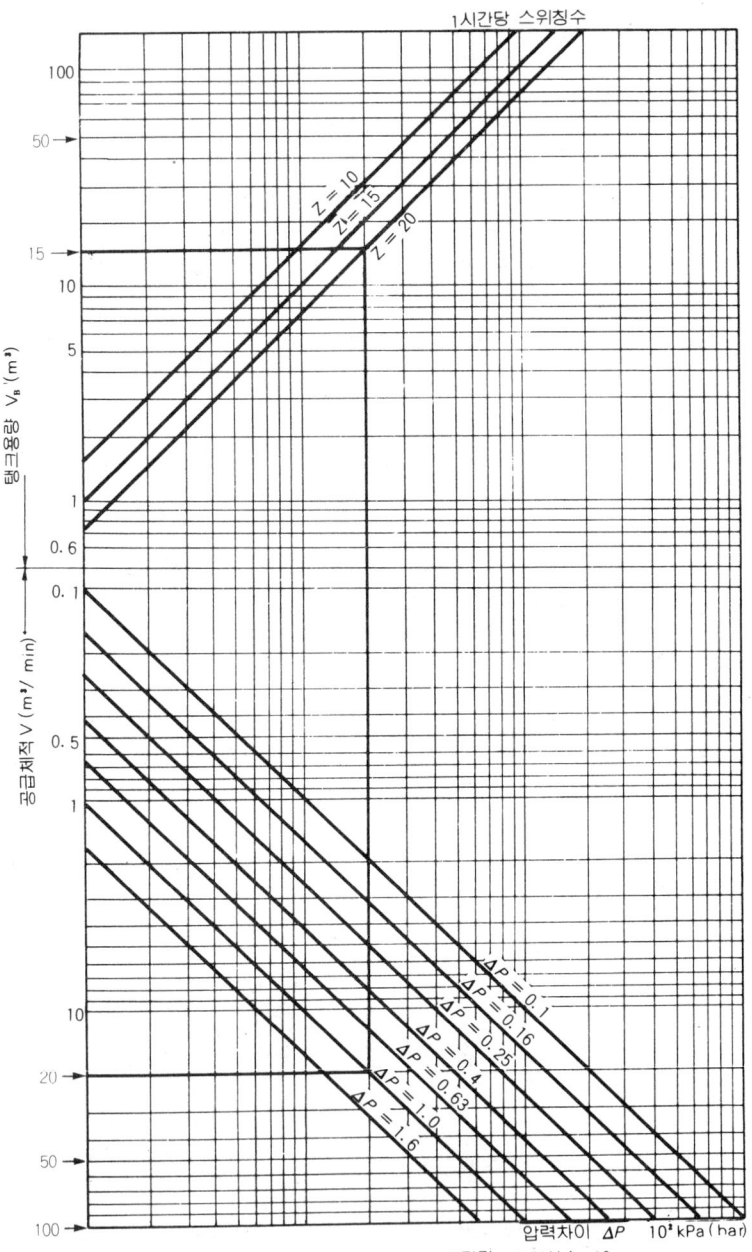

선정요령의 예 공급체적 $V = 20 \text{m}^3/\text{min}$ 시간당 스위칭수 20
압력차이 $\Delta P = 100 \text{kPa}$ (1 bar)   탱크의 크기 = 15㎥

[저장탱크의 선정도표]

(2) 탱크 선정의 예

용적(m³)	직경(mm)	유효높이(mm)	배관크기	압축기용량(Nm³/min)
0.2	450	1320	25A	1.0~1.5(7.5~11kW)
0.4	650	1300	40A	2.0~3.5(15~27kW)
0.5	700	1400	40A	5.0(37kW)
0.7	800	1510	50A	7.5(55kW)
1.0	950	1550	50A	10(75kW)
1.5	1000	2060	80A	15(110kW)

(3) 용적산출

긴급안전대책을 고려한 용접 $Vr_1 = \dfrac{Q_c\ T_e}{P_c - P_e} (\text{m}^3)$

맥동을 없애기 위한 용적 $Vr_2 = \dfrac{200\ V_s}{r} (\text{m}^3)$

$\begin{pmatrix} Q_c : \text{공압기기의 공기소비량}(\text{Nm}^3/\text{min}) & T_e : \text{최소필요지속시간}(\text{min}) \\ P_l : \text{압축기의 통상 운전시 하한압력}(\text{kg}/\text{cm}^2) & P_e : \text{공압계통의 최소필요압력}(\text{kg}/\text{cm}^2) \\ V_s : \text{맨 끝 피스톤 한쪽 행정용적}(\text{m}^3) & r : \text{말단의 압력비} \end{pmatrix}$

2-4-3 주라인 필터

(1) 설치목적

주배관에 설치하여 압축공기 중의 불순물을 제거함으로써 뒷라인 쪽의 엘리먼트의 수명연장과 기기의 고장을 방지하는 데 있다.

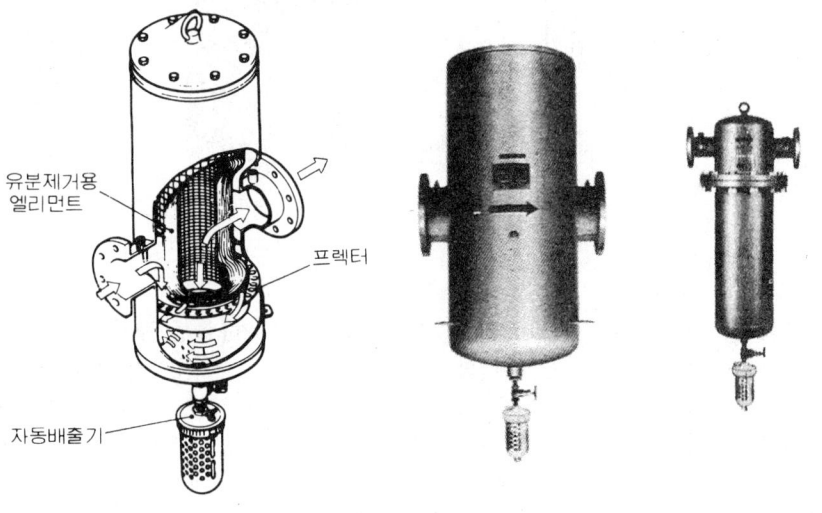

유분제거용
엘리먼트

프렉터

자동배줄기

172 제 3 장 공압기기

(2) 사용시 주의사항

① 1차측과 2차측에 압력계를 설치하여 차압이 허용한계압력($0.9 \text{kg}/\text{cm}^2$)에 도달하면 엘리먼트를 교환한다.

② 설치장소는 가능한한 온도가 낮아야 한다.

2-4-4 공기 건조기

(1) 설치목적

압축공기 중에 들어있는 수분(특히 필터 등에서 제거할 수 없는 미세한 수증기)을 제거하는 일을 하며 기기의 고장방지에 이용된다.

(2) 종 류

① 냉동식 : 공기를 강제로 냉각시키고 수증기를 응축시켜 수분을 제거하는 방식의 공기 건조기이다.

② 흡착식 : 흡착제(실리카겔, 알루미나겔, 활성제올라이트)를 사용하여 공기 중의 수증기를 제거하는 공기 건조기이다.

③ 흡수식 : 흡수액(염화리듐, 수용액, 톨리에틸렌, 글리콜)을 사용하여 수분을 흡수시키는 공기 건조기이다.

(3) 냉동식 공기 건조기

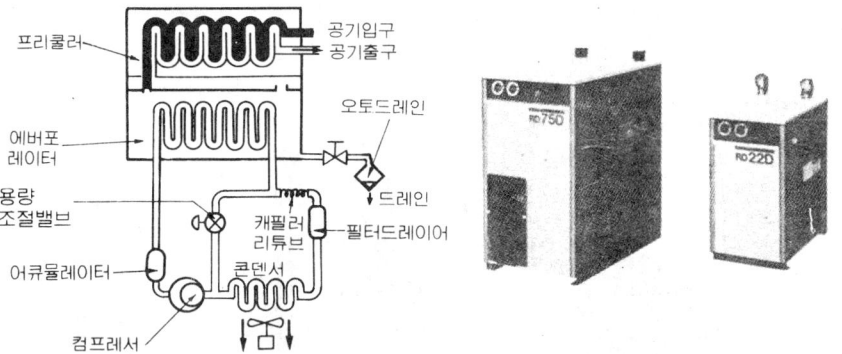

① 구조 및 작동 원리

(가) **열교환기부** : 공기압축기로부터 들어온 고온다습한 공기는 공기예열실에서 제습된 찬공기에 의하여 예열된 상태로 에어쿨러로 들어가며 이곳에서 냉매의 증발열에 의하여 필요온도로 냉각된다. 이때 응축된 기름이나 수분은 자동배출기에 의하여 자동적으로 외부에 배출된다. 냉각된 공기는 다시 공기 예냉실로 들어가 이곳에 들어오는 고온다습한 공기와 열교환하고 건조되어 따뜻한 공기로 공급된다.

(나) **냉동회로부** : 냉동기로부터 압축토출된 고온고압의 냉매가스는 열교환

기를 통과하여 콘덴서에 이르면 강제냉각되어 고압의 액화냉매로 바뀌며 모세관을 통과할 때 압력이 급격히 저하되어 공기냉각기로 들어간다. 이곳에서 습하고 뜨거운 공기의 열을 빼앗아 급격하게 증발되어 가스화하며 다시 열교환기를 거쳐 냉동기에 흡입됨으로써 1사이클이 완료된다.

② 사용시 주의사항

(가) 공기건조기의 콘덴서에 냉각용 공기공급이 잘될 수 있는 실내에 설치하여야 한다.

(나) 공기건조기의 입구온도가 40℃를 넘지 않도록 애프터쿨러와 주라인 필터 다음에 설치한다.

(다) 공기건조기에서 배출되는 공기는 다시 공기건조기에 순환되지 않도록 주의하여야 한다.

(라) 진동의 전달을 방지하기 위하여 배관을 연결시 가요관을 사용하는 것이 좋다.

(마) 파이프가 응력에 견딜 수 있도록 엘보를 충분히 사용한다.

(바) 바이패스관을 설치하여 수리시에도 압축공기를 사용할 수 있도록 한다.

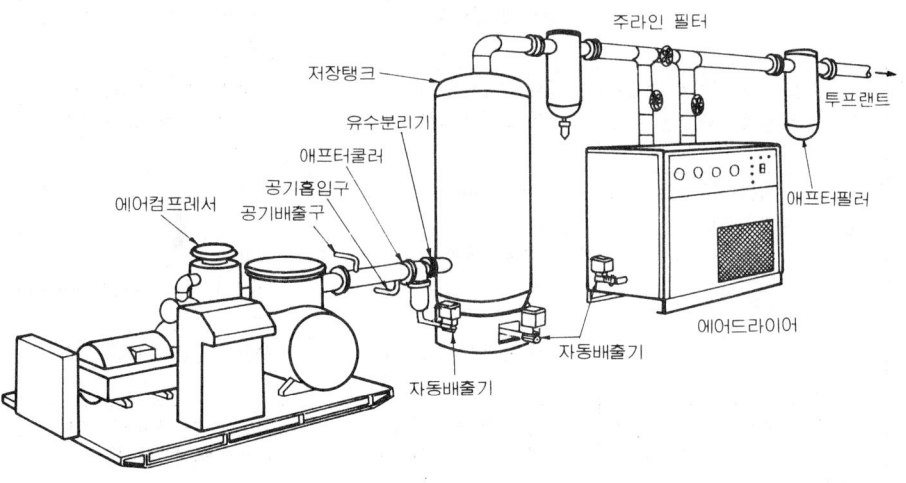

174 제 3 장 공압기기

〔냉동식 공기건조기의 고장원인과 대책〕

고 장	원 인	대 책
1. 공기건조기가 가동되지 않는 다.	○ 모터 접점이 빠졌다. ○ 퓨즈 단락 ○ 과부하로 인한 정지 ○ 전원 배선이 단락 ○ 트랜스의 결함 ○ 고압스위치가 열림 ○ 낮은 냉각수의 압력(수냉식)	○ 접점을 이어준다. ○ 퓨즈 교환 ○ 전원 스위치를 끄고 과부하의 원인을 점검한다. ○ 전기회로를 점검 ○ 교환 ○ 원인을 점검하여 리셋 ○ 냉각수의 압력을 높인다.
2. 공기건조기는 가동되나 냉매 압력 온도가 높다.	○ 입구 공기 온도가 높다. ○ 주위 공기 온도가 높다. ○ 응축기 코일이 오염되었다. ○ 냉각수 조절 밸브의 결함 ○ 팬 컨트롤러의 결함 ○ 팬 모터의 결함 ○ 압축기 밸브의 결함 ○ 흡입 압력이 높다.	○ 애프터 쿨러를 점검 ○ 환기를 시켜 서늘한 공기가 유입되도록 한다. ○ 압축공기로 깨끗이 청소한다. ○ 수리 또는 교환한다. ○ 교환 ○ 교환 ○ 압축기를 수리 또는 교환 ○ 핫 개스 바이패스 밸브를 조정한다.
3. 공기건조기는 가동되나 냉매 압력이 낮고 냉매온도는 높다.	○ 냉매 계통에서 누설 ○ 흡입 압력이 낮다.	○ 누설부분을 수리한다. ○ 핫 개스 바이패스 밸브를 조정한다.
4. 공기건조기는 가동되나 냉매 압력과 온도가 낮다.	○ 핫 개스 바이패스 밸브의 결함 ○ 팬 컨트롤러의 결함 ○ 주위 온도가 너무 낮다. ○ 냉매 충전량이 모자란다.	○ 교환 ○ 교환 ○ 따뜻한 주위 온도를 만들어 준다. ○ 누설 부분을 수리하고 보충한 다.
5. 공기건조기가 가동되지 않고 냉매 압력이 낮고 냉매온도가 높다.	○ 저압스위치가 열렸다. ○ 서비스 밸브가 닫혔다.	○ 원인을 점검하고 수리하다. ○ 밸브를 열어준다.
6. 공기건조기 밑에 물이 흐른 다.	○ 자동배출기가 기능을 발휘 못 한다. ○ 입구 공기온도가 높다. ○ 입구 공기량이 많다. ○ 입구 공기압력이 낮다.	○ 자동배출기를 청소·수리한다. ○ 애프터 쿨러를 점검한다. ○ 적정량을 맞추거나 공기건조 기를 큰 용량으로 바꾼다. ○ 적정압력을 맞추거나 공기건

		조기를 큰 용량으로 바꾼다.
	○ 바이패스 밸브가 열렸다.	○ 닫아준다.
7. 공기건조기에서 높은 차압이 발생한다.	○ 입구 공기량이 많다.	○ 적정량을 맞추거나 공기건조기를 큰 용량으로 바꾼다.
	○ 입구 공기 압력이 낮다.	○ 적정압력으로 맞추거나 공기건조기를 큰 용량으로 바꾼다.
	○ 부분적인 빙결이 있다.	○ 공기건조기를 얼음이 녹을 때까지 정지시킨다.
8. 빙결로 압축공기가 공기건조기를 통과하지 못한다.	○ 주위 온도가 너무 낮다.	○ 주위 온도를 높인다.
	○ 공기건조기 설치장소가 너무 높다.	○ 핫 개스 바이패스 밸브를 조정하고, 자동 팽창밸브를 설치
	○ 핫 개스의 부적절한 조정	○ 핫 개스 바이패스 밸브 재조정
	○ 자동팽창밸브의 부적절한 조정	○ 자동 팽창밸브의 재조정
	○ 팬 컨트롤러의 결함	○ 교환

(4) 흡착식 공기건조기(adsorption air dryer)

① 구조 및 작동원리 : 습기에 대하여 강력한 친화력을 갖는 건조재를 가득 채운 두개의 타워로 되어 있으며 습기를 갖는 압축공기는 3방밸브를 통하여 타워 1로 들어간다. 이 공기가 타워내의 건조제 위쪽을 향하여 이동하는 동안 습기와 그 외의 미립자가 제거되어 초건조공기로 되어 출구에서 토출된다. 이 과정에서 타워 1에서 나온 소량의 건조공기는 오리피스를 통하여 타워 2로 들어가 건조제를 재생(제습청정)시키면서 아래로 흘러 내려간다. 즉, 한쪽에서 건조공기가 만들어지는 동안 다른 쪽에서는 건조제가 재생되는 것이다.

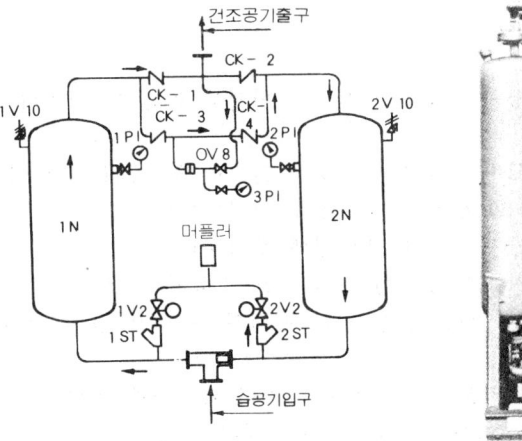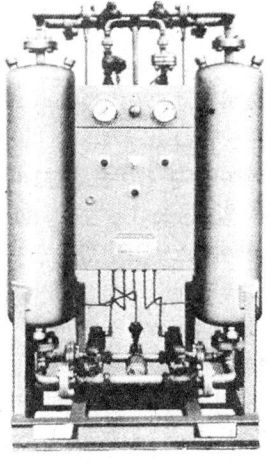

176　제 3 장　공압기기

② 동작순서 : 동작순서는 그림과 같이 (a)한쪽 통에서는 건조가 이루어지고 다른쪽 통에서는 재생이 이루어지며 (b)통을 바꾸기 위하여 같은 압으로 균압시키며 (c)양쪽 통의 압력이 같을 때 절환시키고 (d)다시 다른쪽 통에서 건조가 이루어지고 먼저 건조가 되었던 통에서는 재생이 이루어진다.

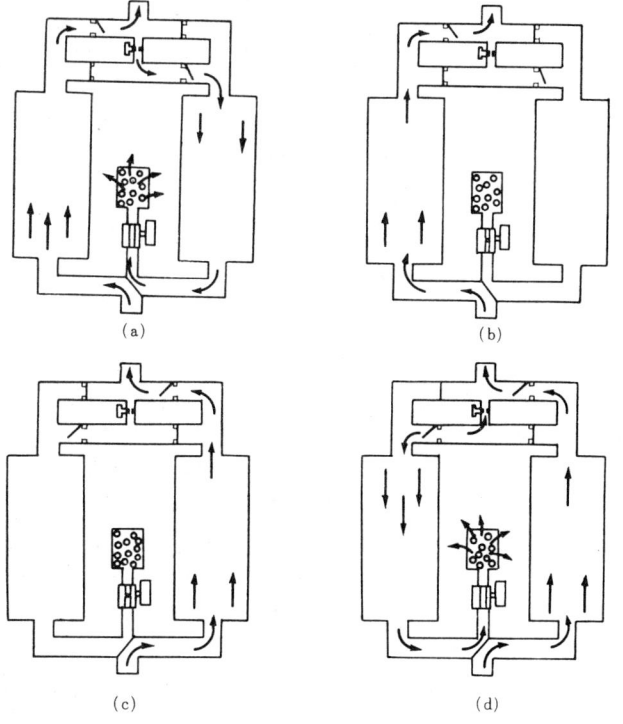

③ 사용시 주의사항

　㈎ 에어입구(A)는 비방폭형 계기의 설치가 안정되고 심한 진동이 없는 장소에 설치한다.

　㈏ 에어출구(B)는 온도가 급격히 변화하지 않으며 0°～70℃의 범위를 넘지 않고 상대 습도가 90% 이하인 장소에 설치한다.

　㈐ 바이패스밸브(C)는 가능한 한 주배관에 설치한다.

　㈑ 프리필터(D)의 흡착제는 1년에 1회 정도 교환하는 것이 좋다.

　㈒ 공기 건조기 앞쪽에는 반드시 유분제거필터와 프리필터를 설치하여야 한다.

　㈓ 프리필터는 월 1회 정도 정기점검을 하거나 차압계를 설치하여 압력차가 1 kg/cm² 이상이 되면 필터를 교환하여야 한다.

④ 시운전시 주의사항

㈎ 공기입구측 밸브를 서서히 열고 배관라인의 누설과 압력계의 상승을 확인하도록 한다.

㈏ 전원스위치를 넣는다(이 때 한쪽 타워의 압력은 정상운전압력이 되고 다른쪽 압력은 0이 된다).

㈐ 재생라인 밸브를 조정하여 압력이 $1.2 \sim 1.4 kg/cm^2$이 되도록 조정한다.

㈑ 머플러(muffler)에서 재생공기가 배출되는지 확인한다.

〔재생식 공기건조기의 고장원인과 대책〕

고 장 내 용	원　인	조 치 사 항
1. 노 점 상 승	· 재생공기가 부족하다.	· 재생공기 조절 밸브로 공기량을 늘린다.
	· 입구압력이 낮다.	· 컴프레서의 압력조절이 불량이거나 프리필터의 엘리먼트가 막혔나 점검하여 교환한다.
	· 입구온도가 높다.	· 에프터 쿨러의 냉각수를 점검한다.
	· 건조제가 오염되었다.	· 프리필터에서 수분과 유분을 충분히 제거하지 못하여 건조제가 오염되었으므로 건조제를 새것으로 교환한다.
	· 바이패스 밸브가 열렸다.	· 모든 바이패스 밸브를 확실하게 닫아준다.
2. 타워 교체가 안된다.	· 전원이 끊겼다.	· ON/OFF 스위치나 퓨즈를 점검하여 교체한다.
	· IC회로의 이상	· PCB를 교환한다
	· Shuttle Valve 가 움직이지 않는다.	· 이물이 끼었나 점검한다. · Solenoid Valve 를 점검한다.
3. 배기가 안된다.	· 재생공기가 들어가지 않는다.	· 재생공기 조절 밸브(V8)를 점검한다.
	· Solenoid Valve 고장	· Coil 을 점검한다.
	· Muffler 가 막혔다.	· Muffler 를 빼내어 청소한다.
4. 압력손실이 많다.	· Strainer 가 막혔다.	· 타워를 분해하여 스트레이너를 청소한다.
	· 배관이 파손되었다.	· 파손된 부분을 보수한다.

178 제 3 장 공압기기

⑸ **흡수식 공기건조기**(absorption air dryer)

흡수식 공기 건조는 화학적인 방법으로 건조하는 것으로서 이 방법에서는 압축공기가 건조체를 통과하면 이 과정에서 물이나 증기가 건조제에 닿을 때 화합물이 형성되어 건조제와 물의 혼합물로 용해되어 공기는 건조된다. 이 혼합물질은 주기적으로 제거(연 2~4회)되어야만 하며 이는 수동이나 자동으로 할 수 있다. 이 때 새로운 건조제를 다시 채워 넣어야 한다. 또한 물과 같이 증기 상태의 기름과 기름 입자들이 이 흡수 건조기에서 분리된다. 기름의 양이 많아지면 건조기의 효율이 떨어지므로 우수한 필터를 설치하는 것이 좋다.

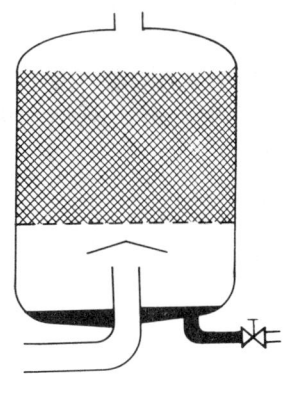

① 흡수식 공기건조기의 특징

㈎ 장비 설치가 간단하다.

㈏ 건조기에 움직이는 부분이 없으므로 기계적 마모가 적다.

㈐ 외부 에너지의 공급이 필요없다.

㈑ 취급이 간편하다.

3. 압축공기 조정기기

3·1 압축공기 조정 유닛의 구성

① 압축공기 필터

② 압축공기 조절기

③ 압축공기 윤활기

3-1-1 에어 컨트롤 유닛(air control unit)

공기필터, 압축공기 조절기, 윤활기, 압력계가 한조로 이루어진 것으로 기기 작동시 단말에 설치하여 기기의 윤활과 이물질 제거, 압력조정을 행할 수 있도록 만든 것이다.

※ 사용시의 주의사항
① 필터에 드레인이 있으면 즉시 배출시킨다(정기적인 점검이 필요함).
② 윤활기는 오일의 양을 점검하여 상한-하한 레벨을 지키도록 한다.
③ 기구세척시에는 가정용 중성세제를 사용한다.

3·2 압축공기 필터

공기압 발생장치에서 보내져 오는 공기중의 수분, 먼지 등을 공압회로에 보내지지 않도록 하기 위하여 입구부에 공기필터를 설치한다.

3-2-1 공압 필터의 종류

(1) 타르 제거용 필터

① 설치목적 : 압축 공기중에 들어 있는 $0.3\mu m$ 이상의 타르나 카본 등의 고형물질을 효과적으로 제거해 주는 에어필터로 타르나 카본이 많은 공압회로에 설치하면 비싼 가격의 공기 압축기를 보호하고 수명을 연장한다.

② 사용상 주의점

(개) 필터의 수명은 압력강하가 $0.7kgf/cm^2$에 이르렀을 때이며, 이 때는 필터를 모두 새 것으로 교환한다.

(내) 필터의 압력강하를 측정하기 위하여 차압계를 설치하는 것이 좋다.

180 제 3 장 공압기기

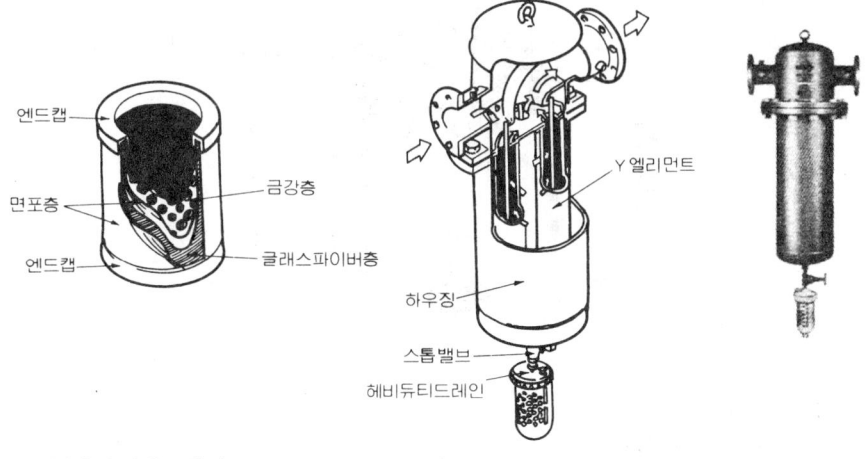

엔드캡
면포층
엔드캡
금강층
글래스파이버층
Y 엘리먼트
하우징
스톱밸브
헤비듀티드레인

(2) 유분제거용 필터

① 설치복적 : 압축공기 중에 들어 있는 기름입자를 0.1ppm 이하까지 제거하는 것으로 계장이나 계측, 고급도장 등 기름이 있어서는 안되는 공압회로에 사용되는 필터이다.

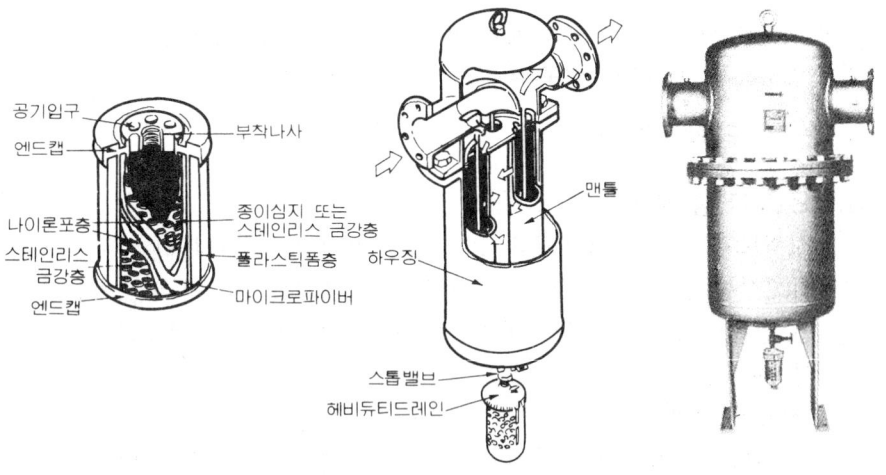

공기입구
엔드캡
나이론포층
스테인리스 금강층
엔드캡
부착나사
종이심지 또는 스테인리스 금강층
플라스틱폼층
마이크로파이버
맨틀
하우징
스톱밸브
헤비듀티드레인

② 사용상의 주의점

(가) 유분제거용 필터 앞에는 반드시 타르제거용 필터나 5μm 의 프리필터를 사용하는 것이 바람직하다.

(나) 압력강하가 0.7kg/cm^2 가 되면 엘리먼트를 교환한다.

3. 압축공기 조정기기 **181**

(다) 배관시 절삭유나 방청유를 반드시 제거하여 필터의 성능단축 및 공기 압 압축기에 영향이 없도록 한다.

(라) 입구온도가 30℃ 이상이 되면 유분제거율이 낮아지므로 온도를 30℃ 이하로 하여야 한다.

(3) 냄새제거용 필터

① 설치목적 : 압축공기 중에 포함되어 있는 냄새를 제거하는 필터로 냄새는 가스분자 크기의 입자이기 때문에 물리적인 흡착이나 화학물질의 흡착에 의하여 제거할 수 있으며, 보통 공기를 활성탄에 통과시켜 냄새를 제거한다.

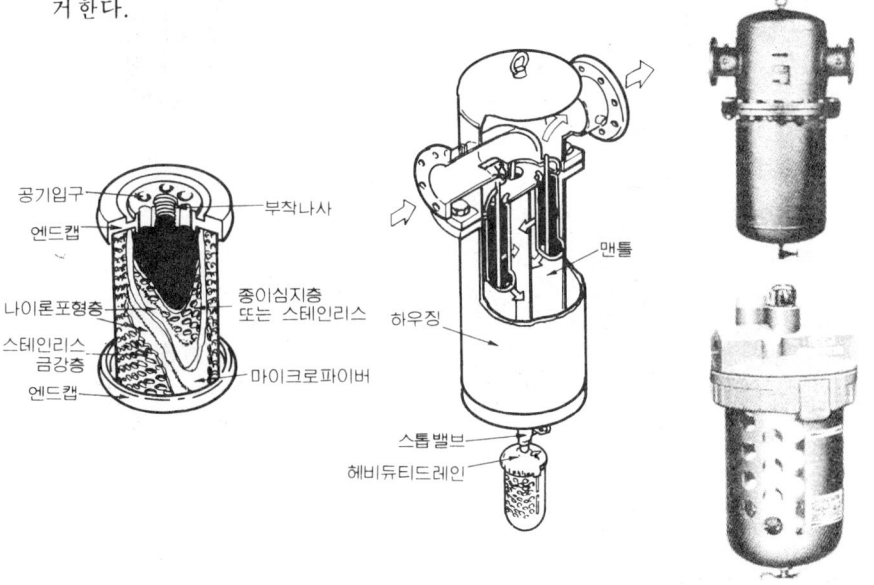

② 사용상의 주의점

(가) 냄새제거용 필터 앞에는 반드시 유분제거용 필터를 설치한다.

(나) 메탄이나 일산화탄소 그리고 이산화탄소 제거에 사용해서는 안된다.

(다) 압력강하가 $0.7 kg/cm^2$가 되면 엘리먼트를 교환한다.

3-2-2 자동배출기(auto drain)

① 설치목적 : 공압회로 중에 쌓인 드레인을 밖으로 자동배출시키는 기기로 보통 필터의 드레인밸브 밑에 설치된다.

② 사용상의 주의사항

(가) 드레인의 배출불량 등을 점검할 때는 케이스안의 공기를 빼고 한다.

182 제 3 장 공압기기

(나) 케이스를 청소할 때에는 화학약품은 절대 사용하지 말고 가정용 중성
세제를 사용하여야 한다.

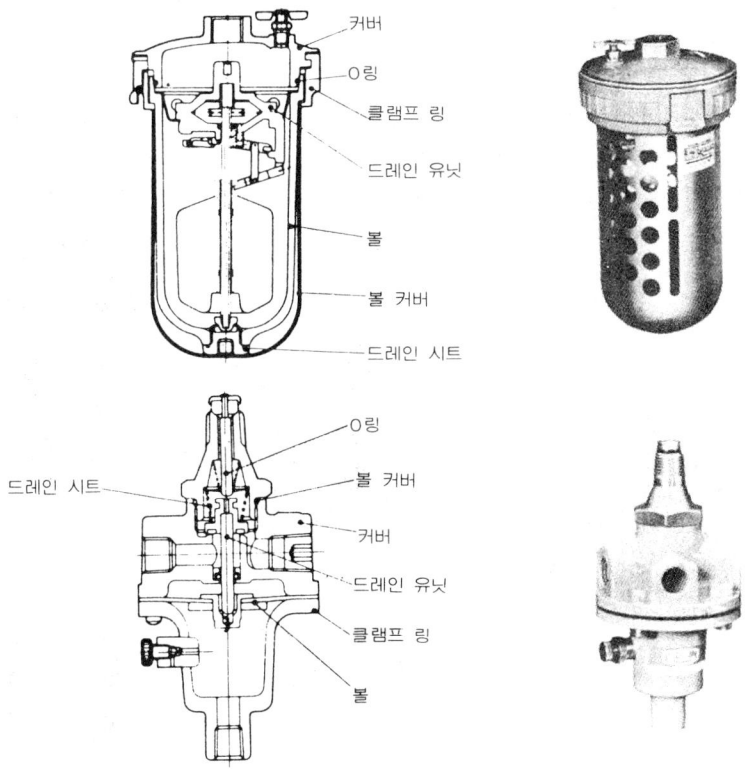

3·3 윤활기

기계장치의 섭동부에 윤활유를 주입시키는 기기로 윤활유를 안개와 같이 만
들어 공기류에 의하여 필요한 기기까지 보낸다. 일반적으로 벤투리를 구성한
통로가 있으며 확대부와 줄임부의 압력차에 의하여 기름통 속에 있는 기름을
연속적으로 빨아 올려 공기중에 떨어뜨리면 기름은 안개와 같이 되어 관로속으
로 흘러 들어가게 된다.

3-3-1 전량식 급윤활기

고정식과 가변식이 있으며 가변식에는 댐퍼식과 체크식이 있다.

(1) 구조와 작동원리

① 압력밸브 : 압축공기에 공급되는 압력을 조정한다.

3. 압축공기 조정기기 **183**

② 유량조절니들 : 압축공기에 공급되는 유량을 조정한다.
③ 플로가이드 : 압축공기와 유량의 비율을 일정하게 조정한다.
④ 체크밸브 : 기름의 역류를 방지한다.
⑤ 클램프링 : 볼의 탈착을 쉽게 한다.
⑥ 볼커버 : 볼을 보호한다.

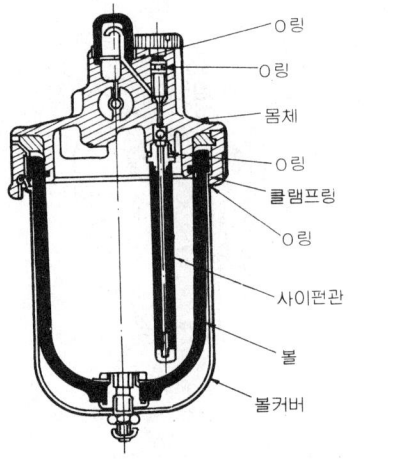
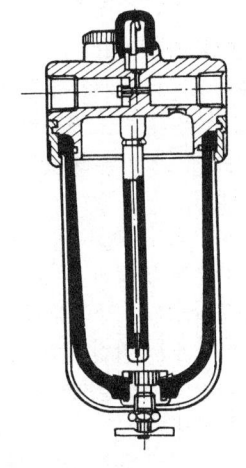

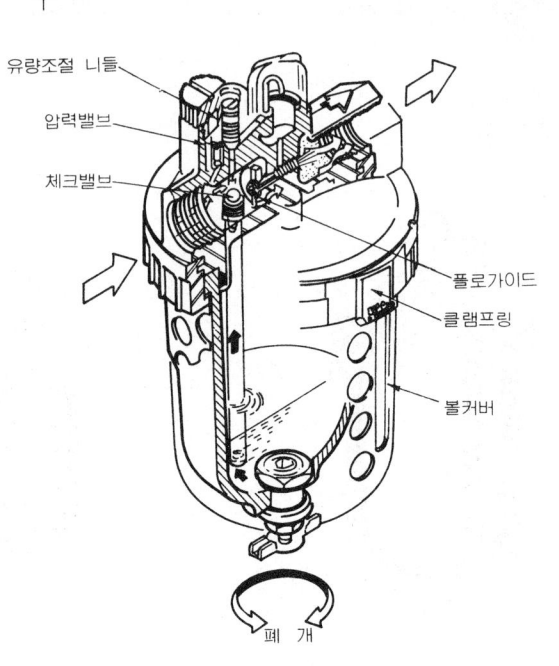

184 제 3 장 공압기기

(2) 사용시의 주의사항
  ① 일반적으로 볼의 재질이 PVC 계통이므로 화학약품을 사용하거나 페인팅
    을 하는 곳에서 사용하지 않도록 하고 볼 세척은 가정용 중성세제로 한다.
  ② 볼 안의 오일레벨은 항상 상한과 하한사이의 레벨을 유지시킨다

3-3-2 선택식 윤활기

(1) 구조와 작동원리
  ① 유량조절니들 : 압축공기에 공
    급하는 유량을 조정한다.
  ② 체크밸브 : 기름의 역류를 방
    지한다.
  ③ 플로가이드 : 압축공기와 기름
    의 비율을 일정하게 조정한다.
  ④ 유분발생기 : 압축공기를 이용
    하여 기름을 확산시킨다.
  ⑤ 적하장 : 기름을 볼 안으로 되
    돌려 보낸다.
  ⑥ 클램프링 : 볼을 손쉽게 탈착
    시킨다.

  ⑦ 볼 커버 : 볼을 보호한다.
(2) 사용시의 주의사항

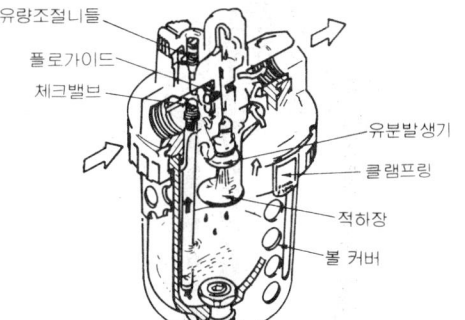

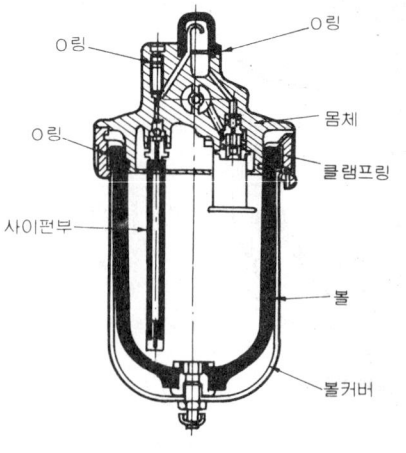

① 볼에 기름을 넣을 때에는 1차압력을 중단하고 볼 안이 가압되지 않은 것을 확인한 다음 주유한다.
② 볼은 알맞는 환경에서 사용하여야 하며 세척은 가정용 중성세제로 하여야 한다.
③ 볼안의 기름양은 상한-하한 레벨을 유지시킨다.

3-3-3 오일회수기

오일회수기는 공압회로 중에서 밖으로 배출되는 윤활유를 회수하여 재생시키는 장치로 자원과 인력을 절약할 수 있으며 조정이 쉬우며 청결 등의 효과도 얻을 수 있다.

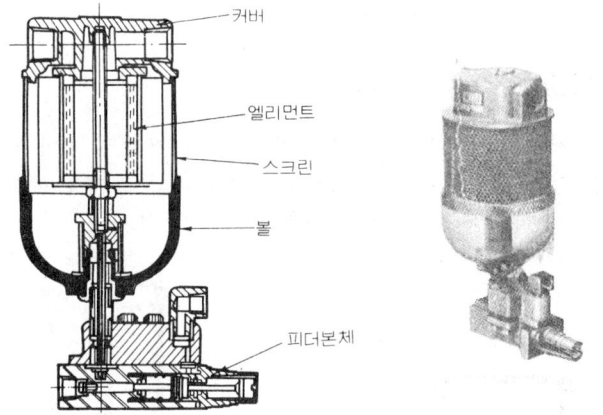

※ **사용방법**
① 윤활기에서 다시 오일을 회수
  (가) 전환밸브의 배기구와 오일회수기의 입구를 연결한다.
  (나) 전환밸브의 출구와 오일회수기의 입력신호구를 연결한다.
  (다) 윤활기 급유구나 드레인포트와 오일회수기의 오일토출구를 연결한다.

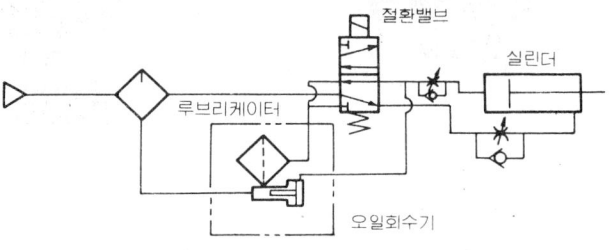

186 제 3 장 공압기기

② 오일회수기를 윤활기로 사용
　(가) 전환밸브의 배기구와 오일회수기의 입구를 연결한다.
　(나) 전환밸브의 출구와 오일회수기의 입력신호구를 연결한다.
　(다) 오일회수기의 볼 안에는 맨처음 기기의 윤활에 필요한 적절한 양의
　　기름을 넣어야 한다.

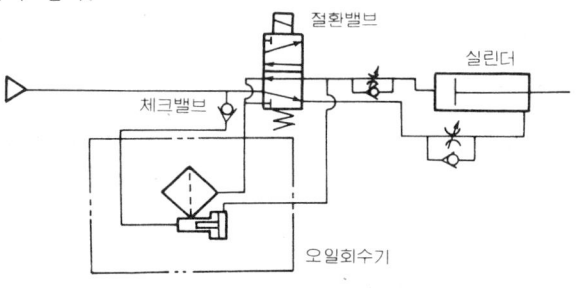

3-3-4 사출윤활기(lubricator)

　파일럿 신호에 의하여 간헐적인 **급유**가 가능한 것으로 한꺼번에 여러 기에
급유를 할 수 있는 장치이며 가동초기에는 기름안의 공기를 빼기 위하여 피스
톤을 손으로 작동시키면서 기름이 잘 돌 때까지 반복한다.

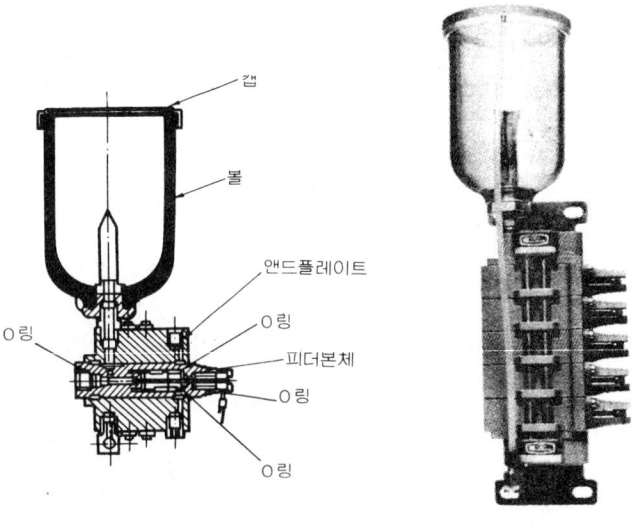

3. 압축공기 조정기기 **187**

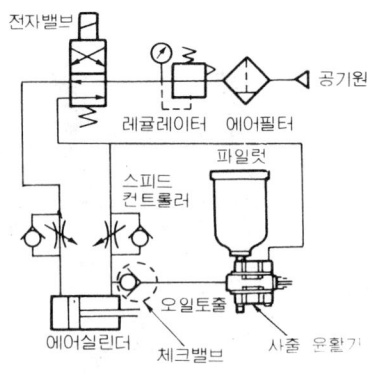

3-3-5 자동급유기

윤활기에 오일의 급유를 자동으로 해 주는 장치이며 오일탱크를 설치하면 몇 군데라도 자동급유가 가능하여 인력의 절감효과를 얻을 수 있다.

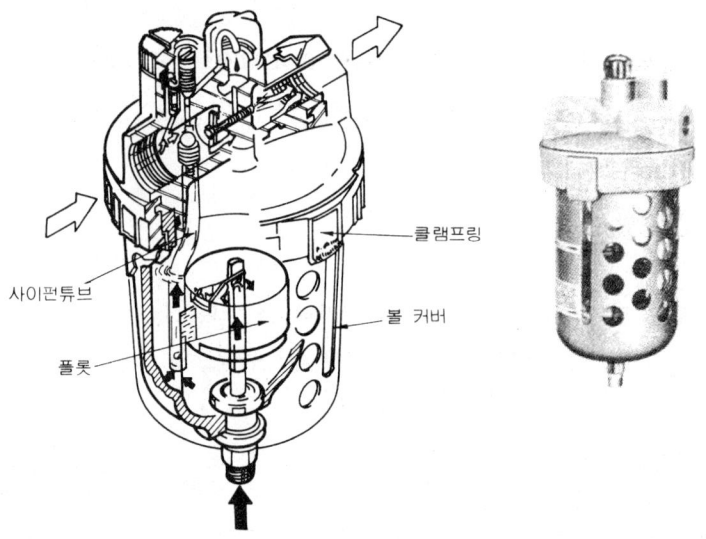

※ **표준배관**

① 오일라인은 모두 강관으로 배관한다.

② 오일라인은 될 수 있으면 자동급유기에 가깝도록 배관한다.

③ 자동급유기와 오일라인 배관을 플렉시블호스로 연결한다.

188 제 3 장 공압기기

④ 오일라인 끝에는 반드시 공기배출용 스톱밸브를 설치한다.

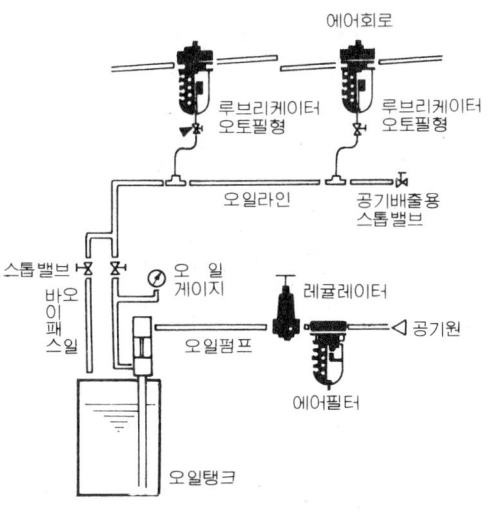

4. 제어밸브

4·1 압력 제어밸브(pressure control valve)

공기의 압력을 제어하는 밸브로 파일럿압력에 의한 방법과 출구쪽 압력에 의하여 제어하는 것으로 나뉜다.

4-1-1 감압밸브(Regulator)

(1) 분 류
감압밸브를 분류하면 크게 직동형과 파일럿형으로 나뉜다.

- 감압밸브 { 직동형 : 릴리프형, 논 릴리프형, 블리드형
            파일럿형 : 정밀형 대용량형

(2) 구조 및 작동원리

① 직동형 감압밸브 : 직동형 감압밸브는 핸들을 돌려 스프링을 압축하면 이 힘이 스템(stem)으로 전달되어 밸브 몸체를 내려눌러 1차측압력은 2차측으로 흐르게 된다. 이 압력이 다이어프램

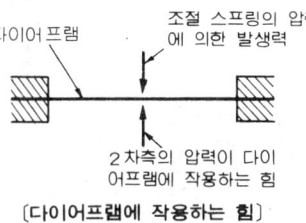

〔다이어프램에 작용하는 힘〕

4. 제어밸브 **189**

(diaphragm) 아래쪽에 작용하면 위쪽으로 미는 힘을 발생시켜 조절 스프링의 힘과 대항한다. 2차측압력이 설정압보다 낮으면 조절스프링의 힘이 공기의 힘을 이기고 공기가 계속 흐르게 되며 압력차가 없어져 평형상태에 이르면 다이어프램은 위로 올라가 밸브가 닫힌다.

릴리프형은 2차측압력이 설정값 이상이 되면 릴리프포트를 통하여 대기로 방출시켜 설정압력을 유지하는 구조이다.

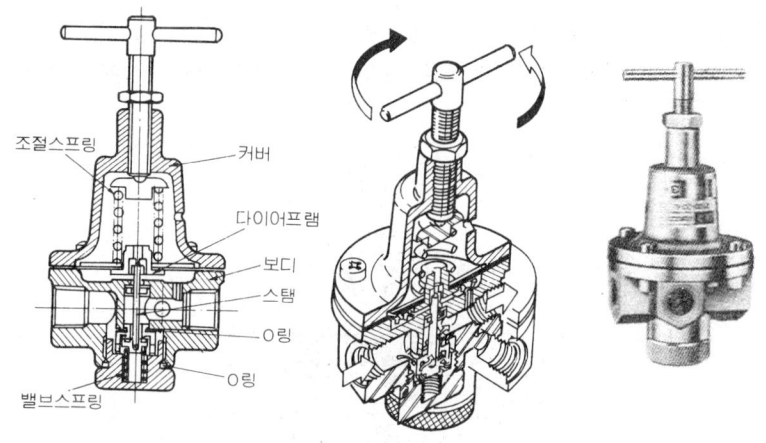

체크밸브 내장형 감압밸브는 1차측에 체크밸브를 설치한 것으로 실린더와 전자밸브 사이에 설치되어 실린더 로드측과 헤드측에 압력차를 두고자 할 때 사용된다.

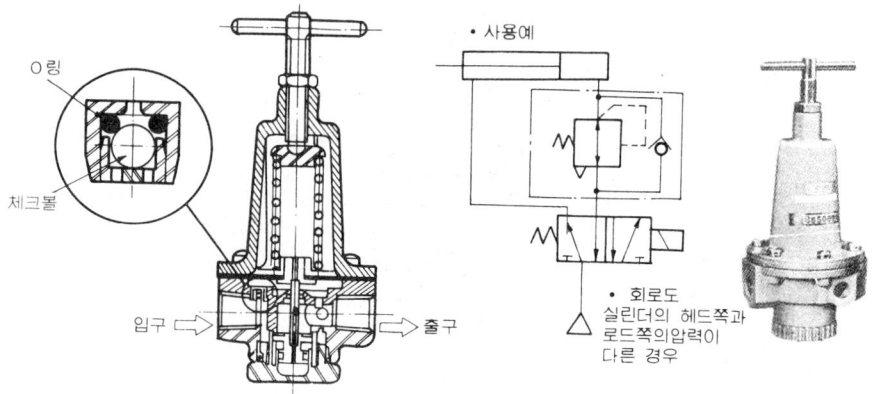

〔설 명〕:1차측에 1차압력이 걸리면 체크볼이 위쪽으로 밀려가 감압밸브
로 작동하며 1차측의 압력이 전환밸브에 의하여 배출되면 체크볼은 아래쪽
으로 내려오게 되고 다이어프램실의 압력은 체크밸브를 통하여 1차측에 배
출된다. 이 때에는 압력강하가 생기고 상부스프링에 의하여 다이어프램이
내려와 2차측 공기를 배출시킨다.
② 파일럿형 감압밸브 : 사용목적에 따라 직동형 감압밸브의 압력 정도로는
불충분한 경우에 파일럿기구로 압력제어를 행하는 경우에 사용되며 정밀
형과 대용량형이 있다.
　㈎ 정밀형 : 시험검사용이나 원격조작을 위한 지시압력 발생용 등 유량이
　　그리 많지 않으나 높은 압력의 정밀도를 필요로 하는 곳에 사용된다.

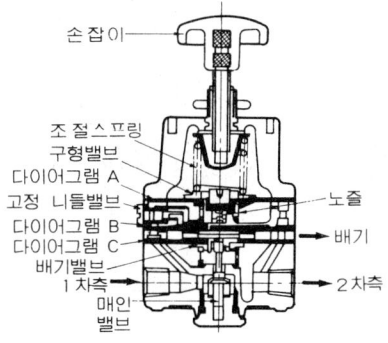

〔정밀형 감압 밸브〕

　㈏ 대용량형 : 유량이 큰 곳에서 직동형보다 높은 정밀도를 필요로 하는
　　곳에 사용된다.

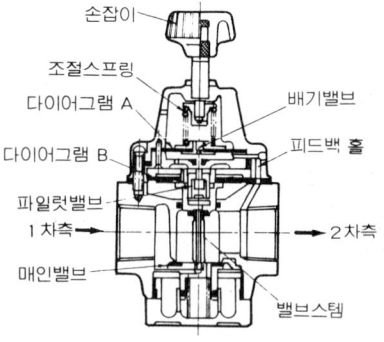

〔대용량형 감압 밸브〕

4. 제어밸브 **191**

(3) 특 성

유량특성과 압력특성이 있으며 특성곡선은 아래와 같다.

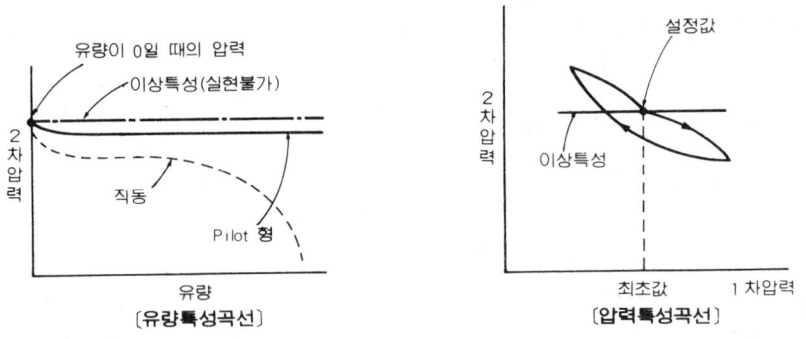

[유량특성곡선]

[압력특성곡선]

4-1-2 안전밸브

회로내의 압력이 설정압력 이상이 되면 자동적으로 작동하도록 만든 밸브이며, 탱크 또는 회로의 최고압력을 설정하여 공압기기의 안전을 위하여 사용된다. 안전밸브는 응답성이 중요하고 압력이 상승한 경우 급속히 대기에 방출시키는 기능이어야 한다.

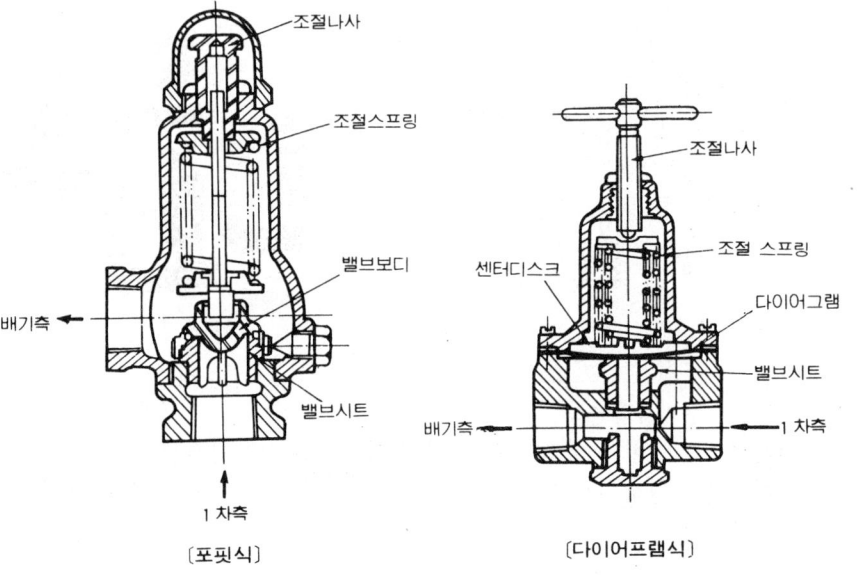

[포핏식]

[다이어프램식]

192 제 3 장 공압기기

(1) 포핏(poppet) 형

밸브의 몸체가 밸브시트로부터 수직 방향으로 이동하는 것으로 작용이 확실하므로 가장 많이 사용된다.

(2) 다이어프램(diaphragm) 형

다이어프램을 사용하여 밸브를 개폐하는 것이며 다이어프램의 재료는 탄성고무나 탄성이 있는 금속판이 사용된다.

4-1-3 압력스위치(pressure switch)

회로의 압력이 일정압보다 높아지면 압력스위치 내부에 있는 마이크로스위치를 작동케하여 전기회로를 열거나 닫게 하는 기기이다.

(1) 분 류

형태에 따라 다음과 같이 사용압력이 달라진다.

① 다이어프램(고무나 금속의 다이어프램) 형 : $1 \mathrm{kg} / \mathrm{cm}^2$ 이하에 사용된다.

② 벨로스(belleows) 형 : $80 \mathrm{kg} / \mathrm{cm}^2$ 이하까지 사용된다.

③ 브르동관(Bourdon) 형 : $80 \mathrm{kg} / \mathrm{cm}^2$ 이하까지 사용된다.

④ 피스톤(piston) 형 : $1000 \mathrm{kg} / \mathrm{cm}^2$ 이하까지 사용된다.

※ 차동기구를 가지고 있으며 개방형과 방적형이 있다.

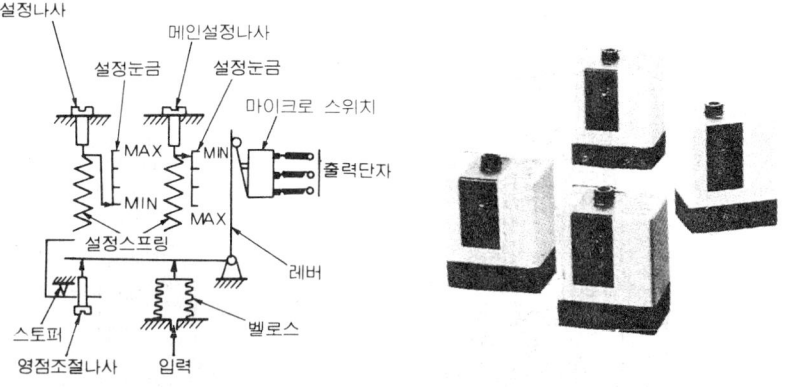

(2) 사용시의 주의사항

① 배선시에는 커버를 열고 내부의 마이크로 스위치에 연결한다.

② 커버가 비닐계통이므로 고온에서는 사용을 금하고 배관과 연결시에는 몸체를 잡고 한다.

4·2 방향 제어밸브

흐름의 방향을 제어하는 기기로 작동기의 운동을 제어할 목적으로 사용되며 조작방식, 밸브의 구조, 포트수, 피스톤수와 기능에 의하여 분류된다.

4-2-1 방향 제어밸브의 분류

(1) 조작방식에 의한 분류

조작방식에는 전자조작방식과 공압조작, 기계조작, 수동조작방식 등이 있으며 다시 분류하면 다음과 같다.

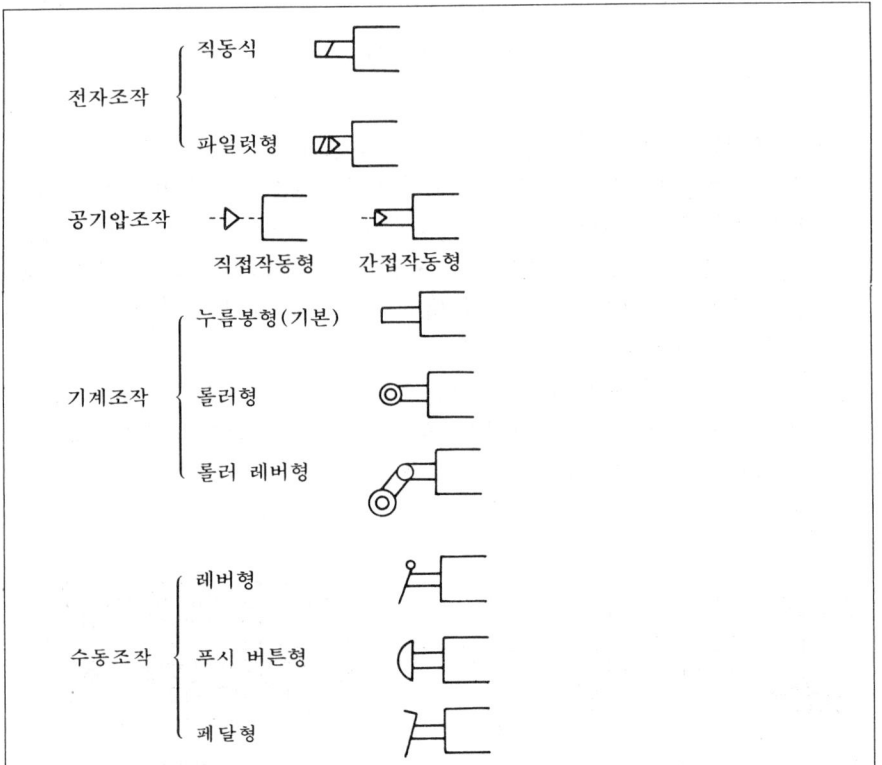

(2) 밸브의 구조에 의한 분류

① 포핏 밸브 : 밸브몸체가 밸브시트로부터 직각방향으로 이동하는 형식으로 다음 그림의 경우 밸브몸체가 위쪽에 있을 때에는 포트 2와 3이 연결되고

194 제 3 장 공압기기

아래쪽에 있을 때에는 포트 1과 2가 서로 통한다.

이 밸브는 마모가 생길 수 있는 곳이 적기 때문에 이물질에 강하며 수명이 길다.

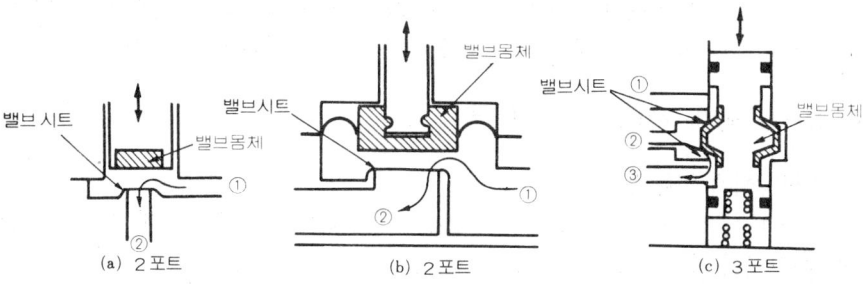

〔밸브 구조의 분류〕

② 스풀밸브 : 스풀이란 원통형으로 된 슬리브나 밸브몸체의 미끄럼 면에 내접하여 축방향으로 이동하면서 관로를 개폐시키는 것으로 이것을 사용한 밸브를 스풀밸브라 한다.

아래 왼편 그림은 메탈형(metal seal type)의 스풀밸브로 슬리브의 중앙을 스풀이 미끄러져서 포트 ①과 ②, ③과 ⑤가 연결되거나 ①과 ③, ②와 ④가 서로 연결되는 것이다.

오른편 그림은 탄성체(고무)실형 구조로 기밀의 유지성이 우수하므로 공기의 누출은 매우 적으나 메탈실 방식은 수 μm 의 간격이 필요하므로 어느 정도의 누출이 일어난다.

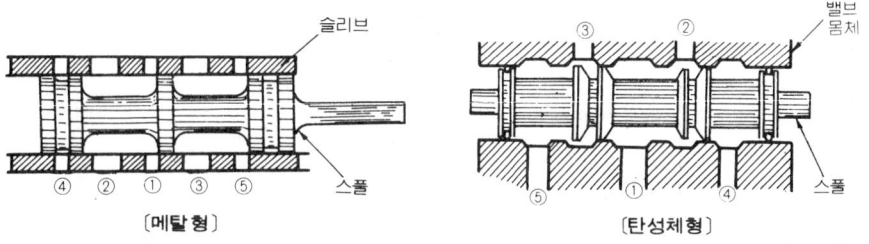

③ 회전밸브 : 로터를 회전시켜서 관로를 바꾸는 밸브로 판밸브, 볼밸브 등이 있으며 현재에는 볼밸브가 주로 사용되고 있다.

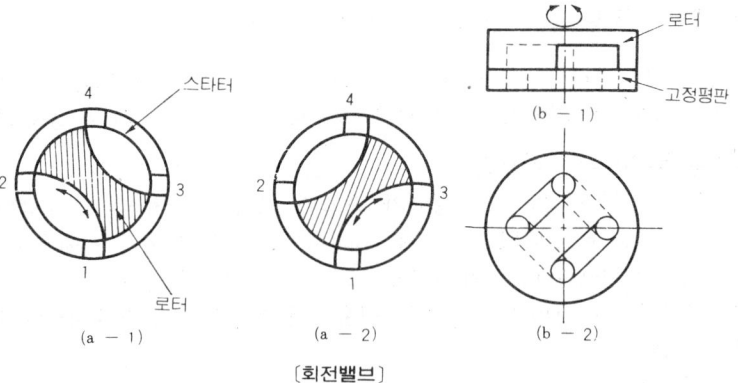

〔회전밸브〕

(3) 포트수 및 위치수에 의한 분류

〔Position 수, 기능 및 기호〕

포트수	위치수	기 호		기 능	
2	2			NC(Normal close) 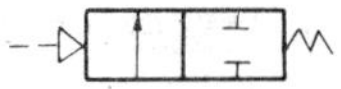	
				NO(Normal open) 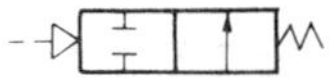	
3	2			NC(Normal close) 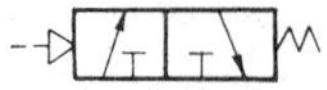	
				NO(Normal open) 	
4	2			싱글 조작 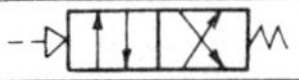	
				더블 조작 	
	3			더블 조작 클로즈드 센터 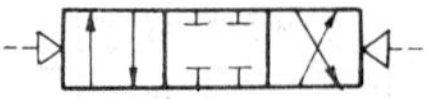	
				더블 조작 배기 센터 	
5	2			싱글 조작 	
				더블 조작 	
	3			더블 조작 배기 센터 	
				더블 조작 클로즈드 센터 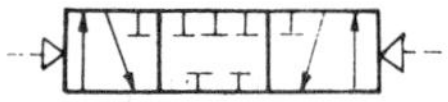	

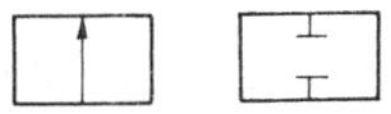

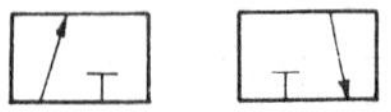

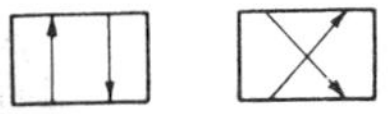

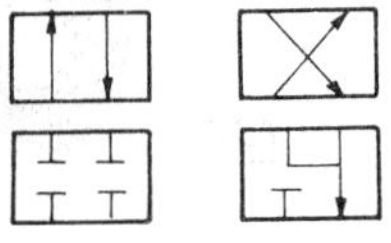

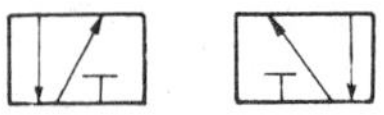

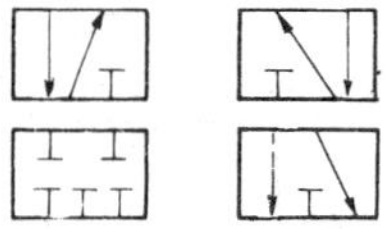

196 제 3 장 공압기기

4-2-2 논리턴 밸브(non return valve)

논리턴 밸브는 어느 한쪽 방향으로만 공기의 흐름이 이루어지는 밸브로 반대쪽의 압력은 흐름을 저지시키는 역할을 하므로 밸브의 기밀효과가 우수하다.

(1) 체크밸브(check valve)

체크밸브는 한쪽방향으로는 공기가 흐르지 못하게 하며 그 반대방향으로는 작은 압력손실로 흐르게 하는 것으로 밀폐시키는 실부의 형상은 원추(cone)형 볼(ball)형, 판(plate) 또는 격판(diaphragm)형 등이 있다.

또한 차단시키는 방법에는 공기를 이용하여 차단하는 방법과 스프링을 이용한 것이 있다.

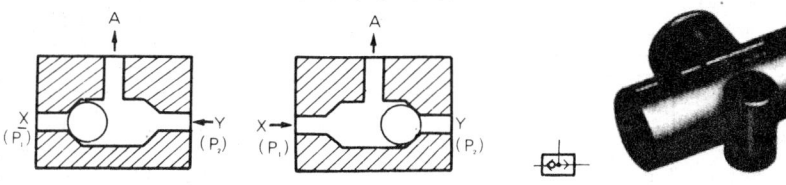

(2) 셔틀밸브(shuttle valve)

셔틀밸브는 두개의 입구와 한개의 출구를 갖는 3 way 밸브로 우측 그림에서 압축공기가 Y에 작용하면 A와 Y가 통하게 되고 압축공기가 X에 작용하면 좌측에서와 같이 A와 X가 통하게 된다.

이와같이 실린더나 밸브가 두개 이상의 위치로부터 작동되어야만 할 때에는 반드시 셔틀밸브를 사용하여야 한다.

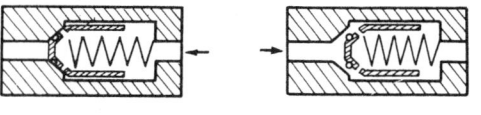

이 셔틀밸브는 양쪽 제어밸브 또는 양쪽 체크밸브라고도 부른다.

다음 그림은 실린더를 손이나 발로 어느 것이든 자유롭게 사용하여 작동시킬 때의 셔틀밸브의 사용예이다.

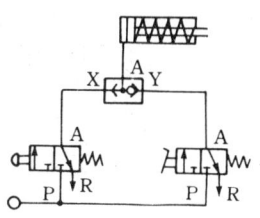
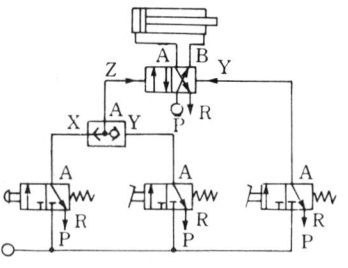

(3) 속도 조절밸브(speed control valve)

속도조절밸브는 체크밸브로 하여금 공기의 흐름을 막아 밸브 내부의 조절 되어진 단면을 통하여 공기가 흐르게 되며 공기의 흐름이 반대일 때는 체크밸 브를 열고 자유로이 흐를 수 있게 되므로 공기의 흐름이 한쪽방향으로만 흘러 갈 경우 실린더를 사용한 공기압 기구 등의 속도조절에 사용되고 있다. 또한 가능하면 실린더위에 직접 설치하는 것이 좋다.

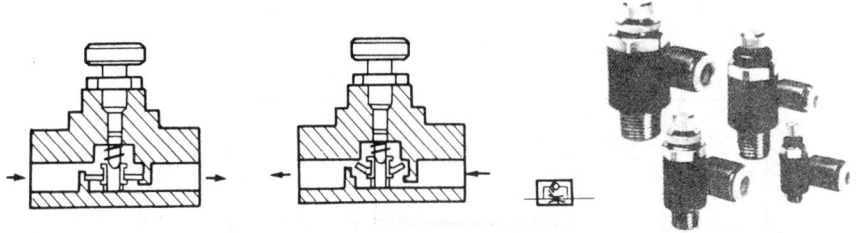

(4) 급속배기 밸브(quick exhaust valve)

실린더의 피스톤 속도를 증가시키는데 사용되며 특히 단동실린더에서 되돌림 시간을 줄일 수 있다.

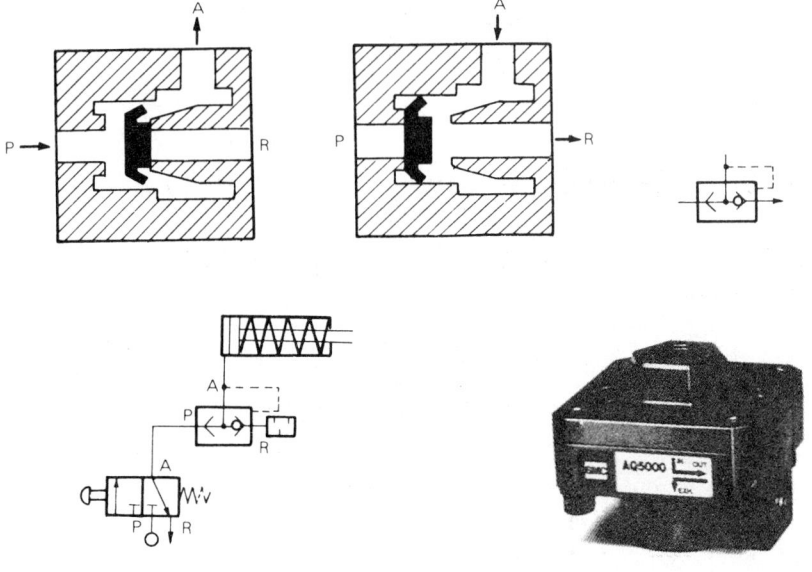

198 제 3 장 공압기기

구조는 공기입구 P와 출구 A, 배기구 R로 되어 있으며 실린더 작동시에는 P와 A가 서로 연결되고 R이 막히어 실린더를 움직이게 하며 P의 압력이 저하되면 실린더속의 압축공기의 힘으로 P를 막아서 A와 R이 연결되므로 긴 파이프라인을 통하지 않고 직접 대기로 방출되는 것이다.

(5) 2압밸브(two pressure valve)

이 밸브는 셔틀밸브와 동일한 구조로 되어있으나 작동상태가 반대이며, 같은 압력신호일 때는 늦게 들어온 신호에 따라 출구로 나가게 되며 두개의 압력이 서로 다를 때에는 낮은 쪽의 압력이 출구로 나가게 된다.

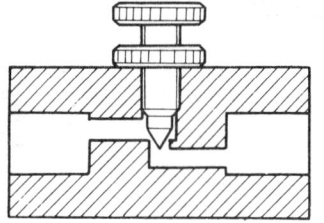

4·3 유량 제어밸브(flow control valve)

공기가 흐르는 통로의 크기를 가감시켜서 공기의 흐르는 양을 조절하는 것으로 니들(needle)형, 격판(diaphragm)형 등이 있다.

4·4　차단밸브(shut-off valve)

공기가 흐르게 하거나 흐르지 못하게 하는 것으로 유량제어에도 일부 사용되고 있다.

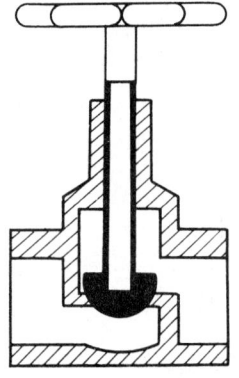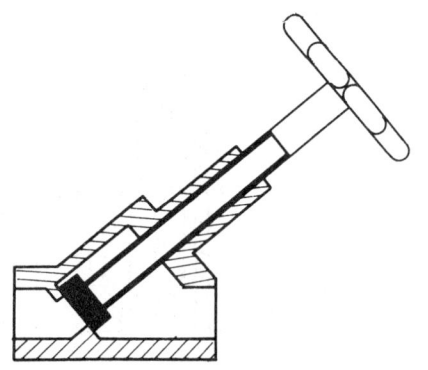

4·5　근접장치(proximity-sensing device)

비접촉식 감지장치로 자유분사원리(free-jet principle)와 배압감지원리(back-pressure sensor principle)의 두 가지가 있으며 생산기계나 조립장치와 사용자의 안전을 위하여 사용되는 자동화 장치의 하나이다.

4-5-1　공기배리어(air barrier)

분사노즐과 수신노즐로 구성되어 있으며 두개의 노즐에 모두 0.1~0.2kg/cm²의 공기압이 공급된다. 이때의 공기는 습기나 기름이 제거되어야 하며, 분사노즐과 수신노즐의 거리는 100mm를 넘어서는 안된다. 이 때의 소비 공기량은 시간당 0.5~0.8m³ 정도이다.

다음 그림에서와 같이 공기는 분사노즐과 수신노즐에서 모두 분사되어 분사노즐에서 분사된 공기는 수신노즐에서 분사된 공기가 자유로이 방출되는 것을 방해함으로써 수신노즐 출구 X에 0.005kg/cm²의 배압이 형성되도록 한다.

이때 만일 어떤 물체가 노즐사이에 있게 되면 수신노즐 출구 X의 압력이 0으로 떨어지게 된다.

200 제 3 장 공압기기

　신호압력은 요구압까지 증폭시켜서 사용하여야 하며, 이 공기배리어는 공기의 흐름에 민감하므로 외부로부터 보호하여야 한다.

　이 장치는 생산이나 조립공정에서 갯수를 세거나 물체의 유무 등을 검사하는데 사용한다.

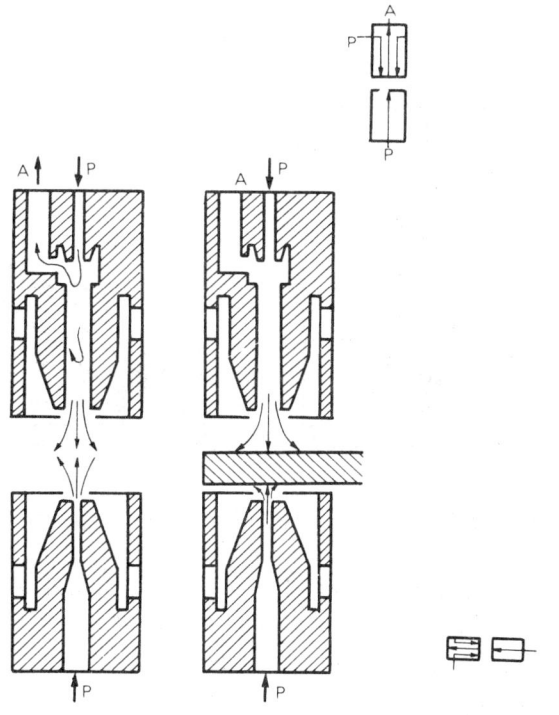

　공기배리어(air barrier)와 비슷한 원리를 이용한 것으로 중간 단속분사감지기(interruptible jet sensor)가 있으며 물체의 두께가 얇을 때(5mm 이하) 물체의 유무나 숫자를 세는데 사용된다.

　다음 그림과 같이 물체가 없을 때에는 X 에 신호압이 있게 되나 물체가 있을 때에는 신호압이 소멸된다. PX 에 공급압력은 0.1~8kg/cm²이므로 PX 쪽에 스로틀밸브를 사용하여 공기소모량을 감소시키고 있다.

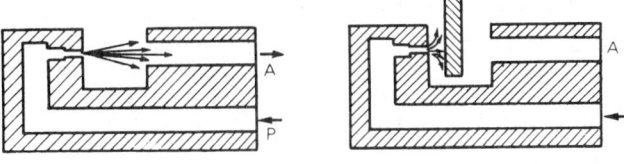

4. 제어밸브 **201**

4-5-2 반향감지기(reflex sensor)

이 장치는 분사노즐과 수신노즐이 같이 있는 것으로 배압원리에 의하여 작동되며, 외부의 방해에 영향을 덜 받는다.

다음 그림과 같이 P에 $0.1\sim0.2\,kg/cm^2$ 정도의 압축공기를 공급하면 환상의 통로를 통하여 빠져나가는 순간에 반향감지기 내부의 노즐부는 대기압보다 낮은 상태가 된다. 이때에 외부의 어떤 물체에 의하여 환상의 통로로 분출되는 공기가 방해를 받으면 반향감지기 내부의 노즐(수신노즐)에 배압이 생겨서 A에 신호압력이 생기게 된다. 이때 감지할 수 있는 노즐과 물체 사이의 거리는 보통 $1\sim6\,mm$이며 $20\,mm$까지 감지할 수 있는 특수한 것도 있다.

이 반향감지기는 프레스나 펀칭작업에서의 검사장치, 섬유기계나 포장기계에서의 검사나 계수, 목공산업에서의 나무판감지 등에 이용된다.

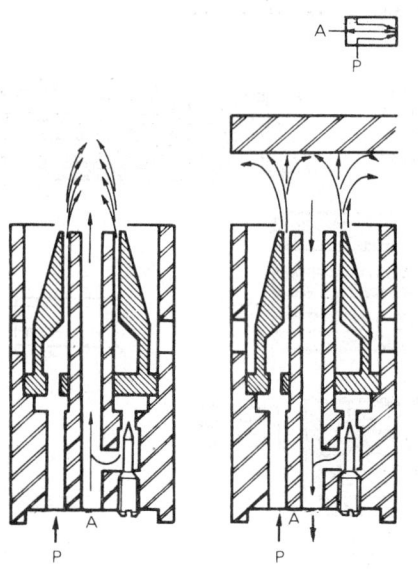

4-5-3 배압감지기(back pressure sensor)

다음 그림에서 보는 바와 같이 P에서 공급되는 공기는 출구로 계속 흘러 나가게 되는데 출구가 물체에 의하여 막히게 되면 A에 신호압력이 생긴다. 이때에는 P의 압력과 A의 압력이 같기 때문에 증폭기가 필요없게 된다.

사용공기압력은 $0.1\sim8\,kg/cm^2$이며 공기의 손실을 줄이기 위하여 감지기내

202 제 3 장 공압기기

부에 스로틀밸브가 장치되어 있다.

마지막 위치의 감지와 위치제어에 사용할 수 있는 것으로 신호가 있을 가능성이 있을 때에만 압축공기를 공급하면 공기의 사용을 줄일 수 있다.

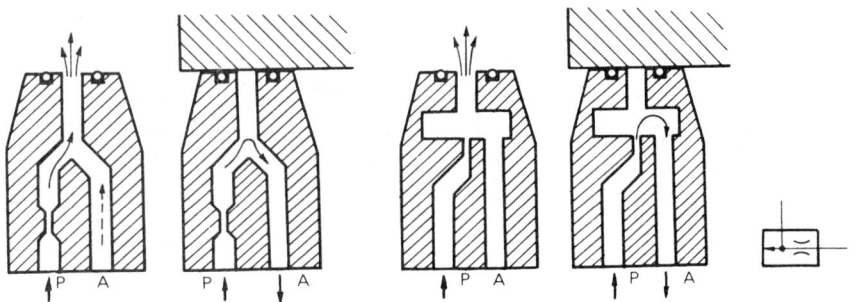

축으로 제어되는 배압감지기의 작동원리는 축이 작동하지 않을 때에는 시트가 밀착되어 P에서 A로 공기가 흐르지 못하지만 축이 작동하여 시트가 열리면 신호압력이 A로 흐르게 된다(필요시에만 공기가 흐르므로 공기 소모량이 적다)

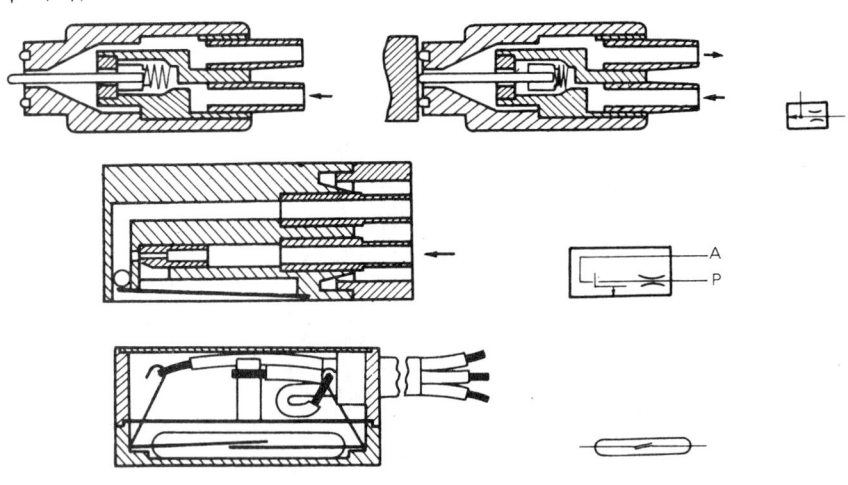

4·6 압력 증폭기

(1) 1단압력 증폭기

앞에서 설명한 공기배리어나 반향근접 감지기는 신호압력이 낮으므로 증폭하여 사용하여야 하며 압력증폭기는 제어피스톤의 다이어프램이 큰 단면적을 가지는 3way 밸브이다.

작동은 평상시에는 P와 A는 차단되고 A의 공기를 R을 통하여 배출되나 신호압력이 X에 공급되면 제어피스톤이 움직여 P와 A가 열리게 되고 P에 공급되는 압력은 정상압력이므로 A쪽으로 나오는 공기의 힘으로 직접 기계를 구동시킬 수 있게 된다.

X의 신호압력이 소멸되면 P와 A는 차단되고 처음과 같이 A의 공기는 R 을 통하여 배출되게 되는 것으로 신호압력 $0.1 \sim 0.5 \mathrm{kg/cm^2}$ 정도에 사용된다.

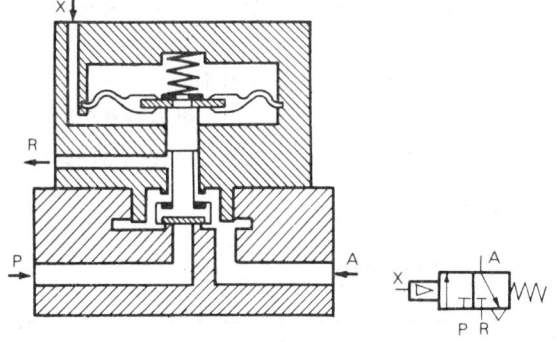

(2) 2단압력 증폭기

이 압력증폭기는 아주 낮은 압력을 증폭하는데 사용된다. 정상상태에서는 P 와 A가 연결되어 있지 않으나 입구 P_x에는 $0.1 \sim 0.2 \mathrm{kg/cm^2}$의 공기가 계속 공급되고 있으며 이 공기는 R_x로 배출된다. 이때 신호압력이 X에 들어오면 P_x 와 R_x의 통로를 막고 P_x는 증폭기의 다이어프램에 공급되어 밸브가 열려 P와 A가 연결된다. 같은 원리로 신호압력 X가 소멸되면 밸브가 원위치로 오고 P 와 A는 차단되며 P_x의 공기는 R_x를 통하여 배기된다.

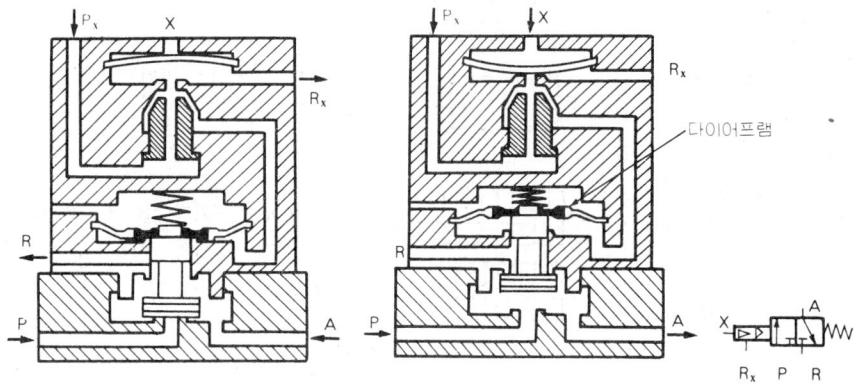

204 제 3 장 공압기기

5. 공기압 작업요소

5·1 개   요

 유체의 에너지를 이용하여 기계적인 힘이나 운동으로 변환시키는 기기로 출력범위가 직선형일 때 이를 왕복작동기(reciprocating cylinder)라 하고 회전형일 때 회전형 작동기 또는 공기압 모터라 한다.

모터 중에서도 회전각을 제한하여 270°나 180° 등의 작동범위내에서 회전 요동시키는 요동형 모터가 있다.

작동기(actuator) $\begin{cases} \text{왕복형 작동기 : 직선운동} \\ \text{회전형 작동기} \begin{cases} \text{모터 : 연속회전운동} \\ \text{요동형 모터 : 회전각도 제한운동} \end{cases} \end{cases}$

5·2 공압 실린더

5-2-1 구조에 의한 분류

피스톤형 실린더	단동 Cylinder (편 Rod) 단동 Cylinder (양 Rod)		한쪽 방향만의 공기압에 의해 운동하는 것을 단동 실린더라 하며 보통 자중 또는 스프링에 의해 복귀한다.
	복동 Cylinder (편 Rod) 복동 Cylinder (양 Rod)		피스톤의 왕복 운동이 모두 공기압에 의해 행해지는 것으로서 가장 일반적인 에어 실린더이다.
	가변 Stroke Cylinder		스트로크를 조절하는 가변 스토퍼를 가진 실린더이다.
	Dual stroke Cylinder(편 Rod) Dual stroke Cylinder(편 Rod)		2개의 스트로크를 가진 실린더, 즉 다른 2개의 실린더를 조합한 것과 같은 기능을 갖고 있다.

5. 공기압 작업요소 **205**

Tandem Cylinder		복수의 피스톤을 가진 실린더이며 이것을 n개 연결시키면 n배의 출력을 얻을 수 있다.
Telescope Cylinder		튜브형의 실린더가 두개 이상 서로 맞물려 있는 것으로서 높이에 제한이 있는 경우에 사용
차압작동 Cylinder		지름이 다른 두개의 피스톤을 갖는 실린더이다.
Ram형 Cylinder		피스톤의 수압부분의 외경과 로드 외경이 같은 것으로 좌굴 등 강성을 요할 때 사용
Bellows형 Cylinder		피스톤 대신 벨로스를 사용한 실린더. 섭동부 마찰저항이 적고 내부누출이 없다.
Diaphragm형 Cylinder		피스톤 대신 다이어프램을 사용한 실린더. 스트로크는 작으나 저항으로 큰 출력을 얻을 수 있다.
Wire형 Cylinder (Rodless cylinder)		로드 대신 와이어를 사용한 것으로 케이블 실린더라고도 한다.
Flexible tube형 Cylinder (Rodless cylinder)		실린더 튜브 대신 변형 가능한 튜브. 피스톤 대신 2개의 롤러를 사용한 실린더.

5-2-2 구조 및 작동원리

이 그림은 복동공압실린더의 내부구조도(급유형)로 원통상의 실린더튜브 양 끝을 헤드커버와 로드커버로 막고 이 커버를 4개의 타이로드로 체결($^\phi$40 이하 는 나사체결)하고 있다.

이 튜브안에 튜브와 밀착되어 있는 피스톤이 있고 이 피스톤과 연결되어 있 는 피스톤 로드가 커버를 관통하여 외부에 힘을 전달하게 된다.

206 제 3 장 공압기기

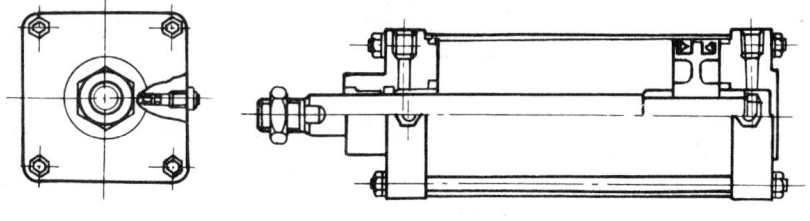

구 분	명 칭	형 상	표준설계의 예
립 패킹 (Lip Packing)	U 패킹		
	L 패킹		
	J 패킹		
압착 패킹 (Squeeze Packing)	O 링		
	X 링		
	NLP		

5. 공기압 작업요소 **207**

실린더 헤드 커버와 로드 커버에는 실린더 내부로 공기를 공급 또는 배기시키는 포트가 설치되어 있으므로 피스톤의 앞과 뒤에 교대로 공기를 넣어서 왕복운동을 하게 되고 공기의 누출을 막기 위해 로드패킹과 피스톤패킹을 사용한다. 실린더에는 급유형과 무급유형이 있다.

위 그림은 공압실린더용 패킹이며 이들 중 위쪽의 U.L.J 패킹을 립패킹이라고 한다. 이것은 방향성이 있기 때문에 복동실린더의 피스톤패킹으로 사용할 때에는 반드시 2개가 필요하며 마찰저항은 작으나 수명이 짧은 단점을 가지고 있다.

아래쪽의 O 링, X 링, NLP 패킹은 압착패킹에 속하며, 고압에서 적당히 변형되어 실(seal)에 필요한 접촉저항을 발생시키고 저압에서는 스스로의 탄성에 의하여 기밀이 유지된다.

따라서 일반적으로 압착패킹은 저압작동시 비교적 좋지 않으나 최근에는 NLP 패킹의 개발로 이러한 단점이 보완되고 급유를 하지 않아도 사용할 수 있게 되었다.

쿠션기구는 행정끝 가까이에서 피스톤운동에 제동을 걸어 충격과 소음 등을 흡수완화시키기 위하여 설치된 것이며, 실린더 로드의 내경이 40 mm 이상의 것에 설치하면 이로 인하여 실린더 자체의 수명을 크게 연장시킬 수 있다.

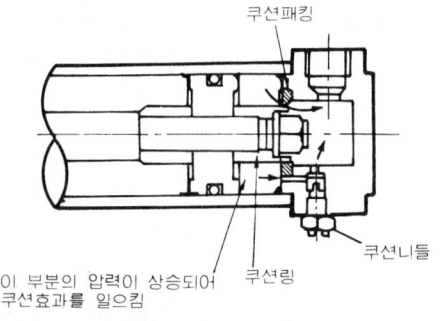

쿠션패킹

이 부분의 압력이 상승되어
쿠션효과를 일으킴

쿠션링

쿠션니들

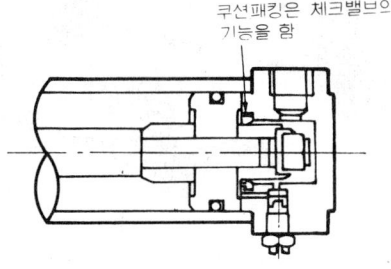

쿠션패킹은 체크밸브의
기능을 함

208 제 3 장 공압기기

5-2-3 선정 및 설계상의 주의점

(1) 튜브 내경선정 및 공기소비량

① 이론출력

(가) 전진시(F_1)

$$F_1 = \frac{\pi}{4} D^2 P \,(\text{kg})$$

(나) 후진시(F_2)

$$F_2 = \frac{\pi}{4} (D^2 - d^2) P \,(\text{kg})$$

② 실제출력 : 피스톤의 관성력과 패킹의 마찰손실, 배압에 의한 압력손실 등을 뺀 값으로 이론 출력의 15% 정도가 감소된다.

③ 실린더튜브의 내경선정 : 실린더 출력과 부하의 비율(부하율)은 일반적으로 1 : 0.5~1 : 0.7로 하고 있다.

④ 실린더의 소요 공기량 : 필요한 부하를 일정한 속도로 작동시키기 위한 필요공기량으로 에어컨트롤 유닛이나 배관크기의 선정에 필요하며 이때의 소요공기량은 다음과 같다.

$$Q = Q_c + Q_P = \frac{15\pi(P+1)}{1000\,t}(D^2 Z + d^2 l) \qquad (l/\text{min})$$

Q_c : 실린더부의 소요공기량(l/min) Q_P : 배관부의 소요공기량(l/min)

D : 실린더튜브내경(cm) d : 배관의 내경(cm)

Z : 실린더의 행정(cm) l : 배관의 길이(cm)

t : 1행정에 필요한 시간(sec) P : 사용압력(kg/cm²)

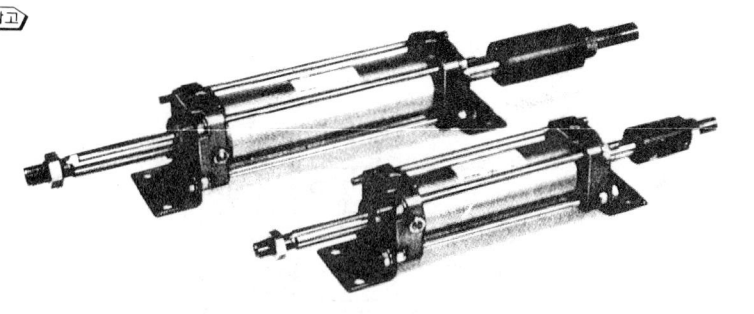

〔가변 행정 실린더(전진시 조정형) 의 형태〕

5. 공기압 작업요소

[이론 출력표]

단동실린더(헤드측 스프링 리턴)　　　　　　　　　　　　　단위 : kgf

튜브내경 (mm)	로드직경 (mm)	행동방향	수압면적 (cm²)	사 용 압 력 (kg f/cm²)								
				2	3	4	5	6	7	8	9	10
6	3	OUT	0.282	0.2	0.4	0.7	1.0	1.3	1.6	—	—	—
		IN	—		0.2			0.15				
10	4	OUT	0.785	0.9	1.7	2.5	3.3	4.1	4.8	—	—	—
		IN	—					0.25				
15	5	OUT	1.766	2.0	3.7	5.5	7.3	9.0	10.8	—	—	
		IN	—					0.45				
20	10	OUT	3.14	2	5	8	12	15	18	21	24	27
		IN	—				0.9			3		
25	12	OUT	4.90	5	10	15	20	25	30	34	39	44
		IN	—					1.0				
30	12	OUT	7.04	7	14	21	28	35	42	49	56	63
		IN						1.5				
40	16	OUT	12.56	17	29	42	54	67	79	92	104	117
		IN						2.0				

복동 실린더　　　　　　　　　　　　　단위 : kgf

튜브내경 (mm)	로드직경 (mm)	행동방향	수압면적 (cm²)	사 용 압 력 (kg f/cm²)								
				2	3	4	5	6	7	8	9	10
6	3	OUT	0.283	0.565	0.848	1.131	1.414	1.696	1.979	—	—	—
		IN	0.212	0.424	0.636	0.848	1.060	1.272	1.484			
10	4.5	OUT	0.785	1.571	2.36	3.14	3.93	4.71	5.50	—	—	—
	4	IN	0.660	1.319	1.979	2.64	3.30	3.96	4.62	—	—	—
	5	IN	0.589	1.178	1.767	2.36	2.95	3.53	4.12	—	—	—
15	5.6	OUT	1.67	3.53	5.30	7.07	8.84	10.60	12.37	—	—	—
	5	IN	1.57	3.14	4.71	6.28	7.85	9.42	11.00	—	—	—
	6	IN	1.484	2.97	4.45	5.94	7.42	8.91	10.39	—	—	—
20	10	OUT	3.14	6.28	9.42	12.57	15.71	18.85	22.0	25.1	28.3	31.4
		IN	2.36	4.71	7.07	9.42	11.78	14.14	16.49	18.85	21.2	23.6
25	12	OUT	4.91	9.82	14.73	19.63	24.5	29.4	34.4	39.3	44.2	49.1
		IN	3.78	7.56	11.33	15.11	18.89	22.7	26.4	30.2	34.0	37.8
30	12	OUT	7.07	14.14	21.2	28.3	35.3	42.4	49.5	56.5	63.6	70.7
		IN	5.94	11.88	17.81	23.8	29.7	35.6	41.6	47.5	53.4	59.4
40	16	OUT	12.57	25.1	37.7	50.3	62.8	75.4	88.0	10.1	113.1	125.7
		IN	10.56	21.1	31.7	42.2	52.8	63.3	73.9	84.4	95.0	105.6
50	20	OUT	19.63	39.3	58.9	78.5	98.2	117.8	137.4	157.1	176.7	196.3
		IN	16.49	33.0	49.5	66.0	82.5	99.0	115.5	131.9	148.4	164.9
63	20	OUT	31.2	62.3	93.5	124.7	155.9	187.0	218	249	281	312
		IN	28.0	56.1	84.1	112.1	140.2	168.2	196.2	224	252	280

80	25	OUT	50.3	100.5	105.8	201	251	302	352	402	452	503
		IN	45.4	90.7	136.2	181.4	227	272	317	363	408	454
100	30	OUT	78.5	157.1	236	314	393	471	550	628	707	785
		IN	71.5	142.9	214	286	357	429	500	572	643	715
125	36	OUT	112.7	245	368	491	615	736	859	982	1104	1227
		IN	112.5	225	338	450	563	675	788	900	1013	1125
140	36	OUT	153.9	308	462	616	770	924	1078	1232	1385	1539
		IN	143.8	288	431	575	719	863	1006	1150	1194	1438
160	40	OUT	201	402	603	804	1005	1206	1407	1608	1810	2011
		IN	188.5	377	565	754	942	1131	1319	1508	1696	1885
180	45	OUT	254	509	763	1018	1272	1527	1781	2036	2290	2545
		IN	239	477	716	954	1193	1431	1670	1909	2147	2386
200	50	OUT	314	628	924	1257	1571	1885	2199	2513	2827	3142
		IN	295	589	884	1178	1473	1767	2062	2356	2651	2945
250	60	OUT	491	982	1473	1963	2454	2945	3436	3927	4418	4909
		IN	463	925	1388	1850	2313	2776	3238	3701	4163	4626
300	70	OUT	707	1414	2121	2827	3534	4241	4948	5655	6362	7069
		IN	668	1337	2005	2673	3342	4049	4679	5347	6015	6684

참고

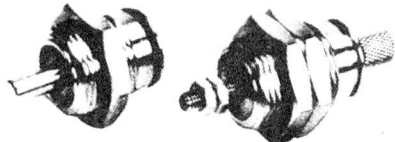

(삽입형)

(판넬 부착형)

「핀 실린더의 형태」

5. 공기압 작업요소 **211**

⑤ 실린더의 공기소비량 : 실린더가 작동되는 곳에서 전환밸브를 사용할 때 실린더로부터 전환밸브까지의 배관에서 소비되는 공기량으로 공기압축기나 저장탱크의 선정 및 운전경비 계산에도 필요하다.

$$공기소비량 \quad q = q_c + q_p = \frac{\pi N(p+1)}{2000}(D^2 Z + d^2 l) \, (l/\min)$$

q_c : 실린더의 공기소비량($l/\min$) q_p : 배관부의 공기소비량($l/\min$)
N : 1분간의 실린더 왕복수($c/\min$) p : 사용압력($\mathrm{kg/cm^2}$)

(2) 실린더 부착방법의 종류와 선정기준

실린더 부착방법에는 축심고정형과 축심요동형이 있으며 축심고정형은 직선운동에 사용되는 것으로 운동방향이 일정하며 축심요동형은 행정(stroke)이 긴 경우나 운동방향 및 요동방향이 같을 때 부시(bush)에 걸리는 하중이 출력의 1/20 이내일 때 사용된다.

〔실린더 부착방법의 종류〕

구 분	분 류		기 호
축심 고정형	파 일 럿 형		
	플랜지형	로드쪽 플랜지 (FA)	
		헤드쪽 플랜지 (FB)	
	푸트형	축직각 푸트형 (LA)	
		축방향 푸트형 (LB)	
	트러니언형	로드쪽 트러니언형(TA)	
		중간 트러니언형(TC)	

212 제 3 장 공압기기

축심 요동형		헤드쪽 트러니언형(TB)	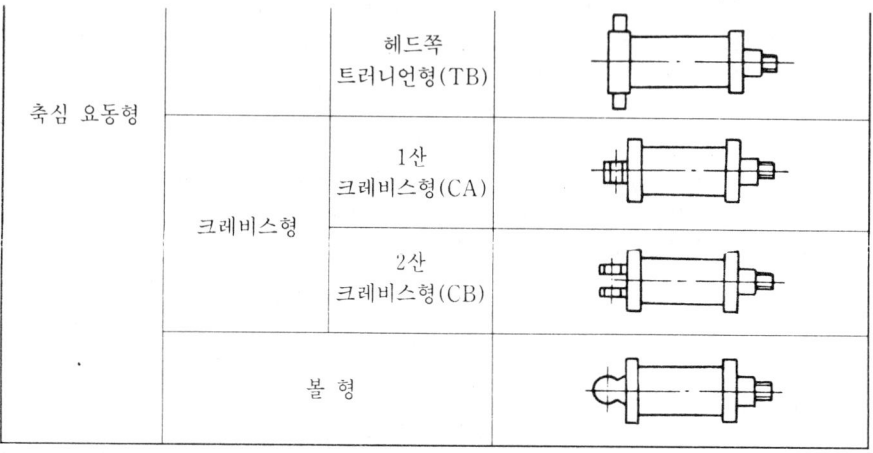
	크레비스형	1산 크레비스형(CA)	
		2산 크레비스형(CB)	
	볼 형		

(3) 최대 행정

실린더의 행정이 길고 부하가 큰 경우에는 피스톤의 휨에 주의하여야 하며 실린더 사용시 메이커의 카탈로그를 참조하는 것이 바람직하다.

(4) 쿠션기구에 의한 흡수가능 운동에너지

다음 페이지의 그래프에 나타난 것과 같이 각 실린더 튜브 내경의 직선 왼편 아래쪽이 흡수가능한 운동에너지의 범위이며 범위에서만 100만회 이상의 패킹 수명을 보증 받을 수 있다.

예를 들어 부하 하중이 100kg이고 실린더 속도를 200mm/sec 로 하고자 할 때 ø40의 실린더를 사용하면 무리가 없으나 같은 조건에서 속도를 250mm/sec 로 할 경우에는 실린더가 갖고 있는 흡수 가능한 운동에너지의 한계를 넘게 되므로 실린더에 무리가 오게 된다.

따라서 이때에는 ø50의 실린더를 사용하여야 한다.

>참고

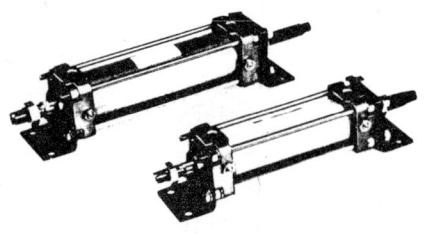

〔가변 행정 실린더(후퇴시 조정형)의 형태〕

※ 소요공기량과 공기소비량

소요공기량은 일정한 부하를 일정한 속도로 작동시키는데 필요한 부하로 F, R, L기기나 배관의 크기를 결정하는데 필요하며, 공기소비량은 작동기를 사용한 장치에서 절환밸브가 작동될 때에 작동기와 절환밸브 사이의 배관에서 소비되는 공기량으로 압축기의 선정과 사용 가격의 계산에 필요한 것이다.

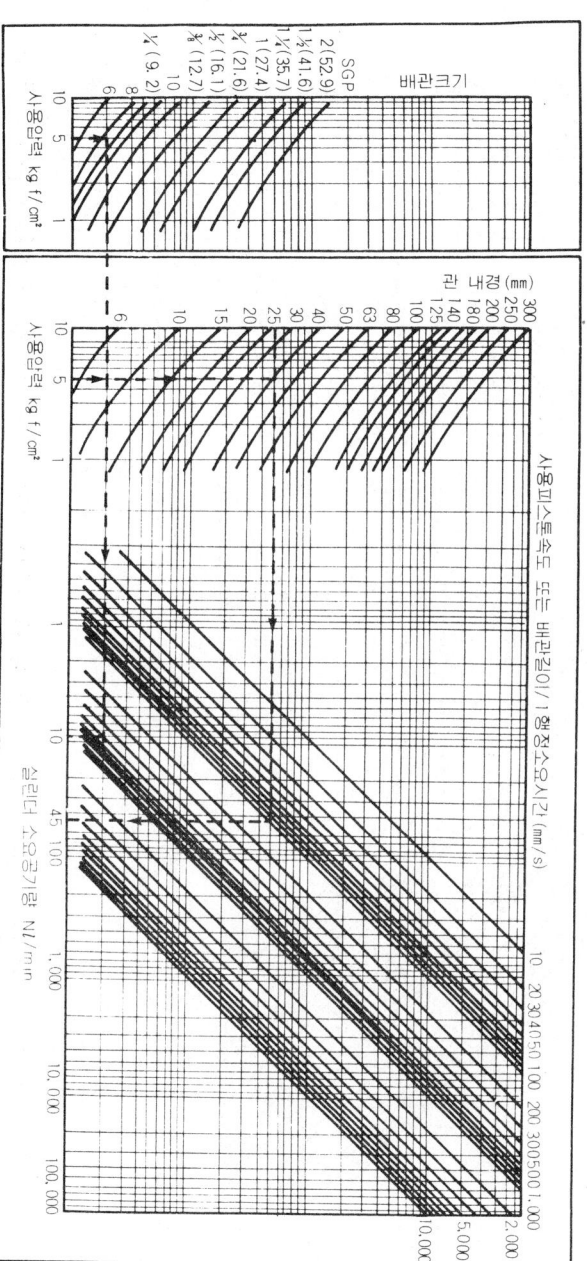

[실린더의 배관의 소요공기량]

[그림 보는 방법]

예 1. 관내경 40mm, 사용압력 5kgf/cm², 속도 100mm/s일 때의 소요공기량은 45Nℓ/min이 된다.

예 2. 위의 조건에서 행정은 200mm, 내경 8mm의 나일론관 1m로 배관되었다면 배관부분 소요공기량은

$$\frac{배관길이}{1행정 소요시간} = \frac{1000}{200/100} = 500mm/s 로 되어 9Nℓ/min이 된다.$$

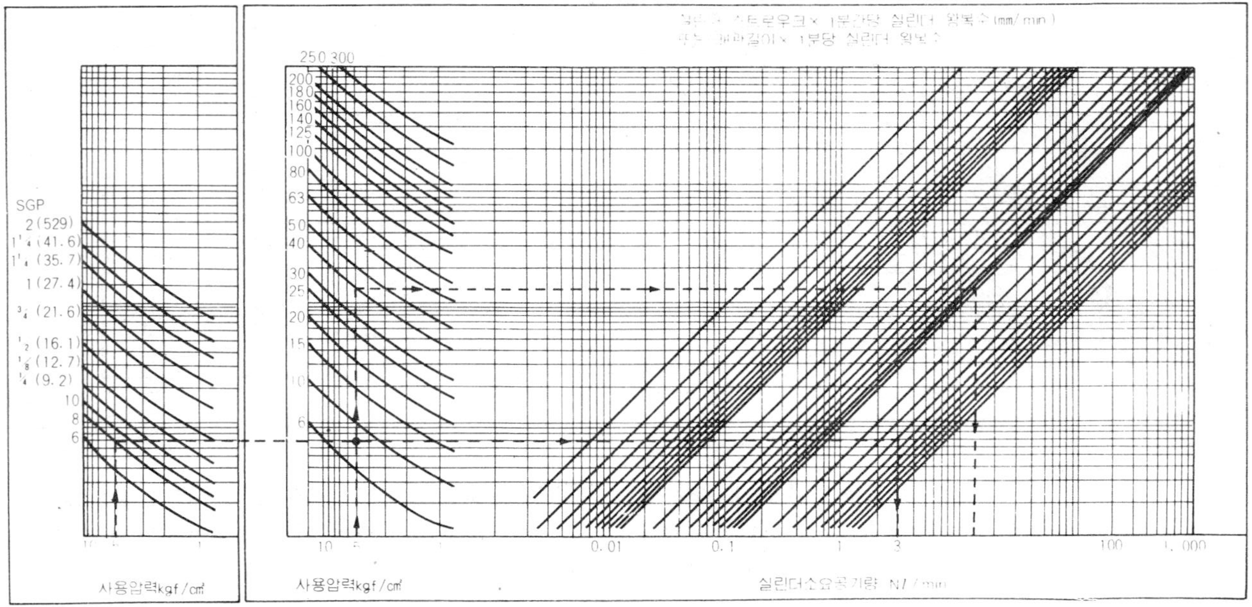

5. 공기압 작업요소 **215**

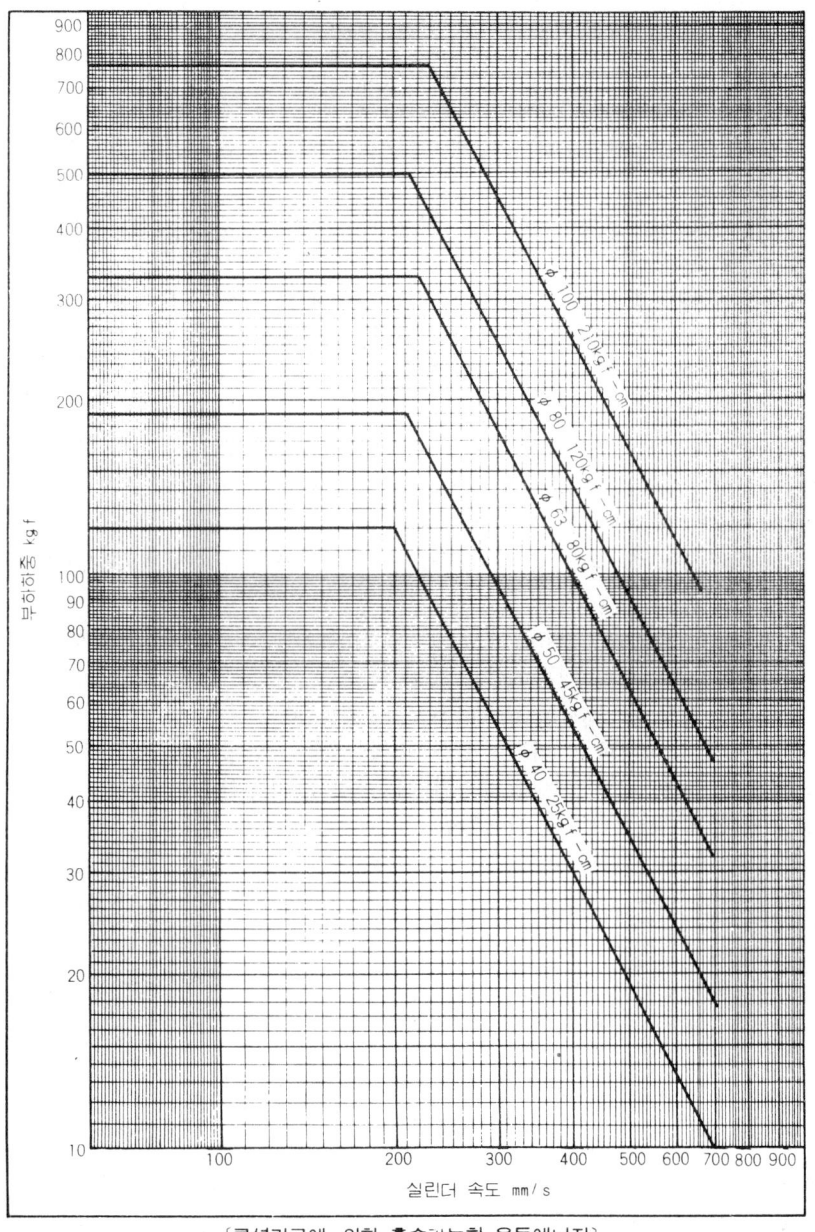

[쿠션기구에 의한 **흡수가능한 운동에너지**]

216　제3장　공압기기

(5) 피스톤 속도를 고속으로 할 경우의 주의점

① 될 수 있으면 부하율을 작게 하고 내경이 큰 실린더를 사용한다.

② 압력 강하가 일어나지 않도록 한다.

③ 실린더 내의 배압을 빠르게 제거시키기 위하여 급속배기 밸브를 부착시켜 사용한다.

④ 공기압축기는 용량이 큰 것을 사용하고 중간저장탱크를 설치하여 사용하는 것이 바람직하다.

⑤ 속도가 제대로 나오지 않을 때는 파이프 내경을 크게 한다.

⑥ 충격흡수기구 병용을 검토하여야 한다.

⑦ 패킹의 수명을 확인하여야 한다.

⑧ 작동시 사고를 방지할 수 있는 조치를 한다.

(6) 피스톤 속도가 저속작동인 경우의 주의점

① 속도가 50mm/sec 이하의 경우에는 고착현상의 발생을 검토한다.

② 저속정밀 이송시에는 공기-유압 유닛을 사용한다.

③ 공기의 유량이 적어 속도제어 및 윤활에 문제가 발생하므로 기기의 크기 선정에 특별히 유의한다.

④ 피스톤의 속도가 느리고 배관의 직경이 작아도 될 경우에는 실린더포트에 리듀서를 사용하여 배관직경을 줄인다.

피스톤의 속도를 50 mm/sec 이하로 사용할 때는 가끔 고착현상을 일으킬 때가 있으므로 이때에는 마찰저항을 줄여야 하며 윤활기의 선정에도 특별히 주의하도록 하고 패킹도 습동저항이 작은 것을 사용하여야 한다.

(7) 주위 온도 및 실린더의 사용범위

다음 그림에서 나타난 바와 같이 적당한 사용범위는 5℃~60℃이며 그 이하나 이상이 될 때에는 내한 실린더나 내열 실린더를 사용하여야 한다.

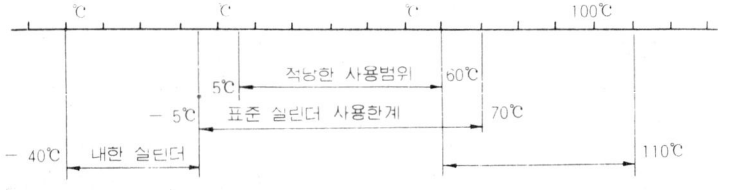

(8) 방 진

주위 환경이 나쁘고 먼지가 많은 장소에서는 다음 그림과 같이 플렉시블 로드부에 플렉시블 커버를 사용하여 먼지의 침입을 방지해야 하며 플렉시블 커버를 사용할 수 없는 곳에는 먼지를 긁어낼 수 있는 장치(scraper)를 부착한 실린더를 사용해야 한다.

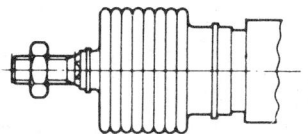

(9) 실린더 방식
사용장소에 따라 부식이나 패킹의 부풀음 현상이 있는 곳에는 표준실린더의 사용을 금하고 특수 실린더를 사용하여야 한다.

(10) 압축공기
압축공기는 충분히 청정된 깨끗한 공기를 사용한다.

(11) 사용 윤활유 및 적정 공급량
윤활유는 터빈유 1종(150 VG 32와 같은 종류)을 사용하며 윤활유의 적정한 공급량은 보통 압축공기 10ℓ 에 한방울 정도로 한다.

패킹의 부풀음 현상은 드레인(수분과 압축기 오일)과 기계유, 스핀들유 그리고 신나 등의 유기성 용제와 접촉하여 일어난다.

(12) 배 기
배기음을 줄이기 위하여 배기구에 소음기(silencer)를 설치하여야 하며 이때에는 배압을 검토하여야 한다.

(13) 배 관
주배관은 강관으로 하고 휨 등이 필요한 곳에는 고무호스를 사용한다.

(14) 실린더를 제어하기 위한 기기
① 압력조정기 : 사용압력은 필요이상으로 고압으로 설정하지 말고 필요한 양과 적당한 압력으로 조정하며 적합한 규격의 것을 사용한다.

② 스피드 컨트롤러

(가) 실린더의 속도를 제어하는 방법에는 실린더로 들어가는 공기를 제어하는 미터인 방식과 실린더에서 나오는 공기를 제어하는 미터아웃 방식이 있으며 일반적으로는 미터아웃 방식이 많이 사용되고 있으나 단동실린더의 경우에는 미터인 방식이 사용되고 있으므로 주의하여야 한다.

(나) 스피드 컨트롤러는 실린더와 가까이 설치하는 것이 속도조정에 유리하므로 주의한다.

(다) 스피드 컨트롤러의 유량조절 특성에는 적정범위가 있으므로 이 범위 내에서 사용하여야 한다.

218 제 3 장 공압기기

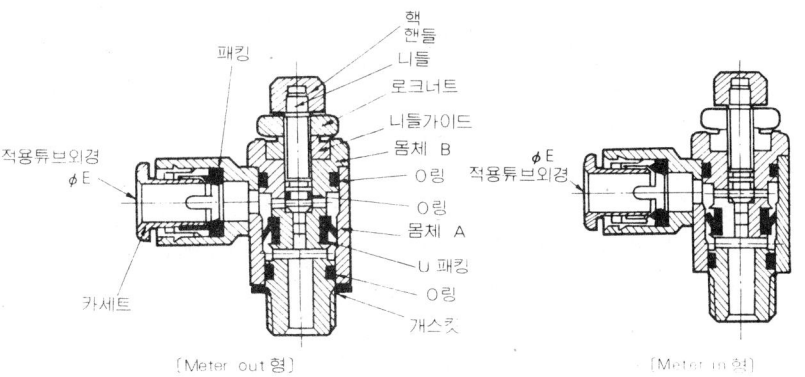

[Meter out 형]　　　　　　　[Meter in 형]

③ 밸 브
　(가) 밸브의 설치장소는 될 수 있으면 실린더에 가까운 쪽으로 하는 것이
　　　공기의 소비량을 줄일 수 있어 경제적이다.
　(나) 밸브의 크기는 실린더의 피스톤 속도에 의하여 선정하여야 한다.
　(다) 중간정지 등을 필요로 한 경우에는 공기의 압축성에 의하여 정확한
　　　곳에서의 정지나 장시간 압력유지가 어려우므로 밸브의 구조 선정 후
　　　별도의 회로를 구성하는 것이 좋다.

④ 윤활기
　(가) 윤활기는 압력조정기 다음에 설치하여야 한다.
　(나) 윤활기의 접속경은 피스톤속도에 의한 공기량에 따라 알맞는 것을 사
　　　용하여야 한다.
　(다) 공기가 통과하는 시간이 짧을 경우에는 급유가 되지 않는 경우도 있
　　　으므로 주의하여야 한다.

5-2-4 자동스위치 부착 실린더

(1) 구조 및 작동원리

　비자성체의 피스톤에 영구자석을 설치하고 비자성체의 실린더 튜브 바깥쪽
에는 자동스위치(auto switch)를 부착시켜 피스톤의 이동에 따라　스위치가

5. 공기압 작업요소 **219**

개폐되며 시퀀스 제어의 검출신호를 보내는 기능을 갖는 실린더이다.

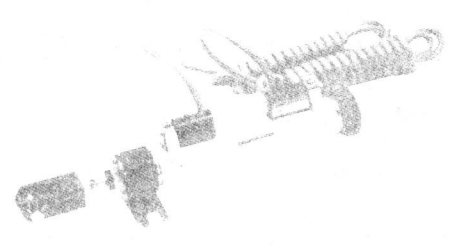

(2) 특 성

종전의 리밋 스위치(limit switch) 검출방식에 비하여 설계시간을 단축시킬
수 있으며 설치공간이 줄어들게 되므로 비용도 절감되고 신뢰성이 높으며 검출
위치 및 검출갯수의 변경이나 보수시에도 스위치를 쉽게 바꿀 수 있으므로 최
근 널리 사용되고 있다.

(3) 스위치의 종류와 선정

스위치에는 유접점 스위치와 무접점 스위치가 있으며 사용온도 범위는 -10°C
~60°C 정도이다.

유접점 스위치에는 AC와 DC가 사용되며 무접점 스위치에는 DC가 사용되
고 있으며 특히 무접점 스위치는 가동부가 없으므로 신뢰성이 높은 위치 검출
과 채터링이 없고 수명이 반 영구적이며 2점 표시식 무접점 스위치는 최적 표
시위치를 점등(보통 녹색)으로 표시하므로 쉽게 부착조정이 가능하도록 되어
있다.

다음 그림(a)(b)는 무접점 스위치의 내부회로도이며 (c)(d)는 유접점 스위치
의 내부회로도이다.

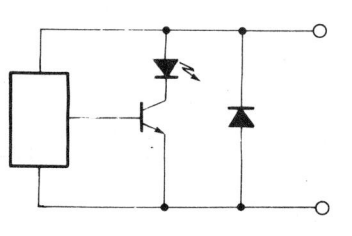 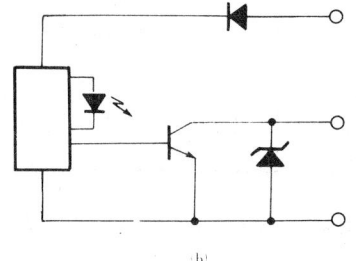

220 제 3 장 공압기기

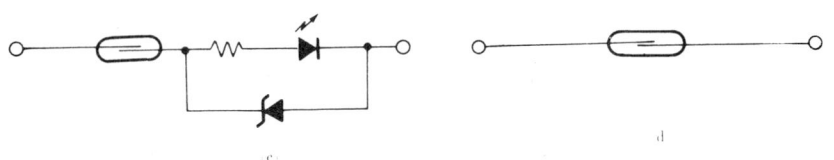

실린더 스위치의 부착방법과 최소거리는 다음 그림과 같다.

스위치 수	1 개부	
취부 방법	(그림) 로드측 부착	(그림) 헤드측 부착
최소 거리	5 mm	
스위치 수	2 개부	
취부 방법	(그림) 이면 부착의 경우	(그림) 동일면 부착의 경우
최소 거리	10 mm	28 mm

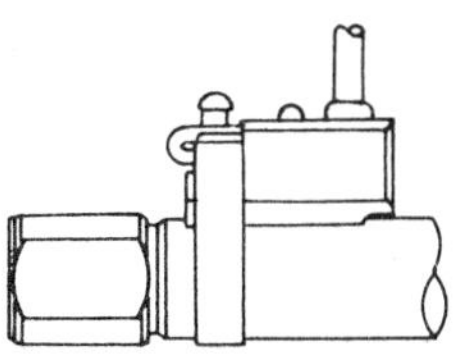

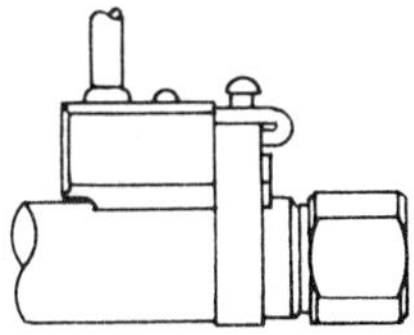

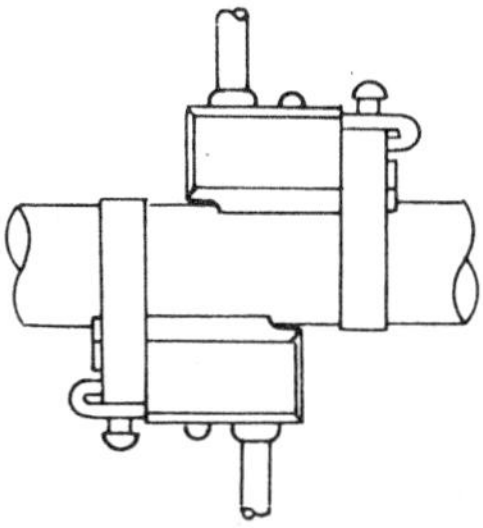

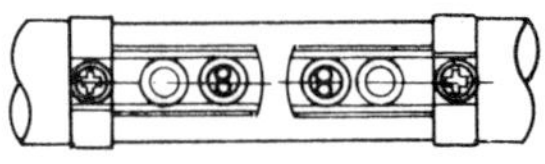

(4) 사용상의 주의사항

① 무접점 스위치

(가) 리드의 접속 : 리드선은 색에 따라 정확히 접속하여야 하며 이 때에는
반드시 회로의 전원을 차단시켜야 한다.

5. 공기압 작업요소 **221**

(나) 출력회로의 보호를 위하여 릴레이나 전자밸브를 사용하는 경우에는 스위치를 열었을 때 서지전압이 발생하므로 그림(a)와 같이 보호회로를 사용하여야 하며 콘덴서를 접속사용할 경우에는 스위치를 닫았을 때 돌입전류가 발생되므로 그림(b)와 같은 보조회로를 사용하여야 하고 리드선의 길이가 길 경우(10m 이상)에는 (c), (d), (e)와 같이 보호회로를 사용한다.

(다) 스위치를 복수 직렬 접속시에는 스위치의 전압강하를 검토하고 병렬 접속시에는 램프가 어둡거나 점등되지 않는 경우가 있으므로 주의한다. 주위에 자력이 센 물질이나 센전류(대형자석, 스폿용접기)가 있는 장소에서는 가동체가 이동시 상호간섭이 생겨 영향을 줄 수 있다.

(라) 리드선은 길이를 적당히 하여 휨응력이나 인장력이 걸리지 않도록 배선시 주의하도록 한다.

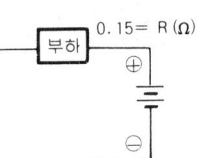

(a)

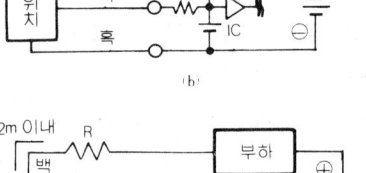

(b)

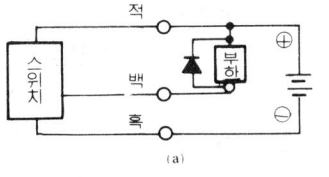

- 초크코일
  L =수백 μH~수 mH
  고주파 특성에 우수함
- 스위치 가까이 배선한다.(2m 이내).

(c)

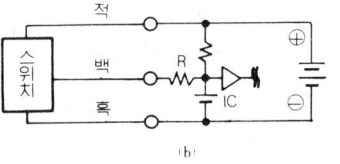

- 돌입전류 제한 저항
  R =부하회로측이 허용하는 한 큰 저항사용
- 스위치 가까이 배선한다.

(d)

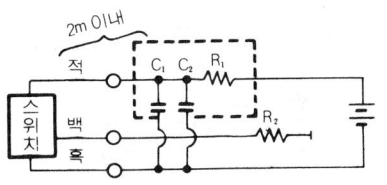

- 전원 노이즈 흡수회로
  C_1 = 20~50μF 전해콘덴서(내압 50 V이상)
  C_2 = 0.01~0.1μF 세라믹콘덴서
  R_1 = 20~30Ω
- 돌입전류 제한 저항
  R_2=부하측 회로가 허용하는 한 큰 저항을 사용
- 스위치 가까이 배선한다.(2m이내)

(e)

222 제 3 장 공압기기

② 유접점 스위치
 (가) 스위치의 리드선은 직접 전원에 연결하지 말고 반드시 부하를 직렬로
   접속한다.
 (나) 스위치의 최대 접점용량이 넘는 부하를 사용해서는 안된다.
 (다) 릴레이 등의 유도 부하에서는 반드시 다음 그림과 같은 보호회로를
   사용한다.

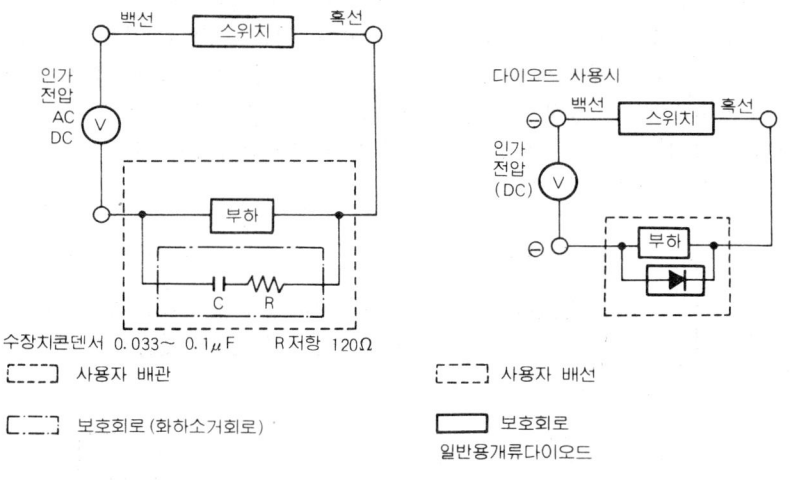

수장치콘덴서 0.033~ 0.1μF   R저항 120Ω

[⸺] 사용자 배관   [⸺] 사용자 배선

[⸺] 보호회로(화하소거회로)   [⸺] 보호회로
                       일반용개류다이오드

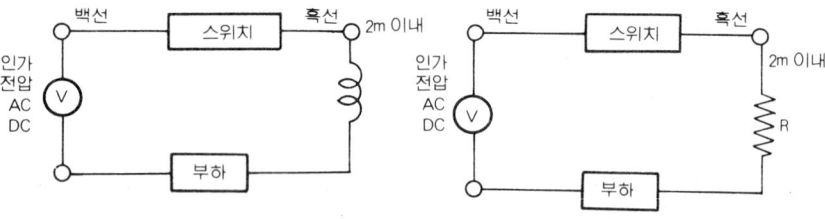

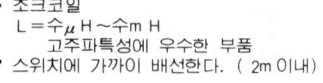

• 초크코일
  L = 수μH~수mH
    고주파특성에 우수한 부품
• 스위치에 가까이 배선한다. (2m 이내)

• 돌입전류제한저항
  R =부하회로측이 허용하는 한 큰 저항
• 스위치에 가까이 배선한다. (2m 이내)

④ 배선의 길이가 10m를 넘는 경우에는 앞의 그림과 같은 보호회로를 사용한다.

⑤ 스위치를 직렬접속시에는 전압강하가 일어나고 병렬접속시에는 램프가 어둡거나 점등되지 않는 경우도 있다.

⑥ 주위에 자력이 센 물질이나 대전류가 있으면 실린더 가까이 자성체가 이동시 상호 간섭이 생기므로 주의한다.

⑦ 리드선에 휨이나 인장력이 걸리지 않도록 주의한다.

5·3 회전 작동기(rotary actuator)

압축공기의 에너지를 기계적인 회전운동으로 바꾸는 기기로 공압모터라고 부르며, 널리 사용되는 것으로는 피스톤형과 베인형, 기어형, 터빈형 등이 있다.

5-3-1 피스톤 모터

이 형식에는 모터의 크랭크축을 왕복운동하는 액슬 피스톤 모터와 크랭크축에 연결된 커넥팅로드에 의하여 회전하는 레이디얼 피스톤 모터가 있으며 운전이 연속적으로 이루어지기 위해서는 많은 피스톤이 필요하게 된다.

출력은 공기의 압력과 피스톤 갯수, 피스톤의 크기, 행정 속도에 따라 달라지고 회전방향도 바꿀 수 있으며 출력은 보통 $1.5 \sim 19 \, \mathrm{kW}\,(2 \sim 25$마력$)$ 정도이다.

5-3-2 베인 모터

베인펌프와 비슷하고 스프링이나 공압을 이용하여 무부하에서 베인을 장시간 사용할 필요가 있으며 출력토크가 비교적 고르다.

중속 중토크용으로 널리 사용되고 있다.

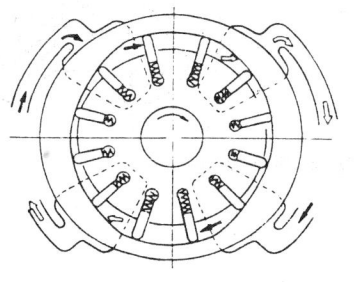

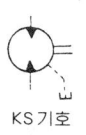

KS기호

〔베인 모터〕

224 제 3 장 공압기기

⑴ 액슬 피스톤 모터

구조가 복잡하고 고가이나 효율이 높고 큰 출력을 얻을 수 있으며 가변용량형의 제작도 가능하다.

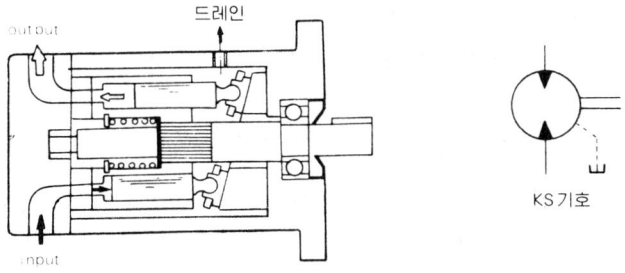

〔액슬 피스톤형 모터〕

⑵ 레이디얼 피스톤 모터

입구에서 들어간 압축공기는 회전밸브를 통하여 실린더에 들어가 피스톤을 밀고 피스톤은 연결봉으로 편심캠을 밀어서 축을 회전시킨다.

피스톤 바깥쪽에서의 행정은 회전 밸브의 출구 포트가 열리므로 압축공기는 배출된다. 최고속도는 5000 RPM이고 회전방향도 바꿀 수 있으며 출력은 1.5 ~1.9 kW(2~25마력) 정도이다.

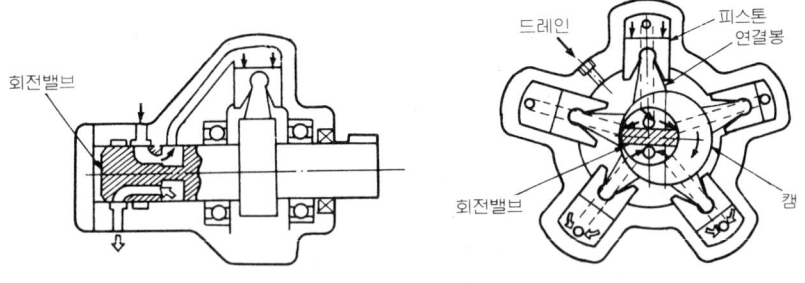

〔레이디얼 피스톤형 모터〕

5-3-3 요동 모터

⑴ 피스톤형 요동 모터

그림과 같이 피스톤 2개와 래크, 피니언을 이용하여 작동시키고 있다.

5. 공기압 작업요소 **225**

(2) 베인형 요동 모터

요동베인이 1~3장이 있고 요동각도도 베인의 갯수에 따라 60°~280°이다.

아래 그림은 2링베인을 나타낸 것으로 비교적 간단하고 제작비도 싸며 밸브의 개폐와 이송기구 등에 사용된다.

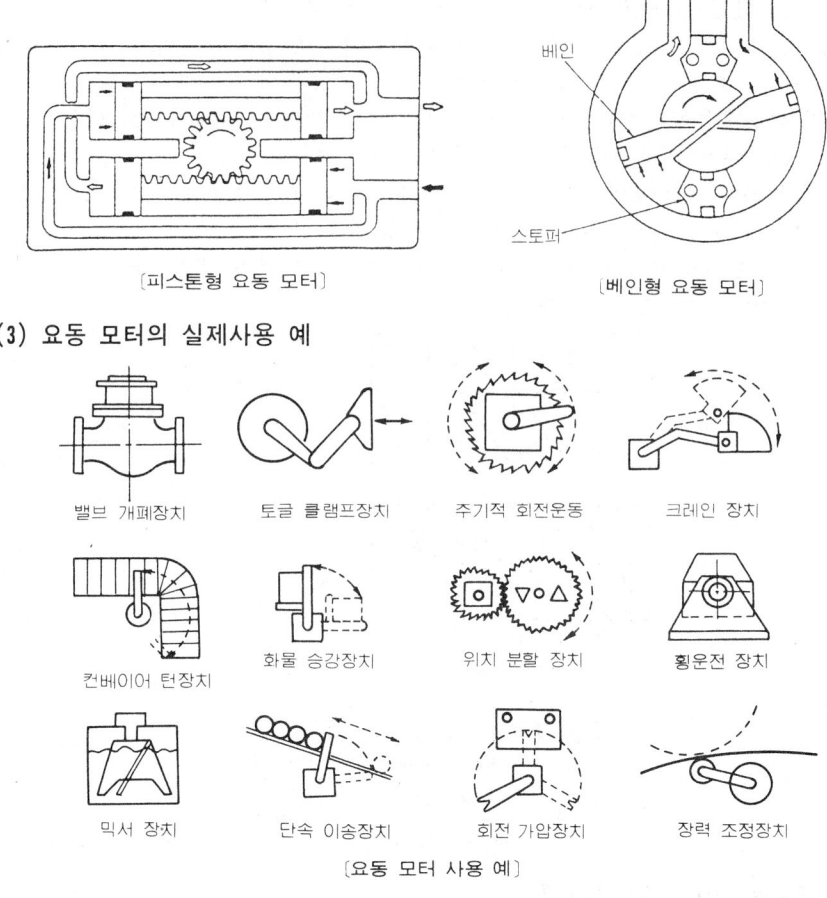

〔피스톤형 요동 모터〕

〔베인형 요동 모터〕

(3) 요동 모터의 실제사용 예

밸브 개폐장치   토글 클램프장치   주기적 회전운동   크레인 장치

컨베이어 턴장치   화물 승강장치   위치 분할 장치   횡운전 장치

믹서 장치   단속 이송장치   회전 가압장치   장력 조정장치

〔요동 모터 사용 예〕

(4) 특성 및 선정

① 내부누출과 내부저항 및 시동압력 등을 고려하여야 한다.

② 기종 및 구조와 크기에 따라 요동각도가 다르며 이 경우에는 이 범위내에서 내부스토퍼나 외부스토퍼로 각도제어가 가능하다.

③ 속도조정은 스피드 컨트롤러로 하며 안정된 작동을 얻기 위하여 그림과

226 제 3 장 공압기기

같이 미터아웃 방식으로 접속한다.

④ 부하변동으로 인하여 원활한 요동이 곤란할 경우에는 잭-피니언형의 저유
압형을 사용하여 공기와 유압을 병용하는 것이 좋다.

⑤ 발생되는 회전력(torque)에는 개략적인 계산에 의하여 구해지는 이론값과
패킹 및 그밖의 저항값을 고려한 설계값이 있다. 따라서 실용상에서는 부
하율이 50%가 되도록 기종의 크기를 선정한다.

아래 그래프의 회전력 환산도표를 예를들어 설명하면 사용압력 $7kg/cm^2$ 로
$2kg_f \cdot m$의 회전력을 필요로 할 경우에는 기종 A를 선정한다.

⑥ 허용운동에너지는 기기의 파손이 일어나지 않는 최대한으로 허용할 수
있는 부하의 운동에너지를 말한다.

⑦ 부하의 운동에너지가 기기의 허용운동에너지를 초과할 경우에는 외부에
완충기구를 설치하여 관성력을 흡수하여야 한다.

⑧ 큰 중량의 부하를 직접 작동기 축에 부착하면 축과 베어링부에 파손이 생
길 염려가 있으므로 특별히 주의한다.

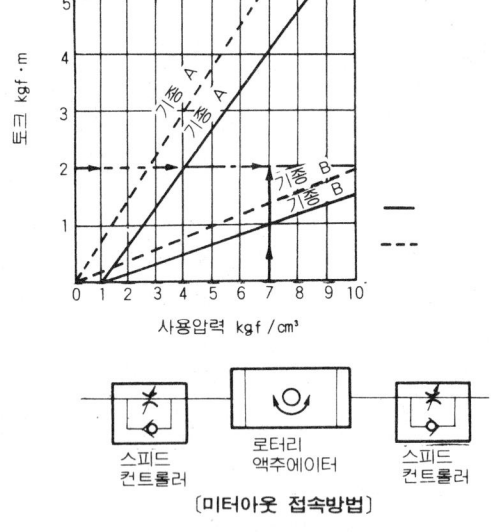

〔미터아웃 접속방법〕

5-3-4 공기 유압기구

공기 유압기구는 공기압기구의 단점인 공기의 압축성에 의한 문제를 해소
하고 시동시나 부하변동에도 같은 속도의 구동이 가능하며 저속시 고착현상을
방지시킬 수도 있다.

또한 실린더의 정밀 정속이송, 중간정지, 스킵(skip)이송 및 회전작동기
(motor)에서는 저속구동에도 적합하다.

5. 공기압 작업요소 **227**

(1) 공기유압 부스터

공기유압 부스터는 공기압을 이용하여 작동유가 들어간 증압기를 가동시켜 수배에서 수십배의 유압으로 변환시키는 배력장치이다.

특히 초기 이송시에는 저압의 큰 유량을 토출하고 중압 이송시에는 공압 소유량의 2단 토출이 가능하므로 편리하다.

따라서 공기압으로 스탬핑(stamping), 리베팅(rivetting) 및 프레스 등을 작동시킬 수 있다.

(2) 구조 및 작동원리

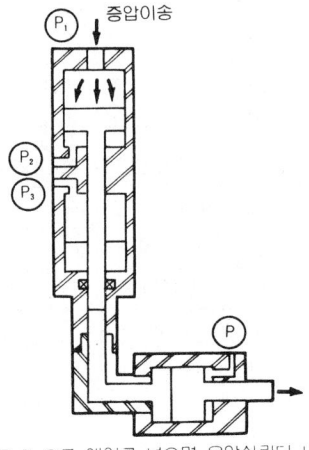

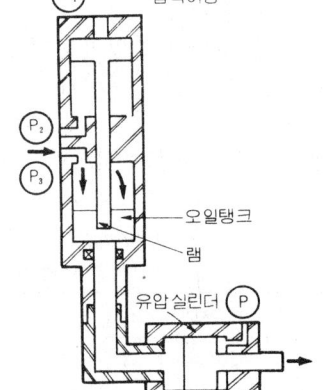

포트 P₃에 에어를 넣으면 오일 탱크 내의 오일이 유압실린더의 램을 전진시킨다.

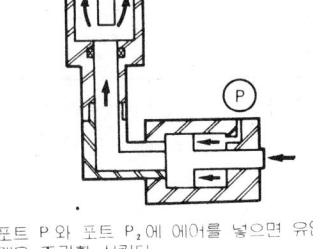

포트 P₁으로 에어를 넣으면 유압실린더 내에 고압이 유입되어 높은 추력으로 램을 전진시킨다.

포트 P와 포트 P₂에 에어를 넣으면 유압실린더의 램을 조귀환 시킨다.

228 제 3 장 공압기기

(3) 기종선정 방법의 예

유압실린더의 튜브내경 D 가 100mm(이때 좌굴하중도 생각한다)이고, 증압이송시 유압 실린더의 이론 추력 $F=6000$kg, 사용공기압력 $p=5$kg/cm², 초기이송행정 $L_1=80$mm, 증압이송행정 $L_2=5$mm 라 할 때 선정방법을 살펴보자.

① 증압비를 구한다.

$$증압비 = \frac{F}{공압시의 \ 이론추력} = \frac{6000\text{kg}}{392.5\text{kg}} ≒ 15배$$

(공압시의 이론 추력은 $D=100$, $p=5$kg/cm²이므로 다음 표에서 찾아보면 392.5kg이 된다.)

② 초기이송 유량과 증압이송 유량을 구한다.

초기이송 유량 = 유압실린더의 수압면적 × 행정(L_1)이므로

$$78.5\text{cm}^2 × 8\text{cm} = 628\text{cc}$$

증압이송시 유량은 유압실린더의 수압면적 × 행정(L_2)이므로

$$78.5\text{cm}^2 × 0.5\text{cm} ≒ 39\text{cc}$$

($D=100$mm 이므로 수압면적은 78.5cm²이 된다)

〔공압시의 이론추력 및 수압면적〕 (단위 : kg f)

튜브내경(mm)	수압면적(cm²)	사용압력 (kg f/cm²)								
		2	3	4	5	6	7	8	9	10
$\phi 40$	12.6	25.1	37.6	50.2	62.8	75.3	87.9	100.4	113.0	125.6
$\phi 50$	19.6	39.2	58.8	78.5	98.1	117.7	137.3	157.0	176.6	196.2
$\phi 63$	31.2	62.3	93.4	124.6	155.7	186.9	218.0	249.2	280.4	311.5
$\phi 80$	50.3	100.4	150.7	200.9	251.2	301.4	351.6	401.9	452.1	502.4
$\phi 100$	78.5	157.0	235.5	314.0	392.5	471.0	549.5	628.0	706.5	785.0
$\phi 125$	122.7	245.4	368.1	490.8	613.5	736.2	858.9	981.6	1104.3	1227.0
$\phi 140$	153.9	307.8	461.7	615.6	769.5	923.4	1077.3	1231.2	1385.1	1539.0
$\phi 160$	201.1	402.2	603.3	804.4	1005.5	1206.6	1407.3	1608.8	1809.9	2011.0
$\phi 180$	254.5	508.8	763.2	1017.6	1272.0	1526.4	1781.3	2035.2	2289.6	2544.0
$\phi 200$	314.2	628.2	942.3	1256.4	1570.5	1884.6	2198.7	2512.8	2826.9	3141.0

③ 증압 헤드실린더 : 공기압으로 고유압(고출력)을 얻을 수 있으며, 공기압의 조정만으로 유압을 무단계로 조정할 수 있다.

5. 공기압 작업요소 **229**

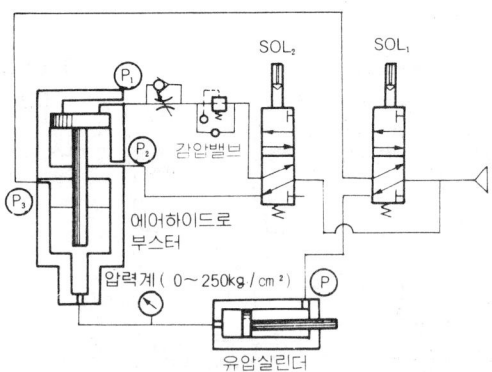

〔표준회로〕

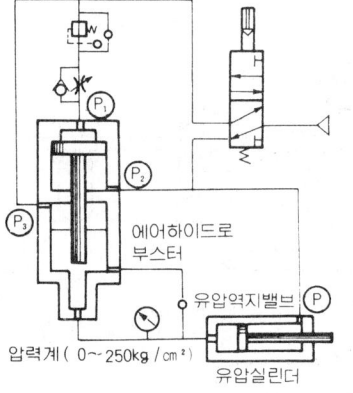

〔스타트시 고추력회로〕

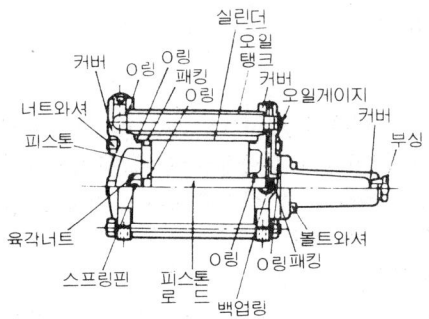
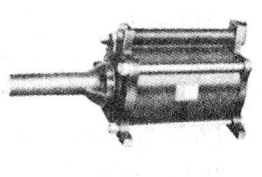

〔부스터 구조〕

230 제 3 장 공압기기

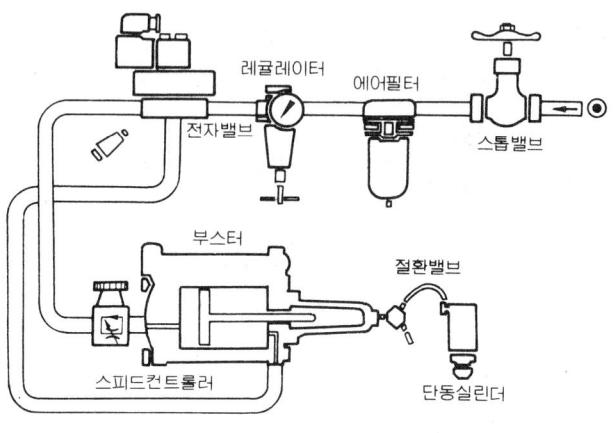

(a) 단동실린더 사용시

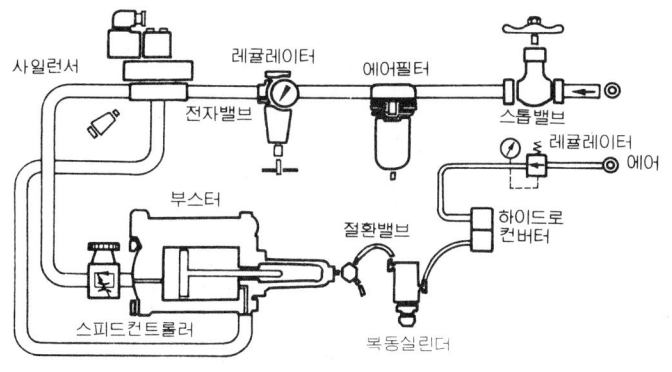

(b) 복동실린더 사용시

〔사용배관도〕

(4) 사용시 주의사항

① 부스터는 반드시 수평으로 하여 유압유가 새어 나오는 것을 방지한다.

② 부스터는 헤드실린더 보다 높게 설치하여 유압유 주입시 공기빼기를 하기 쉽도록 하여야 하며 헤드실린더의 높이가 높은 경우에는 유압유를 넣고 공기빼기를 한 후에 헤드실린더를 부착시킨다.

③ 유압유는 유량계를 확인하면서 정량을 주입한다.

④ 유압호스는 곡률반경 300㎜ 이상이 되도록 하여 지나치게 구부리지 않는다.

⑤ 부스터는 분당 6회 정도 이내에서 사용하는 것이 좋다.

5. 공기압 작업요소 **231**

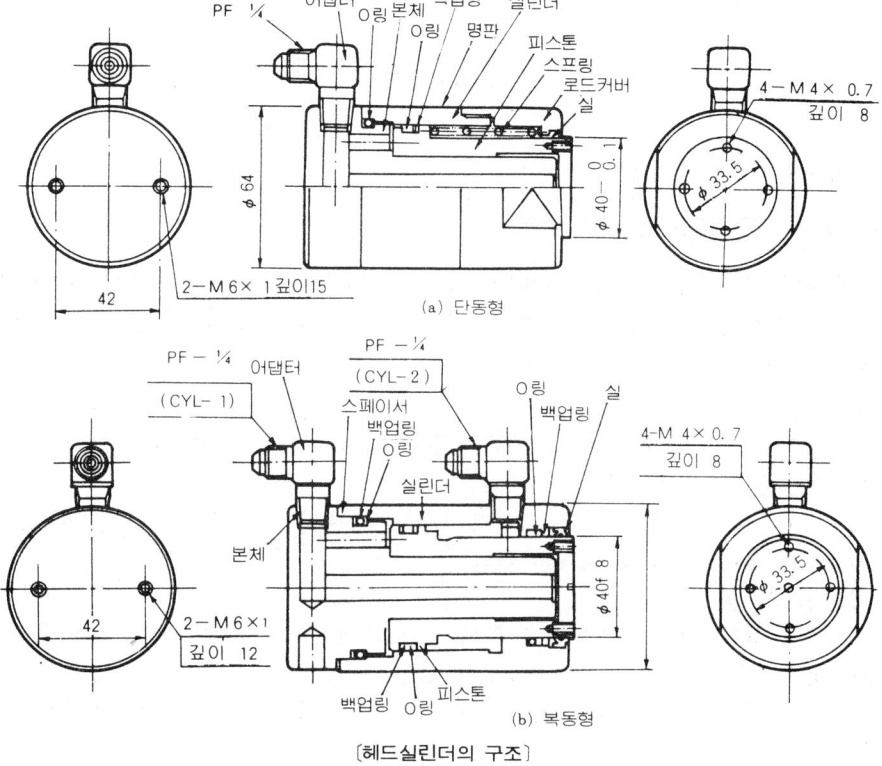

[헤드실린더의 구조]

⑺ 부스터의 출력계산

출력(kg)=공기압(kg/cm²)×부스터의 증압비×헤드실린더의 유효수압면적 (cm²)×효율(보통 0.90~0.95)

⑷ 행정(stroke)유량계산

부스터 토출유량(cc)×0.85≧헤드실린더의 유효수압면적(cm²)×헤드실린더 의 실제행정(cm)+유압호스길이(cm)×5(cc)

(이때 0.85는 여유율이며 유압호스의 팽창손실분은 1m 당 5cc 이다)

⑸ 부스터 1대에 헤드실린더가 2대 이상 사용될 때는 각각의 헤드실린더 행 정용적을 합산하도록 한다.

부스터의 토출유량×0.85≧헤드실린더(1)의 유효수압면적×헤드실린더(1) 의 실제행정+유압호스의 길이(cm)×5(cc)+헤드실린더(2)의 유효수압면 적×헤드실린더(2)의 실제행정+유압호스길이(cm)×5(cc)

위의 계산과 맞지 않으면 충분한 출력을 얻을 수 없으며 헤드실린더도 필요 한 행정까지 이송되지 않는다.

6. 공기압 부속기기

6·1 배 관

6-1-1 공기압 배관의 특징

사용압력이 보통 5~7kgf/cm²이며, 유압에 비하여 배관이 쉽고 간단하며 내압에도 주의할 필요가 거의 없으므로 현재에는 나일론이나 우레탄 튜브 등도 사용되고 있다.

(1) 파이프

사용한 공기를 그대로 대기중으로 방출시키기 때문에 리턴 라인이 필요없다.

(2) 누출(air leak)

누출에 의한 환경오염이나 화재의 위험은 없으나 압축공기는 에너지이므로 외부로의 누출은 절대로 없어야 한다.

(3) 수분과 녹

압축공기에는 반드시 수분이 포함되어 있으므로 특히 녹 방지에 주의한다.

(4) 동 결

압축공기는 팽창에 의하여 온도가 낮아지게 되므로 주위온도가 0℃ 이하가 아니더라도 동결할 염려가 있으므로 주의를 요한다.

(5) 간헐운전

어떤 장치가 일시적으로 많은 양의 공기를 소비할 경우에는 그 장치 가까이에 보조탱크를 설치하여 공기를 저장함으로써 압축기의 용량, 배관 등을 작게 할 수 있으며 압력변동도 적어 다른 기기에의 영향을 줄일 수 있다.

6-1-2 배관시의 주의사항

① 주관로의 압력변동을 적게 하기 위하여 가능하면 루프모양으로 순환시키는 것이 좋다.
② 적당한 곳에 스톱밸브를 설치하여 부분적인 점검이 가능하도록 하는 것이 매우 중요하다.
③ 고장이나 비상시에도 압축공기를 사용할 수 있도록 압축기 2대를 설치하여 교대로 가동시키는 것이 바람직하다.
④ 주배관의 기울기는 1/100 이상으로 하고 관 끝에는 자동배출기를 설치하여야 한다.
⑤ 분기관은 주배관으로부터 일단 위쪽으로 올린 후 배관한다.

6. 공기압 부속기기 **233**

⑥ 주라인 및 분기관에 필터나 조정기 등을 설치할 때에는 설치 후에 기기의 교환 및 점검이 가능하고 분해가 가능하도록 설치한다.

⑦ 배관의 길이가 긴 경우에는 열에 의한 팽창이나 수축을 고려한다.

⑧ 배관의 연결 전에는 배관내를 충분히 청소(flushing)하여 이물질이 들어가지 않도록 하여야 한다.

⑨ 나사부에 실(seal) 테이프를 감을 경우에는 배관내로 들어가는 것을 방지하기 위하여 1～2산 정도 남기고 감도록 한다.

⑩ 고무호스나 나일론 튜브 배관시에는 충격을 받을 염려가 있는 부분에 보호커버를 해야 한다.

6-1-3 배관크기 선정

배관의 직경선택은 유량, 파이프 길이, 허용가능한 압력강하, 작업압력과 배관내의 줄임효과가 있는 부분품 등의 양에 의해서 결정하여야 하며 다음의 파이프 선정도표와 등가길이표를 이용하면 쉽고 간단하게 직경의 크기를 결정할 수 있다. 그러면 한 예를 들어 보도록 하자.

어떤 공장의 공기필요량이 $4m^3/min(240m^3/h)$이고 3년간의 수요증가를 300%로 가정한다고 하면 총 $16m^3/min((960m^3/h)(4m^3/min+12m^3/min=16m^3/min))$의 수요를 예측할 수 있을 것이다. 이 때에 사용되는 재료가 파이프길이 280 m, 티 6개, 표준엘보 5개, 2 way밸브 1개라고 하고 허용압력강하 ΔP가 $10 kPa(0.1 bar)$이며 작업압력이 $8 kPa$라 할 때의 파이프길이를 알아보자.

먼저 파이프 직경선정도표를 이용하여 선 A(파이프길이)와 선 B(유량)의 점을 연결하면 선 C에서 만나는 점을 얻을 수 있다. 선 E(작업압력)와 선 G(허용압력강하)의 점을 연결하면 선 F의 선상에서 또하나의 만나는 점을 얻을 수 있다. 이 선 C점을 연결하면 선 D(파이프의 내경)에서 만나는 점을 얻을 수 있으며, 이 값이 원하는 파이프직경으로 여기서는 90 mm이다.

다음으로 등가길이를 계산하여야 하며 등가길이란 제한요소의 저항과 같은 값을 갖는 직선파이프를 말한다. 등가길이는 등가길이도표로 쉽게 알 수 있다. 먼저 티를 알아보면 공칭 직경 90 mm와 티의 선 3이 만나는 점을 알아보면 10.5가 되며 6개 있으므로 $10.5×6=63(m)$가 된다. 엘보의 경우에도 공칭직경 90 mm와 표준엘보의 선 5가 만나는 점을 알아보면 1.1이 되며 5개 있으므로 $1.1×5=5.5(m)$가 된다. 2 way 밸브의 경우도 공칭직경 90 mm와 2 way 밸브 1이 만난 점을 알아보면 32(m)가 되며 1개이므로 32 m이다. 따라서 전부 더하면 $100.5(63+5.5+32=100.5)$가 되며 이것을 파이프길이 280 m에 더하면 $380.5 m(100.5+280=380.5)$가 된다.

다시 파이프 선정도표에서 총파이프길이(A) 380.5 m로 유량(B)과 연결하

234 제 3 장 공압기기

여 선 C 에서 만나는 점을 얻으며 이것을 선 F 의 만난 점과 연결하면 파이프
내경은 95 mm가 되고 파이프선정에는 95 mm 보다 크고 가장 가까운 크기인 100
mm로 하면 된다.

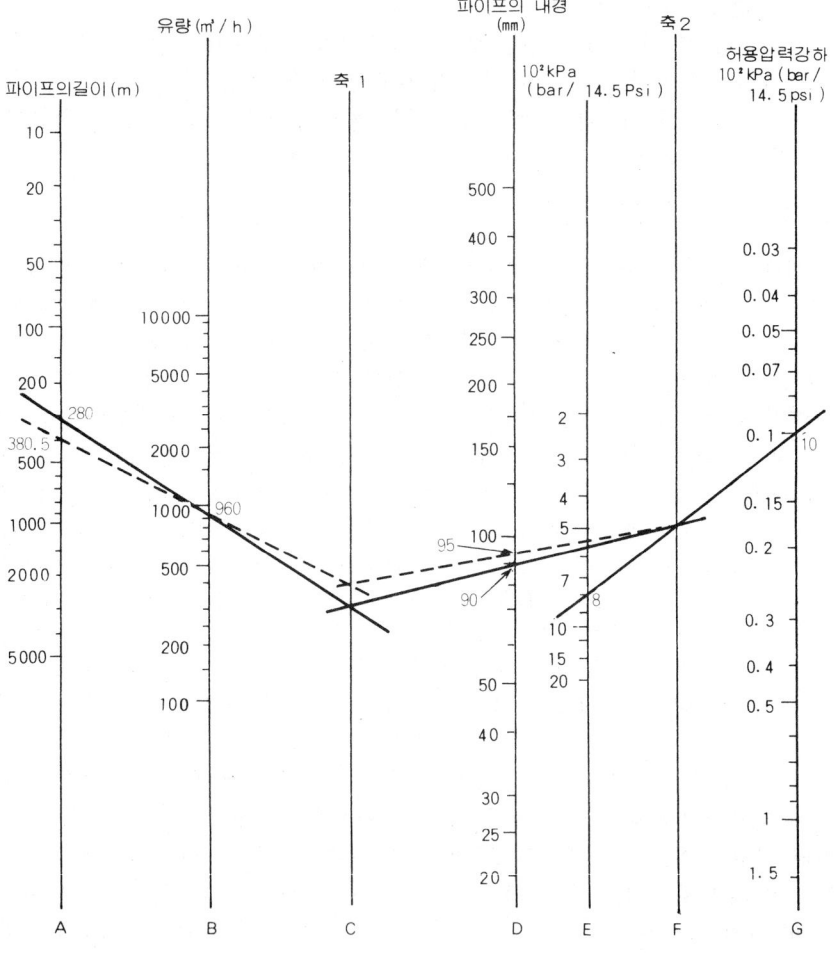

[파이프 길이 선정 도표]

6. 공기압 부속기기 **235**

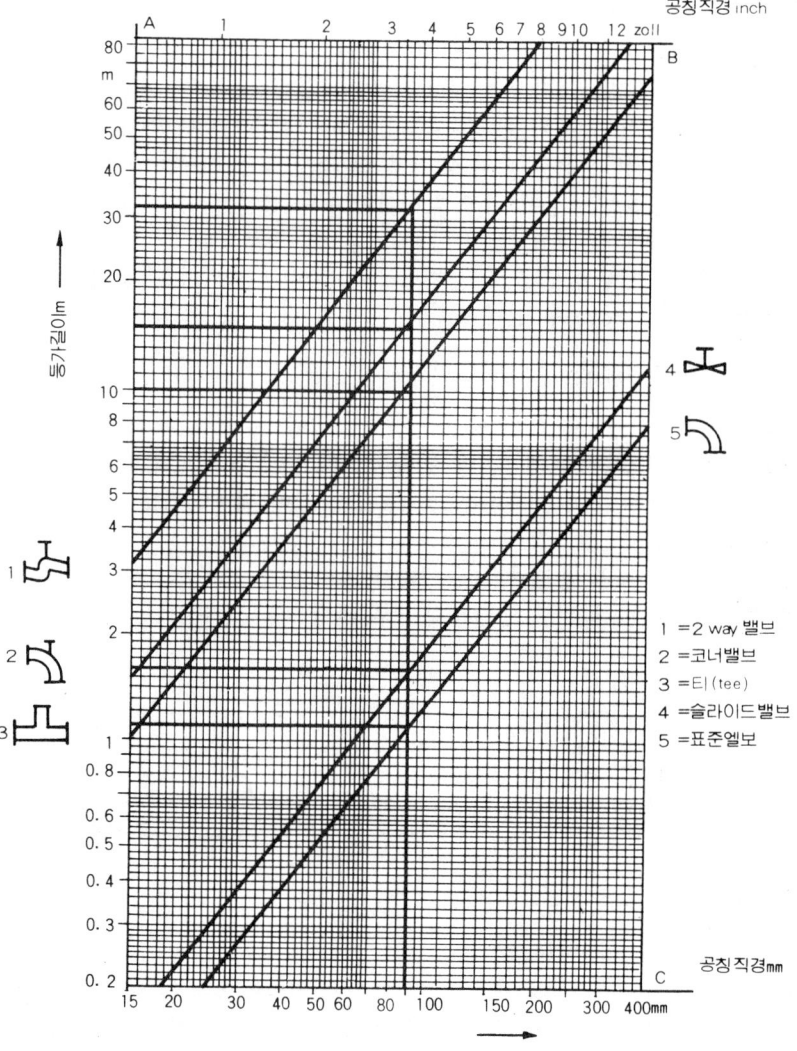

[등가길이 도표]

236 제 3 장 공압기기

6-1-4 배관재료

① 강관 : 15A 이상의 고정배관에 사용된다.
② 동관 및 황동관 : 내식성과 내열성, 강성 등이 요구되는 곳에 사용된다.
③ 스테인리스관 : 지름이 큰 경우나 직관부에 사용되지만 작업성이 나쁘다.
④ 나일론관 : 내열성은 나쁘나 내식성 및 강도가 우수하여 직경이 작은 공압
 배관에 적합하며 절단이 쉽고 작업성이 매우 좋다.
⑤ 폴리우레탄관 : 외경이 6mm 이하인 경우에 사용된다.
⑥ 고무호스 : 탄성이 크므로 공기공구에 많이 사용되며 작업자가 마음대로
 구부리면서 작업할 수 있다.

6-1-5 관의 이음

(1) 나사 이음

일반적으로 관용테이퍼나사이며 접속시에는 누설을 방지하기 위하여 테프론
테이프를 사용하는 것이 보통이며 컴파운드를 같이 사용하기도 한다.

(2) 플랜지 이음

플랜지를 파이프에 용접하여 플랜지와 플랜지를 볼트로 연결시키는 것으로
일반적으로 50A 이상의 관 연결시에 많이 사용되고 있다.

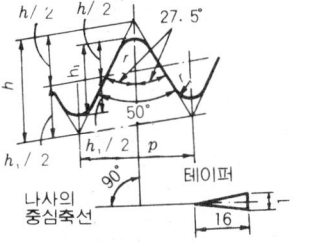 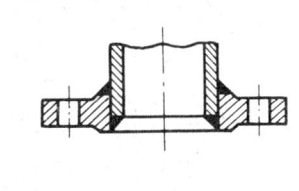

(3) 플레어 이음(flare fitting)

동관에 많이 사용되는 것으로 관끝모양을 접시모양으로 넓혀서 사용한다. 플
레어의 각도는 37°와 45°가 있으며 공기용으로는 45°를 사용하고 있다.

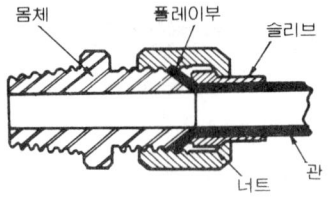

(4) 플레어리스 이음

관끝을 넓히지 않고 파이프와 슬리브의 맞물림 또는 마찰을 이용한다.

(5) 고무호스 이음

고무호스를 끼운 후 밴드 등으로 고정시킨다.

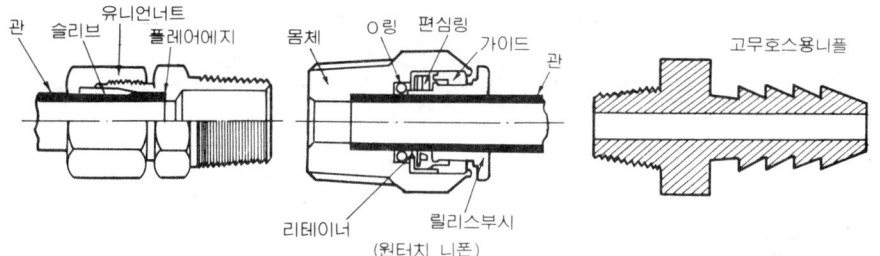

6-1-6 공압기기의 배관시공시 주의사항

(1) 강관에 의한 직접 배관

① 나사전용기계로 정확한 테이퍼나사를 가공한 후 압축공기로 내부를 청소하여야 한다.

② 나사부에 실(seal)테이프를 감을 때에는 1~2산 정도 남기고 감는다.

③ 컴파운드 등 액체 실제를 사용할 때에는 기기의 암나사부에는 바르지 않아야 한다.

④ 기기의 점검 및 보수, 교환 등을 생각하여 부분적으로 플랜지나 유니언 등으로 연결하여야 한다.

⑤ 공압기기는 대부분 주물로 되어 있으므로 필요이상의 힘을 주면 안된다.

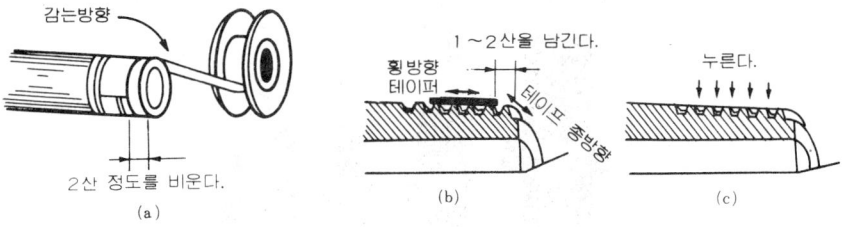

(2) 이음쇠에 의한 배관

① 나일론이나 연질 동관의 경우에는 부속기구를 사용한다.

② 나일론관 작업시에는 축방향에 직각이 되도록 튜브커터를 사용하여야 한다.

238 제 3 장 공압기기

③ 원터치니플에 관을 끼울 때에는 실의 불량 등이 생기지 않도록 충분하게 끼워 넣는다.

④ 기기에 배관할 때에는 반드시 배관 전에 아래 방향으로 청소(flushing)를 하여야 한다.

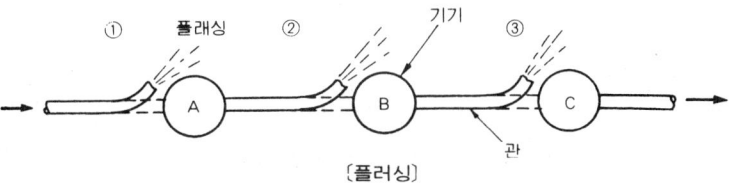

〔플러싱〕

참고

기본형

CAP 부착

〔쇼크 업 소비 형태〕

제4장 유·공압 회로

제1절 유압회로

1. 유압회로

기기에 유압을 채택하고 이를 이용하여 여러가지 일을 하려고 하는 경우 유압기기 하나만 설치해서는 아무 일도 못한다. 단순히 물체를 움직이는 작업이라 하더라도 필요한 유압기기는 유압실린더, 유압펌프, 제어밸브, 오일탱크, 전동기 등 수많은 유압기기가 필요하며, 또한 갖가지 기능을 얻을 수 있는 기능을 조합하여 사용하여야 한다.

기기의 조합방식을 잘못하면 전혀 일을 못하는 수도 있으며, 계획대로 유압작동을 시키자면 가장 효과적인 조합을 하여야 한다. 유압회로 구성에 있어서 사용기기의 특성은 물론이고, 가장 기본적인 사용방법을 알아두지 않으면 안된다.

또한 반대로 여러용도에 대하여 어떤 종류의 기기를 어떤 조합으로 사용하면 좋은지를 알아두어야만 회로설계를 할 수 있다. 기기의 가장 기본적인 조합방식이 기본회로이며, 기본회로의 조합 및 기기의 특성을 이용하여 더욱 고도의 작동을 시키기 위하여 구성한 회로가 응용회로이다.

기기의 유압화 성공여부는 그 회로가 주 기기의 움직임에 맞느냐의 여부가 중요하므로 회로구성은 면밀히 검토하고 신중을 기해야 한다.

간단한 유압장치의 경우는 기본회로를 그대로 구성하는 일이 많으며, 또한 복잡한 장치의 경우에도 자세히 보면 여러가지 용도의 기본회로를 다양하게 조합한 형식의 것을 많이 볼 수 있다.

다음의 회로는 각 용도에서 가장 기본적인 조합이다.

240 제 4 장 유·공압회로

2. 기본 회로

2·1 언로드 회로

유압장치는 일반적으로 유압 펌프부에서 유압에너지(유량, 압력)를 발생시키고, 그 에너지는 각종 기기를 거쳐서 구동부(실린더등)에 유도되어 물체를 움직이거나, 무거운 물체를 들어올리며, 가공 등의 일을 한다.

그래서 작동할 필요가 없을(구동부가 정지하고 있다) 때에도 유압 펌프로 큰 에너지를 발생시키고, 그것을 릴리프 밸브 등으로 고압탱크에 되돌려 보낸다면 그 에너지의 대부분이 열에너지로 변하여 유온을 상승시키거나 불필요한 동력을 낭비해 버린다.

유압실린더의 움직임이 멈추고 펌프로부터의 토출유가 전부 릴리프 밸브를 지나 탱크로 환류되는 상태에서 효율은 0 이다.

유압의 동력은 앞에서 설명한 바와 같이

$$kW = \frac{P \cdot Q}{612\,\eta}\ \text{로 나타내어진다.}$$

따라서 언로드시킬 때에는 앞식의

(개) P(압력)의 값을 줄인다.

(내) Q(유량)의 값을 줄인다.

(대) PQ를 모두 줄인다

등의 3가지 방법으로 불필요한 작동을 줄여서 회로 효율을 높힌다.

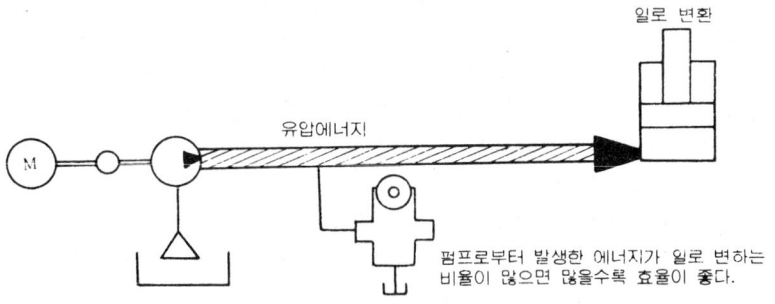

(a)

제 1 절   유압회로   **241**

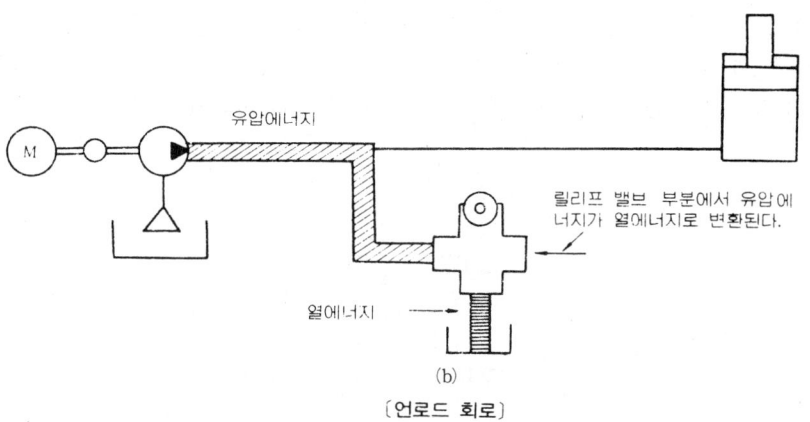

(b)

〔언로드 회로〕

〔참고〕 유압에서 말하는 언로드는 대개의 경우 펌프에 걸리는 부하상태의 감소를 말한다.

(1) 전환밸브를 조작하여 언로드시키는 회로

유압 구동부에 압력, 유량 모두 불필요할 때 사용한다. 유압펌프로 부터의 토출유는 전환을 통하여 언로드시킨다.

〔작동설명〕

① 펌프 토출유량은 체크 밸브를 지나 작동기를 작동시킨다.

② 릴리프 설정압 이상이 되면 릴리프 밸브를 통하여 탱크로 흐른다.

③ 릴리프 설정압 이하에서 언로드시킬 때에는 전환밸브를 조작하여 탱크로 흘린다.

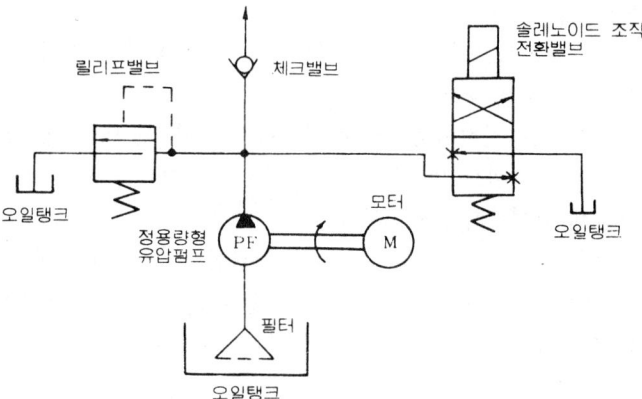

〔전환밸브를 조작하여 언로드 시키는 회로〕

242 제 4 장 유·공압회로

(2) 3위치 전환밸브의 센터 바이패스를 사용하는 회로

유압 구동부가 1개인 경우 3위치 센터 바이패스형 전환밸브를 사용한다. 유압 구동부가 작동하지 않을 때에는 전환 밸브로부터 언로드 시킨다(유압펌프와 전환밸브 사이 및 탱크라인에 유량 제어밸브는 들어가지 않는다).

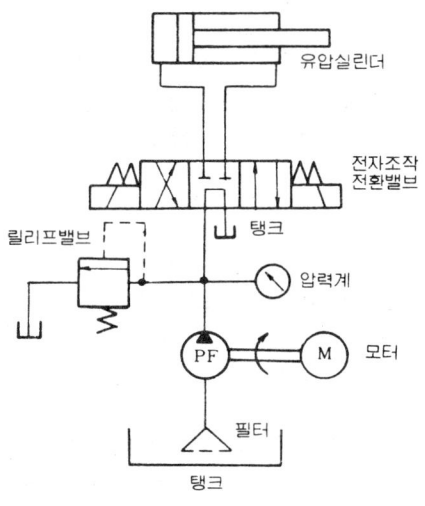

〔3 위치 전환밸브의 센터 바이패스를 사용하는 회로〕

〔작동설명〕

① 3위치 전환밸브에서 기기를 작동시킬 때는 펌프 → 전환밸브 → 실린더 → 탱크로 작동유가 흐른다.

② 기기를 작동시키지 않을 때에는 펌프 → 전환밸브 → 탱크로 작동유가 흐른다(센터 바이패스형 전환밸브를 사용하였으므로).

(3) 어큐뮬레이터를 사용한 회로

다음 그림과 같이 회로구성을 한다. 유압펌프의 토출라인에 릴리프 밸브를 넣어 벤트라인에 배관해서 전자밸브에 접속한다. 릴리프 밸브뒤에 체크밸브, 어큐뮬레이터, 압력스위치를 넣어 전기회로를 구성한다.

제 1 절 유압회로 **243**

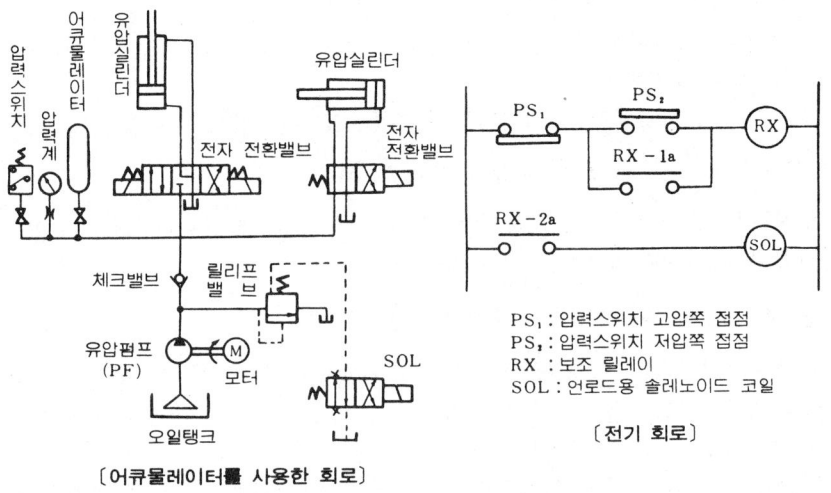

〔어큐물레이터를 사용한 회로〕

PS₁ : 압력스위치 고압쪽 접점
PS₂ : 압력스위치 저압쪽 접점
RX : 보조 릴레이
SOL : 언로드용 솔레노이드 코일

〔전기 회로〕

올포트 오픈 센터 바이패스형의 전환밸브를 사용하지 못한다. 이 회로는 유압펌프가 연속 운전하여 유압 구동부의 작동회수가 적을 때에 많이 사용한다. 유압 구동부에 필요한 유량은 어큐물레이터(필요에 따라 유압 펌프로부터의 기름도 합류)에서 공급된다. 유압 구동부에 유량이 필요하지 않을 경우 펌프에서 토출된 기름은 체크밸브를 통하여 어큐물레이터에 공급된다. 어큐물레이터 속에는 N_2(질소) 가스가 들어있는데 기름이 들어감으로서 N_2 가스의 체적이 줄어든다.

기체의 성질 $PV = \text{const}$ 에 의해 압력이 상승한다.

압력이 압력스위치의 고압쪽 설정압력이 되면 PS_1 접점이 열리어 R_a 보조 릴레이의 작동을 정지시키고, SOL(솔레노이드)를 소자하여 릴리프 밸브 벤트라인을 개방하여 언로드 된다.

유압 구동부가 작동하여 어큐물레이터의 기름이 나와 압력이 압축접점 (PS_1) 이 작동압력보다 낮아지면 PS_1은 닫히지만 (ON 되지만) PC 가 열려 있으므로 (OFF 되어 있으므로) 솔레노이드 코일용의 보조 릴레이 R_a는 작동하지 않는다.

다시 압력이 내려가 압력스위치의 저압쪽 설정압력이 되면 PS_2의 접점이 닫히고 (ON 되어), PS_1이 닫혀 있으므로 (ON 되어 있으므로) 보조 릴레이 R_a는 작동하고, 솔레노이드 코일 (SOL)을 여자하여 릴리프 벤트라인은 닫히어 릴리프 밸브로부터 환류가 없어져 유압펌프에서 토출된 기름은 체크밸브를 통

244 제 4 장 유·공압회로

하여 어큐뮬레이터에 들어간다.

압력이 상승하기 시작하면 PS₂의 접점은 열리지만 보조릴레이 R$_a$는 릴레이 a접점을 이용하여 자기를 유지하고 있기 때문에 솔레노이드 코일은 여자 상태를 계속 유지한다.

따라서, 이 회로에서는 체크밸브를 기준으로하여 펌프쪽은 압력이 없고 앞의 식 $kW = \dfrac{P \cdot Q}{612\,\eta}$ 의 P가 무압인 이유로 kW의 값은 줄어든다.

또한 어큐뮬레이터쪽에 대해서는 압력이 있지만 불필요한 유량이 없어서 앞의식과 같이 kW의 값은 감소된다.

2·2 기름 여과회로(필터회로)

유압장치의 기름을 여과하기 위하여 유압회로속에 여과기를 넣은 회로이다. 유압의 오일탱크는 침전조가 아니며 원칙적으로 오일탱크안에 먼지가 들어가서는 안된다.

기름을 여과하는 것은 여과기이며, 석션 스트레이너는 오일탱크안의 큰 먼지(조립할 때 떨어진 와셔, 너트, 기타 등)를 흡입하지 않기 위하여 장치한 것이다. 결코 기름을 여과하기 위한 것이 아니다.

(1) **환류쪽에 넣는 방법**(오일탱크로 되돌아오는 기름을 여과하는 방법)

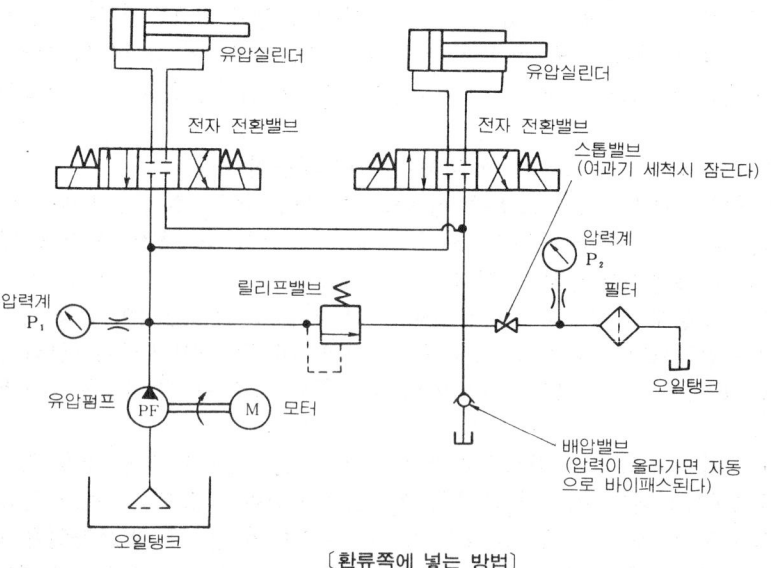

〔환류쪽에 넣는 방법〕

이 회로는 릴리프 밸브의 탱크라인 전환밸브의 탱크라인에 여과기를 넣는 방법이다. 여과기에 먼지가 끼어 P_2 압력계가 어느정도 상승하면 스톱밸브를 차단하여 여과기를 세척한다. 이 경우 환류는 배압밸브를 거쳐서 오일탱크에 흐른다(전환밸브는 탱크라인에 압력이 가해지는 형식을 사용한다).

(2) 토출쪽에 넣는 방법

이 회로는 전환밸브를 넣기전에 여과기를 넣는 방법이며, 고압에 견디는 여과기를 사용해야 하지만 각 기기가 먼지로 인하여 고장이 나는 일은 줄어든다. 회로구성은 여과기의 앞뒤에 스톱밸브 SV_1과 SV_2 그리고 압력계 P_1과 P_2도 넣는다.

P_1과 P_2사이의 차압이 클 때에는 바이패스용 스톱밸브 SV_3를 열고 SV_1과 SV_2를 닫은 다음 여과기를 세척한다. 여과기와 펌프 사이에는 반드시 릴리프 밸브를 넣는다.

방향 제어밸브와 유압 구동부에 항상 깨끗한 기름을 공급하기 때문에 고장이 적고 내구시간이 길어진다.

(3) 오일탱크안의 기름을 항상 여과하는 방법

이 회로는 여과를 하기 위한 회로를 따로 두는 회로이며, 유압 구동부와 관계없이 모터가 구동되면 항상 탱크의 기름을 여과시키는 것이다.

유압펌프 PF는 여과를 하기 위한 것이며, 오일탱크안의 기름을 유압펌프 (PF) → 스톱밸브(SV) → 필터 → 탱크로 흐르게 하여 계속 기름을 여과시킨다.

압력계 P의 압력이 어느정도 올라가면 스톱밸브(SV)를 닫고 여과기를 세척한다. 이 때 유압펌프(PF)의 압력이 토출되는 곳이 있어야 하므로 반드시 저압 릴리프 밸브를 넣어서 기기의 파손을 방지한다.

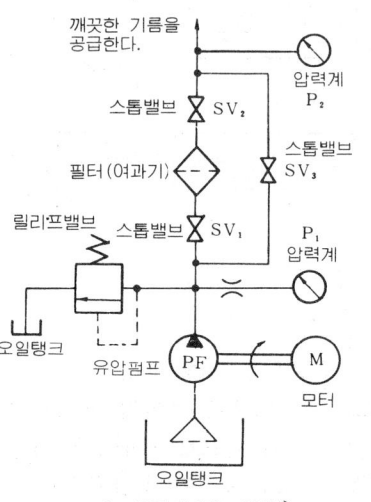

〔토출쪽에 넣는 방법〕

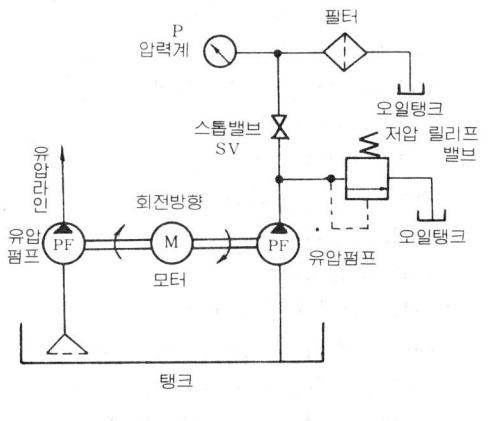

〔오일 탱크안의 기름을 항상 여과하는 방법〕

246 제 4 장 유·공압회로

2·3 압력제어 회로

압력제어란 그 라인에 있는 높은 압력을 필요한 압력으로 낮추는 것이다.

증압은 포함되지 않으며, 여러가지 용도에 따라 제어방식은 많지만 중요한 것은 부분적 또는 회로전체의 압력을 필요한 최소한으로 제어하는데 있다.

(1) 유압실린더 한쪽 제어

이 회로는 유압 구동부가 한 계열 밖에 없고 작동 중 한쪽 행정의 출력이 작을 때에 사용한다. 프레스 회로 등에 많이 쓰이며, 유압 프레스의 유압 실린더를 누를 때에는 고압(P_1)이 필요하지만 되돌아갈 때에는 실린더 로드를 밀기만하면 된다. 이 때에는 로드쪽 라인에 릴리프 밸브를 넣어 필요 최소 유량의 압력 P_2를 설정하며 불필요한 동력을 절감한다. 감압밸브를 넣으면 펌프 토출압력은 P_1까지 올라가므로 릴리프 밸브를 넣는 것이 좋다.

〔작동설명〕

① 전자 전환밸브를 조작하지 않을 때 펌프에 의하여 토출된 유량은 전자 전환밸브의 센터 바이패스를 통하여 탱크로 환류된다 (이때의 압력은 0에 가깝다).

② 전자 전환밸브를 정으로 하면 펌프에 의하여 토출된 유량은 릴리프 밸브 ㉮의 설정압이 되어 유압 실린더의 피스톤 헤드부를 밀며(이 때 설정압 이상이 되면 릴리프 밸브 ㉮를 통하여 탱크로 환류된다), 실린더 로드부의 기름은 탱크로 환류된다.

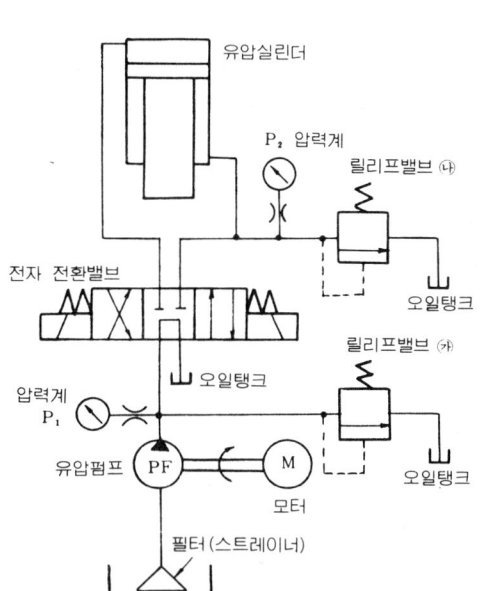

〔유압 실린더 한쪽 제어〕

③ 전자 전환밸브를 역으로 하면 먼저와 반대로 펌프의 토출유는 피스톤 로드부로 들어가 피스톤을 밀게 된다(이 때 릴리프 밸브 ㉯의 설정압 이상이 되므로 불필요한 유량은 탱크로 환류되고 필요한 유량만 쓰이게 되므로 동력이 절감된다). 피스톤 헤드부의 유량은 탱크로 환류된다.

(2) 감압밸브 회로

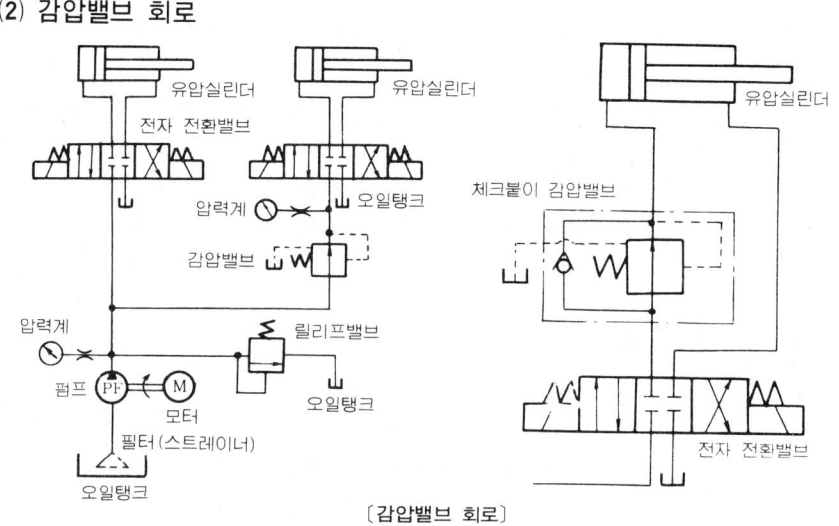

〔감압밸브 회로〕

유압 구동부가 2계열 이상 있고, 그 일부의 압력을 제어할 때에 쓰이며, 전환밸브 앞쪽에 넣는 방법과 실린더 한쪽만을 감압할 때에는 전환밸브 뒷쪽 (작동기의 한쪽라인)에 넣는 방법이 있다(감압밸브는 유압 구동부의 출력을 일정 이하로 제어하기 위한 것이지만, 유압 구동부가 1계열일 경우 릴리프 밸브로 압력제어를 할 수 있기 때문에 감압밸브를 사용할 필요가 없다).

(3) 유압 구동부에 필요한 압력을 전환하는 방법

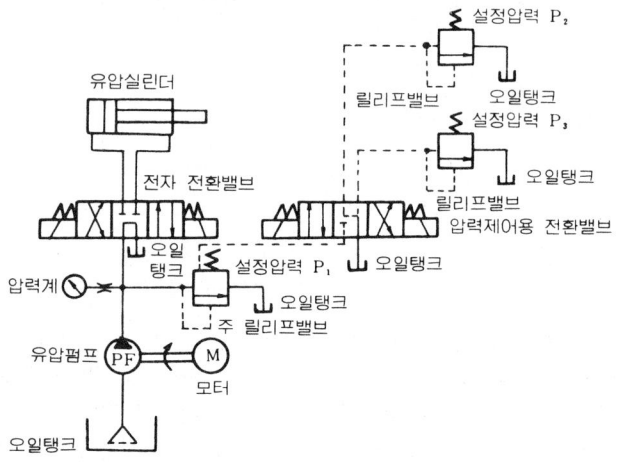

〔유압 구동부에 필요한 압력을 전환하는 방법〕

이 회로는 유압실린더 등의 출력을 부하의 상황에 따라 바꿀 필요가 있는

248 세 4 장   유 · 공압회로

경우에 사용한다. 회로 전체의 압력을 제어하는 관계로 유압 구동부가 많은 회로에서는 사용하지 못하는 수가 있다.

다음 회로도는 압력을 3 단계로 바꾸는 방법이다. 주 릴리프 밸브를 제일 높은 압력 P_1 에 설정하여 벤트라인으로부터 전환밸브를 매개로 하여 중간압력(P_2), 저압력(P_3)에 설정한 파일롯 릴리프 밸브를 사용한다.

유압회로는 유압 제어용 전환밸브가 중립위치일 때는 P_1, 좌측 위치일 때는 P_2, 우측 위치일 때는 P_3 가 되어 제어하려는 압력으로 쉽게 전환할 수가 있다.

(4) 서어지압 방지회로

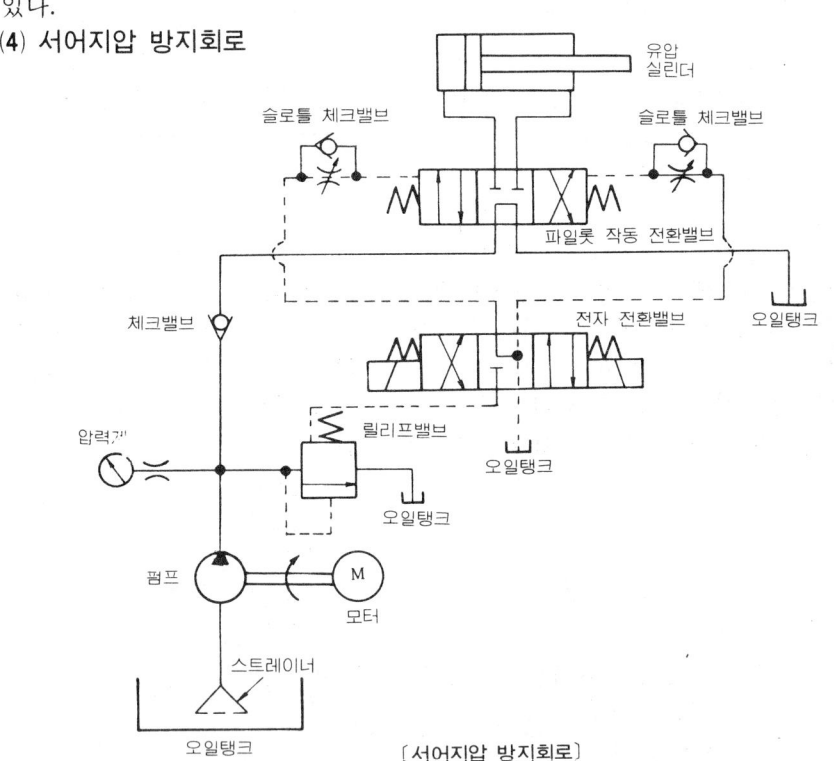

〔서어지압 방지회로〕

이 회로는 전환밸브 전환시에 압력이 상승함을 방지할 목적으로 사용된다. 회로도와 같이 릴리프 밸브 벤트라인을 이용하는 것 또는 슬로틀 전환밸브만을 사용하는 것이 있다. 전환밸브의 파일롯 라인과 릴리프 밸브 벤트라인을 접속함으로서 전환된 직후 기름은 벤트라인에서 전환밸브의 파일롯 밸브를 거쳐서 주 전환밸브를 전환한다. 그 때문에 대부분의 기름은 릴리프 밸브로부터 어느 정도 낮은 압력으로 오일탱크에 되돌아온다. 전환이 완료된 후에 압력은 상승하여 유압 실린더에 기름이 보내어진다.

(5) 데콤프레이션 회로

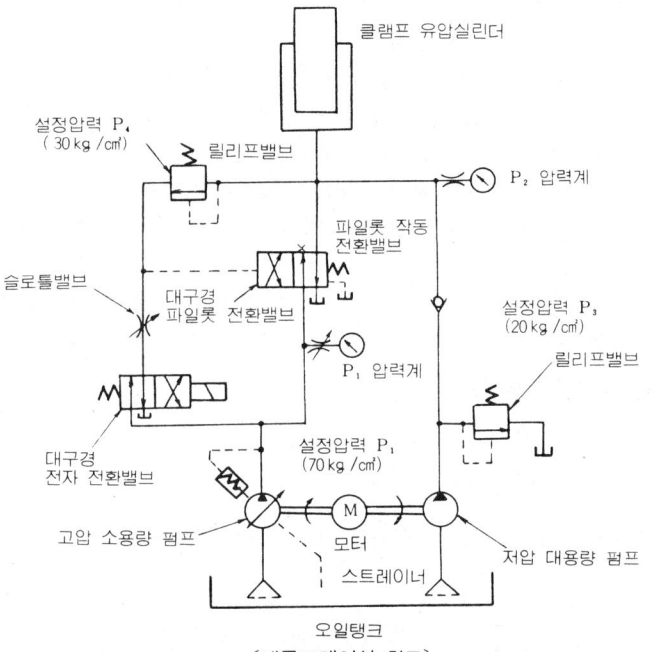

[데콤프레이션 회로]

용적이 큰 유압실린더 등에서 전환밸브를 갑자기 전환하면 급격한 압력 변동 때문에 충격이 발생된다. 충격을 방지하기 위하여 여러가지 회로가 있지만 회로도와 같이 압력을 2단계로 하여 전환밸브의 움직임을 제어하여 충격을 최소화하는 방법이다(큰 램 실린더를 사용할 때 많이 쓰인다).

유압 실린더에 기름을 보낼 경우 전자밸브를 여자하여 전환하면 가변펌프의 토출유는 니들 밸브로 제어되어 적은 유량이 릴리프 밸브 (P_4)의 탱크라인에 들어가서 유압 전환밸브의 파일롯 라인으로 들어가 유압 전환밸브를 천천히 전환한다.

유압펌프의 토출유는 전환 전까지는 유압 전환밸브에서 탱크로 흐르고 있었으나 반대로 고압 펌프로부터의 기름을 통과시키기 때문에 두개의 펌프의 토출유가 합류하여 유압실린더에 들어가 피스톤을 민다. 유압실린더에 하중이 걸리면 유압펌프의 토출유는 P_3 압력으로 저압 릴리프 밸브에서 나와 고압펌프만의 토출유로 유압실린더를 밀어내어 작동한다.

이 경우 소구경 전자밸브에서 릴리프 밸브 (P_4)의 탱크쪽으로 압력이 걸리므로 릴리프 밸브 (P_4)의 설정압력이 고압펌프 토출압력 이하라고 하더라도 기름이 나오지는 않는다.

250 제 4 장 유 · 공압회로

작동이 끝나고 실린더를 되돌리기 위하여 유압실린더에 들어간 기름을 뺄 때 보통의 회로라면 충격이 발생한다.

그러나, 이 회로에서는 충격을 완화시키며, 또한 소구경 밸브를 전환하면 유압실린더의 기름은 릴리프 밸브(P_4)를 통과하여 니들 밸브에서 통과량이 제어되어 소량이 소구경 전자밸브를 통과하여 탱크로 흐른다.

압력계 P_2가 30[kg/cm²]이 되면 릴리프 밸브(P_4)로부터의 흐름은 정지되고 유압 전환밸브의 파일롯부에 들어 있었던 기름이 느리게 흘러 유압 전환밸브를 원위치로 복귀시킨다.

유압실린더의 기름은 유압 전환밸브에서 차례로 큰 용량으로 증가하여 흐르면서 압력이 20[kg/cm²] 이하가 되면 저압펌프가 기름을 보내어 언로드된다.

2·4 압력유지 회로

유압 구동부가 2 계열 이상 있고, 그 안에 클램프 등을 사용하는 등 라인의 압력강하가 있어서는 안될 때 사용한다.

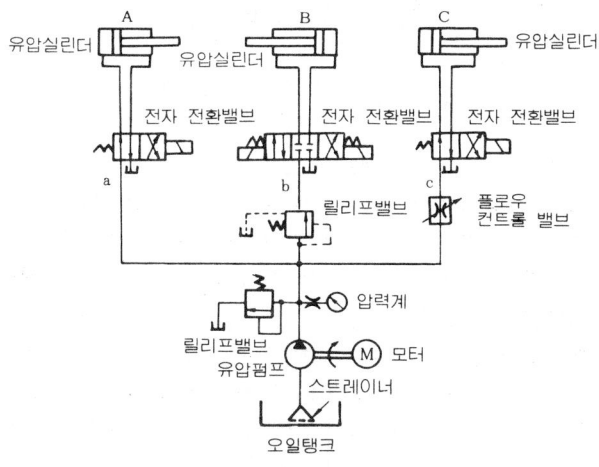

〔압력 유지 회로〕

유압실린더 A에 물체를 고정하고, 유압실린더 B로 가공하는 경우 라인의 압력이 강하하면 물체가 이동할 가능성이 있다. 이러한 경우에 가장 먼저 작동하는 라인에는 저항이 되는 밸브를 넣지 않고 b, 라인 등 우선 순위에 따라 그 저항밸브의 저항을 증가시킨다.

회로도에서는 유압실린더 A가 작동하지 않으면 압력은 상승하지 않고 시퀸스 밸브에서 기름을 보내지 않기 때문에 B실린더는 정지해 버린다.

압력이 상승하면 펌프의 토출량은 플로우 컨트롤 밸브로부터 일정량이 라인 c에 흐르고 나머지의 유량이 시퀸스 밸브를 통하여 라인 b에 흐른다.

2·5 속도제어 회로

속도제어란 유압 구동부의 움직임을 그 유압원이 지니는 최대용량 이하의 필요한 일정속도로 조정하는 일이며, 유압 구동부로 들어가는 유량 또는 유압 구동부에서 나오는 유량을 제어함을 말한다.

속도제어 중에는 단독으로 속도를 제어하는 방식과 복수의 구동부를 서로 연관시켜서 제어하는 동조방식이 있다.

(1) 미터 인 회로

미터 인 방식은 유압 구동부에 들어오는 유량을 제어하는 방식이며, 유압 구동부가 많을 경우 조정이 간단하다. 유압 구동부가 중력 또는 다른힘으로 미리 움직이지 않을 때 이용된다. 유압실린더 등의 움직임이 느릴 때에는 이용하기 어렵다.

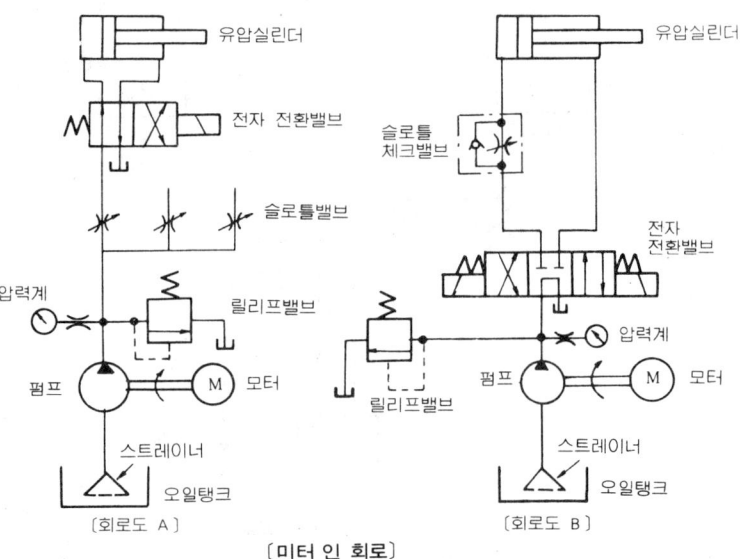

〔미터 인 회로〕

회로도 *A*는 방향 전환밸브 바로 앞쪽에 설치한 것이며, 많은 유압 구동부와 합류가 쉽지만 유압실린더에 사용할 때에는 밀때와 당길때의 속도차가 나타난다. 회로도 *B*는 방향 전환밸브와 유압 구동부의 사이에 설치한 것이며, 각 행정의 속도가 타행정에 관계없이 조정이 가능하며, 방향 전환밸브로서 언로드 시키기 위해서는 이 위치에 설치하여야 한다.

(2) 미터 아웃 회로

미터 아웃 방식은 유압 구동부에서 나오는 유량을 제어하는 방식이며, 중력

252 제 4 장 유·공압회로

또는 다른 힘으로 유압 구동부가 먼저 움직이는 일이 없고 비교적 느린 속도
에서도 사용할 수 있다.

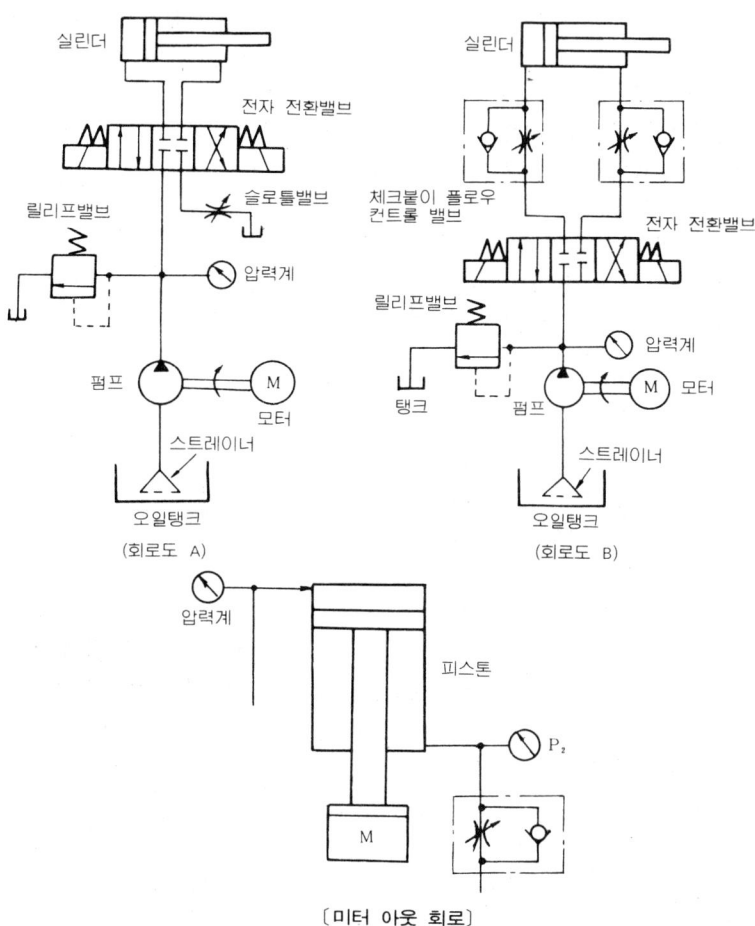

〔미터 아웃 회로〕

회로도 A는 방향 전환밸브의 탱크라인에 설치한 것이며, 조정은 간단하지
만 유압실린더에 사용했을 경우 미터 인 방식처럼 밀때와 당길때에 속도차가
생긴다. 회로도 B는 전환밸브와 유압 구동부 사이에 설치한 것이며, 각 행정
의 속도를 하나하나 조정할 때 유리하다.

미터 아웃 회로에서 주의해야할 점은 유압 구동부가 다른 힘으로 유압실린
더 등이 잡아당겨질 경우, 그 하중만으로도 상당한 압력이 되었을 때 헤드쪽
에 유압을 가하면 압력 P_2는 높은 압력이 되어 파이프, 기기 등을 파손시키
는 경우가 있다.

제 1 절 유압회로 **253**

(3) 브리드 오프 회로

이 방식은 유압펌프에서 토출되는 유량중에서 일정 유량은 내보내고 남은
유량을 유압 구동부에 보내는 방식이며, 1개의 유압펌프와 1개의 유압구동
부를 사용하는 것이 아니면 정량이 되지 않는다. 유압 구동부가 많은 경우
동시에 여러개의 작동에는 사용하지 못한다.

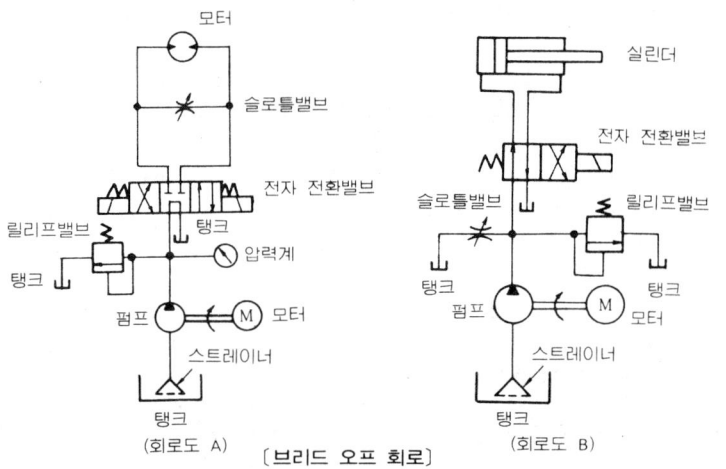

(회로도 A)   〔브리드 오프 회로〕   (회로도 B)

브리드 오프회로를 사용하면 유압원의 압력은 유압 구동부에 필요한 압력
이상으로 상승하지 않아서 동력이나 유온 상승면 등의 효율은 좋지만 압력으
로 인해 펌프 용적효율이 크게 변하는 것은 지장이 있다.

회로도는 모두 유압 구동부에 들어가는 양을 조정하고 있으며, 설치위치에
따르는 성능상의 영향은 없다(유압모터를 사용하는 경우 회로도 A처럼 설치
하면 브레이크 회로를 겸할 수 있다).

(4) 감속회로

공작기계 등에서는 유동행정(작업공정 이외의 행정)은 빠르게, 작업행정(절
삭행정 등)은 느리게 작동시키는 경우에 사용한다. 공작기계 등은 많은 시간
을 가동시켜야 하며, 가동중에 절삭행정이 차지하는 비중이 크면 클수록 효율
이 좋은 셈인데 필연적으로 절삭행정 이외에서는 빠른속도로 작동시키는 것이
요구된다.

회로도는 디셀러레이션붙이 플로우 컨트롤 밸브를 사용한 것이며, 유압 실린
더를 밀때 디셀러레이션의 스풀 끝이 캠에 닿기까지는 회로속에 제어하는 부
분이 없기 때문에 유압실린더는 빨리 움직인다.

캠에 닿아 스풀이 열리면 기름은 디셀러레이션부로 부터는 흐르지 않고 플
로우 컨트롤 부에서만 흐르기 때문에 느린 절삭 속도로 밀며 작업을 한다. 유

254 제 4 장 유·공압회로

압실린더가 되돌아올 때에는 체크밸브를 거쳐 자유류(free flow)가 되기 때문에 빠른 속도로 되돌아온다(이 회로는 미터 아웃쪽에 설치되어 캠 위치 조정을 가능하게 하며, 미터 인이나 브리드 오프 등은 사용이 곤란하다).

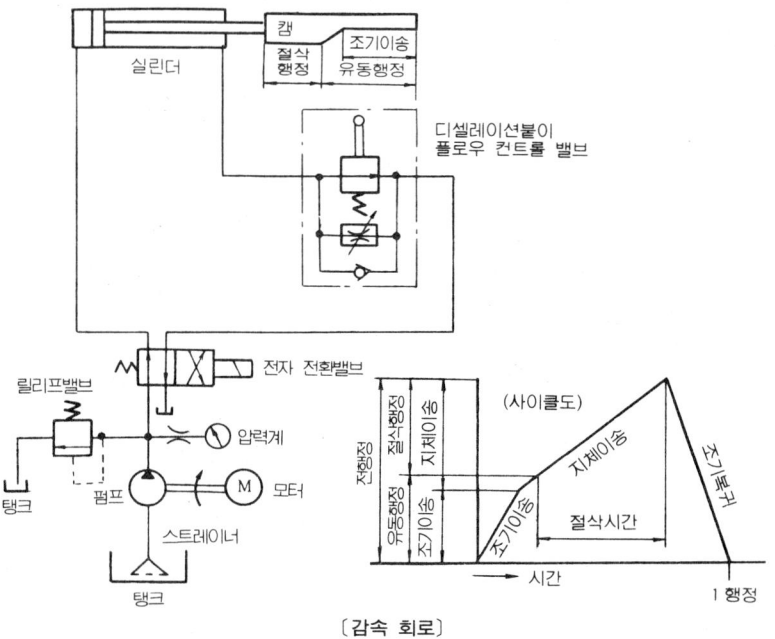

[감속 회로]

2·6 증속회로

유압실린더의 작동속도는 유압실린더에 공급되는 유량에 비례하여 증감한다. 간단한 유압장치의 경우 그 유압실린더에 공급되는 기름의 양은 유압 펌프의 토출량과 같거나 그 이하일 경우가 많으며, 공작기계의 조기 이송, 조기 복귀행정은 가급적 빠른속도로 유압실린더를 작동시켜야 효율이 좋다. 이때에는 증속회로를 사용한다. 증속회로는 유압실린더에 걸리는 부하가 작을 때에 사용하며, 유압실린더의 환류, 보조실린더, 램의 자중 등을 효과적으로 이용하여 유압토출량 이상의 속도로 작동시키기 위하여 구성한 것이다.

(1) 자동 회로

유압실린더를 압축하려고 할 때 전환밸브를 전환하며, 유압펌프로부터의 토출유는 유압실린더의 로드쪽, 헤드쪽의 양쪽으로 유도한다. 모두 같은 압력이 되어 피스톤을 서로 밀게되나 로드쪽의 면적이 작은 이유로 힘의 균형이 무너져 피스톤은 로드쪽으로 밀린다.

제 1 절 유압회로 **255**

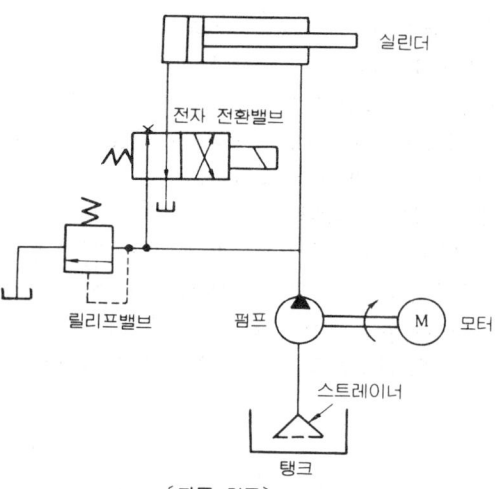

〔자동 회로〕

〔속도 계산식〕

실린더의 단면적 A (직경이 ϕD)는 20〔cm²〕,
로드의 단면적 a (직경이 ϕd)는 5〔cm²〕
유압력 $P = 30$〔kg/cm²〕
유입량 $Q = 2$〔l/min〕이라하면
피스톤을 밀어내는 힘은

$$P \times A = 30 \text{〔kg/cm²〕} \times 20 \text{〔cm²〕} = 600 \text{〔kg〕}$$

피스톤을 당기는 힘은

$$P \times (A-a) = 30 \text{〔kg/cm²〕} \times (20 \text{〔cm²〕} - 5 \text{〔cm²〕}) = 450 \text{〔kg〕}$$

$$\text{미는힘} - \text{당기는힘} = 600 - 450 = 150 \text{〔kg〕}$$

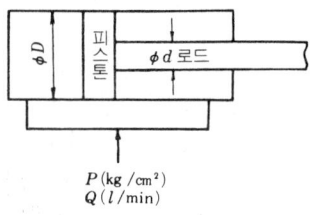

P〔kg/cm²〕
Q〔l/min〕

결국 150〔kg〕의 힘으로 유압실린더는 밀려난다. 이 값은 로드 단면적 (5〔cm²〕)
에다 유압력 (30〔kg/cm²〕)을 곱한 것과 같으며, 대개의 경우 이 정도의 계산을
하며, 미는 속도와의 관계는

우선 2〔l/min〕 밖에 넣지 않는 경우 속도 (V_1)는

$$V_1 = \frac{Q}{A} = \frac{2000 \text{〔cm³/min〕}}{20 \text{〔cm²〕}} = 100 \text{〔cm/min〕이 되어}$$

결국 증속회로가 없는 경우에는 로드쪽의 환류도 헤드쪽에 들어가기 때문에
들어가는 양은 증가한다.

따라서, 미는 속도 (V_2)는

$$V_2 = \frac{Q + (A-a) \cdot V_1}{A} \text{으로 되어 } V_2 = \frac{Q}{a} \text{가 된다.}$$

여기서, $(A-a) \cdot V_1$: 로드쪽에서 헤드쪽으로 들어오는 유량

256 제 4 장   유·공압회로

따라서 $V_2 = 400$ [cm/min]이 되어 증속회로를 구성하지 않았을 때의 속도 (100[cm/min])보다 4 배의 속도가 된다.

당길때에는 유압펌프 토출량만이 로드쪽으로 들어가고, 헤드쪽의 환류는 전환밸브를 거쳐서 오일탱크로 되돌아온다. 이 회로는 밀 때의 증속에만 이용할 수 있어서 용도로는 당길 때에만 쓰인다.

(2) 보조실린더를 사용하는 방식

프레스 등에서 대구경의 유압실린더를 사용할 때에 많이 사용되는 회로이다. 프레스는 유압실린더의 전행정 중에서 일을 하는 공정은 그 일부분이며, 나머지는 조기 이송의 유동행정이 된다. 그동안의 행정을 느린속도로 움직여서는 작업효율이 극히 나쁘므로 소구경의 보조실린더를 사용하여 조기 이송한다.

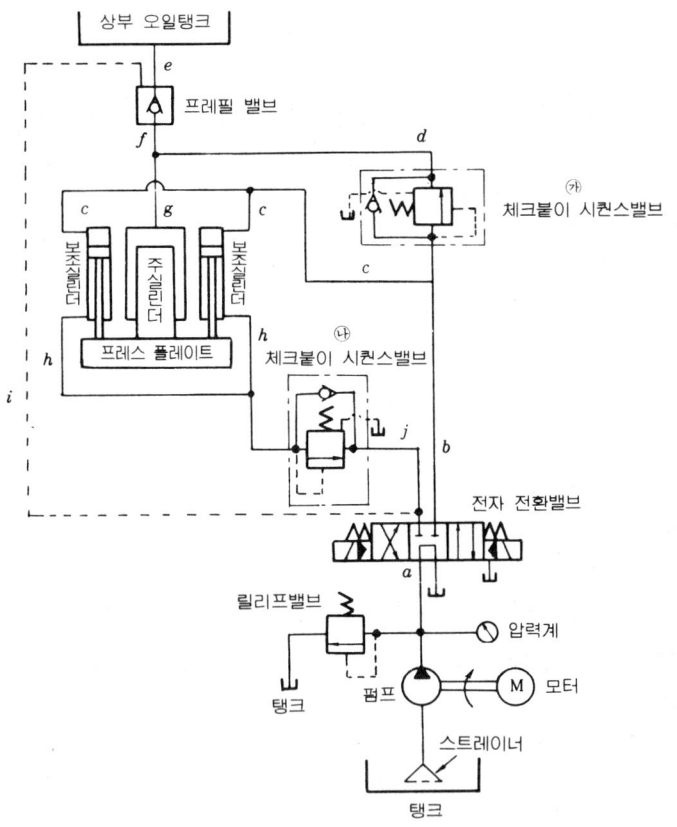

[보조 실린더를 사용하는 방식]

제 1 절 유압회로 **257**

〔작동순서〕

① 방향 전환밸브를 전환하여 실린더 헤드쪽으로 기름이 들어가도록 한다.

② 기름은 $a \rightarrow b$로 흐르며, 시퀸스 밸브 ㉮의 부분에서 압력이 걸리기 때문에 $b \rightarrow c$로 흘러 보조실린더를 작동시킨다.

③ 보조실린더가 작동하면 주실린더도 하강하며, 부압에 의하여 상부 오일탱크의 기름은 $e \rightarrow$ 프레필 밸브(prefill valve) $\rightarrow f \rightarrow g$를 거쳐서 주실린더에 들어간다.

④ 프레스 플래이트 램 등이 상당히 무거울 때에는 자중 낙하하여 위험이 생기므로 저항밸브로서 시퀸스 밸브 ㉯를 넣는다.

⑤ 프레스 플래이트가 하강하여 물체에 닿아 큰 출력이 필요하게 되면 보조실린더만으로는 작동을 못하게 되어 c, b 부분의 압력이 상승하고 기름은 시퀸스 밸브 ㉮를 통하여 $d \rightarrow g \rightarrow$ 주실린더로 들어가 큰 출력으로 서서히 가압한다. (이 때 라인 프레필 밸브는 실린더부가 압력이 높아져서 닫혀버린다).

⑥ 프레스 플래이트를 당길 때에는 방향 전환밸브를 전환하여 $a \rightarrow j$에 압유를 보내어 시퀸스 밸브 ㉯의 체크밸브부 $\rightarrow h \rightarrow$ 보조실린더 로드쪽에 넣어 끌어올린다 이 때 기름은 파일롯 라인 i를 거쳐서 프레필 파일롯부에 압력이 걸리어 밸브를 연다. 주실린더의 기름은 $g \rightarrow f \rightarrow$ 프레필 밸브 $\rightarrow e \rightarrow$ 상부 오일탱크로 흐른다.

2·7 시퀸스 밸브를 이용한 순서 작동회로

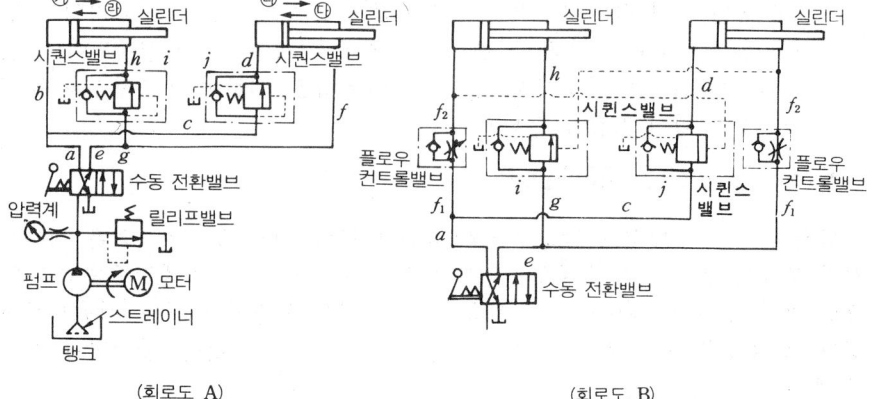

(회로도 A)   (회로도 B)

〔시퀸스 밸브를 사용하는 방법〕

258 제 4 장 .유·공압회로

시퀀스 밸브로 순서 작동을 하는 경우 유압 구동부가 2～3개 가량이 한계이다. 또한 유압실린더 등의 중간 정지 및 전개 속도제어도 곤란하다. 용도는 수동 전환밸브 라인의 순서작동에 많이 쓰이며, 시퀀스 밸브 때문에 압력 유지가 필요할 때 가장 좋다.

〔작동설명〕
① 수동 전환밸브를 전환하여 토출유를 a라인에 올려보낸다.
② c라인에는 시퀀스 밸브 j가 있어서 압력이 상승하기까지는 기름을 통과시키지 않으므로 기름은 b라인으로 흘러서 유압실린더 ㉮가 작동을 한다.
③ 왼쪽 유압실린더가 끝까지가서 b, c라인의 압력이 상승한 후에야 비로소 기름은 시퀀스 밸브 j를 통하여 d라인으로 흘러서 오른쪽의 유압실린더가 ㉯의 작동을 한다.
④ 오른쪽 유압실린더의 작동이 끝났음을 확인한 후에 수동 전환밸브를 원래의 위치로 복귀시킨다.
⑤ 마찬가지로 ㉰ 및 ㉱의 작동을 한다.

〔주의사항〕
① 회로도 A의 b라인 및 f라인에는 유량 제어밸브를 넣을 수 없다(㉮ 및 ㉰의 속도제어는 유량 제어밸브를 a라인 및 e라인에 미터 인으로 넣어야 한다).
② ㉮ 및 ㉰의 행정부하로 인하여 압력이 상승하여 시퀀스 밸브에서 기름이 흘러서는 완전한 제어가 안되기 때문에 시퀀스 밸브의 설정압은 많이 높여야 한다. 또한 b라인에 유량 제어밸브를 넣어야 할 때에는 회로도 B와 같이 한다(이 때 유량 제어밸브 k를 넣으므로 b, c라인의 압력이 상승하더라도 시퀀스 밸브의 파일롯 라인은 b_2에 접속되어 있는 관계로 b_2 압력이 상승하지 않는한 c에서 d로 기름이 흐르지 않아서 회로도 A와 같이 작동을 한다).

2·8 동기회로 (同期回路)

같은 물체를 몇개의 유압실린더로 작동시키려고 할 때 서로 같은 작용을 시킬 때에는 2개 이상의 유압실린더의 작동이 동조 또는 비례작동을 하지 않으면 안된다. 유량 제어밸브를 사용하든지, 같은 용량의 펌프를 사용하든지 하여 그 조정을 하고 있지만 좀처럼 정밀도가 높아지지 않아 불안정한 작동을 한다.

(1) **유량 제어밸브에 의한 방법**
각 개의 유압실린더 라인에 유량 제어밸브를 달아 손으로 움직임을 보아가면서 조정하는 방법이다. Ⓐ, Ⓑ 두개의 유압실린더 작동을 플로우 컨트롤 밸브 ①~④의 유량조정을 통하여 행하는 것이다. 속도를 바꿀 때에는 항상 몇 개의 플로우 컨트롤 밸브를 서로 조정하여야 한다. 정밀도는 사용 상황에 따라 달라지지만 10% 이상의 오차가 있다.

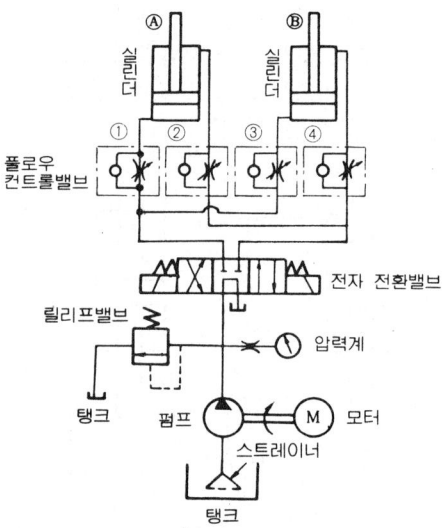

〔유량 제어밸브에 의한 방법〕

(2) 전용펌프를 사용하는 방법

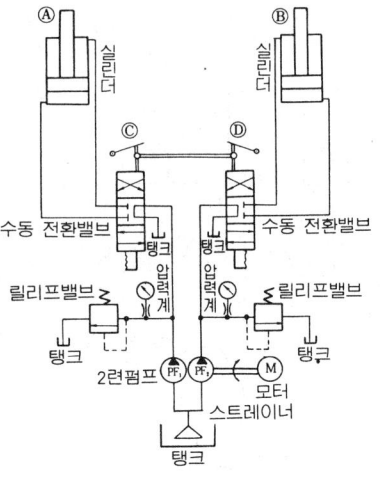

〔전용펌프를 사용하는 방법〕

260 제 4 장 유·공압회로

　동조시키고저 하는 유압실린더에 각각 같은 용량의 전용 유압펌프를 사용
하여 동기시키는 방법이다.
　같은 용량, 같은 성능인 2 개의 유압펌프 PF₁과 PF₂를 각각 유압 실린더
Ⓐ 와 Ⓑ 의 전용으로 사용하여 방향 전환밸브를 동시에 전환하므로서 Ⓐ 와 Ⓑ
유압실린더에 같은 용량의 기름을 보내어 동기시킨다. 속도조정이 곤란하며,
유압펌프(전동기)의 회전수를 변동하는 방법밖에 없다. 정밀도는 5 % 이상
이며, 유압모터를 사용하여 동조시킬 때도 같은 방법을 사용한다.
(3) 유압실린더를 직렬로 접속하는 방법

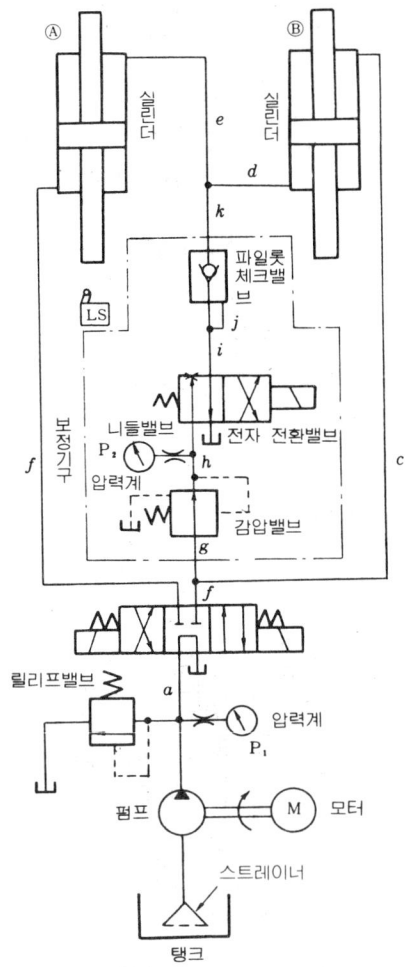

〔유압 실린더를 직렬로 접속하는 방법〕

양쪽 로드의 유압실린더를 직렬로 접속하여 동기 작동을 시키는 방법이다. 이 회로는 똑같은 크기의 유압실린더 Ⓐ, Ⓑ 2개를 사용하여 Ⓐ실린더의 환류를 Ⓑ실린더에, Ⓑ실린더의 환류를 Ⓐ실린더에 보내어 동기 작동시킨다. (유량 조정밸브는 f 및 c 라인에 넣는다).

보정기구는 한쪽의 끝(하강)에 실린더 Ⓐ 가 도달했을 때에 보정용 전자밸브가 전환하여 라인 g 로부터 감압된 기름이 i 에 흘러들어가 파일롯 라인 j 에 의하여 파일롯 체크밸브가 열리어 d, e 라인의 유량조정을 하여 보정한다.

감압밸브 조정압력 P_2 는 P_1 의 1/2 정도가 적당하다.

(4) 동조 실린더 방식

유압이 구동 실린더와는 별도로 정량의 기름을 보내기 위한 실린더(동조실린더)를 유량제어에 사용하는 방법이다.

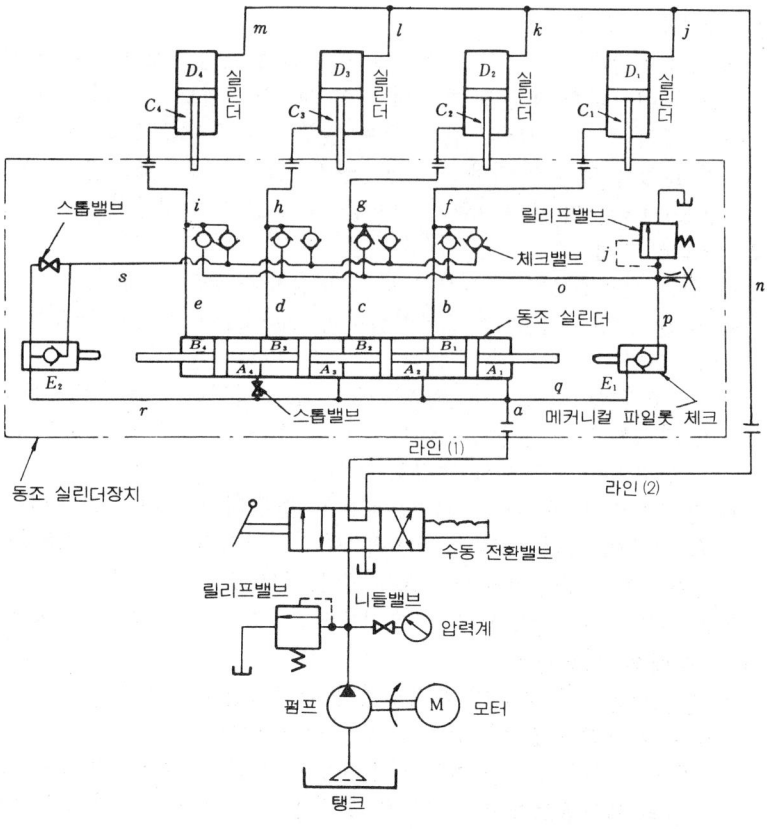

〔동조 실린더 방식〕

262 제 4 장   유·공압회로

〔작동설명〕
① 당기는 작용
  ㈎ 수동 전환밸브를 전환하면 기름은 라인(1)으로 흘러서 동조 실린더의
    $A_1 \sim A_4$ 실로 흘러가 피스톤을 왼쪽으로 이동시킨다.
  ㈏ 4개의 피스톤은 피스톤로드로 연결되어 있어서 b, c, d, e 각 라인
    의 압력이 달라도 $B_1 \sim B_4$ 각 실에서 나오는 유량은 같게 된다. 이와같
    이 나온 기름이 조작 실린더의 $C_1 \sim C_4$ 의 각실로 들어가 4개의 유압
    실린더의 동기 조작을 하게된다.
  ㈐ 각 조작 실린더의 $D_1 \sim D_4$ 의 배출유는 라인 n 에 수동 전환밸브를 통
    하여 탱크로 돌아온다.
  참고 운전개시시에 동조실린더와 조작실린더의 위치를 맞출 때에는 스톱밸브를 열어
  서 조작한다.
② 당길때의 보정작용
  ㈎ 동조실린더 피스톤이 왼쪽으로 이동하여 행정끝에 도달하면 피스톤로
    드가 메커니컬 파일롯 체크밸브 E_2 에 닿아 밸브를 연다.
  ㈏ 4개의 조작실린더의 전부 또는 일부가 아직 스트로크 엔드에 도달하
    지 않았을 때에의 압유는 $a \to r \to E_2$ 밸브 $\to S \to$ 체크밸브 순서로 기
    름을 공급하여 조작실린더 전체를 행정 끝까지 이동시킨다.
③ 누르는 작용
  ㈎ 수동 전환밸브를 조작하여 펌프 토출유는 라인(2)에 보낸다.
  ㈏ 라인 n 에서 직접 각 조작실린더의 $D_1 \sim D_4$ 에 보내어 조작실린더를 밀
    어내린다.
  ㈐ 각 조작실린더 $C_1 \sim C_4$ 의 배출유는 동조실린더의 $B_1 \sim B_4$ 각 실에 들어
    가 피스톤을 오른쪽으로 민다. 이 때 $A_1 \sim A_4$ 각 실의 유량은 a 라인 수
    동 전환밸브를 거쳐서 탱크로 돌아간다.
  ㈑ 동조실린더 피스톤은 피스톤로드로 연결되어 있어서 조작실린더 4개
    중 하중이 걸리어 빨리 작동하려는 실린더가 있어도 동조실린더에서
    받아들이는 유량이 4 라인 모두 같은 양으로 규제되어 동기작동을 한다.
  참고 이상 고압이 발생하였을 때에 기름은 밸브를 거쳐서 릴리프 밸브에서 배출된다.
④ 누를때의 보정작용
  ㈎ 동조실린더가 오른쪽 행정끝까지 이동하면 피스톤로드가 메커니컬 파
    일롯 체크밸브 E_1 에 닿아 밸브를 밀고 연다.
  ㈏ 조작 실린더 4개중 행정끝에 도달하지 않은 실린더가 있는 경우, 각
    라인의 체크밸브에서 O 라인을 통하여 $E_1 \to q \to a \to$ 탱크로 열리어 행
    정끝까지 이동시킨다.

제 1 절 유압회로 **263**

• **주의사항**

① 조작실린더 $C_1 \sim C_4$ 의 용적과 동조실린더 $B_1 \sim B_4$ 의 용적은 각각 같은 크기로 하지 않으면 안된다. C 의 용적보다 B 의 용적이 너무 클 때에는 보정을 못하는 경우가 있다.

② 동조실린더를 사용하여 행정 중간에서만 사용하고 있으면 누설유량의 오차가 축적되어 커다란 오차가 생길때도 있으므로 되도록 행정끝까지 이동하도록 한다.

2·9 축압기 회로

축압기 회로는 동력절감, 증속, 클램프, 맥동흡수 등 그 목적에 따라 여러 가지 사용법이 있다.

축압기(어큐뮬레이터)는 그 내부에 압유를 저장해 두는 것이며, 압축된 기체의 팽창 또는 중력을 이용하여 필요할 때에 기름을 압축하는 것이다. 어큐뮬레이터와 펌프사이에 반드시 체크밸브를 사용한다. 또한 브리드형의 경우 어큐뮬레이터로부터의 기름을 전부 빼는 것은 좋지 않다.

(1) 증속회로

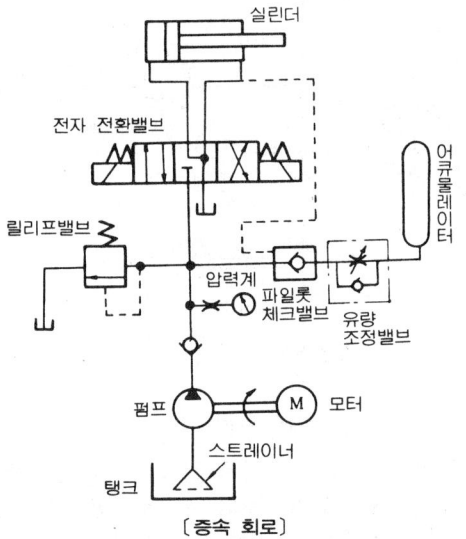

〔증속 회로〕

유압펌프 토출량 이상의 유량이 필요한 경우에 사용하는 회로이며, 유압실린더가 정지하고 있을 때 어큐뮬레이터에 기름을 공급하여 저장해 두고 유압실린더 작동시에 증속을 한다.

유압실린더를 누를 때에는 유압펌프 토출량만으로 누른다. 당길 때에는 유압실린더의 로드쪽에 기름을 흘려 보내어 파일롯 라인에 압력이 걸리면 파일롯 체크밸브가 열리고, 유압실린더에는 어큐뮬레이터에 저장되어 있는 압유

264 제 4 장 유·공압회로

와 유압펌프로부터의 토출유가 합하여져서 밀게되므로 유압실린더는 **빠르게**
이송된다.

> [참고] 파일롯 체크밸브가 없으면 양쪽 모두 빠르게 이송한다(유압실린더의 누를 때와 당
> 길 때 모두 부하가 걸려있고, 조기 이송을 할 때 사용한다).

(2) 클램프 회로

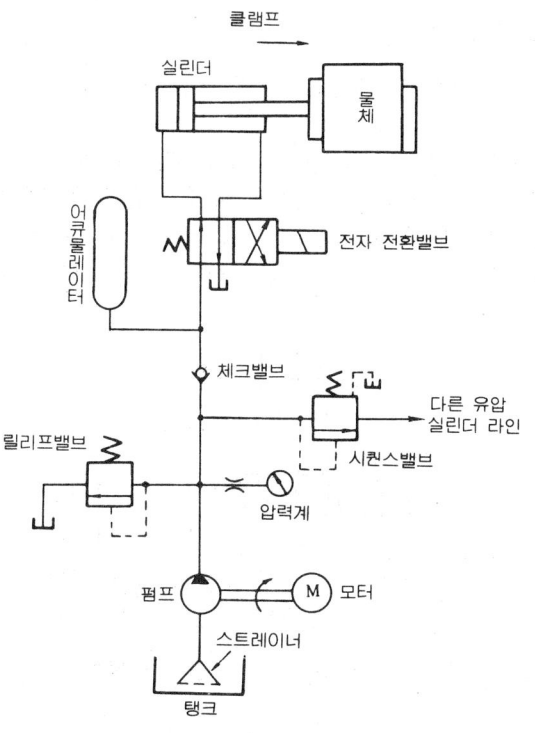

〔클램프 회로〕

  유압실린더 등에 의하여 물체를 클램프하며, 그 클램프가 느슨해져서 곤란
할 때에 사용한다. 정전, 펌프고장 등의 사고로 압력이 저하될 때를 대비
하여 보다 확실을 기하기 위해서라도 이 회로가 좋다.
  클램프 실린더 라인에 최우선적으로 기름을 보내어 클램프한 상태에서도 어
큐물레이터의 축적량은 많은 압유를 확보해 두고 불의의 사고에 대비하는 회
로이며, 클램프 속도를 빠르게 한다(클램프용으로 사용할 때에는 전자 전환
밸브의 노말위치에서 클램프한다).
  클램프 용도 이외에 압유가 확실하게 유지되지 않을 때와 정전시 그 유압
실린더를 원위치에 복귀시킬 필요가 없을 때에도 사용된다.

(3) 맥동 흡수용 회로

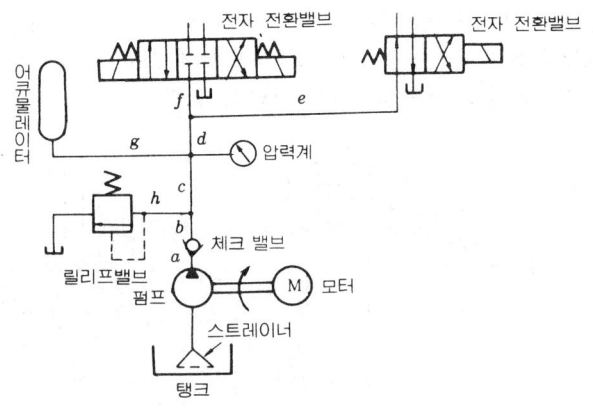

〔맥동 흡수용 회로〕

유압펌프에 의한 맥동 전환밸브의 전환시 서어지압 등을 어큐뮬레이터로 흡수할 목적으로 사용하는 회로이다.

어큐뮬레이터의 용량은 비교적 작은 용적의 것으로 목적을 흡수할 수 있다. 어큐뮬레이터 펌프 토출구에 설치하며, 유압실린더 라인의 맥동 방지에는 그 유압실린더 라인에 설치한다. 기름은 용적변화가 극히 적지만 기체는 압력에 반비례하여 용적이 적어진다.

이 압축성이 풍부한 기체를 이용하는 것이 브리더형 어큐뮬레이터이며, 아주 짧은 시간에 압력변동이 있을 경우, 이 기체용적이 증감하여 압력이 평균화된다. 이 기구를 이용하여 맥동 서어지압을 방지한다.

2·10. 증압회로

유압실린더의 가장 끝에서 강력한 출력을 필요로 할 때 사용하며, 이동중에는 낮은 압력으로 기름을 보내고 끝에가서 부스터 실린더에 의하여 고압유를 보낸다.

〔작동순서〕

① 누르는 작용

　(개) 유압실린더를 밀때 끝에서 큰 출력을 필요로 하는 경우 전환밸브를 전환하여 압유를 $a \rightarrow c \rightarrow d$로 흘려 보낸다.

　(내) 시퀀스 밸브 Ⓐ에 의하여 저항이 생겨 e 라인에는 기름이 흐르지 않으며, c 라인으로부터 파일롯 체크밸브 Ⓒ를 통하여 $g \rightarrow$ 시퀀스 밸브 Ⓓ의 체크밸브 $\rightarrow h \rightarrow j$를 거쳐 유압실린더를 밀어낸다.

　(대) 유압실린더가 행정 끝(스트로크 엔드)에 접근하여 중부하가 가해지면

266 제 4 장 유·공압회로

d, c라인의 압력이 상승하여 시퀀스 밸브 Ⓐ를 통하여 압력밸브 Ⓑ로 압력조정을 한 다음 부스터 실린더를 밀어서 m실로부터 발생하는 고압유를 $i \rightarrow j \rightarrow$ 유압실린더 헤드쪽에 보내어 큰 출력을 발생시킨다. 이 때, 파일롯 체크밸브 Ⓒ는 닫혀 있다.

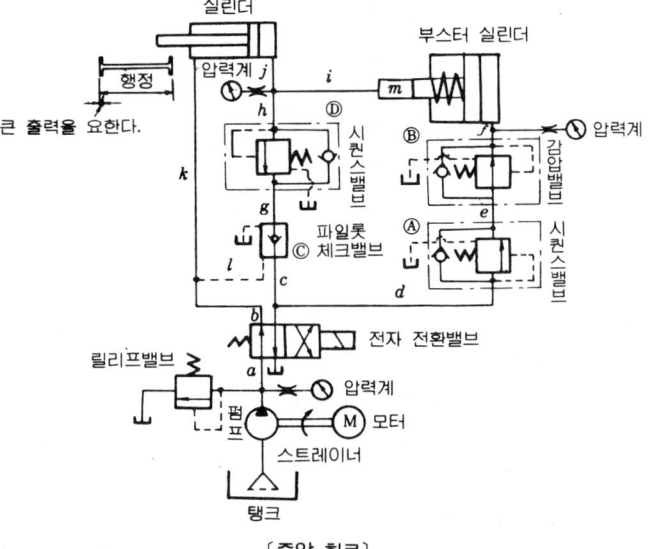

〔증압 회로〕

② 당기는 작용

(가) 전환밸브를 전환하여 압유를 $a \rightarrow b \rightarrow k$라인에 흘려 보낸다.

(나) 압유는 $k \rightarrow$ 유압실린더 로드쪽으로 들어가 실린더 로드를 끌어 당긴다.

(다) 헤드쪽의 배출유는 $j \rightarrow i$, h로 흐르지만 시퀀스 밸브 Ⓓ에 의하여 저항이 주어지기 때문에 기름은 우선 부스터 실린더의 m에 들어가 부스터 실린더를 원위치에 복귀시킨다.

(라) 복귀시킨 후 시퀀스 밸브Ⓓ→파일롯 체크밸브Ⓒ→전환밸브를 통하여 오일탱크로 되돌아 온다.

2·11 유압모터 회로

유압모터는 기계 각부의 회전운동을 시킬 목적으로 사용하며, 회전수 부하 토오크에 비례하여 관성이 증가하기 때문에 강인한 유압실린더에 비하여 유압모터를 급정지시키면 그 서어지압으로 파손될 때도 있다.

유압모터에 압유를 보내면 회전운동을 하는데 이와는 반대로 회전 운동을 주었을 때는 유압펌프로서 작동한다. 유압 실린더처럼 그 기름 출입구를 완전히 닳아버리면 그 서어지압에 의하여 기기, 유압모터, 전환밸브, 배관 등을 파손시키는 일이 있다.

(1) 크로스 회로방식

유압실린더의 경우에는 피스톤의 이동과 함께 회로 전체에 용적변화가 있다. 그러나 유압모터의 경우에는 용적변화가 극히 적기 때문에 회로 전체를 폐회로로 할 수 있다(기름누출 및 기름의 압축에 있어서 오일탱크를 전혀 사용하지 않고 배관에 국한된 폐회로는 할 수가 없다).

〔작동설명〕

① 전환밸브가 중립 위치일 때 유압 펌프 PV에서 토출된 기름은 $c \rightarrow d$ →전환밸브→ $e \rightarrow f$를 지나 흡입쪽 b로 환류된다.

② 전환밸브를 전환하여 d라인으로부터 $g \rightarrow h$에 흘려보내면 유압모터가 회전하며, 유압모터의 배출유는 $i \rightarrow j \rightarrow e \rightarrow f \rightarrow b$로 흘러 유압펌프 PV에 의해 계속 회전된다.

③ 유압모터를 정지시키는 경우에는 전환밸브를 중립에 복귀시키며, j라인의 기름은 직접 저압부로 나가는 길이 없어져 $i \rightarrow$브레이크 회로의 n →체크밸브를 지나서 $m \rightarrow$배압밸브 (릴리프밸브)에 들어가 일정한 저항을 얻어 유압에너지를 흡수 당한 후에도 $P \rightarrow$체크밸브$\rightarrow k \rightarrow h$로 흘러 유압모터에 들어간다(이 일정저항이

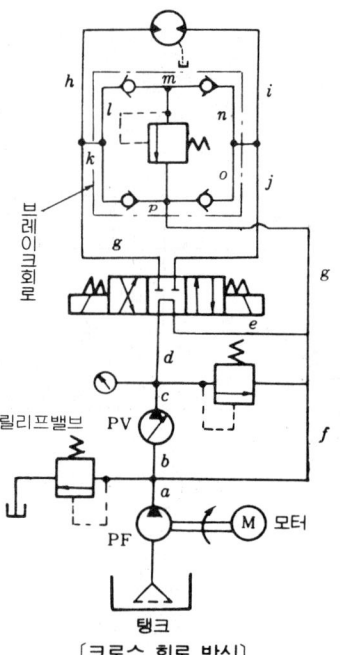

〔크로스 회로 방식〕

브레이크 작용을 하여 유압모터를 천천히 정지시킨다).

④ 유압펌프 PF는 폐회로안의 기름누출 등으로 감소한 유량을 공급하며, 동시에 유압펌프 흡입쪽 b에 압력을 가하여 흡입을 돕는다. 또한 브레이크 회로 P에 압력을 주어 유압모터의 흡입을 돕는 일도 한다(이 브레이크 회로는 유압모터뿐만 아니라 유압실린더에도 사용이 가능하며, 유압모터 회로에도 많이 사용된다).

2) 오픈 회로방식

전동기에서는 회전수가 정해져서 변속이 간단한 유압모터를 사용한 것인데 좌우 양회전에 사용할 수 있다. 오픈 회로로 되어 있는 관계로 화살표 방

268 제 4 장 유·공압회로

향으로 회전하고 있는 상태에서 전환밸브를 중립으로 복귀시켜도 관성에 의
하여 유압모터는 계속 회전하며, 관로내의 기름은 화살표 방향으로 흘러간다.

유압모터가 관성으로 유압펌프로서 작동하고 있을 때, 그 흡입쪽을 닫으면
기름을 흡입하지 않는다. 일반적으로 환류쪽의 기름을 그대로 흡입쪽에 접속
하여 흡입을 돕는다.

(3) 한쪽 회전의 브레이크 회로

한방향으로 회전하는 모터를 정지시키는 방법이며, 릴리프 밸브의 저항을
이용한다.

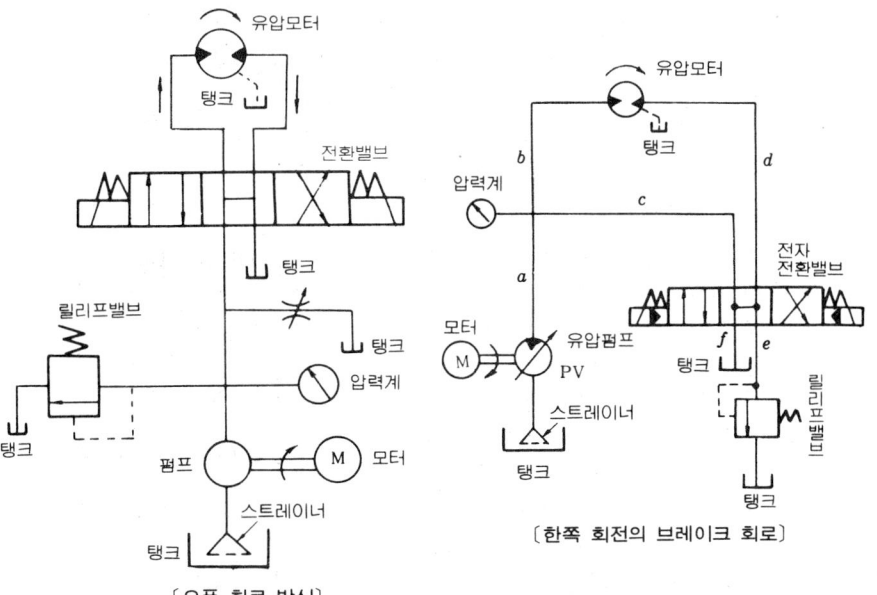

〔오픈 회로 방식〕

〔한쪽 회전의 브레이크 회로〕

〔작동설명〕

① 유압모터의 정지시 유압펌프의 PV에서 토출된 기름은 $a \rightarrow c \rightarrow f$(탱크
라인)로 흘러서 언로드한다.

② 유압모터를 회전시키는 경우 전환밸브를 조작하여 $c \leftrightarrow e$, $d \leftrightarrow f$(탱크
라인)로 접속하여 유압모터에 기름을 흘려서 회전시킨다.

③ 유압모터를 자연 정지시키는 경우에는 전환밸브를 중립위치로 하고, 유
압모터의 입구·출구압력을 0으로 한다.

④ 유압모터에 브레이크를 걸어 정지시키는 경우 전환밸브를 조작하여 $e \leftrightarrow$
f, $d \leftrightarrow e$로 접속하여 릴리프 밸브로 저항을 주어 기름을 탱크에 돌려 보
낸다.

제 1 절 유압회로 **269**

3. 유압 실제 회로

3·1 100 톤 판금프레스

• 철판의 전단 펀칭을 행하는 기계

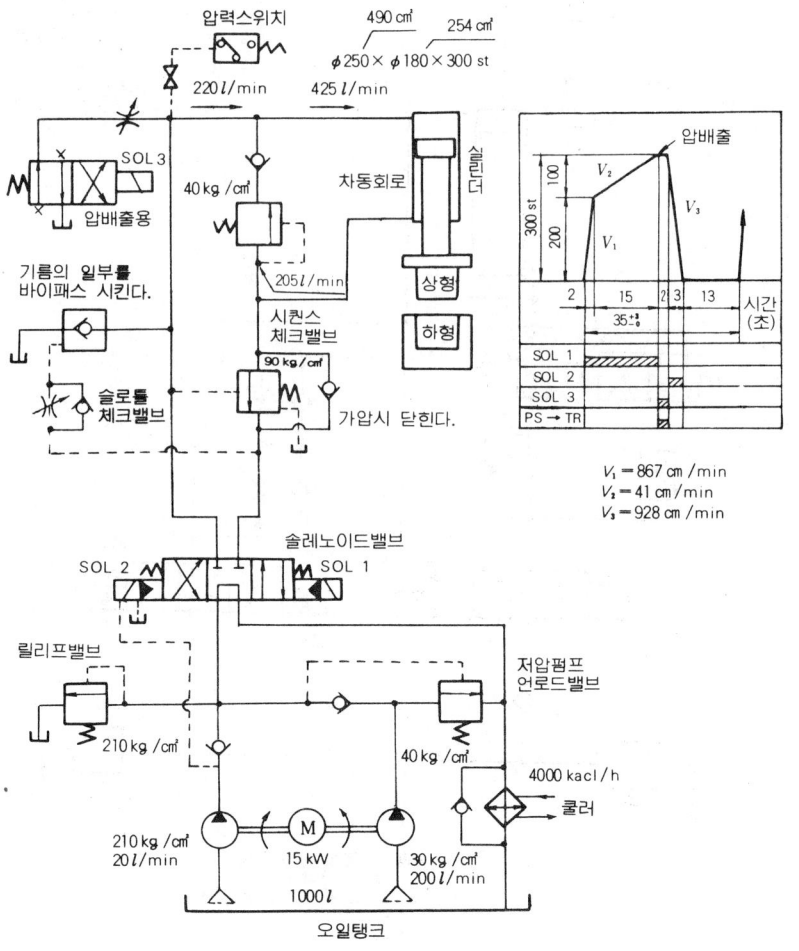

270 제 4 장 유 · 공압회로

3·2 연속 주조기 회로

• 알루미늄 합금, 마그네슘 합금, 동합금 등을 금형내에 압입 주조하는 기계

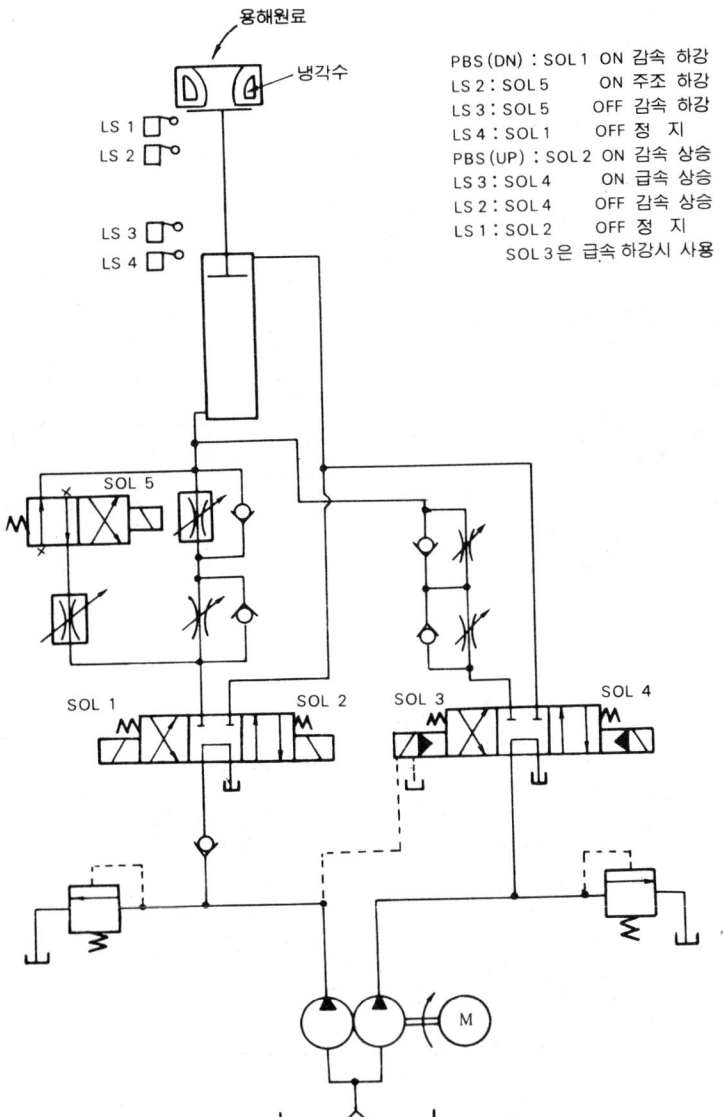

PBS(DN) : SOL 1 ON 감속 하강
LS 2 : SOL 5   ON 주조 하강
LS 3 : SOL 5   OFF 감속 하강
LS 4 : SOL 1   OFF 정 지
PBS(UP) : SOL 2 ON 감속 상승
LS 3 : SOL 4   ON 급속 상승
LS 2 : SOL 4   OFF 감속 상승
LS 1 : SOL 2   OFF 정 지
      SOL 3은 급속 하강시 사용

용해원료

냉각수

LS 1
LS 2

LS 3
LS 4

SOL 5

SOL 1   SOL 2   SOL 3   SOL 4

M

3·3 50톤 유압 프레스

〔일반사항〕

① 급속하강 : 100〔cm/min〕

② 가압하강 : 45〔cm/min〕

③ 상　　승 : 225〔cm/min〕

- 급속정지시 파일롯 체크밸브 통과유량(Q_1)

$$Q_1 = 445\,〔cm^2〕 \times 1100\,〔cm/min〕$$
$$= 489,500\,〔cm^3/min〕$$
$$\fallingdotseq 490\,〔l/min〕$$

- 급속하강에 필요한 펌프토출량(Q_2)

$$Q_2 = 45\,〔cm^2〕 \times 1100\,〔cm/min〕$$
$$= 49,500\,〔cm^°/min〕$$
$$\fallingdotseq 50\,〔l/min〕$$

- 가압하강에 필요한 펌프토출량(Q_3)

$$Q_3 = (445+45\,〔cm^2〕) \times 45\,〔cm/min〕$$
$$= 22\,〔l/min〕$$

- 실린더로드의 금형 중량을 1,000〔kg〕이라 하면, 카운터 밸런스 밸브의 세트압은

$$\frac{1000\,〔kg〕}{144\,〔cm^2〕} = 7\,〔kg/cm^2〕$$

- 파일롯 체크밸브의 파일롯 위치는 ⓐ에서 하면 열림이나 닫힘이 나쁠 때 ⓑ에서 할 수 있다.

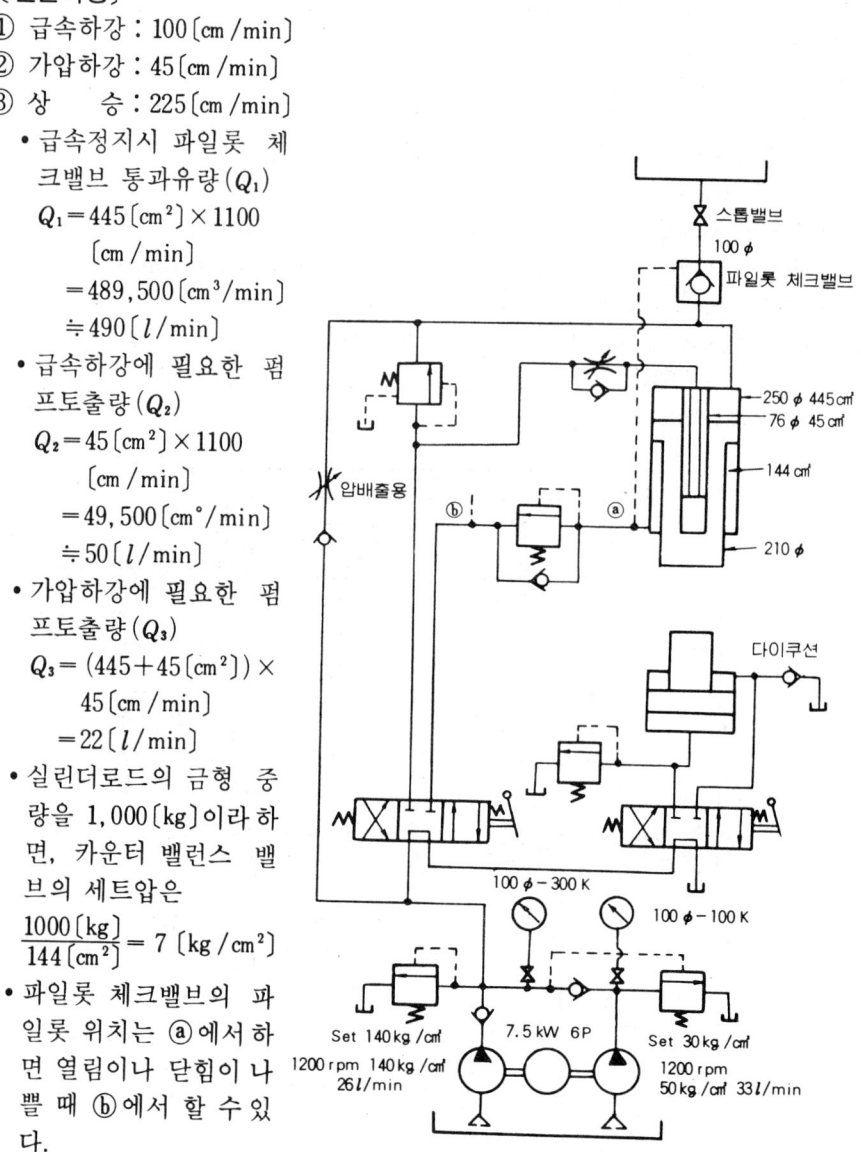

272 제 4 장 유·공압회로

3·4 100톤 성형 프레스

① 상승속도 : 250~300〔cm/min〕
② 최대 가압속도 : 26〔cm/min〕
③ 행　정 : 269〔cm〕
④ 가압시 자중에 의한 가압 시간 : 10〔min〕

- 300〔cm/min〕일 때 주실린더 2개의 필요유량(Q)

  $Q = (1963〔cm^2〕 \times 2) \times 300〔cm/min〕 = 1178〔l/min〕$

- 300〔cm/min〕일 때 보조실린더 2개의 필요유량(Q_1)

  $Q_1 = (133〔cm^2〕 \times 2) \times 300〔cm/min〕 = 79.8〔l/min〕 \fallingdotseq 80〔l/min〕$

- 가압속도 26〔cm/min〕일 때의 필요유량(Q_2)

  $Q_2 = \{(1963 \times 2) + (133 \times 2)\} \times 26 = 109〔l/min〕$

  하강속도는 50ϕ 파일롯 체크밸브를 여는 크기로 조정한다.

참고 가압 중 3.7〔kW〕 전동기는 정지시킨다.

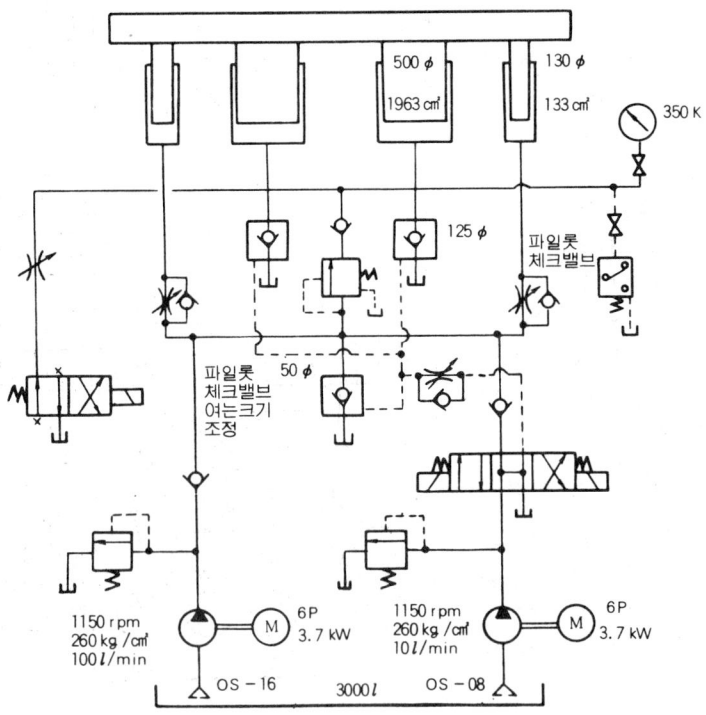

3·5 드릴링 머신

• 드릴 탭 리이머 등에 의한 구멍뚫기 작업을 하는 기계

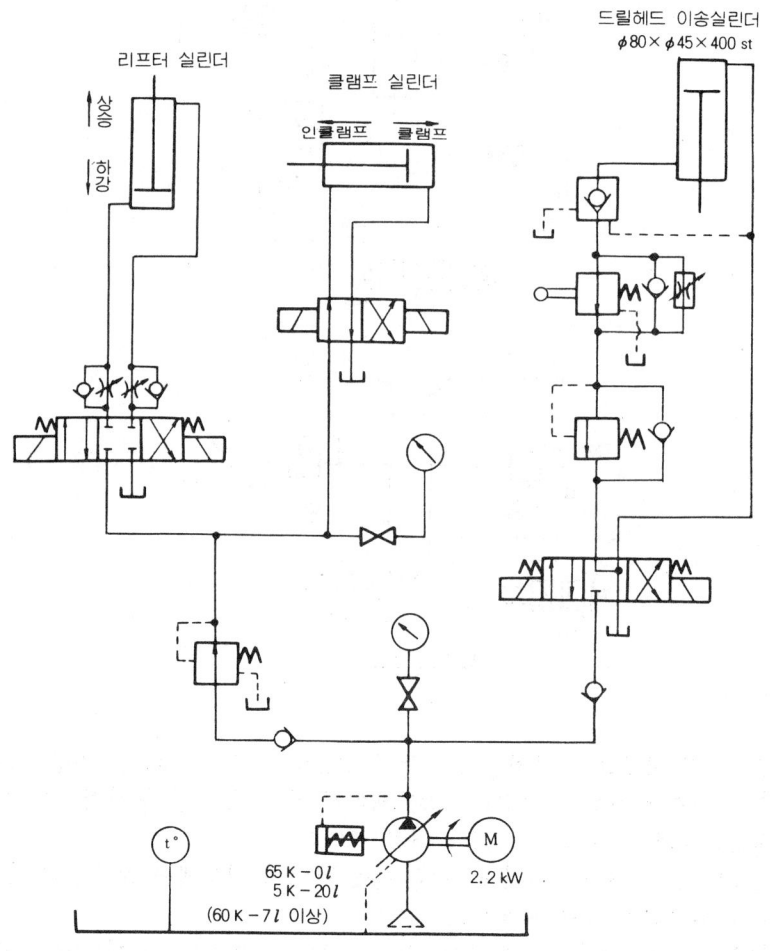

드릴용 유압회로 제작시 주의점은 스핀들의 조기이송, 절삭이송의 전환이 확실하고 부하의 변동에 따라 절삭속도가 변화하지 않도록 해야한다.

274 제 4 장 유·공압회로

3·6 부로우치 머신 (20톤)

• 절삭물을 밀거나 잡아 당겨서 복잡한 형상의 구멍을 가공하는 기계

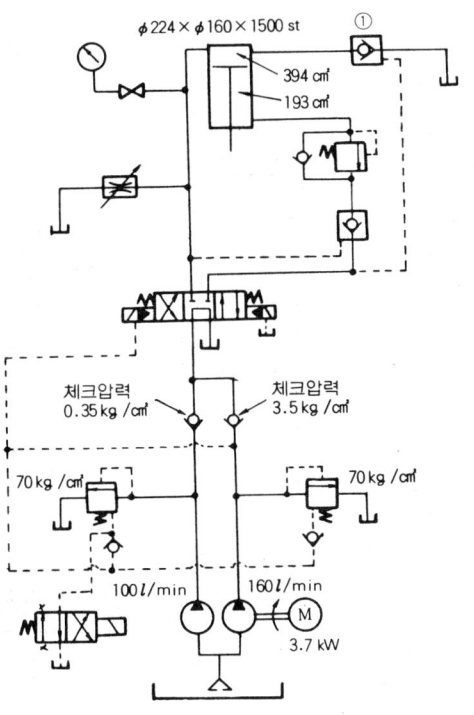

부로우치 머신은 절삭저항의 변동이 크므로 배압발생이나 자중 낙하방지 겸용 시퀀스 밸브를 사용한다. 속도제어시 같은 속도를 요하며, 동력손실을 적게 하기 위하여 브리드 오프 제어가 쓰인다.

브리드 오프 제어의 미터 인, 미터 아웃 제어의 경우에는 소용량의 유량제어 밸브를 사용하는 경우가 많다.

①의 파일롯 조작 체크밸브는 실린더 상승시 실린더 피스톤측의 배출유량은 $260 [l/min] \times \dfrac{394 [cm^2]}{193 [cm^2]} = 530 [l/min]$이 되어 펌프 토출량의 2 배 이상이 되므로 방향 제어밸브의 통과유량을 적게 해야 한다.

부로우치 머신의 절삭속도는 보통 5~10 [m/min], 귀환속도는 12~40 [m/min] 정도가 많다.

제 1 절   유압회로   **275**

3·7 평면 연삭반

• 숫돌에 의한 연삭을 행하는 기계

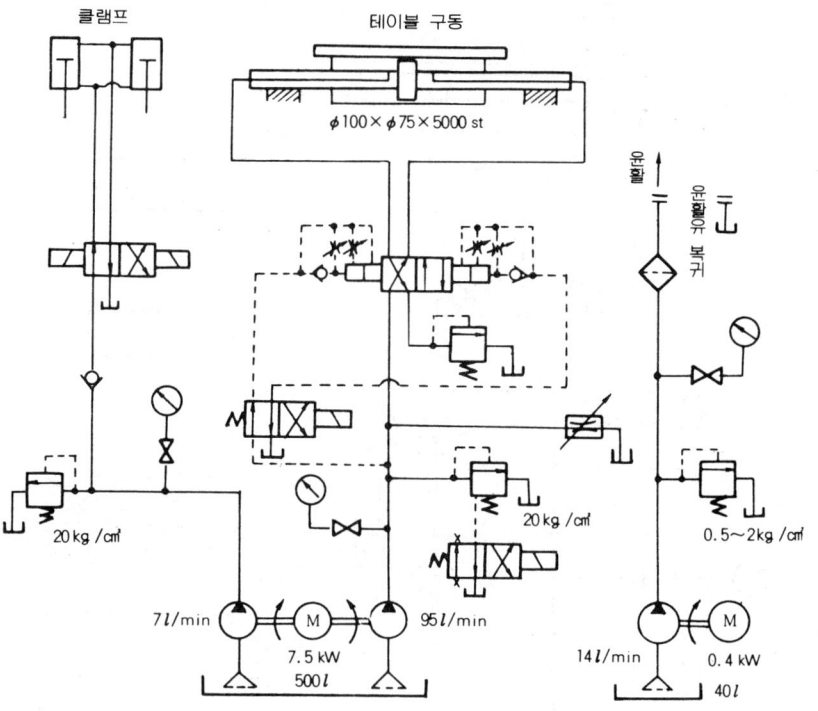

가공물의 최종 공정에서 연삭이 얻어지므로 정밀도 0.01〔mm〕, 면 조밀도1.5
S 이내 정도의 고 정밀도가 요구되며, 테이블 반전시의 충격방지가 중요하다.

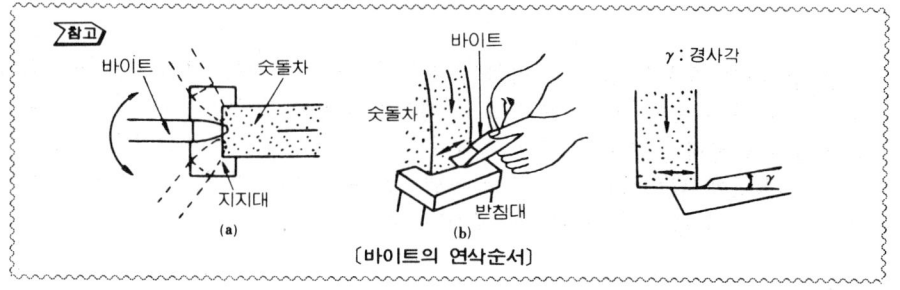

〔바이트의 연삭순서〕

276 제 4 장 유·공압회로

3·8 평삭반 (플레이너)

● 대형의 수평면, 경사면, 홈 등을 수평 절삭하는 기계

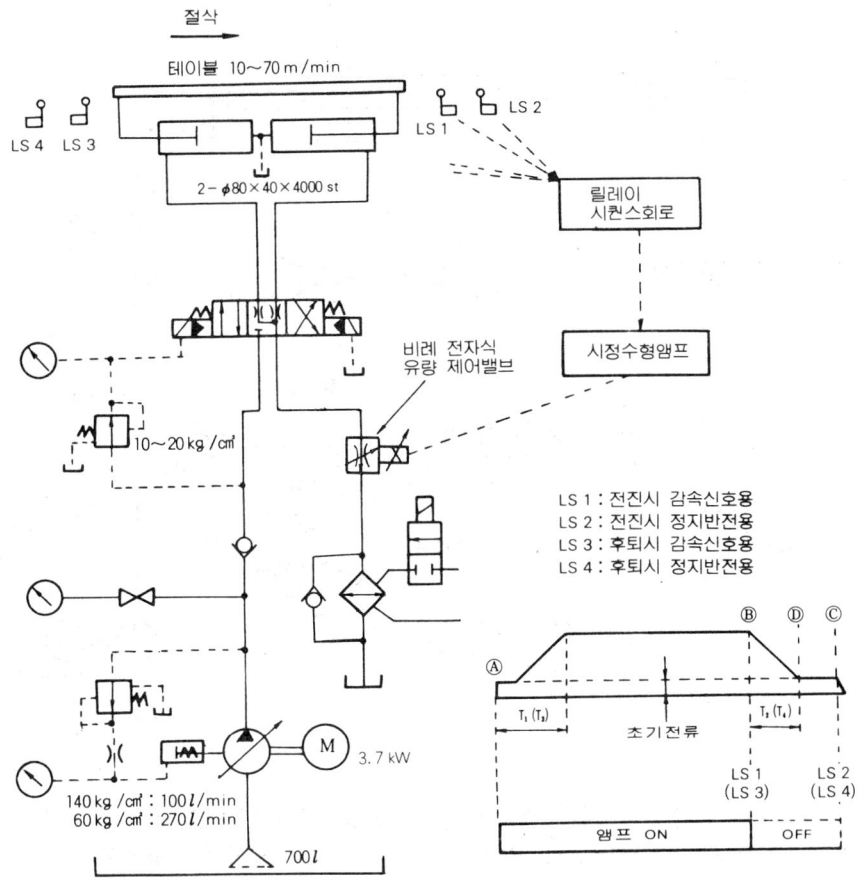

플레이너는 대형의 틀을 테이블에 취부하여 작동시키는 것이며, 속도범위가 넓고 큰힘과 고속이 요구되므로 고압 대용량의 펌프가 사용되는 경우가 많다. 테이블의 반전시 충격을 줄이기 위하여 압력제어, 유량제어의 2 가지 방식이 있으나 본회로에서는 비례 전자식 전환밸브로 미터 아웃이 사용되었다. 무단 속도와 반전시의 충격에 견디도록 설계된 것이다.

3·9 NC 밀링 머신

[일반사항]

XY 축

　이송 : 5~1,000 [mm/min]

　조기이송 : 3,000 [mm/min]

Z 축

　이송 : 5~1000 [mm/min]

　조기이송 : 1,000 [mm/min]

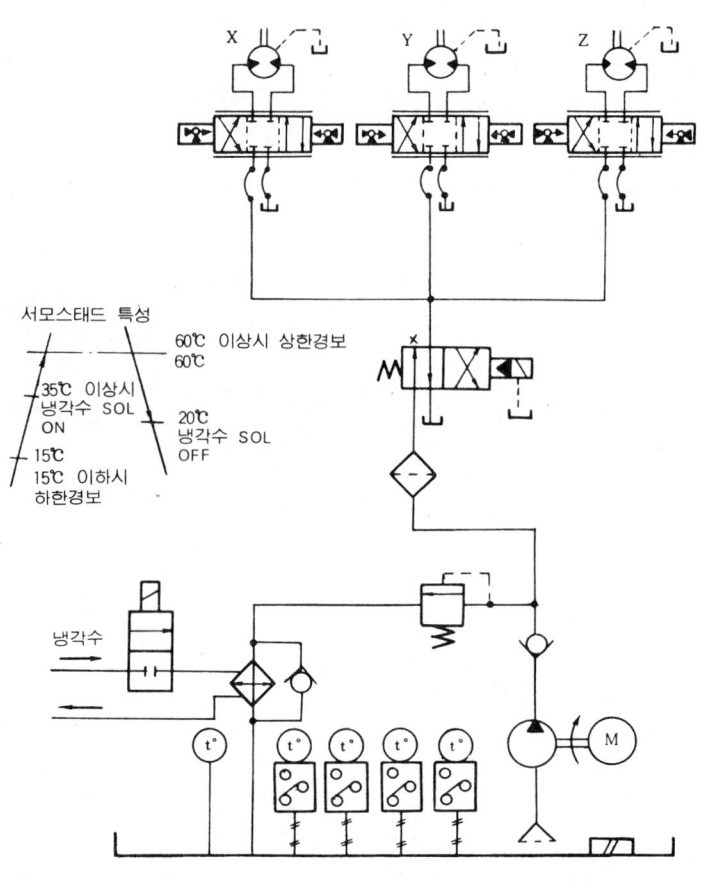

　수치 제어밸브를 쓰며, 전기 유압 펄스모터가 많이 사용된다.

　펄스모터 안내밸브나 유압모터 부분은 μ단위의 정밀도를 유지해야 하며, 서모밸브 사용의 경우 기름중에 먼지는 금물이다. 보통 유압원의 토출쪽은 10μ 이하의 필터가 취부된다. 작동유는 온도변화와 점도변화가 적은 점도지수의 NC 머신용 작동유를 사용한다.

278 제 4 장 유·공압회로

4. 유압회로 설계

유압회로는 구성 작동방식 및 사용조건에 따라서 결정된다. 보다 좋은 유압 장치를 보다 사용하기 쉬운 유압회로로 구성하기 위해서는 요구조건을 참조하여 설계를 하여야 한다. 우리들도 설계자의 입장에서 요구조건을 정리하며, 요구조건에 의거하여 유압설계를 한다는 마음가짐이 필요하다.

이 장에서는 왜 많은 항목이 필요한가, 또한 그 요구조건에 의해 어떤회로 설계가 이루어지는지를 인젝션머신을 통하여 알아보자(인젝션 머신도 여러가지 형이 있으나 여기서는 가장 간단한 유압회로에 대하여 말한다).

4·1 일반적인 주문에 대하여

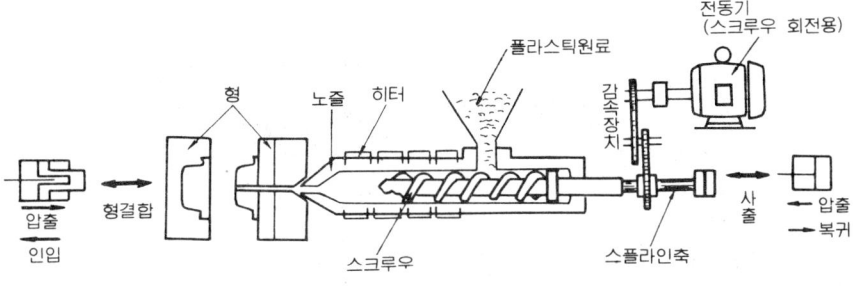

〔인젝션 머신〕

위의 그림과 같은 인젝션머신이 있을 경우에 이 유압회로를 설계하여 견적을 내달라는 주문을 받더라도 설명이 명확하지 않을 때에는 설계를 할 수가 없다. 그러므로 설계에 필요한 설명이 어떤 것인가를 알아보자(여기서는 유압 회로구성을 주로하여 설명한다).

① 유선 유압회로의 설계시 기계(인젝션머신)의 어느 부분을 작동시키며, 그 부분의 구성은 어떠한가?
- 위 그림의 ⟶ 표 부분을 유압실린더로 작동시키는 경우 실린더를 직접 누르는가 크랭크를 이용하는가를 선택한다.
② 각 사용목적에 따라 이름을 정한다.
- 여기서는 형결합용과 사출용으로 한다.
③ 유압실린더를 기계 메이커가 제작하는 경우 또는 유압실린더의 크기가 지정되어 있을 때에는 그 유압실린더의 내경, 로드지름을 결정한다.
- 형결합용 부스터 유압실린더 $\phi200$(바깥쪽 실린더), $\phi160$(주 로드지름), $\phi50$(부스터 로드지름)

• 사출용 실린더 $\phi100$ (실린더지름), $\phi50$ (로드지름)
④ 각 유압실린더의 행정(최대 이동거리)
　• 형결합용 : 350〔mm〕, 사출용 : 220〔mm〕
⑤ 유압실린더의 설치방법(푸트형, 크레비스형, 플랜지형 등)을 결정한다.
　별도로 유압실린더를 제작할 때에는 확실히 정하지 않아도 되지만 기존
　유압 메이커에서 만들 때에는 가능하면 유압기기 형식의 치수를 확인한
　다.
　• 형결합용, 사출용 모두 헤드 플랜지형
⑥ 유압실린더가 어떤 방향으로 향하여 사용되는가 설치방향에 대하여 결
　정한다. 이 때 좌·우향 등이 아니고 수직(상향 또는 하향), 수평 또는 경
　사(각도와 방향)이다.
　• 형결합용, 사출용 모두 수평
⑦ 유압실린더의 작동이 빠를 때(보통 1분간에 6〔m〕이상 작동할 때에는
　쿠션이 필요), 중량물을 이동시킬 때에는 쿠션의 필요여부를 결정한다.
　• 없다.
⑧ 유압실린더의 하중(소요출력)을 결정한다. 이 하중과 실린더 지름을 알
　지 못하면 압력을 계산할 수 없다.
　• 형결합용, 누르는 하중 40톤(40,000 kg)
⑨ 하중변화가 있는 경우는 행정과 하중의 관계를 결정한다. 형결합용등의
　클램프용(고정용)일 경우 행정을 조금 남겨놓고 사용하며, 더우기 하중
　은 정지한 상태일 때만 필
　요하며, 작동하고 있을 때
　에는 보통 하중이 필요 없
　다. 부하중이란 유압실린
　더를 밀어내려고 하는 힘
　이 발생하고 있는 것이다.
　그러므로 실린더에 압력을

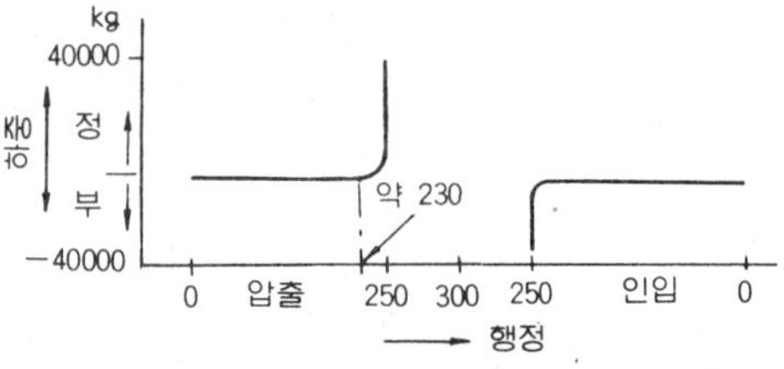

〔행정과 하중과의 관계도〕

가하지 않으면 밀리거나 잡아당겨지거나 한다.
　그림과 같이 스트로크 0~230〔mm〕까지는 하중이 없고, 그 이후 잠시
증가하여 250〔mm〕에서는 40,000〔kg〕의 출력이 필요하다. 반대로 당기는
행정의 경우에는 250〔mm〕, 스트로크에서만 40,000〔kg〕의 부하중이 발생
하고 있지만 그 후에는 무부하중으로 행정 0〔mm〕까지 이동한다.
　• 사출용 미는 하중 : 8톤(8,000 kg) 전행정 동하중 최소 4톤까지 변동
　시킬 필요가 있다.
⑩ 위와 같이하여 당기는 하중을 결정한다.

280 제 4 장 유·공압회로

- 형경합용 당기는 하중 : 0 (없다)
- 사출용 당기는 하중 : 불필요(유압 실린
  더 또는 스크루우의 회전으로 당겨진다)
- 형결합용 당기는 마이너스 하중 : 40,000
  〔kg〕(앞의 관계도 참조)
- 사출용 당기는 마이너스 하중 : 10,000
  〔kg〕(스크루우 로드로 눌리는 힘)

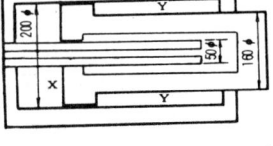

〔형 결합용 부스터 유압 실린더〕

- 사출용 실린더의 당기는 동작(유압에 의함)은 불필요하다.
  위의 요구조건에 의해 유압력을 계산한다.

〔요구조건의 총정리〕

(1) 유압장치 일반

주기와의 관련성 도면(기본회로 참조)을 그리고 다음과 같이 설명을 한다.
형결합용과 사출용으로 유압실린더를 사용하되, 형결합용은 형을 압착시키
고나서 사출실린더로 수지를 사출한다. 사출이 끝나면 스크루우 회전용 모터
가 회전하여 스크루우가 회전하면서 우측으로 이동한다.

(2) 유압 구동부

실린더 No		A	B	C	D	E
명　　　　칭		형결합용	사 출 용			
실 린 더 지 름		윗 도면참조	$\phi100\times\phi50$($\phi100$은 실린더 지름, $\phi50$은 로드지름)			
행　　　　정		300	220			
설 치 형 식		헤드플랜지형	헤드플랜지형			
취 부 방 향		수　평	수　평			
쿠　　　　션		없다(불필요)	없 다			
미는하중〔kg〕	최　대	40,000	8,000			
	최　소		4,000	(이란은 배압출하중을 변동시킬때 기입)		
미는힘 마이너스 하중		없 다	없 다			
당기는하중 〔kg〕	최　대	0	불필요			
	최　소					
당기는힘 마이너스하중		−40,000	1,000			
미는 속도 〔mm/sec〕	최　대	100	83.5			
	최　소					
당기는 속도 〔mm/sec〕	최　대	83.5	22			
	최　소					
속 도 오 차〔%〕		규정없다	밀때 ±5% 이내, 당길때 유량조정밸브 설치불가			
특 수 조 건						
1 싸이클의시간			20.6〔sec〕			

4·2 압력계산

(1) 형결합용 유압실린더 압력계산

① 밀 때

유압실린더의 내경이 200〔mm〕이고, 단면적은 $\frac{\pi \cdot D^2}{4}$ 이므로

$$\frac{3.14 \times 20^2}{4} = \frac{3.14 \times 400}{4} = 314 \,〔\text{cm}^2〕 \text{이 된다.}$$

이 경우 부스터 실린더에도 압력이 걸리므로 부스터 실린더 로드의 단면적을 뺄 필요는 없다.

따라서, 실린더 출력(하중)

$$F〔\text{kg}〕 = A〔\text{cm}^2〕(\text{면적}) \times P〔\text{kg}/\text{cm}^2〕(\text{압력})$$

$$\text{압력}(P) = \frac{F}{A} = \frac{40000}{314} \fallingdotseq 127 〔\text{kg}/\text{cm}^2〕$$

또한 형이 닫기까지는 부스터 실린더에 의한 조기 이송단계에서는 하중이 없고 실린더의 습동저항과 형의 습동저항 뿐이므로 이 경우 실린더 출력은 마찬가지로 $F = A \times P$, $A = \pi \cdot D^2/4$ (직경 50 ϕ)이므로 A는 약 19.6〔cm^2〕이며,

$$F = 19.6 〔\text{cm}^2〕 \times 127 〔\text{kg}/\text{cm}^2〕$$

위의 계산으로부터 F는 약 2,500〔kg〕이 되고, 습동저항이 이 이상일 경우는 유압실린더의 부스터 실린더 로드를 크게하지 않으면 안된다.

또한 형결합은 클램프로 하는 관계로 실린더가 되돌아와서는 않되기 때문에 이 압력을 밀때는 언제나 가압해두지 않으면 안된다.

② 당길 때

$$\text{단면적}(A)〔\text{cm}^2〕 = \frac{\pi \cdot D^2}{4} - \frac{\pi \cdot d^2}{4} \fallingdotseq 112 〔\text{cm}^2〕 \text{이고} \quad \begin{pmatrix} D : \text{실린더 직경} \\ d : \text{주로드 직경} \end{pmatrix}$$

$$\text{실린더 출력}(F)〔\text{kg}〕 = A \times P \fallingdotseq 14,200 〔\text{kg}〕 \quad (P\text{는 위의 계산식의 압력})$$

이 되어 습동저항이 14.2톤이 안되는한 충분하다.

다만, 당길때 하중이 있는 경우에는 밀때와 같은 계산을 한다.

(2) 사출용 유압실린더의 압력계산 (형결합용과 같은 계산을 한다.)

① 밀 때

$$\text{실린더 내경 } \phi 100 \text{의 단면적}(A) = \frac{\pi \cdot D^2}{4} = 78.5 〔\text{cm}^2〕$$

$$F = A \times P, \quad \text{소요압력}(P) = \frac{F}{A} = \frac{8000〔\text{kg}〕}{78.5〔\text{cm}^2〕} \fallingdotseq 102 〔\text{kg}/\text{cm}^2〕$$

또한 최소 출력시에는 $P = \dfrac{F}{A} = \dfrac{4000〔\text{kg}〕}{78.5〔\text{cm}^2〕} \fallingdotseq 51 〔\text{kg}/\text{cm}^2〕$

282 제 4 장   유·공압회로

결국 51~102〔kg/cm²〕 사이에서 사용해야 하는 관계로 이 범위의 압력
조정이 가능한 압력 조정밸브(여기서는 감압밸브)가 필요하게 된다.

② 당길 때

스크루우의 회전으로 밀리는 것이며, 실린더 로드쪽에 압력을 가하여 강
제적으로 밀수는 없기 때문에 필요압력의 계산은 필요없다. 그러나 실린
더가 너무 가볍게 밀려서는 스크루우의 회전으로 수지원료와 함께 공기가
섞여서 완전한 수지제품(컵등)이 이루어지지 않으므로 저항을 넣는 것이
보통이며 압력계산이 필요하다.

$$당길 때 하중(F) = A \times P, \ 압력(P) = \frac{F}{A} = \frac{1000\,〔kg〕}{78.5\,〔cm²〕} \fallingdotseq 13\,〔kg/cm²〕$$

〔참고〕 이 경우 단면적 A는 저항을 주는쪽 다시말하면 헤드쪽이 된다.

13〔kg/cm²〕의 저항밸브(압력 조정밸브이며, 여기서는 시퀸스 밸브)가 필요하다.

1,000〔kg〕이라는 값이 정확하지 않을 경우 또는 불분명할 경우는 위와 같이 압력계산
을 하여 가급적 넓은 범위까지 조정할 수 있는 압력 조정밸브를 선택한다.

4·3   속도계산

① 각 유압실린더를 어느정도의 속도로 작동시킬 것인가 결정하고, 속도의
허용오차 및 작동 사이클에 대하여 결정한다.

• 형결합용 실린더 미는 속도 : 조기이송 6〔m/min〕(100〔mm/sec〕)
• 사출용 실린더 미는 속도 : 5〔m/min〕(83.5〔mm/sec〕)
• 형결합용 유압실린더 당기는 속도 : 5〔m/min〕(83.5〔mm/sec〕)
• 사출용 유압실린더 당기는 속도 : 1.32〔m/min〕(22〔mm/sec〕) 이 된
다.

또한 이 속도가 정확하지 않을 경우 1분간에 5〔m〕 정도 이동한다면,
어느 정도인가를 상상하면서 정해나가도록 한다.

② 위의 속도가 어느정도 변동되어도 괜찮은가, 5〔m/min〕의 것이 6〔m〕
나 4〔m〕가 되어도 무방한가 등 작동속도의 허용오차를 결정한다 (형결
합용 실린더 속도오차 : 밀때 ±5% 이내(다이캐스트 머신등은 사출속도
에 의하여 제품의 표면이 달라진다).

〔참고〕 당길 때 : 유량 조정밸브를 달지 말 것(스크루우에 의하여 강제 복귀)

4·4   작동 사이클

① 위의 각 실린더가 어떤 순서로 얼마만큼의 시간에 얼마만큼의 행정을
이동했는가 그 작동의 사이클 표를 만든다.

제 1 절 유압회로 **283**

[작동속도 계산 (시간)]

- 형결합 실린더 밀 때 소요시간 (t) = 행정 (L) [mm] ÷ 1 초에 움직이는 행정 (l) [mm/sec]

$$t_1 = \frac{L}{l} = \frac{250}{100} \fallingdotseq 2.5 [\text{sec}]$$

- 형결합 실린더 당길 때 소요시간 $(t_2) = \dfrac{L}{l} = \dfrac{250}{83.5} \fallingdotseq 3 [\text{sec}]$

- 사출 실린더 밀 때 소요시간 $(t_3) = \dfrac{L}{l} = \dfrac{220}{83.5} \fallingdotseq 2.6 [\text{sec}]$

- 사출 실린더 복귀시간 $(t_4) = \dfrac{L}{l} = \dfrac{220}{22} = 10 [\text{sec}]$

이것을 이용하여 사이클표에 기입한다.

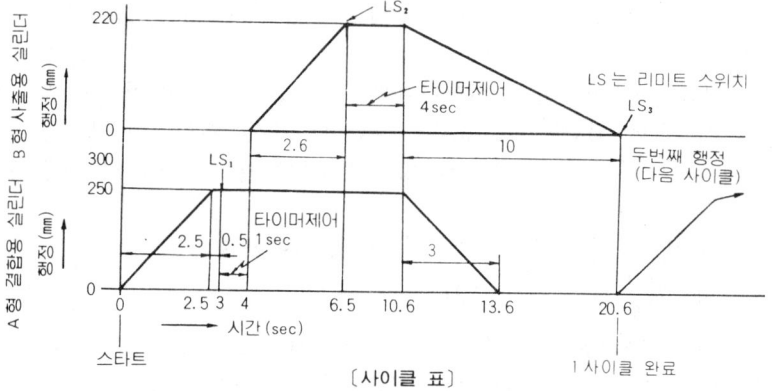

[사이클 표]

② 작동순서

(가) 우선 형결합 실린더가 100[mm/sec]의 속도로 압출되어 형에 닿으면 압력이 상승하여 실린더 전체에 압력이 가해져 약 0.5[sec]에서 완전히 가압된다.

(나) 가압이 끝나면 리미트 스위치 LS₁ 이 들어가고 타이머가 작동하여 1 [sec]의 시차를 두고(형결합 완료로 LS 가 들어가고 바로 수지를 사출하면 형에 미세하나마 틈이 있는 경우 수지가 새기 때문에 완전히 압착하기까지 약 1초의 여유를 타이머에 준다) 사출실린더를 밀어서 수지를 사출한다.

(다) 사출이 끝나면 리미트 스위치가 작동하여 사출한 수지가 굳어질 때까지 약 4초 동안 타이머를 유지했다가 형결합 실린더를 앞의 속도로 당긴다.

(라) 동시에 스크루우 회전용 모터가 회전하여 10초 동안에 실린더가 복귀

284 제 4 장 유·공압회로

한다. 완전히 복귀하면 리미트 스위치가 작동하여 다음 행정으로 옮겨가 형결합 실린더가 밀린다. 따라서 1사이클의 작동시간은 20.6초가 된 다(사이클이란 움직이기 시작하여 작동이 끝날 때까지가 아니고, 다음 행정의 같은 작동이 시작되기까지의 사이를 말한다).

4·5 유량계산

(1) 형결합용 실린더 유량계산

밀때(조기이송) 실린더 로드 $\phi 50$

$$
\begin{aligned}
\text{소요유량}(Q_1)[\text{cc/min}] &= A[\text{cm}^2] \times l[\text{cm/min}] \\
&= 19.6[\text{cm}^2] \times 10[\text{cm}] (1\,\text{초당의 행정}) \times 60\,\text{초} \\
&\quad (1\,\text{분간으로 고치기 위하여})
\end{aligned}
$$

또는 19.6×600 으로 되어 약 $11,800[\text{cm}^3/\text{min}] = 11.8[l/\text{min}]$이 필요하다.

또한 완전 가압을 위한 행정은 불분명하여 0.5초 동안에 충분히 가압되 었다고 보고 유량계산을 무시한다(타이머로 1초 동안의 여유가 있기 때문 에). 또는 $\phi 200$ 실린더에서 $\phi 50$의 실린더 로드를 뺀부분에 기름을 공급하 거나 또는 배관의 서어지 밸브를 닫아서 흡입하여야 하며, 이 유량 계산도 필요하다.

흡입 소요유량$[\text{cc/min}] = A[\text{cm}^2] \times l[\text{cm/min}]$

$$
A = \frac{\pi \cdot D^2}{4} - \frac{\pi \cdot d^2}{4} \fallingdotseq 294.4[\text{cm}^2]
$$

따라서, $Q = 294.4 \times 600(6[\text{m/min}]) \fallingdotseq 177,000[\text{cm}^3/\text{min}] = 177[l/\text{min}]$ 그러므로 서어지 밸브는 50 A 또는 65 A 가 필요하게 된다.

흡입관은 토출관 유량의 절반가량의 값을 취하게 된다. $177[l/\text{min}]$의 경 우에는 배인 $325[l/\text{min}]$짜리 밸브를 써야 한다.

펌프의 경우 석션 스트레이너는 여유를 확보해야 하지만 실린더의 흡입 등 강제 흡입의 경우에는 가까스로 충당해도 된다. 이 경우 50 A (토출쪽) $340[l/\text{min}]$로도 사용할 수 있다.

① 밀 때 실린더로부터 배출되는 유량은

$$
Q_3[\text{cm}^3/\text{min}] = A[\text{cm}^2] \times l[\text{cm}(6\,\text{m/min})/\text{min}]
$$

$$
A = \frac{\pi \cdot D^2}{4} - \frac{\pi \cdot d^2}{4} \fallingdotseq 112[\text{cm}^2] (\text{앞에서 계산했음})
$$

$$
Q_3 = 112 \times 600 \fallingdotseq 67,200[\text{cm}^3/\text{min}] = 67.2[l/\text{min}]
$$

따라서 20 A 배관으로 충분하다.

② 당길 때

소요유량$(Q)[\text{cm}^3/\text{min}] = A[\text{cm}^2] \times l[\text{cm/min}], l = 5[\text{m/min}]$ (당길때 속도)

$$112 \times 500 = 56,000 \, [\text{cm}^2/\text{min}] = 56 \, [l/\text{min}]$$

이 때 실린더에서 배출되는 기름에 대하여 알아보면

$$A = \frac{\pi \cdot D^2}{4} - \frac{\pi \cdot d^2}{4} = \frac{\pi \times 20^2}{4} - \frac{\pi \times 5^2}{4} = 294.4 \, [\text{cm}^2] \text{이므로}$$

$$Q = A \times P = 294.4 \times 500 \coloneqq 147,000 \, [\text{cm}^3/\text{min}] = 147 \, [l/\text{min}]$$

따라서, $147 \, [l/\text{min}]$이면 32 A로 되지만 앞에서 설명한 흡입이 50 A 이기 때문에 파이프는 큰 것을 사용한다.

(2) 사출용 실린더 유량계산

사출용 실린더는 항상 미는작동과 복귀작동 뿐이고 강제로 당기는 작동이 없기 때문에 기계 정지시에는 수지를 넣어 정지시키고, 다음 날 그것이 굳어 버리기 때문에 강제로 당기는 회로로 해야 한다.

① 밀 때의 유량

$$Q_5 [\text{cm}^3/\text{min}] = A \, [\text{cm}^2] \times l \, [\text{cm}/\text{min}], \quad A = \frac{\pi \cdot D^2}{4} = \frac{\pi \times 10^2}{4} = 78.5 \, [\text{cm}^2]$$

$$78.5 \times 500 = 39,200 \, [\text{cm}^3] = 39.2 \, [l/\text{min}] \, (20 \text{ A}), \quad l = 500 \, [\text{cm}/\text{min}]$$

이 때 배출유량은

$$Q_6 = A \times l, \quad A = \frac{\pi \cdot D^2}{4} - \frac{\pi \cdot d^2}{4} = \frac{\pi \times 10^2}{4} - \frac{\pi \times 5^2}{4} \coloneqq 58.9 \, [\text{cm}^2]$$

$$58.9 \times 500 = 29,500 \, [\text{cm}^3/\text{min}] = 29.5 \, [l/\text{min}] \, (10 \text{ A 또는 } 20 \text{ A})$$

② 복귀시 흡입유량

$$Q_2 [\text{cm}^3/\text{min}] = A \, [\text{cm}^2] \times l \, [\text{cm}/\text{min}]$$

$$l \, [\text{cm}] = l_s [\text{cm}] \, (1 \text{ 초 동안에 움직인 행정}) \times 60 = 2.2 \times 60 = 132 \, [\text{cm}]$$

$$Q = A \times l = 58.9 \, [\text{cm}^2] \times 132 \, [\text{cm}] \coloneqq 7,770 \, [\text{cm}^3/\text{min}] = 7.8 \, [l/\text{min}] \, (10 \text{ A})$$

실린더로부터의 배출유량

$$Q_8 [\text{cm}^3/\text{min}] = A \times l, \quad A = 78.5 \, [\text{cm}^2]$$

$$78.5 \times 132 \coloneqq 10.350 \, [\text{cm}^3/\text{min}] \coloneqq 10.4 \, [l/\text{min}] \, (20 \text{ A})$$

이와같이 밸브 사이즈는 큰쪽을 사용하므로 로드쪽 10 A, 헤드쪽 20 A가 된다(이 계산으로 파이프 사이즈, 기기 사이즈를 결정한다).

- 이밖에 기름탱크의 용량결정의 자료(열발생의 면)로서 1일의 가동시간을 결정한다(여기서는 생략한다).
- 조작방법(전환밸브의 전자, 솔레노이드와 수동등) 및 그밖의 요구에 대하여 결정한다.

여기에서 전환밸브는 솔레노이드이고, 기타는 자유로 한다.

위의 요구조건으로 간단한 유압이라면 회로설계를 할 수 있다.

참고 유압유니트 또는 복잡한 유압회로 및 아주 정밀한 유압의 경우에는 이밖의 갖가지 요구조건이 필요하다.

286 제 4 장 유·공압회로

4·6 유압실린더 회로의 설계

(1) 형결합용 실린더회로

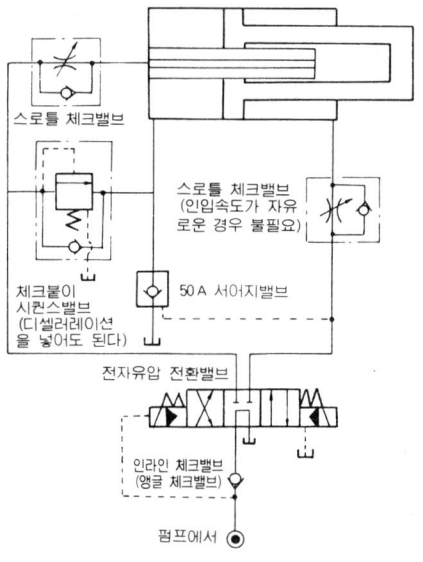

〔형 결합용 실린더 회로〕

〔회로설정의 설명〕

부스터 실린더로 조기이송을 한 후에는 압력이 필요하기 때문에 아주 큰 용량의 펌프를 사용하거나 또는 회로도와 같이 시퀸스 밸브와 서지밸브를 사용하여 회로를 만든다. 또한 부스터 실린더에 펌프 토출유량 전부를 흐르게 하여 규정의 미는속도에 이르면 유량 제어밸브는 필요없지만 앞의 유량계산으로 11.8〔l/min〕 밖에 소요되지 않아 전량을 흐르게 하면 상당히 빠른속도가 되기 때문에 스로틀 체크밸브가 필요하다. 실린더를 당길 때 스로틀 체크밸브도 마찬가지이다.

여기에서 유량 제어밸브(스로틀 체크밸브)는 미터 인 회로에 들어있다. 이는 미터 아웃쪽에 넣어서는 회로가 복잡한데다 동력손실도 크며, 또한 넣는 장소에 따라 아주 고압이 되어 휨이 생기게 된다.

흡입관 쪽에는 흡입저항이 증가하므로 가급적 밸브를 넣지 않는 것이 보통이다. 위의 회로와 전자 전환밸브를 넣어 회로를 구성하면 되나 센터 바이패스를 사용한 이유는 형결합을 하고 있을 때에만 사출하기 때문에 센터 바이패스쪽이 효율이 좋은 셈이다.

제 1 절 유압회로 **287**

전자 유압 전환밸브의 탱크라인에 체크밸브를 넣으면 부스터 실린더로 미
는 경우에 실린더로부터 나오는 기름에 저항이 걸린다. 면적차로 부스터실린
더는 높은 고압이 된다.

$$P = P_1 \times \frac{A}{A_1}$$

여기서, P : 부스터 실린더 압력　　　　　P_1 : 로드쪽에 걸리는 압력(저항)
　　　　A : 로드쪽 단면적　　　　　　　　A_1 : 부스터 실린더 단면적

따라서, $P_1 = 4.5\,[\mathrm{kg/cm^2}]$으로 하면

$$P = 4.5 \times \frac{112}{19.6} \fallingdotseq 26\,[\mathrm{kg/cm^2}]\ \text{이 필요하며,}$$

동력이 손실되어 2 점에서 체크밸브는 전자 유압밸브에 들어가기전의 파이프
에 들어가 외부 파일롯의 전자 유압밸브가 효율이 좋다는 것이다.

참고　기기의 크기, 파이프의 굵기는 앞장의 유량계산으로 결정한다.

(2) 사출용 실린더회로

〔작동회로 설명〕

사출용 유압실린더는 미는 작용만
을 유압으로 시키면 되지만 정지시에
유압으로 당기지 않으면 않되기 때문
에 로드쪽도 배관하여야 한다.

사출압력(실린더 미는 하중)을 8톤
에서 4 톤까지 바꾸어야 하므로 압력
조정밸브(감압밸브)를 꼭 달아야한다.

감압밸브를 넣는 위치는 회로도의
위치나 전자 유압 전환밸브와 플로우
컨트롤 밸브 사이의 어느쪽도 좋다.

회로도의 위치라면 기름은 왕복(감
압밸브의 1 차에서 2 차로 흐르거나
2 차에서 1 차로 흐른다)하기 때문에
체크붙이 감압밸브가 필요하다.

전자 전환밸브보다 앞(밸브쪽)에

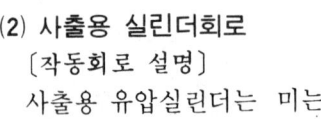

〔사출용 실린더 회로〕

넣어야 하며, 흐름방향은 한쪽뿐이므로 체크밸브는 필요없다.

스크루우 회전으로 실린더가 복귀하지만 이 때 저항을 주어야 하기 때문에
실린더 헤드쪽 라인(시퀀스 밸브를 단쪽의 라인)에 시퀀스 밸브(저항 밸브
로서 사용)를 꼭 달아야 한다. 시퀀스 밸브도 감압밸브처럼 왕복 모두 흐르
기 때문에 체크붙이가 필요하다. 이 때의 저항압력을 알기 위하여 압력계가
필요하며, 또한 이 위치라면 감압밸브 작동시의 2 차 압력도 검출할 수 있다.

288 제 4 장 유·공압회로

전자 전환밸브의 중립 위치에서 실린더 헤드쪽의 기름이 나와 로드쪽으로
흡입시켜야 하기 때문에 전자 전환밸브의 A, B 포트는 탱크포트에 연결되어
있어야 한다. 또한 실린더의 미는속도 조정에 플로우 컨트롤 밸브가 필요하다.

4·7 유압펌프 회로의 설계

(1) 유압펌프 부분회로

〔회로 설명〕

형결합용 전자 전환밸브가 외부 파일
롯인 이유로 인라인 체크밸브에 들어간
간단한 회로이다.

유압펌프 용량(토출량)은 유압 실린더
가 겹쳐서 움직이는 일은 있어도 무게에
의하여 기름이 소요되는 일은 없기 때문
에 4·5에서 계산한 유량의 최고값 56〔l
/min〕(177〔l/min〕)은 서어지 밸브의 흡
입으로 펌프는 관계없다. 이상의 용량이
있는 유압펌프를 사용해야 하며, 압력은

〔유압 펌프 부분 회로〕

4·5에서 계산한 최고압력 127〔kg/cm²〕과 배관 저항류(약 10〔kg/cm²〕)를 더
하여 137~140〔kg/cm²〕으로 릴리프 밸브를 설정하면 된다.

압력계는 상용압력이 중간눈금에서 사용함이 바람직하다. 기기 형식의 결
정이 되지 않은 것은 오일탱크의 용량뿐이지만 이 계산은 매우 복잡하기 때
문에 여기서는 생략한다.

① 펌프가 항상 정지하고 있는 것 : 1분간 펌프 토출량의 3 배 가량의 용량
② 펌프는 계속 회전하고 있지만 압력계가 항상 0 을 가리키는 회로(상시
   무압 운전) : 펌프 토출량의 3 ~ 5 배
③ 1일 8 시간 정도 운전하며, 약 절반정도의 시간을 압력계가 70〔kg/cm²〕
   을 나타내는 회로 : 펌프 토출량의 10~12배
④ ③항의 압력이 140〔kg/cm²〕의 것 : 펌프 토출량의 20~25배
⑤ 1일 8 시간 운전하며 대체로 압력이 70〔kg/cm²〕인 회로 : 펌프 토출량
   의 20~25배
⑥ ⑤항의 압력이 140〔kg/cm²〕의 것 : 펌프 토출량의 40배가 되어 압력이
   상승할수록 큰 용량의 오일탱크가 필요하다. 보통 10배를 넘으면 냉각기
   를 사용하는 것이 유리하며, 발생열량 1〔kW/h〕(1시간에 1〔kW〕의 열
   량이 발생한다)에 대하여 860〔kcal/hr〕(시간당 860〔kcal〕의 열량을 냉각
   한다) 상당의 쿨러를 사용한다.

제 2 절 공압회로

1. 공압회로 구성방법

1·1 회로도의 구성

회로의 배치는 유통도와 같아야 하고 신호의 흐름은 밑에서 부터 위로 이어져야 한다. 에너지의 공급원은 회로도와 마찬가지로 유통도에 포함되어야 하며 에너지 공급에 필요한 모든 요소는 제일 밑에 그리고 에너지는 밑에서 위로 분배되어야 한다.

회로가 큰 경우에는 에너지 공급부(에어 컨트롤 유닛, 차단밸브, 분배, 연결기 등)를 회로도에서 분리하여 나타내고 각 요소에 대한 에너지의 연결은 0로 표시한다.

다음 표는 유통도를 나타낸다.

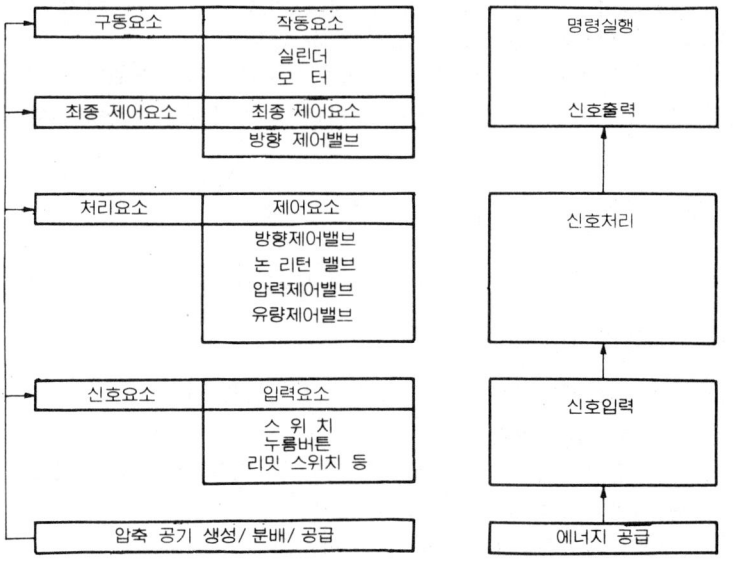

[유통도]

290 제 4 장 유·공압회로

그러면 수동버튼이나 페달을 이용하여 공압 복동실린더의 피스톤 로드를 상사점에 도달한 다음 다시 원위치로 돌아오게 하려는 회로를 알아보자.

다음 그림에서 보는 바와 같이 유통도와 배열은 같으나 회로도에 그려진 위치가 실제부품의 설치위치가 아니라는 것을 알 수 있을 것이다.

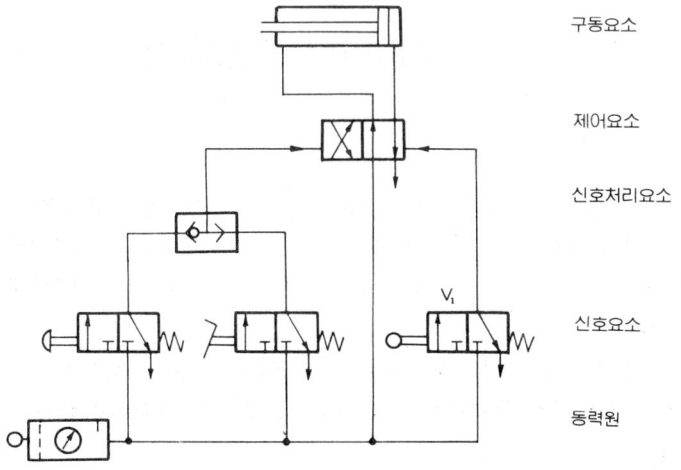

위의 그림에서 밸브 V_1은 피스톤로드가 상사점에 도달할 때 작동할 수 있으나 신호요소이므로 회로의 아래부분에 그리며 또한 실제 배치를 확실히 하기 위하여 실제위치를 점선으로 표시할 수 있다.

제어시스템이 복잡하고 여러 개의 구동요소가 있을 경우에는 제어시스템을 각각의 구동요소에 대하여 구분하여 나타내며 이 순서는 작동순서와 같은 차례로 그려야 한다.

1·2 요소의 표시

요소의 표시법에는 숫자 표시법과 문자 표시법이 사용된다.

1-2-1 숫자 표시법

숫자 표시법의 대표적인 것에는 다음의 2가지가 있다.

(1) 일련번호 표시 방법

제어시스템이 복잡하거나 같은 기기가 중복되는 경우 등에 사용되고 있다.

(2) 그룹번호와 그룹내의 일련번호 표시

  예 3.12일 때 그룹 3의 요소 12를 나타낸다.

  ① 그룹의 분류

    그룹 0 : 모든 에너지의 공급요소이다.

그룹 1, 2, 3 : 각 제어시스템을 나타내며 통상적으로 작동기 1개를 1개의 그룹으로 나타낸다.

② 그룹내의 일련번호표시

0 : 구동요소

1 : 제어요소

2, 4(짝수) : 작동시의 전진운동이나 시계방향(정방향)운동에 영향을 미치는 모든 요소를 나타낸다.

3, 5(홀수) : 작동기의 귀환행정이나 시계반대방향(역방향)운동에 영향을 미치는 모든 요소를 나타낸다.

01, 02 : 스로틀밸브와 같이 제어요소와 구동요소사이에 있는 요소를 나타낸다.

다음 그림은 숫자 표시법을 나타낸다.

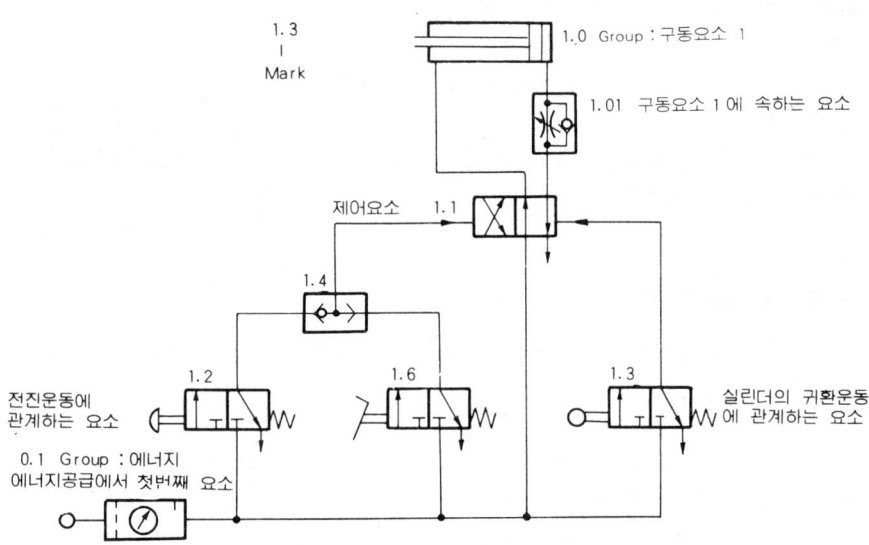

1-2-2 문자 표시법

회로도를 질서정연하게 배열할 때 사용되며 검토와 배열이 쉽고 분명한 장점이 있다.

구동요소는 대문자로 표시하고 신호요소와 리밋 스위치 등은 소문자로 표시한다.

옆에 그림은 문자표시법을 나타낸 것이다.

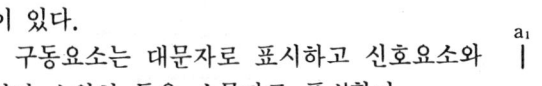

문자표시법의 보기

① A, B, C ‥‥‥ 구동요소 표시

292 제 4 장 유·공압회로

② a_0, b_0, c_0 ······ A, B, C 실린더의 후진위치에서 작동하는 리밋 스위치의 표시

③ a_1, b_1, c_1 ······ A, B, C 실린더의 전진위치에서 작동하는 리밋 스위치의 표시

※ 숫자표시와 문자표시를 동시에 사용하는 것도 가능하며 복잡한 부품의 설치와 배관 등은 숫자와 문자를 동시에 사용하여 요소표시와 연관시킬 수가 있다(예 : 4.69는 4.6요소에 연결된 파이프).

1-2-3 요소의 표시법

모든 요소는 작동이 되지 않은 상태로 회로도에 나타내야 하며 불가능할 때에는 적절한 조치를 취하여야 한다.

예를 들어 밸브가 작동된 상태일 때는 화살표 등으로 표시하고 리밋 스위치일 때에는 캠으로 표시한다.

옆에 그림은 상시닫힘의 리밋 스위치 기호이며 이것이 작동된 상태를 나타낸다.

1-2-4 기호 표시

완성된 회로도에 실제 설치될 요소와 같은 종류의 기호를 사용하여 표시한다.

1-2-5 배관라인 표시

배관라인은 가능하면 교차점이 없이 직선으로 그려야 하고 작동라인은 실선으로, 제어라인은 점선으로 그린다(복잡한 제어라인에서는 제어라인도 실선으로 그려 회로도를 간단하고 명확하게 그릴 수 있다)

코드표시법은 연결부와 행선부를 나타내며 이것은 요소와 연결부의 번호로 구성된다.

다음 그림은 배관라인 표시법을 나타낸 것이다.

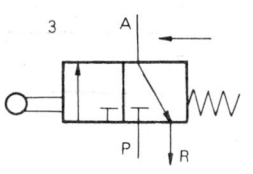

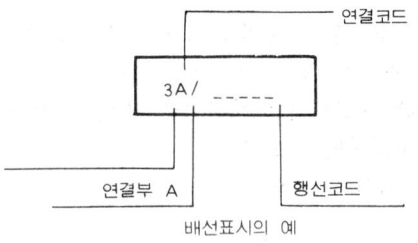

배선표시의 예

제 2 절 공압회로 **293**

행선코드는 배관이 도달할 곳을 명시하며 다음 그림은 행선 코드를 나타낸
다.

요소 3에서 [　　　　] 　　요소 12에서 [12X/ 3A]

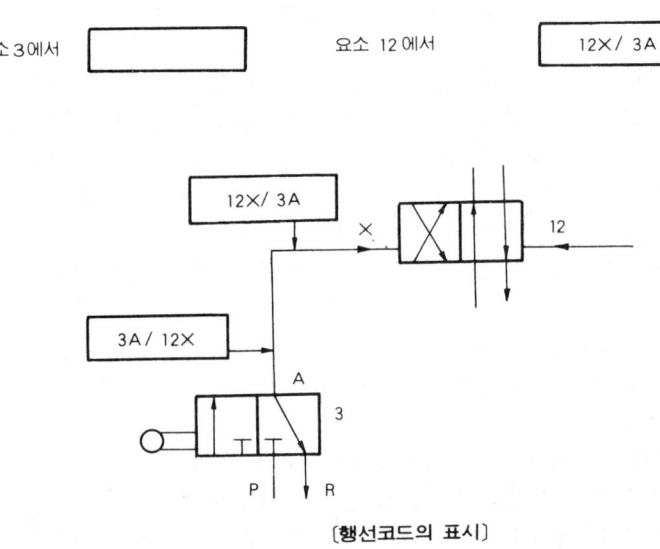

〔행선코드의 표시〕

1-2-6 기타 사항

이밖에 기술적인 자료나 가격 등을 완성된 회로도에 나타낼 수 있으며 변위
-단계 선도 등에 의하여 작동순서를 표시하고 작동조건과 구동요소, 제어요소
의 부품목록도 기재한다.

그러면 이제까지의 공압회로 구성방법을 정리하여 보기로 한다.

① 회로도의 배치는 유통도와 같이 하고 신호는 아래에서 위로 흐르게 한다.

② 에너지의 분배도 아래에서 위로 공급되도록 표시한다.

③ 요소의 실제배치는 무시하나 실린더와 방향제어 밸브는 수평으로 그린다.

④ 모든 요소는 실제설비나 회로도에서 같은 표시기호를 사용한다.

⑤ 신호의 위치를 표시하고 신호가 한방향일 때 화살표로 표시한다.

⑥ 요소들은 정상상태로 하며 작동된 상태일 때는 이것을 표시한다.

⑦ 배관라인은 가능하면 교차점이 없이 직선으로 하며 필요시 명칭을 표시
한다.

⑧ 필요시 기술적 자료와 설치 가격, 시스템 작동순서, 유효가동조건 및 수
리 부품 등도 기재한다.

294 제 4 장 유 · 공압회로

2. 공압 기본회로

공압에 사용되는 부품은 기본적인 성질과 기기의 특징을 잘 알아야 하며, 설계목적에 따라 밸브 및 부품의 특성과 작동속도, 출력, 유체 흐름방향 등을 고려 하여 선택하여야 하므로 부품에 대한 충분한 지식을 갖도록 하여야 한다.

기기의 조합을 잘못하면 전혀 일을 못하는 수도 있으며, 계획대로 작동을 시키자면 가장 효과적인 조합을 하여야 한다. 공압회로 구성에 있어서 사용 기기의 특성은 물론이고 가장 기본적인 사용방법을 알아 두지 않으면 안된다

또한 반대로 여러용도에 대하여 어떤 종류의 기기를 어떤 조합으로 사용하면 좋은지를 알아두어야만 회로설계를 할 수 있다. 기기의 가장 기본적인 조합방식이 기본회로이다.

기기의 공압화 성공여부는 그 회로가 주 기기의 움직임에 맞느냐의 여부가 중요하므로 회로구성은 면밀히 검토하고 신중을 기해야 한다.

간단한 공압장치의 경우는 기본회로를 그대로 구성하는 일이 많으며, 또한 복잡한 장치의 경우에도 자세히 보면 여러가지 용도의 기본회로를 다양하게 조합한 형식의 것을 많이 볼 수 있다.

2·1 단동실린더의 제어

단동실린더의 제어에는 직접제어 및 간접제어, 속도제어, 셔틀밸브 및 그 압력 밸브를 이용한 제어 등 여러가지가 있다.

2-1-1 단동실린더의 직접제어

다음 그림은 버튼을 누르면 단동실린더의 피스톤이 전진하고 버튼을 놓으면 원래의 위치로 돌아오는 회로이며 귀환행정시에는 실린더내의 공기를 배출시키기 위하여 3포트 2위치 밸브를 사용한다.

2-1-2 단동실린더의 간접제어

직경이 크고 행정이 길며, 실린더와 밸브의 사이가 멀리 떨어져 있는 경우에는 다음 그림과 같이 간접 작동시킨다. 이 때 밸브가 작동하면 실린더의 피스톤이 전진하고 작동하지 않으면 원위치로 돌아와야 한다.

밸브 1.1은 간접작동이므로 실린더 크기에 맞는 용량의 것을 사용해야 하나

밸브 1.2는 실린더 피스톤의 전진운동에 영향을 미치는 요소이므로 용량이 작아도 되며 에너지 공급라인으로부터 주밸브까지의 공급라인을 짧게 하여 불필요한 공간 및 공기소비를 줄일 수 있는 이점이 있다.

또한 신호와 제어요소는 구경이 작은 관에 연결해도 무관하므로 신호요소의 크기가 작아져서 조작하기 쉽고 시간도 짧아진다.

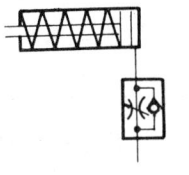

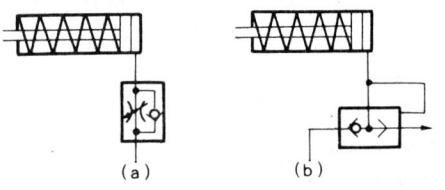

[단동 실린더의 직접 제어]　　　　[단동 실린더의 간접 제어]

2-1-3 단동실린더의 전진속도제어

단동실린더에서 전진시 공급되는 공기의 양을 조절함으로써 실린더 피스톤의 속도를 조절할 수 있다.

다음 그림과 같이 전진시에는 스로틀 밸브에 의하여 공기의 양을 조절하고 후진시에는 체크 밸브를 통하여 조절됨이 없이 흐른다.

2-1-4 단동실린더의 후진속도제어

그림 (a)와 같이 전진속도 제어방향과 반대로 회로를 구성하여 전진시에는 체크 밸브를 통하여 공기의 양을 조절하지 않고 흐르게 하며 후진시에는 스로틀 밸브에 의하여 공기가 조절된다.

그림 (b)에서는 급속 배기밸브를 사용하여 후진속도를 증가시키는 회로를 나타내고 있다.

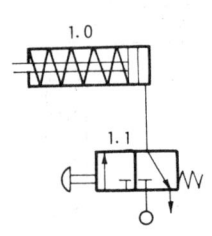 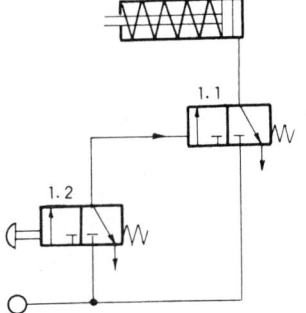

[단동 실린더의 전진속도 제어]　　　　[단동 실린더의 후진속도 제어]

296 제 4 장 유·공압회로

2-1-5 단동실린더의 전진과 후진속도 제어

다음 그림은 단동실린더의 전진과 후진속도조절을 표시한 회로이며 전진시에는 ⒜ 체크밸브를 통하여 ⒝의 스로틀 밸브에서 조절되며 후진시에는 ⒝의 체크 밸브를 통하여 ⒜의 스로틀 밸브에서 조절된다.

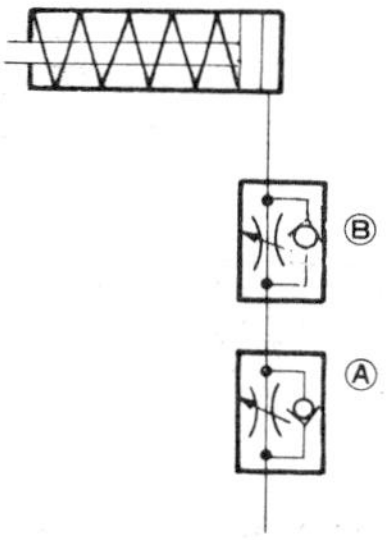

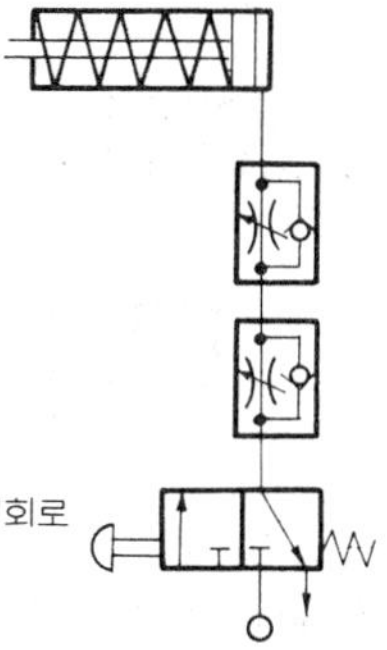

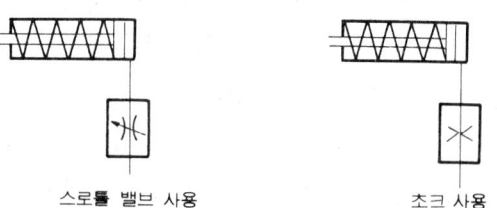

아래 그림은 전진과 후진속도를 각각 별도로 조정할 수 없도록 만든 감속방법을 나타낸 것이다.

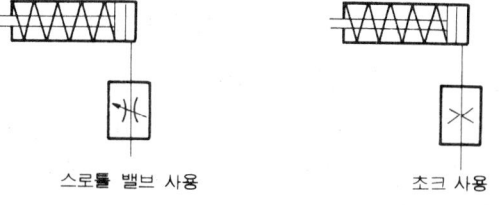

2-1-6 단동실린더의 셔틀밸브 사용회로

공압 OR회로라고도 하며 두개의 신호에 의하여 동일한 동작이 일어나는 곳 즉, 각각 다른 곳에서 같은 작동을 할 수 있도록 신호를 보내는 회로이며 다음 그림과 같다.

다시말하면 한 쪽에서 신호를 보내거나 또는 다른 쪽에서 신호를 보내거나 양쪽에서 같은 신호를 보내더라도 출력은 같게 나온다. 이 회로에서 셔틀밸브가 없으면 공기는 밸브 1.2나 1.4중 작동하지 않는 밸브를 통해서 빠져 나갈 것이다.

제 2 절 공압회로 **297**

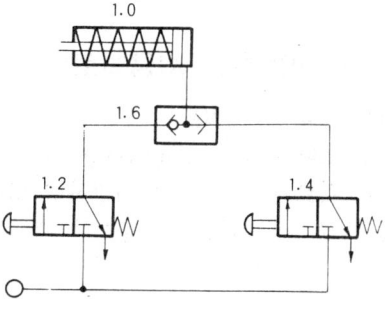

그러면 여러개의 입력신호가 한개의 출구에 전달되기 위한 회로를 알아 보도록 하자(각 밸브에 두개의 입구만 있으므로 셔틀밸브는 직렬로 연결한다).

4개의 신호 e_1, e_2, e_3, e_4로 똑같은 동작을 시키려고 한다. 다시말해서 모든 신호가 하나의 출구 a로 연결되려면 다음 그림과 같은 두가지의 방법이 가능하다.

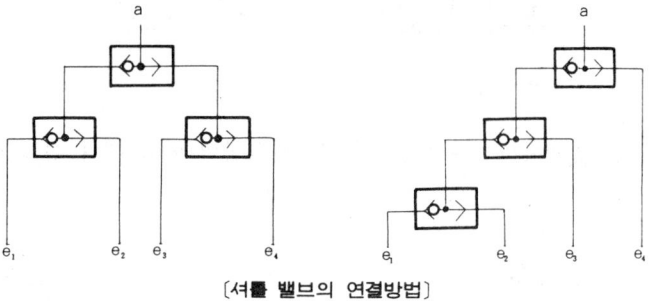

〔셔틀 밸브의 연결방법〕

신호의 수와 필요한 밸브 수(n_v)와의 관계는 다음과 같다.

필요한 밸브수 $n_v = e_n - 1$(e_n : 신호의 수)

일반적으로 공압에서는 셔틀 밸브가 여러개의 신호를 받아 하나의 출구에 연결되도록 사용하고 있다. 따라서 하나의 신호를 여러개의 출구에 연결되는 곳에는 사용하지 않는다.

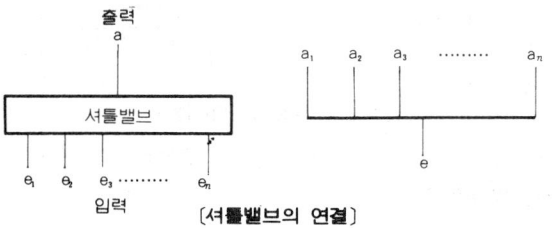

〔셔틀밸브의 연결〕

298 제 4 장   유 · 공압회로

2-1-7   단동실린더의 2압 밸브 사용회로

공압 AND 회로라고도 하며, 이 회로는 두개의 신호가 동시에 들어올 때만
작동되는 회로이며 다음 그림과 같이 한쪽에서만 신호가 들어 올 때는 2압 밸
브에서 차단되어 공기가 흐르지 않는다. 다시말하면 압력이 낮은 쪽의 공기가
흘러서 작동기를 작동시키는 것이다(같은 압력일 때는 나중신호의 압이 흐른
다).

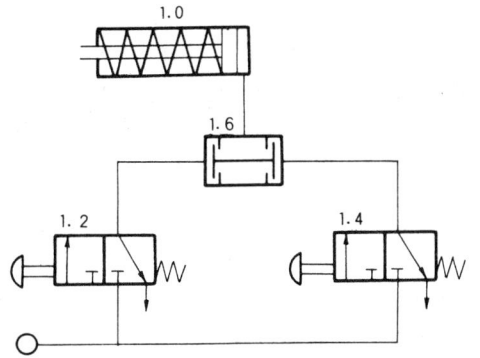

다음 그림은 몇개의 2압 밸브를 직렬로 연결하여 여러 개의 신호그룹으로 만
든 것이다.

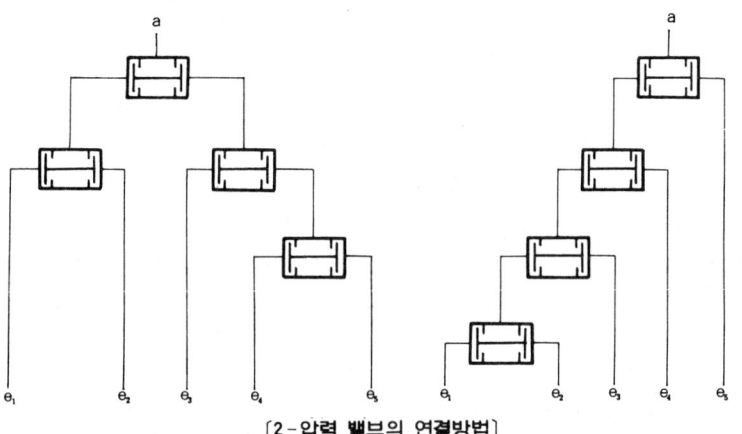

〔2-압력 밸브의 연결방법〕

다섯개의 신호 e_1, e_2 …… e_5로 어떤 작업을 수행하려고 한다. 이때 필요한 2
압력 밸브의 수는 몇개인가.

$$n_v = e_n - 1 = 5 - 1 = 4$$

2·2 복동실린더의 제어

2-2-1 복동실린더의 직접제어

다음 그림은 4포트 2위치 밸브와 5포트 2위치 밸브를 사용하여 누르면 버튼을 누르면 복동실린더의 피스톤이 전진하고 버튼을 놓으면 원위치로 되돌아가는 경우의 회로도이다.

〔4포트 2위치 밸브사용〕 〔5포트 2위치 밸브사용〕

5포트 2위치 밸브를 사용하면 전진과 후진시 따로따로 배기할 수 있다.
(예 : 속도계 사용).

2-2-2 복동실린더의 간접제어

복동실린더가 1.2와 1.3 두개의 밸브에 의하여 작동되며 1.2 밸브가 작동하면 피스톤이 전진하고 1.2 밸브가 작동을 멈춘 후에도 밸브 1.1이 이 피스톤의 전진방향에 놓이게 되므로 밸브 1.3을 통한 귀환행정을 지시하는 신호가 입력될 때까지 그 위치에 정지하게 된다.

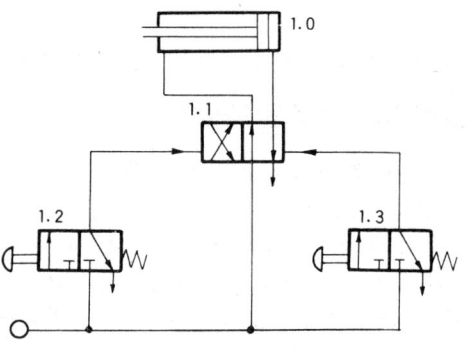

300 제 4 장 유·공압회로

앞의 회로도에서 알 수 있듯이 직접제어는 할 수 없으며 밸브 1.2와 1.3이 실린더에 직접 연결되면 피스톤을 전후진 시킬 수는 있으나 행정의 끝부분에서 실린더내의 압력감소가 생길 수 있다. 따라서 피스톤이 고정되지 못한다.

2-2-3 복동실린더의 자동귀환제어(리밋 스위치 사용)

전진운동이 끝난 복동실린더의 피스톤이 전진운동에 영향을 미치는 밸브의 작동이 멈추게 되면 스스로 귀환운동을 하는 회로이다. 그림과 같이 밸브 1.2로부터 충분한 시간 동안 전진신호가 밸브 1.1에 주어지면, 실린더의 피스톤은 실린더의 상사점에 위치한 밸브 1.3쪽으로 운동하고, 이 위치에서 귀환신호가 주어진다. 그러나 밸브 1.2로부터의 신호가 너무 긴 시간동안 존재하면 밸브 1.3으로부터 귀환신호가 들어와도 밸브 1.1의 반대쪽에 이미 밸브 1.2로부터 나온 신호가 존재하기 때문에 밸브 1.3의 신호는 효력이 없어진다 (압력과 파일럿 스풀의 면적이 같기 때문에 밸브 1.1은 현재의 위치에서 마찰 등에 의해서 평형상태를 이룬다).

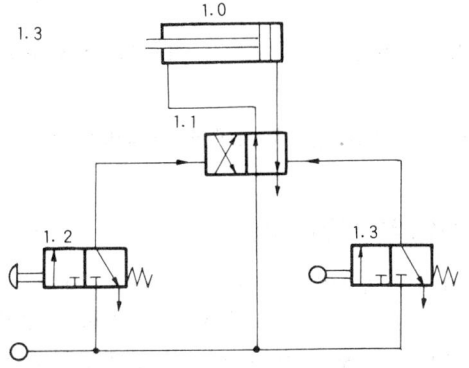

밸브 1.1은 밸브 1.2의 신호를 제거한 후 밸브 1.3의 신호가 들어오면 전환된다.

따라서 먼저 받아들인 신호에 의해 지배적인 작동을 하는 것이다.

2-2-4 복동실린더의 연속왕복운동

복동실린더가 시작신호에 의하여 상사점과 하사점 사이를 연속적으로 왕복운동을 하며 정지신호를 보내면 하사점에서 정지한다. 그림과 같이 피스톤의 후진위치에서 밸브 1.2가 작동되면서 밸브 1.1에 전진운동신호가 주어지므로 밸브 1.2에서 배기가 일어나면 스위칭 작용을 하게 된다.

앞에서 설명한 바와 같이 회로도를 그릴 때에는 초기위치를 나타내야 하므로

제 2 절 공압회로 **301**

밸브 1.2는 초기위치에서 작동된 상태로 그려야 한다.

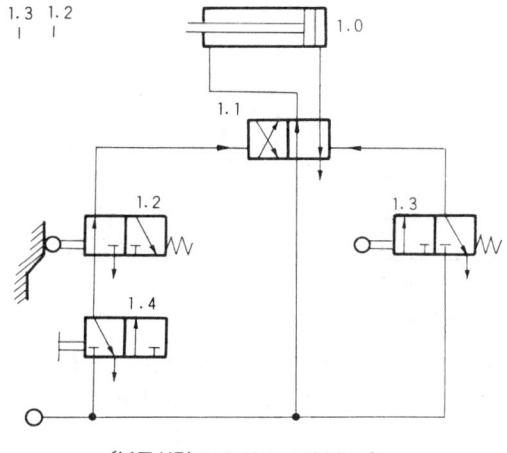

〔복동실린더의 연속 왕복운동〕

2-2-5 복동실린더의 중간정지 및 고정제어

공기는 압축성이 있으므로 실린더를 중간위치에서 정확하게 정지시키는 것은 정지상태에서 부하가 약간 변화되어 불가능하지만 정확성은 만족시킬 수 있다.

다음 그림은 중간정지 및 고정제어에 관한 회로의 예를 나타낸 것이다.

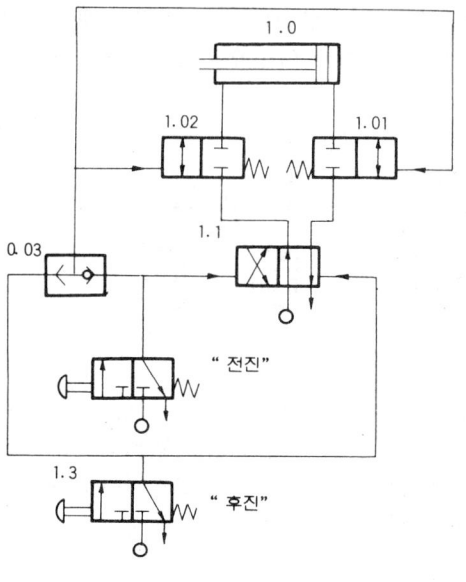

302 제 4 장 유 · 공압회로

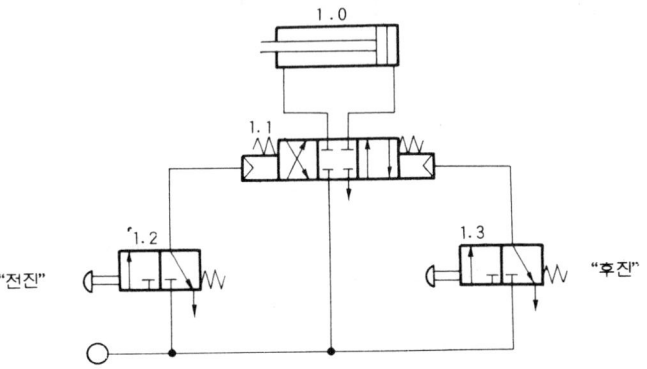

앞장의 회로도에서 밸브 1.2와 1.3이 작동되면 2포트 2위치밸브 1.01 과 1.02를 통해서 실린더로 이어지는 두 공급라인이 열린다. 이때 배기라인은 동시에 차단되어 실린더의 피스톤은 평형상태가 될 때까지 움직여 잔류압력에 의하여 정지하게 된다. 이때 밸브 1.01과 1.02는 공기의 흐름이 양쪽으로 흐를 수 있는 것이어야 한다. 이외의 중립위치에 고정된 4포트 3위치 밸브를 사용하여 밸브의 양쪽에서 압력을 가함으로써 밸브 1.1을 전환시켜 중간 정지 및 고정제어를 얻는 방법도 사용된다. 위의 회로도는 4포트 3위치 밸브를 사용한 경우를 나타낸다.

2-2-6 복동실린더의 속도제어

속도의 조절은 공급되는 공기와 배기되는 공기의 양을 조정함으로서 얻을 수 있으며 수동방식과 롤러작동식을 이용하는 방법이 사용된다.

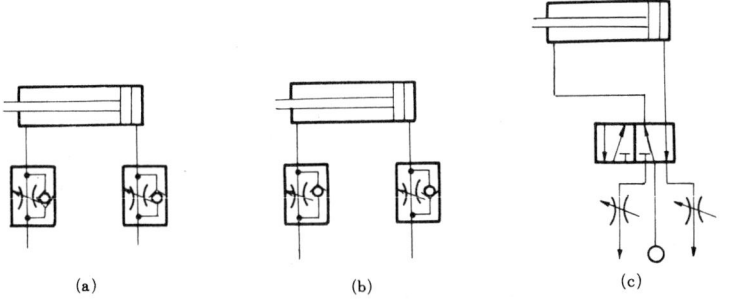

(a)　　　　　(b)　　　　　(c)

그림 (a)는 전진과 후진의 속도를 조절할 수 있는 방법으로 공급되는 공기를 조정하여 액추에이터의 속도를 조절하는 방법이다.

공급되는 공기는 스로틀 밸브에 의하여 조정되며 이때 배기공기는 체크 밸브를 통하여 자유공기가 된다.

제 2 절 공압회로 **303**

이 그림(b)는 피스톤의 전진과 후진시의 배기공기를 조정하여 속도를 조절하는 방법으로 앞의 회로도와는 반대로 배기공기를 조정하는 방법을 나타내고 있다. 이때의 공급공기는 자유공기가 되며 배기공기는 스로틀 밸브에 의하여 조정된다.

이 그림(c)는 5/2-위치밸브를 사용하고 배기 라인에 스로틀 밸브를 사용한 것으로 체크 밸브가 사용되지 않은 회로이다. 이때에는 체크 밸브에서 일어나는 반발력(rebound)현상이 일어나지 않는 장점을 가지고 있다.

이밖에 다음 그림(d)와 같이 후진시 피스톤의 위치에 따라 밸브내의 리밋스위치가 작동되므로 배기공기를 정하여 속도를 조절하는 방법과 그림(e)와 같이 급속 배기밸브를 이용하여 피스톤의 전진속도를 증가시키는 방법 등도 사용된다.

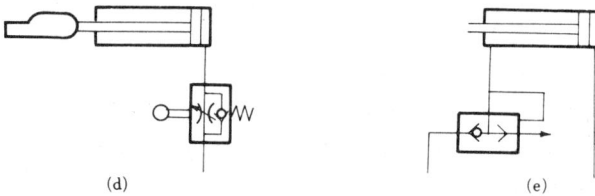

(d)　　　　　　　　　　　　　　　　(e)

2-2-7 압력사용 복동실린더 제어회로

시퀀스 밸브(sequence valve)는 압력에 의하여 제어되는 밸브로 일반적으로 방향제어밸브와 같이 사용된다.

그림(a)는 시퀀스 밸브의 연결상태를 나타내고 그림(b)는 시퀀스 밸브의 기호를 나타낸다.

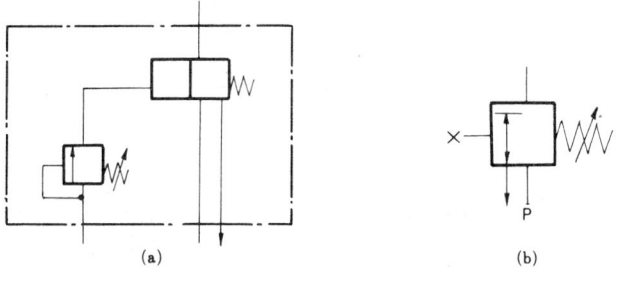

(a)　　　　　　　　　　　　　　　　(b)

① 리밋 스위치를 사용하여 끝점을 감지하는 압력에 의한 전환제어 : 다음 **그림의 시퀀스 밸브 1.3은 스위치의 전환점이 보통의 작동압력보다 작** 게 조정되어 있으며 최대압력이 생기는 점은 피스톤이 상사점이나 하사점 즉, 정지한 상태일 때로 이 때 신호가 시퀀스 밸브를 통하여 주어지며 밸

304 제 4 장 유·공압회로

브 1.5에 부착된 리밋 스위치는 피스톤이 상사점에 도달했다는 것을 확인하기 위하여 설치되어 있다.

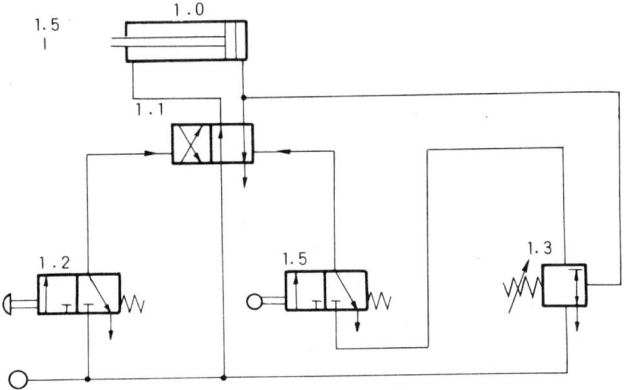

② 끝점 확인이 없는 압력에 의한 제어(리밋 스위치를 사용치 않음) : 다음 그림과 같이 밸브 1.2의 누름 버튼 스위치를 누르면 밸브 1.1의 회로가 바뀌고 이에따라 실린더가 전진운동을 시작하게 된다. 끝점에 도달하여 피스톤이 정지하면(실린더내의 압력이 최고압력에 상승하여 도달되면) 밸브 1.3이 작용하여 밸브 1.1이 전환되고 피스톤의 후진운동이 시작된다.

이러한 형식은 작동의 확실성이 중요하지 않은 곳이나 리밋 스위치의 사용이 불가능한 곳 또는 반발력이 생기면 피스톤의 운동이 바뀌어야 하는 곳 등에 사용된다.

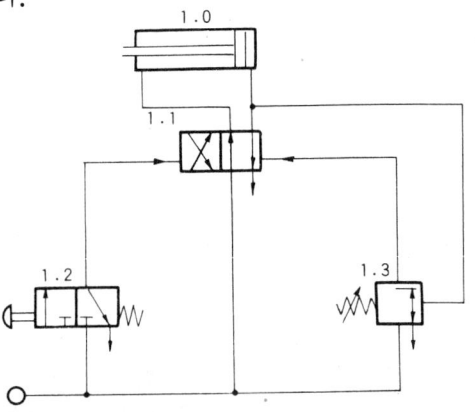

※ 압력에 의하여 작동되는 제어에서는 원하는 동작에 따라서 스로틀 밸브의 위치와 스로틀 밸브를 입구나 출구 중 어느 곳에 설치할 것인가를 충분히 생각하여야 한다.

제 2 절 공압회로 **305**

2-2-8 복동실린더의 시간특성회로

공압회로에서는 방향제어 밸브, 스로틀 밸브, 릴리프 밸브, 탱크 등을 배열하여 간단하게 시간제어를 할 수가 있다.

이때 부품의 특성을 잘 알아야 되며 특히 포핏 밸브는 슬라이드 밸브와 아주 다른 스위칭 특성을 가지고 있음에 주의한다. 다음은 기본회로의 설명이다.

(1) 주어진 시간에 의하여 제어하는 회로

① 시작지연 동작특성(start-delayed time behavior) : 다음 그림 (a)와 같이 스로틀 밸브에 의하여 공급된 공기는 탱크로 유입되고 일정시간후 탱크의 압이 공급압력과 같아질 때 밸브가 작동되어 액추에이터가 동작된다.

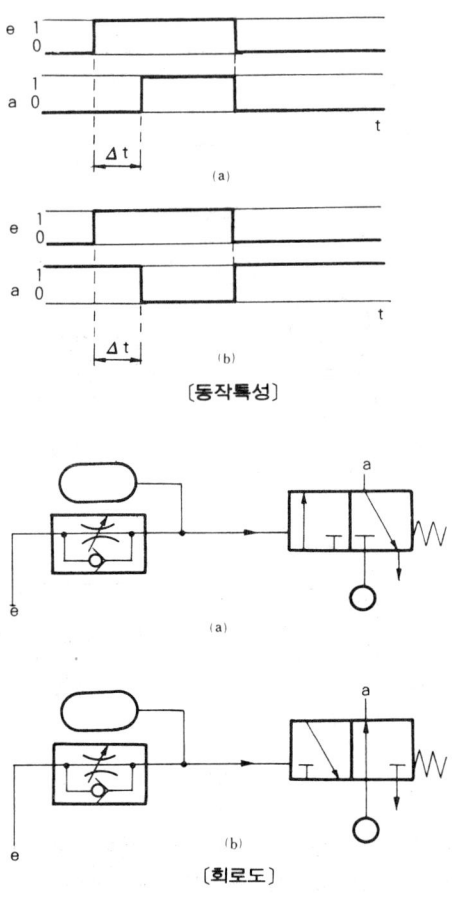

〔동작특성〕

〔회로도〕

② 잔류동작특성(falloff-delayed time behavior) : 다음 그림(a)와 같이 체크밸브를 통하여 유입된 공기에 의하여 밸브가 열리고 동작이 끝난 후 스로틀 밸브를 통하여 배출되는 공기압이 떨어지면 스프링에 의하여 밸브가 원위치로 돌아오게 된다.

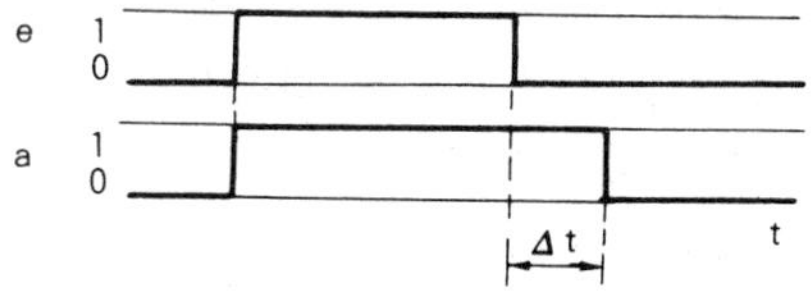

(a)

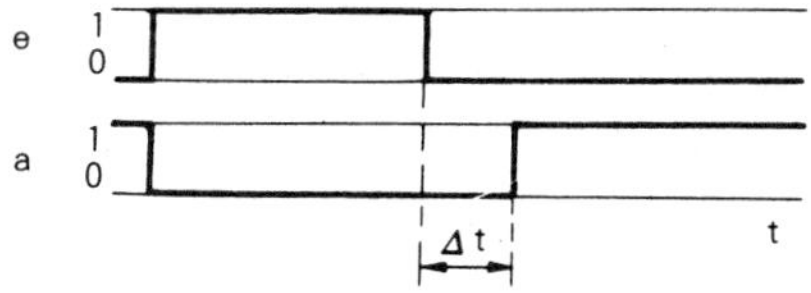

(b)

〔동작특성〕

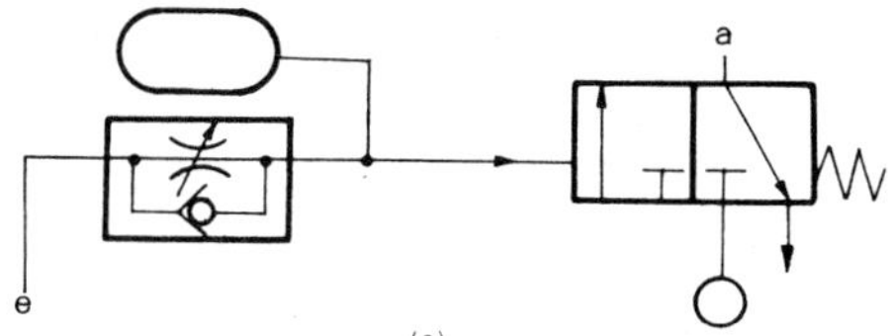

(a)

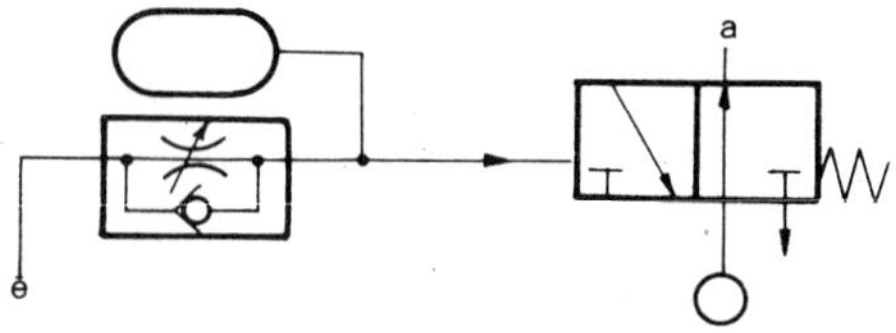

(b)

〔회로도〕

③ 시작지연특성과 잔류동작특성이 있는 시간제어회로 : 다음 그림과 같이 앞의 두 동작을 개별적으로 조절할 수 있는 회로이다.

제 2 절 공압회로 **307**

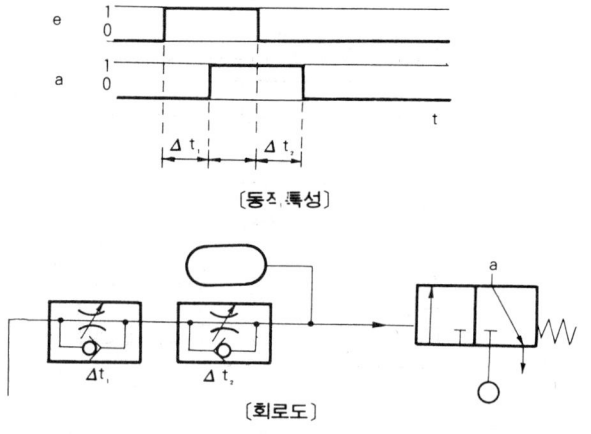

〔동작특성〕

〔회로도〕

(2) 펄스의 모양을 결정하는 시간지연회로

① 펄스단축(pulse shortening) : 다음 그림은 펄스를 짧게 해주는 회로로 유입된 공기가 탱크에 차게 되면 밸브를 작동시키고 밸브작동시 탱크의 공기가 배출되어 밸브가 원위치로 된다.

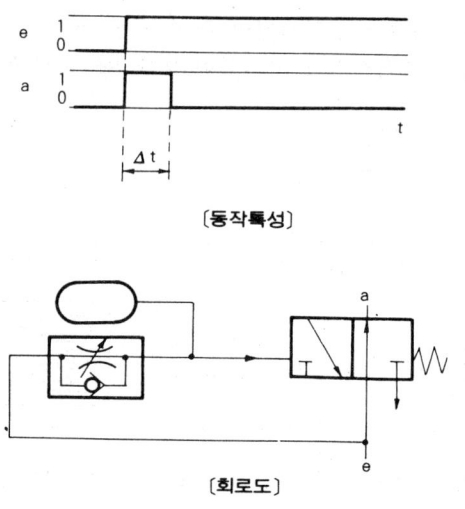

〔동작특성〕

〔회로도〕

② 펄스확장(pulse stretching) : 펄스단축회로와 체크 밸브를 반대로 연결하여 순간적으로 공기가 유입되고 동작이 길게 유지되는 회로이다.
다음 그림은 펄스를 길게 늘리는 회로의 특성과 회로도이다.

308 제 4 장 유·공압회로

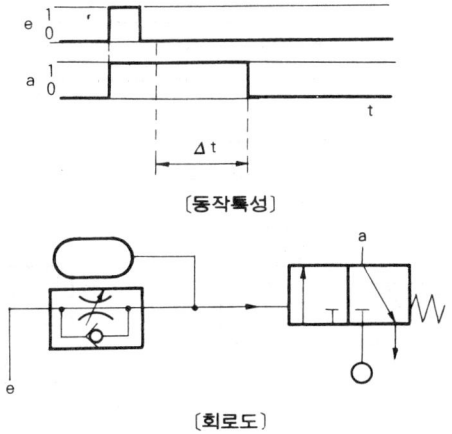

[동작특성]

[회로도]

③ 실제사용회로

   (가) 피스톤의 끝점 도달을 리밋으로 감지후 일정한 시간이 경과된 후에 되돌아오는 회로 : 아래 그림에서 밸브 1.2의 푸시버튼을 누르면 밸브1.1의 회로가 변경되어 피스톤이 전진하게 된다.

      피스톤이 상사점에 도달되면 밸브 1.5에 의하여 회로가 변환되며 스로틀 밸브 1.3에서 일정시간이 경과한 후 밸브 1.1이 전환되고 피스톤은 돌아온다(제어시간은 피스톤이 상사점에 도달했을 때부터 시작된다)

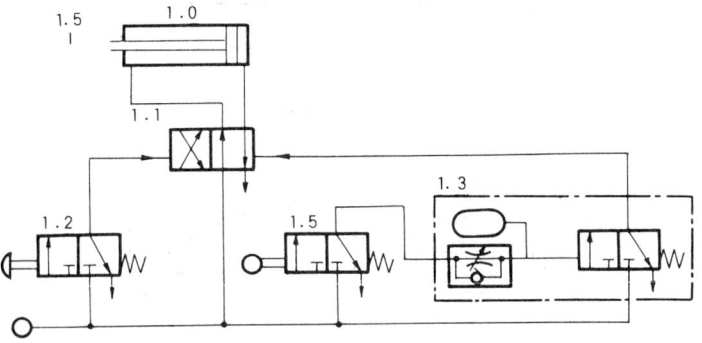

   (나) 끝점 도달의 확인없이 시간에 의하여 전환(리밋 스위치 없는 회로) : 작동의 신뢰성은 없으나 밸브 1.1이 전환할 때(피스톤의 전진이 시작될 때) 압력이 증가하며 피스톤이 상사점에서 정지되는 시간은 피스톤의 행정에 따라 달라진다.

      또한 피스톤의 반대쪽에 걸리는 압력이나 부하에 따라 회로의 시간편

차가 생긴다. 만일 피스톤이 행정의 중간에서 멈추게 되면 시간이 늘어
나므로 피스톤이 상사점에 도달하지 못하고 되돌아오는 경우도 생긴다.

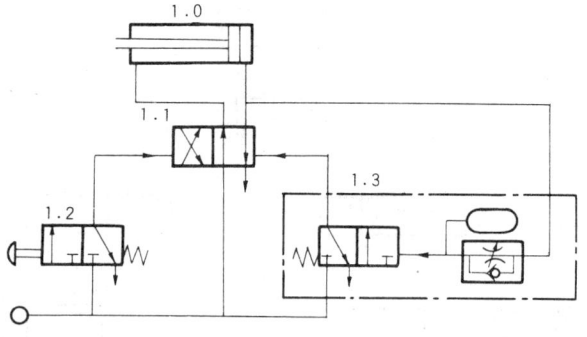

2-2-9 복동실린더의 무접촉 신호 전달기 회로
(반향감지기, 배압감지기, 에어게이트 등)

① 에어게이트 신호로 전진하며 반향감지기 신호로 후진하는 회로 : 다음 그
림은 에어게이트가 간섭받는 상태에서 신호를 출력시켜야 하므로 에어게이
트 1.2와 밸브 1.1사이에 밸브 1.4를 연결시켜야 하며 상시열림(normally
open)밸브가 사용되고 있다.

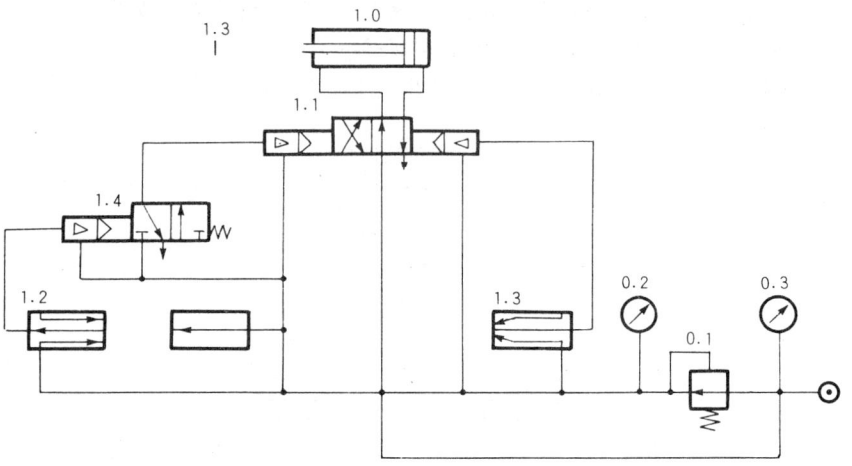

다음 그림은 반향감지기로부터 나온 신호를 중간밸브를 통하여 공급하며
이 회로의 장점은 1.2와 1.3으로부터 나온 신호가 밸브 1.4와 1.5에서 나

310 제 4 장 유·공압회로

온 것과 같이 정상압력신호이므로 바로 제어에 사용된다는 점이다.

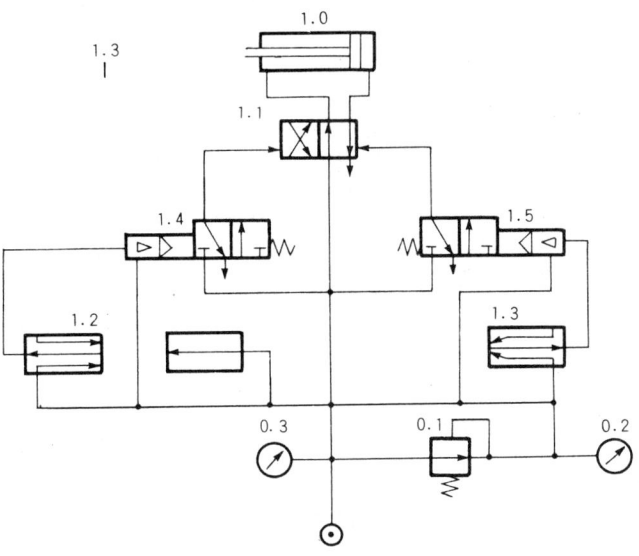

② 배압노즐에 의한 복동실린더의 전진 및 후진 제어회로 : 배압노즐의 장점은 정상압력으로 공기를 공급할 수 있는 것과 출력신호로 정상압력을 유지하는 것이며 완벽하게 작동하기 위해서는 배압노즐의 출구가 완벽하게 막혀야 한다. 다음 그림에서는 스위치 1.4로 실린더의 전진과 후진운동을 제어한다.

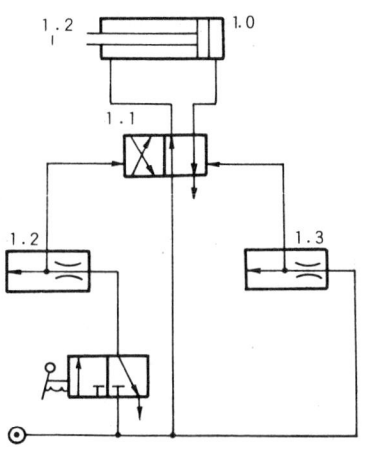

제 2 절 공압회로 **311**

2-2-10 충격밸브와 셔틀밸브에 의한 복동실린더 왕복회로 (고정장치 있슴)

그림 (a)에서와 같이 밸브 1.5의 누름버튼을 누르면 밸브 1.1이 전환되고 셔틀 밸브 1.3을 통한 신호에 의하여 밸브 1.4는 최초의 위치로 고정된다. 1.5를 잠그면 밸브 1.1을 통한 신호에 의하여 밸브 1.4가 전환되어 귀환신호의 통로가 열린다.

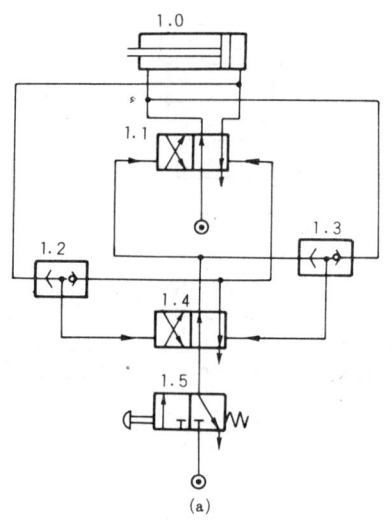

(a)

그러나 실린더의 설치가 부적합하거나 신호전달이 불량하면 회로에 교란이 생길 수도 있으며 이 때에는 그림(b)처럼 실린더에 왕복회로사이에 다른 충격 밸브를 설치하면 문제가 해소될 수 있다.

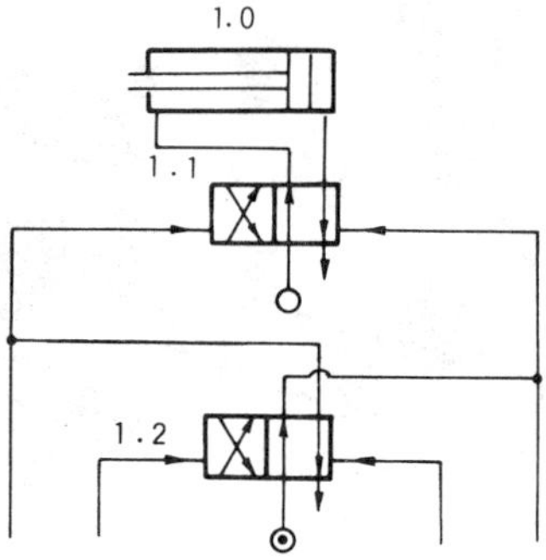

(b)

312 제 4 장 유·공압회로

2-2-11 충격밸브와 스프링에 의해 귀환하는 3포트2위치 밸브에 의한 왕복회로

그림에서와 같이 신호요소 1.5가 작동되면 밸브 1.3과 1.4를 통과하여 1.1로 나온 출력은 피드백(feed back)이 차단되고 1.5가 원위치로 돌아와야 회로가 통한다. 즉, 밸브 1.2의 전환으로 피드백 신호를 위한 회로가 열리게 된다.

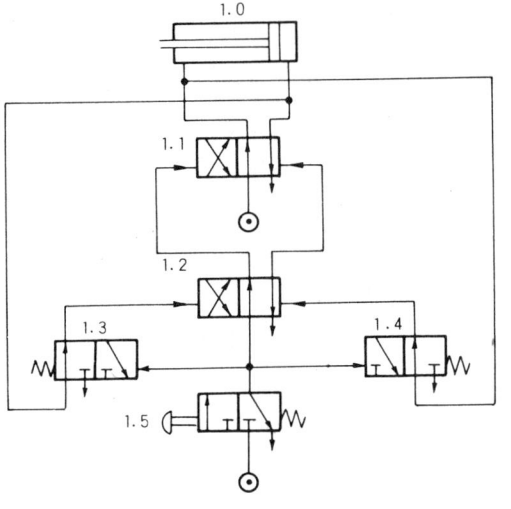

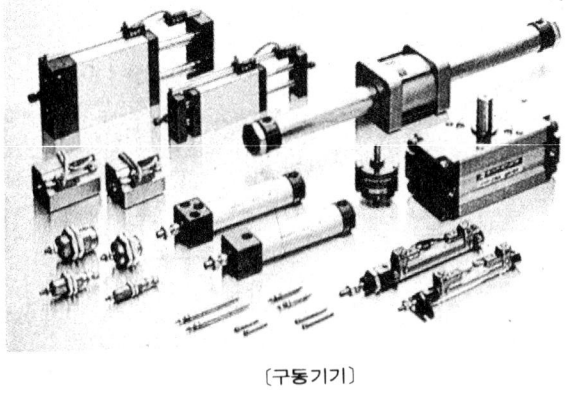

〔구동기기〕

제 2 절 공압회로 **313**

2-2-12 충격밸브와 2압력 밸브에 의한 왕복회로

아래그림과 같이 4포트 2위치 밸브가 신호전달기로 사용하여야 하며 이 경우 밸브 1.2의 전환은 밸브 1.5를 껐을 경우에만 일어나므로 두 방향에서 같이 신호를 받기 위하여 2압력 밸브가 필요하게 된다.

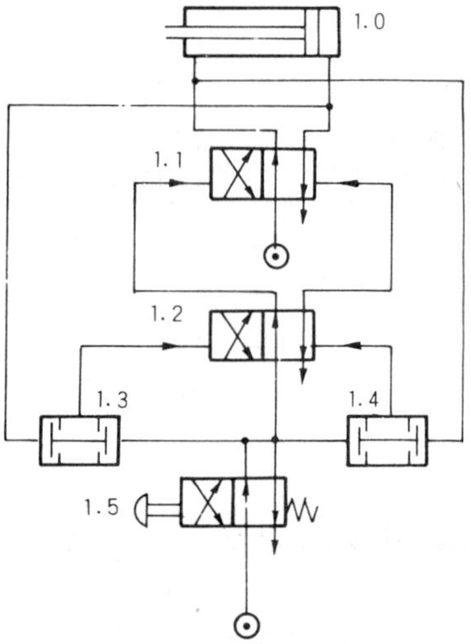

2-2-13 리밋 스위치를 사용하지 않는 실린더의 왕복회로

회로도(a)에서 스위치 0.1을 끄면 실린더 1.0의 피스톤은 상사점이나 하사점 중 한 곳에서 정지하게 된다. 이때의 피스톤의 정지위치는 스위치 0.1을 끌 때 피스톤의 운동방향에 의해 결정되며 피스톤의 초기위치를 일정하게 하려면 원하는 위치에서 밸브 1.4나 1.5만을 통하여 배기하여야 한다

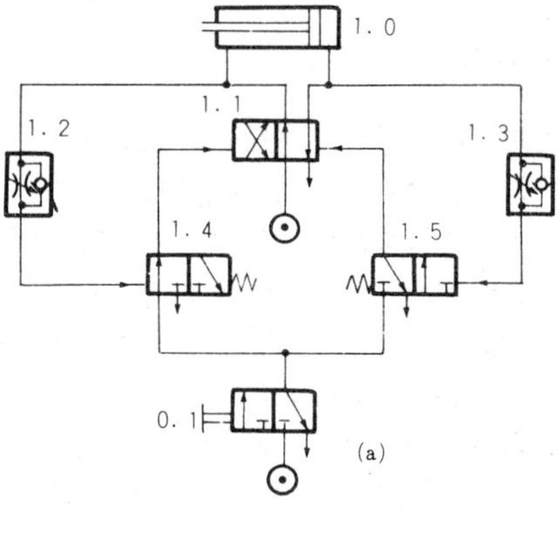

314 제 4 장 유·공압회로

회로도(b)는 간단한 구조인 것으로 이러한 스위칭 배열을 다진동 밸브 유닛
(multivibrator valve unit)이라 한다

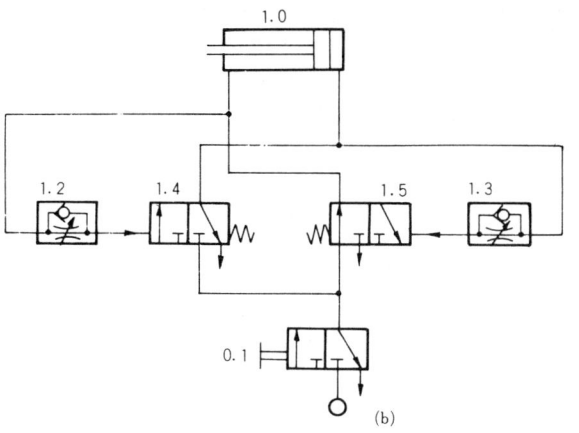

(b)

2·3 신호억제와 신호제거를 위한 회로

제어회로에서 문제가 되는 것은 다음 동작으로 넘어가기 위한 신호가 들어
와도 리밋 스위치나 수동 작동스위치 등이 계속 작동하게 되고 여기에서 나오
는 신호가 다음 동작을 방해하게 되므로 원하지 않는 신호를 억제하거나 제거
하여야 한다.

신호를 제거하는 방법에는 현재의 신호보다 다음 신호를 더 강력하게 하여
현재의 신호를 억제하는 신호억제 방법과 작용되는 신호를 차단시켜 버리는 신
호제거 방법이 있다.

2-3-1 신호억제 회로

신호억제회로에서는 현재 발생되고 있는 신호보다 더 강력한 신호를 보내어
기존의 신호를 억제하는 방법이며 이때 사용되는 기기로는 차등압력기를 찾는
방향제어밸브[그림(a)]나 충격밸브의 한쪽에 압력조절밸브를 설치[그림(b)]하
는 방법이 있으며 그림(a)에서는 동작의 신뢰성을 얻기 위하여 신호 a 와 b 의
압력이 같아야 하고 그림(b)에서는 a 와 b 의 압력차가 충분해야 한다. 압력조
절밸브를 사용한 곳[그림(b)]에서는 a 의 신호가 계속되고 있을 때 신호 b 가
제거되면 a 의 신호에 의한 밸브전환이 이루어진다.

※ 윗 회로도에서 신호 a 는 신호 b 에 의하여 억제되는 것이다.

제 2 절 공압회로 **315**

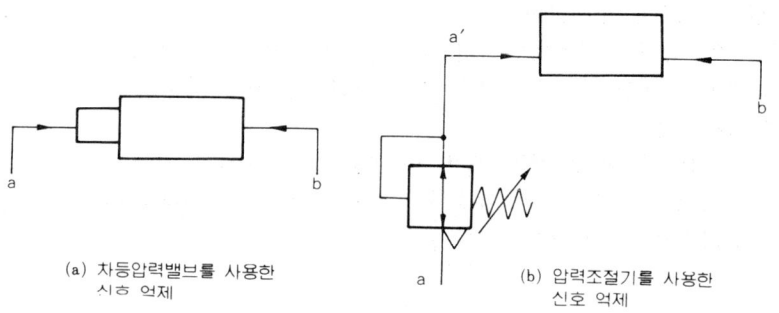

(a) 차등압력밸브를 사용한
신호 억제

(b) 압력조절기를 사용한
신호 억제

2-3-2 신호제거 회로

신호제거 방법에는 기계적인 방법과 신호제거회로를 구성하는 방법이 사용되고 있다.

(1) 기계적인 방법

① 순간충격전달기에 의한 방법 : 그림(a)의 기호와 같은 밸브로서 방향제어 밸브와 오버센터 작동 및 제어형식의 표시로 구성되며 사용시 주의할 점은 다음과 같다

(a) 순간충격 밸브

(가) 작동의 신뢰성이 중요하며 동작속도에 크게 영향을 미치게 되므로 충분히 긴 신호를 얻기 위해서는 최대 $0.1 \sim 0.15$m/sec 가 필요하다.

(나) 이 밸브는 행정의 중간부분에서 작동되므로 구동체는 정지위치(상사점, 하사점)까지 운동을 해야 하며 그렇지 않으면 작동신호가 계속 나오게 되므로 리밋 스위치를 정확히 설치해야 한다. 그러나 구동요소의 작동이 완전히 끝나면 신호는 더 이상 나오지 않게 된다. 리밋 스위치로 사용될 때에는 스위칭되는 위치를 상사점이나 하사점보다 $4 \sim 5$ mm 앞으로 해야 정확한 동작을 얻는다.

② 공후진 롤러에 의한 방법 : 제거시켜야 될 신호가 리밋스위치에서 발생될 때에는 그림(b)와 같은 공후진 롤러에 의하여 작동되는 밸브를 사용할 수 있으며 이때에는 신호가 상사점이나 하사점에서 발생될

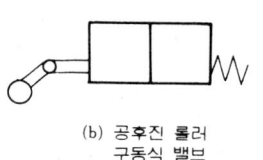

(b) 공후진 롤러
구동식 밸브

수 없기 때문에 피스톤이 밸브를 완전히 지나가야 한다.

스위치의 전환점은 밸브의 크기, 시스템의 작동요소 그리고 제어캠의 길이에 의하여 결정된다.

316 제 4 장 유·공압회로

(2) 신호제거회로 구성방법

① 펄스단축회로 사용방법 : 이 회로를 이용하면 펄스단축회로의 신뢰성이 높
으므로 확실한 작동을 기대할 수 있으나 정교한 제어에서는 복잡하고 비용
이 많이 든다.

　　그림(b)의 회로에서는 밸브 1.2에서 나온 회로가 항상펄스로 바뀌므로
밸브 1.3의 신호는 항상 유효하나 이때 피스톤의 귀환운동중에 밸브 1.2가
작동하면 다시 전환이 일어난다.

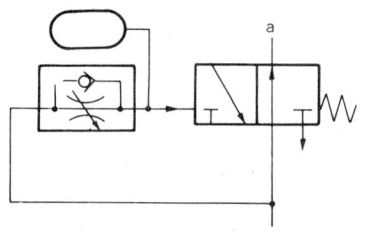

(a) 펄스단축 (Pulse – shortening) 회로

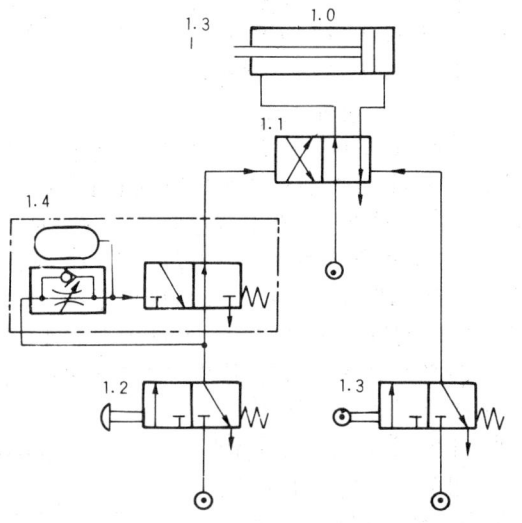

(b) 펄스단축 회로를　사용한 신호제거

② 전환 밸브(reversing valve)에 의한 신호제거 : 실제적으로 가장 많이 사
용되는 방법으로 회로만 올바르게 되어 있으면 작동의 신뢰성이 매우 크고
여러 개의 신호를 동시에 제거할 수 있으므로 비용을 절감할 수 있다.
　　이때 사용되는 밸브는 일반적으로 충격 밸브가 사용되며 신호를 차단하는
방법과 필요시 신호요소에 에너지를 공급하는 방법이 있다.

제 2 절 공압회로 **317**

3. 공압실제회로

이 단원에서는 실제사용되고 있는 제어회로의 예를 나타낸다.

3·1 클램핑 공구

〈동작상태〉 재료를 공압실린더로 고정하는 것으로 처음에는 재료의 조절이 가능하도록 낮은 압력으로 누르고(수동 버튼사용) 곧이어 정상압력으로 고정하려 하며(페달에 의한 누름버튼 사용) 작업을 마친 후에는 다른 수동 누름버튼으로 실린더를 귀환시킨다.

실제배치도는 아래그림 왼편과 같고 회로도는 오른편 그림에 나타낸다.

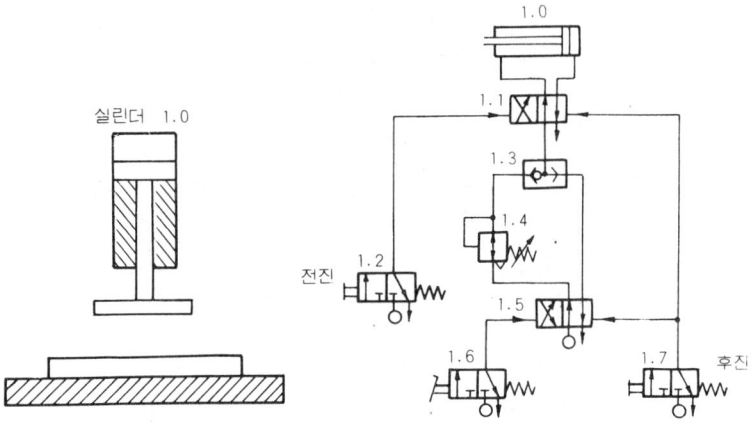

3·2 자동문의 개폐회로

〈동작상태〉 두짝의 미닫이를 여닫는 것으로 누름버튼으로 두 개의 실린더를 문의 안과 밖에서 열 수 있으며 이들 버튼을 두번째 작동시키면 문을 닫을 수 있다. 아래그림은 자동문 개폐의 실제 실린더 배치도이다.

318 제 4 장 유·공압회로

아래그림은 자동문 개폐의 운동선도이다.

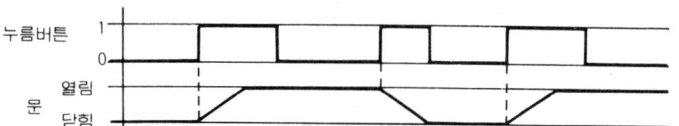

아래그림은 회로도이며 기본적인 부분은 교번회로(Alternating circuit)로서 신호의 단락과 왕복운동이 가능하다.

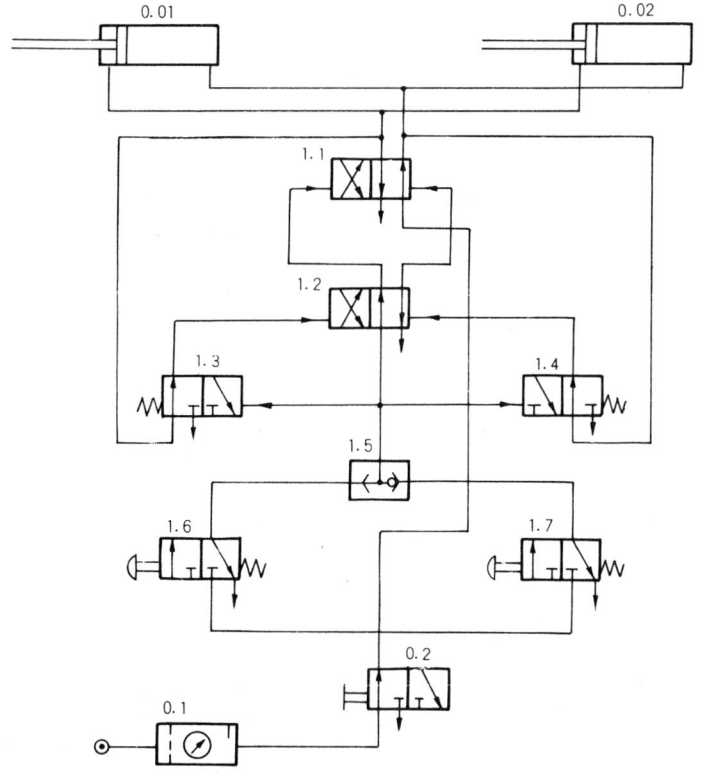

3·3   벤딩기계

〈동작상태〉 여기서는 안경테의 중간부분을 자동기계로 벤딩하는 것으로 재료는 저장소로부터 자중에 의하여 장입되고 제어실린더에 의하여 두개의 작업위치로 이송된다.

첫번째 위치에서 실린더에 의하여 상하로 움직이는 가열기로 가열되고 두번째 위치에서 굽혀지게 된다.

가열과 벤딩작업은 각각의 작업위치에서 조정가능한 시간동안 유지되어야 하며 이때 각 실린더의 전진위치감지는 리밋 스위치를 사용하지 않아도 된다.

가공이 끝난 재료는 이송실린더가 원위치로 돌아왔을 때 기계적인 방법으로 빼낸다.

아래그림은 벤딩기계의 실제배치도를 나타낸다.

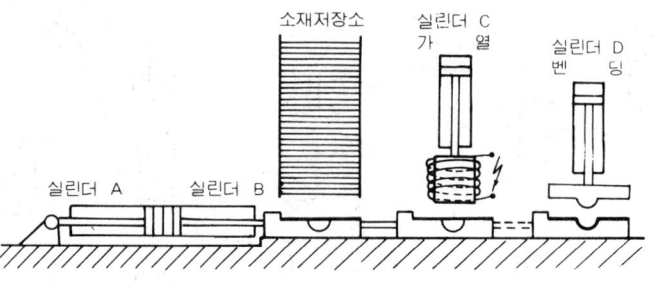

〈보조조건〉

① 연속사이클과 단사이클의 선택이 가능해야 한다.

② 재료저장소를 감시하여 재료저장소가 비었을 때는 시스템의 처음위치에서 정지해야 한다. 재료저장소가 직접 감시될 수 없으므로 벤딩실린더를 신호전달기로 사용하여 재료가 없을 때에는 벤딩실린더의 행정거리가 길어지므로 리밋 스위치로부터 신호를 얻을 수 있다.

아래그림은 변위단계선도이다.

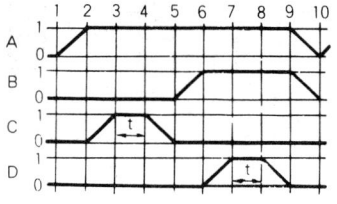

320 제 4 장 유·공압회로

아래그림은 벤딩(Bending)기계의 회로도이다.

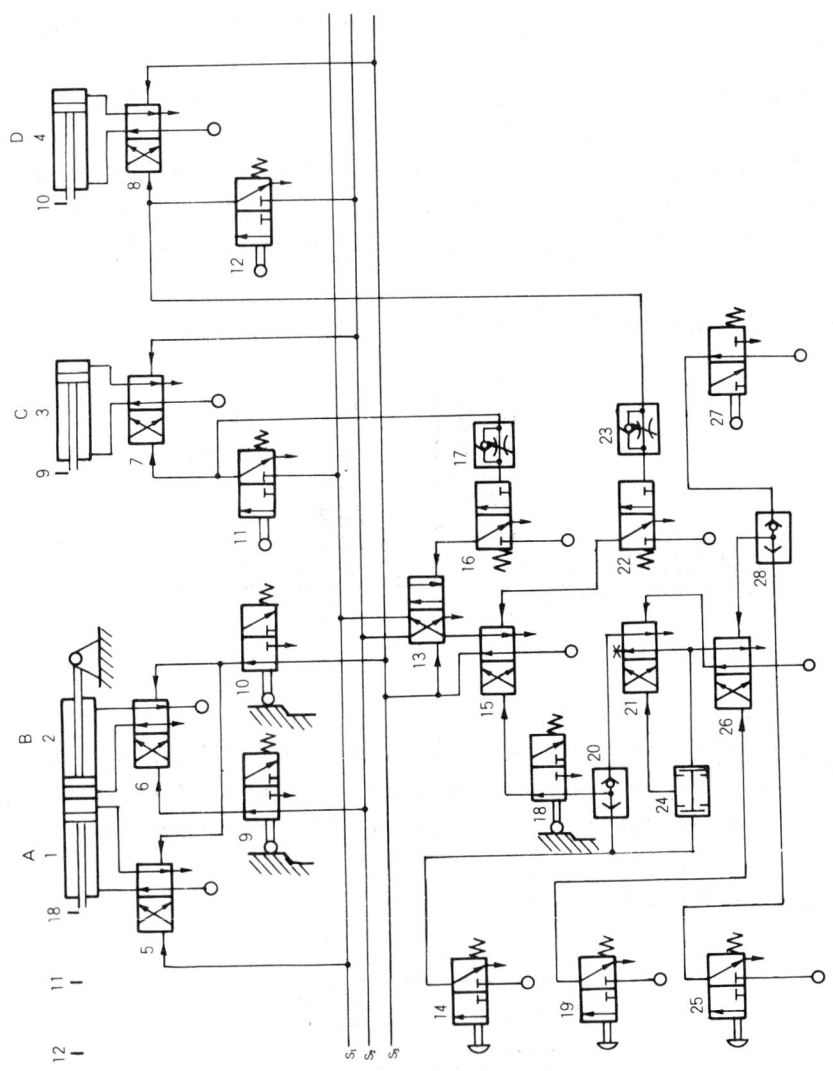

제 2 절 공압회로 **321**

3·4   엘리베이터 회로

〈동작상태〉 화물용 엘리베이터가 물건을 1층에서 2층으로 운반하려고 하며 엘리베이터는 아래층이나 위층의 밖에서 제어한다.

상향이나 하향신호는 아래층이나 위층의 최종위치와 두층의 문이 닫혔을 때만 가능해야 하며 엘리베이터가 최종위치에 도달되었을 때에만 문이 열릴 수 있도록 잠금실린더로 문의 잠금장치를 해야 한다. 동력이 차단되었을 때에는 아래층과 위층의 문은 잠기고 엘리베이터는 그 위치에 정지하여야 한다.

아래그림은 엘리베이터의 실린더 실제배치도를 나타낸다.

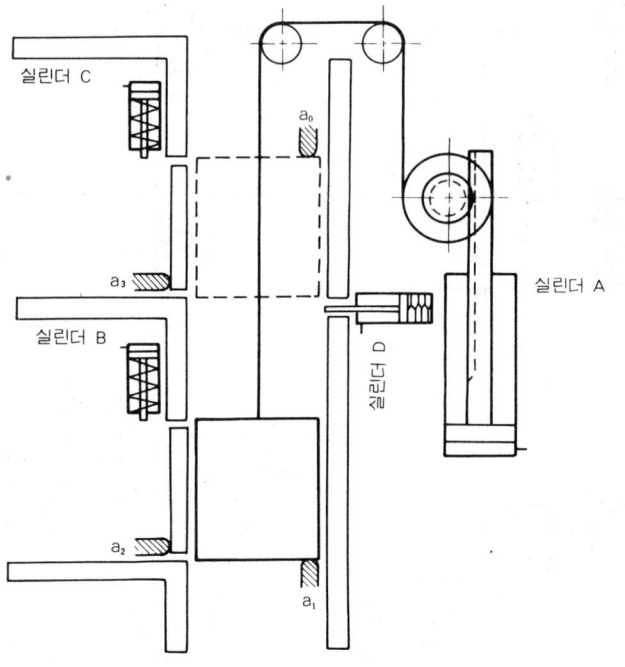

322 제 4 장   유 · 공압회로

아래그림은 엘리베이터의 제어 회로도를 나타낸다.

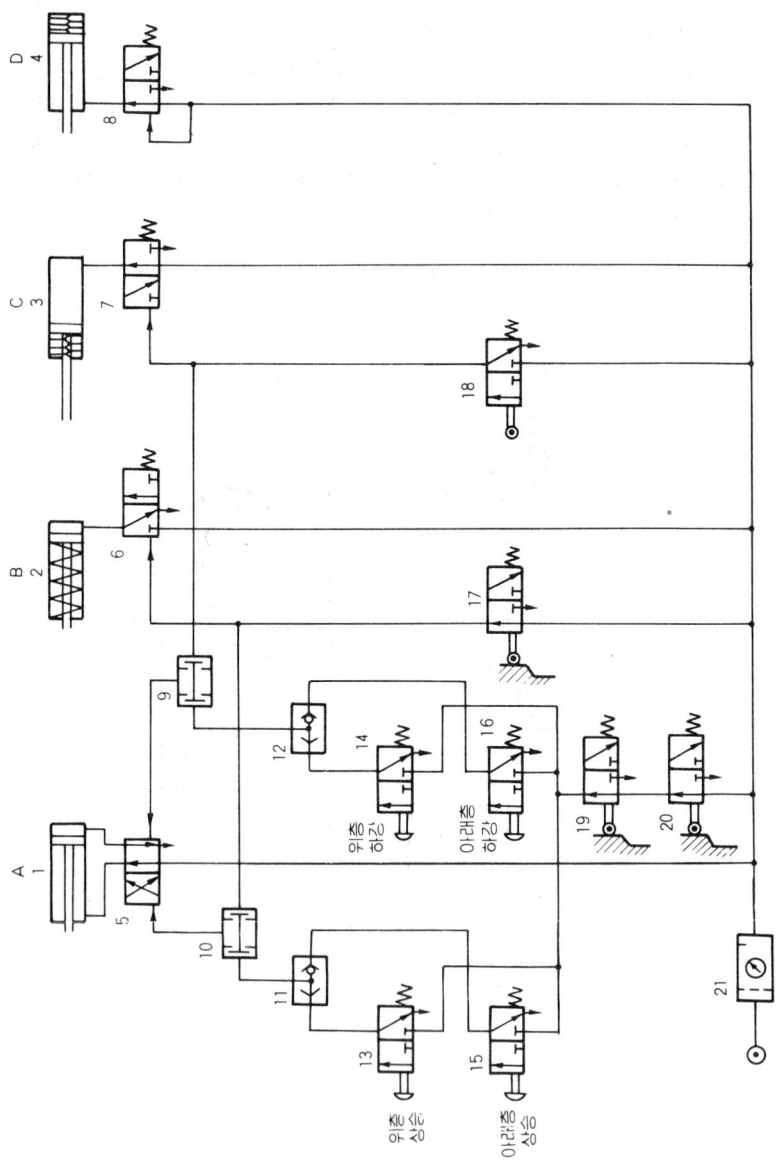

제 2 절 공압회로 **323**

3·5 부분품 운반

〈동작상태〉 여러가지 플라스틱 부품을 두개의 무한궤도 벨트 사이에서 운반하려고 하며 벨트 사이의 거리와 누르는 힘은 두개의 누름버튼을 이용하여 공압실린더로 조절한다.

부분품 운반 실제배치도는 아래그림과 같다.

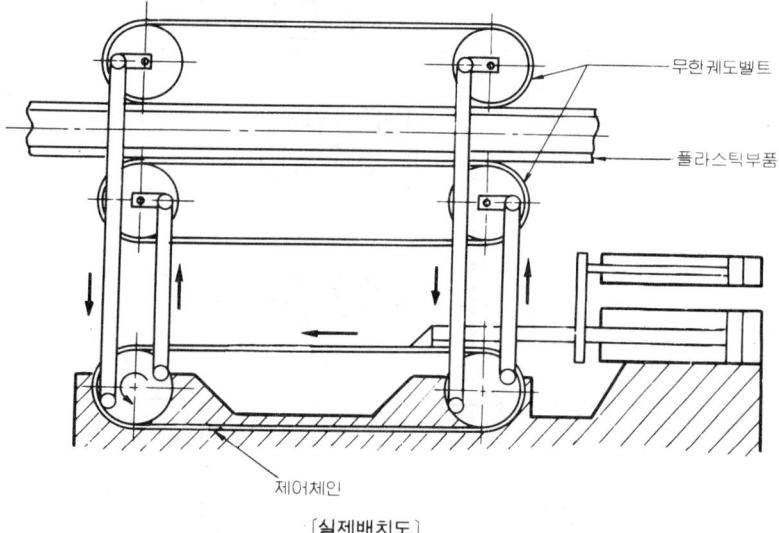

〔실제배치도〕

〈보조조건〉

① 한개의 버튼을 작동해서 벨트사이거리의 무단변속과 일정한 조절이 가능하여야 한다.

② 부품과의 접촉이 부드러워야 한다.

③ 위험한 상황이 발생했을 때 "비상정지"버튼을 작동시키면 즉시 벨트가 벌어져야 한다.

④ 작동속도는 약 50∼80㎜/sec 정도 유지해야 한다.

아래그림은 부분품 운반장치의 회로도를 나타낸다.

첫번째와 두번째의 보조조건은 공압을 사용할 경우에는 유압실린더와 공압실린더를 병렬로 연결한 유·공압실린더의 사용으로 가능하다.

작업속도가 느리므로 대부분의 작동부는 거의 흔들림이 없으며 유압실린더가 병렬로 연결되어 있으므로 실린더가 상사점과 하사점의 중간 위치에서 작동할

324 제 4 장 유·공압회로

때에는 안전성이 높다.

회로도에서 비상정지 밸브 0.1이 작동하면 실린더가 어느 위치에 있을 때에
나 초기 위치로 되돌아 간다.

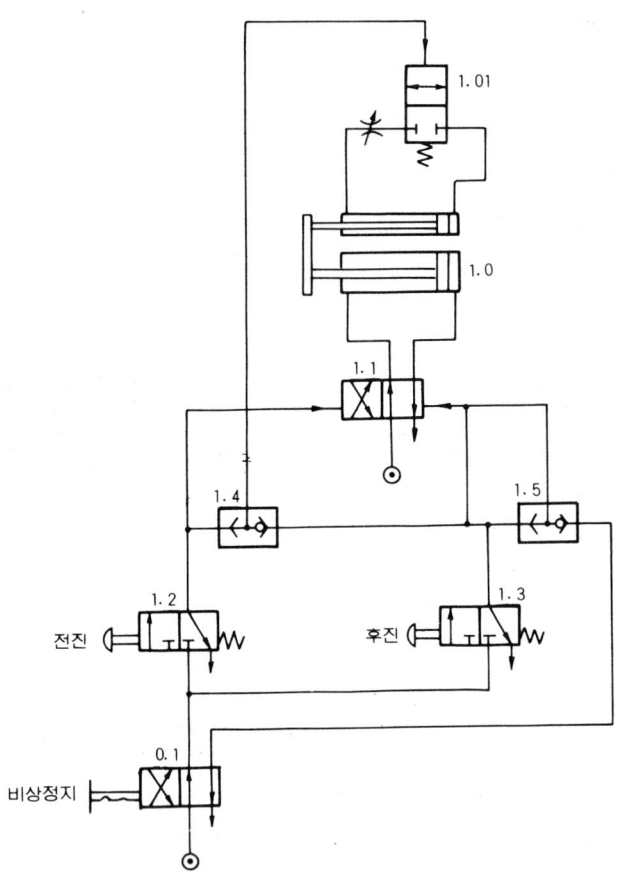

제 2 절 공압회로 **325**

4. 공압제어 회로설계

4·1 상자운반

〈동작상태〉 롤러 컨베이어에 의하여 운반된 상자를 공압실린더로 밀어올린 다음 두번째 실린더가 상자를 다른 롤러 컨베이어로 밀어낸다. 두번째 실린더는 첫번째 실린더가 귀환행정을 끝낸 후에 귀환행정을 하게 되며 작업시작 신호는 수동버튼으로 주어지게 된다.

한 신호에 한 사이클씩 작업을 수행한다.

다음 그림의 (a)는 상자운반 계통의 실제 배치도이며 여기에서 실린더 A 가 첫번째 실린더이고 실린더 B 가 두번째 실린더이다.

이 작업의 변위-단계선도(displacement-step diagram)를 그리면 다음 그림 (b)와 같다.

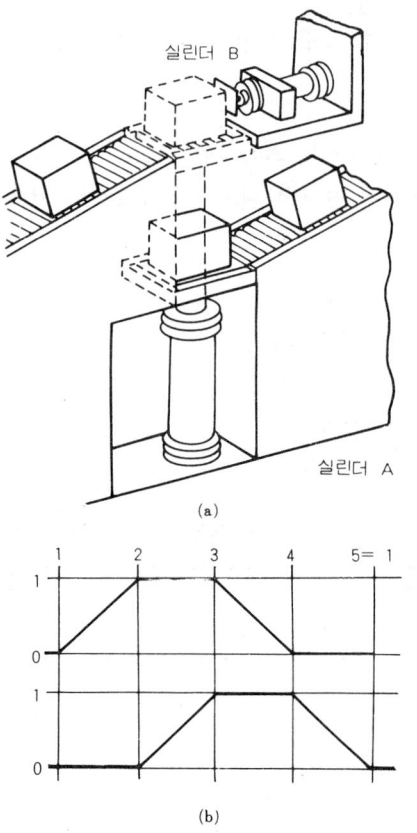

(a)

(b)

326 제 4 장 유·공압회로

이때에는 회로도의 설계방법을 채택하고 공후진 롤러를 사용하면 신호단락을 쉽게 할 수 있다.

과정에 따라 회로도를 설계하면 다음과 같다.

① 구동요소를 먼저 그린다.

② 각 구동요소에 필요한 제어요소를 그린다.

③ 밸브 구동 기호를 사용하지 않고 신호요소를 그린다(충격밸브가 제어요소로 사용되면 두개의 신호요소가 필요하므로 각 충격 밸브마다 두 개의 신호요소가 필요하다

④ 에너지 공급선을 그린다.

⑤ 제어선을 연결한다.

⑥ 각 요소에 번호를 붙인다.

⑦ 운동선도를 회로도로 옮긴다(각각의 구동요소에 리밋 스위치를 배열해서 회로도를 구성한다).

⑧ 신호단락이 필요한 곳을 확인한다(이때에는 운동과 제어선도를 그려서 알 수 있다).

⑨ 작동제어부를 그린다.

⑩ 필요한 곳에 보조조건을 추가시킨다.

위의 ①~⑦의 순서에 따라서 회로도를 구성하면 다음과 같다.

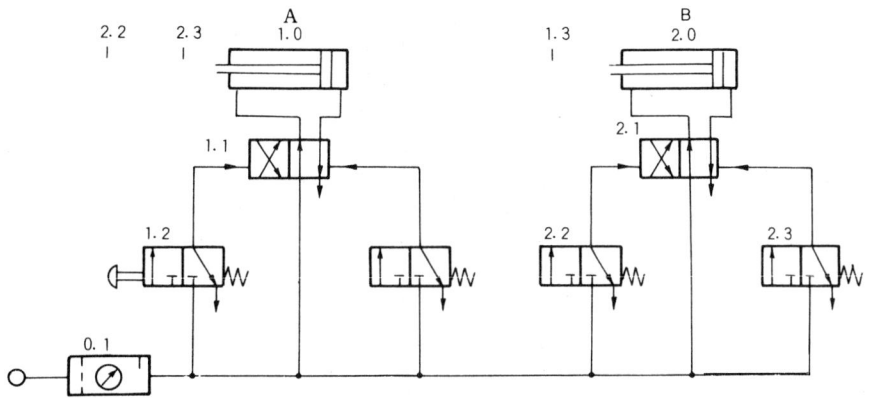

제 2 절 공압회로 **327**

위의 회로도가 완성되면 그림과 같은 운동제어선도를 그리고 신호단락의 필요여부를 확인하도록 한다.

일반적으로 리밋 스위치는 롤러나 플런저 구동 형으로 제어선도에 표시하며 같은 실린더에 영향을 주는 신호는 앞신호의 바로 아래에 이어져야 한다.

그림의 제어선도에서 신호 1.2가 3단계 전에서 더 이상 짧은 신호를 보내지만 않으면 신호단락이 필요없다는 것을 알 수 있다.

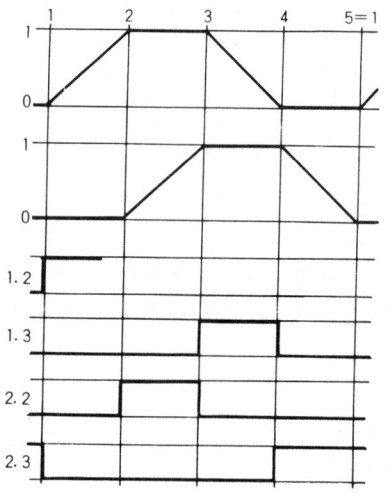

그러나 신호요소가 수동이므로 앞의 조건을 확실하게 보장받을 수가 없다. 회로를 조사할 때에는 하나의 실린더에 여러 개의 신호가 동시에 들어가지 않도록 해야 하며 여러 개의 신호가 동시에 들어가면 상태가 정확하게 되지 않고 또한 신호와 신호 사이에 방해가 생기게 된다.

상자운반에서 이러한 상태가 신호 1.2와 신호 1.3에서 발생할 수 있으며 신호가 필요한 시간과 2.3과 같이 시스템의 초기위치에서 생기는 신호가 시스템의 제어에 영향이 없는지 확인해야 한다.

다음 그림의 밸브 2.3은 실린더 B에 후진운동신호를 보내는 것이므로 실린더 B는 초기위치에 그대로 있고 밸브 2.3이 원위치로 돌아올 때까지 후진된 위치에 머물게 된다.

따라서 밸브 2.3은 간섭을 일으키지 않는다.

328 제 4 장 유·공압회로

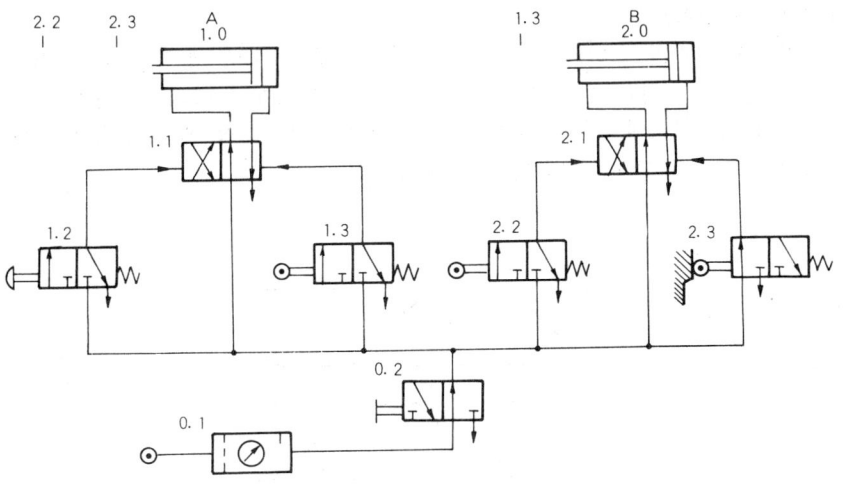

이 그림은 작업의 시작신호를 보내는 스위치 1.2의 연동잠금장치가 있으며 실린더 B의 추진위치에 있는 리밋 스위치 1.4에 의하여 회로가 형성되고 있다.

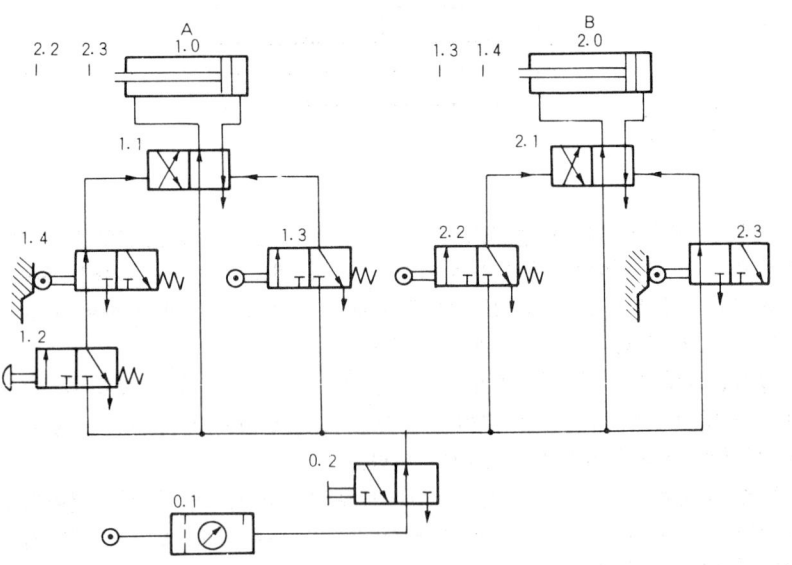

다시말하면 스위치 1.2가 작동하고 있을 때에는 모든 작업 사이클이 이루어져 작업이 가능한 상태가 된다.

4·2 벤딩용 치공구

〈동작상태〉 공압에 의해서 작동되는 기계로 금속판을 구부리려 한다. 판재가 단동실린더 A에 의하여 클램핑된 후 복동실린더 B로 첫번째 벤팅작업을 하며 복동실린더 C에 의해서 마무리 작업을 하는 기계로 작업은 수동버튼에 의하여 이루어진다.

시작신호가 주어지면 한 사이클의 작업만을 수행하도록 한다. 아래그림은 판재를 벤딩하기 위한 실린더의 실제배치도이다.

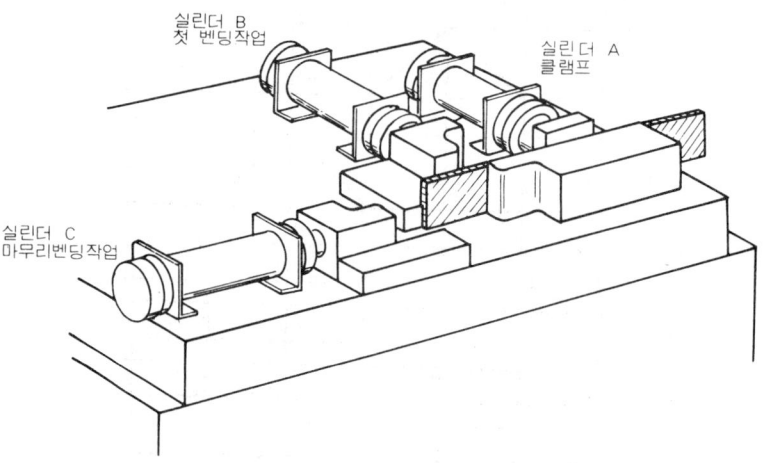

3개의 실린더 A, B, C에 대한 변위 단계선도를 그리면 그림과 같다.

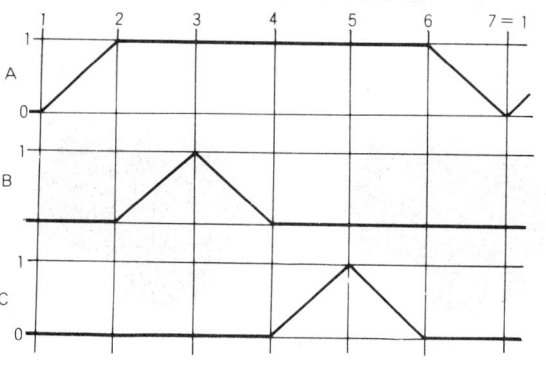

330 제 4 장 유·공압회로

4-2-1 공후진 롤러를 사용한 회로

단락해야 할 신호를 알아보기 위하여 그림과 같이 변위 단계선도와 제어선도를 그린다.

이 선도에서 신호 1.3, 2.2 및 3.2를 단락해야 할 설비가 필요하다는 것을 알 수 있다.

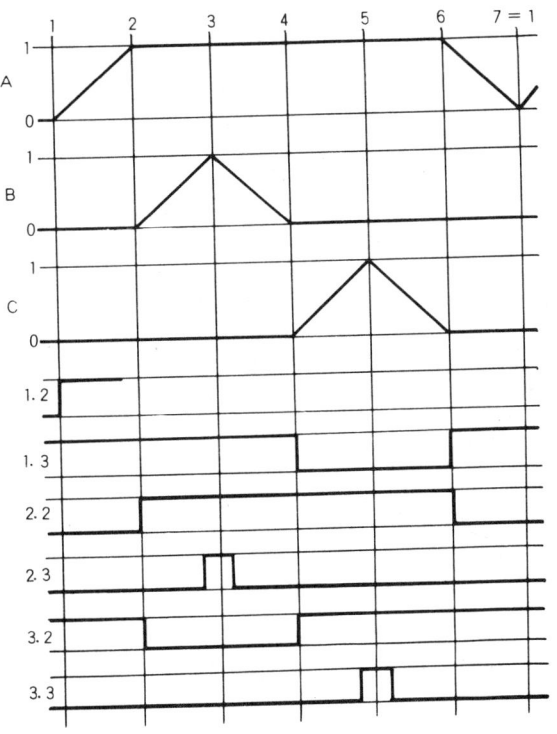

[모터식 자동 배출기]

제 2 절 공압회로 **331**

이 그림은 시작신호에 연동잠금장치를 첨가한 것이며 이 작용은 실린더 1.0 의 후진위치에 있는 리밋 스위치 1.4에 의하여 실시되고 있다.

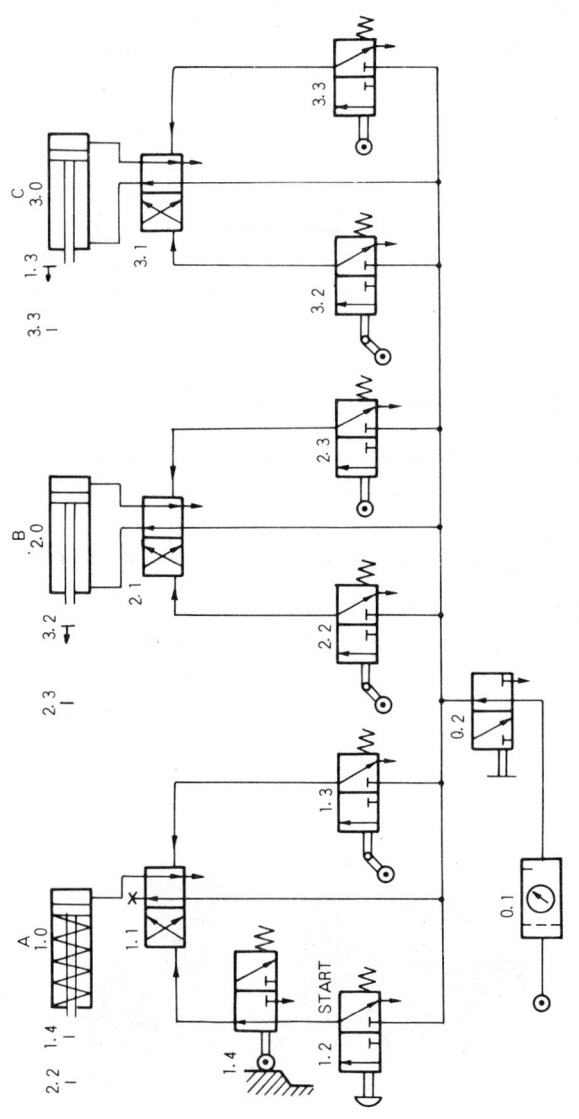

332 제 4 장 유·공압회로

　이러한 장치들이 실제적으로 연동잠금작용을 제대로 하는지 조사하여 보도록 하자.

　이 그림은 시작신호의 연동잠금 작용의 제어선도이며 여기에서보면 1단계와 7단계에서만 신호 1.4가 필요하다. 즉, 작업시작신호가 필요할 때만 신호1.4가 존재하므로 확실한 연동잠금작용을 한다는 것을 알 수 있다.

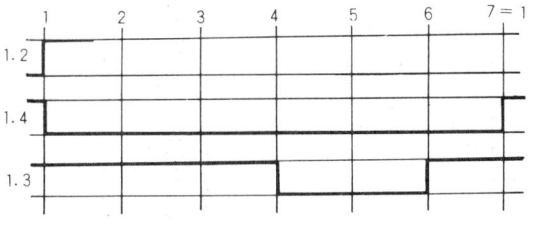

4-2-2 캐스케이드 방법에 의한 회로

　벤딩기계의 운동순서를 약식기호로 표시하고 그룹으로 나누면 다음과 같다.

$$A+, \ B+ \ / \ B-, \ C+/ \ C-, \ A-/$$
$$\mathrm{I} \qquad \mathrm{II} \qquad \mathrm{III}$$

　회로도의 설계는 리베팅에서 설명한 설계순서에 따라서 설계를 해 나가도록 하며 다음 그림은 이 순서에 따라 그린 회로도이다.

　여기서는 리밋 스위치 a_0와 제어회로가 시작신호의 연동잠금작용을 하며 이 회로의 운동순서에서 연동잠금작용은 리밋 스위치로 충분하므로 제어회로에 의한 다른 설비 없이도 가능하고 작업시작 버튼의 에너지도 회로에서 직접 공급받을 수 있다.

참고

〔원터치 배관재〕

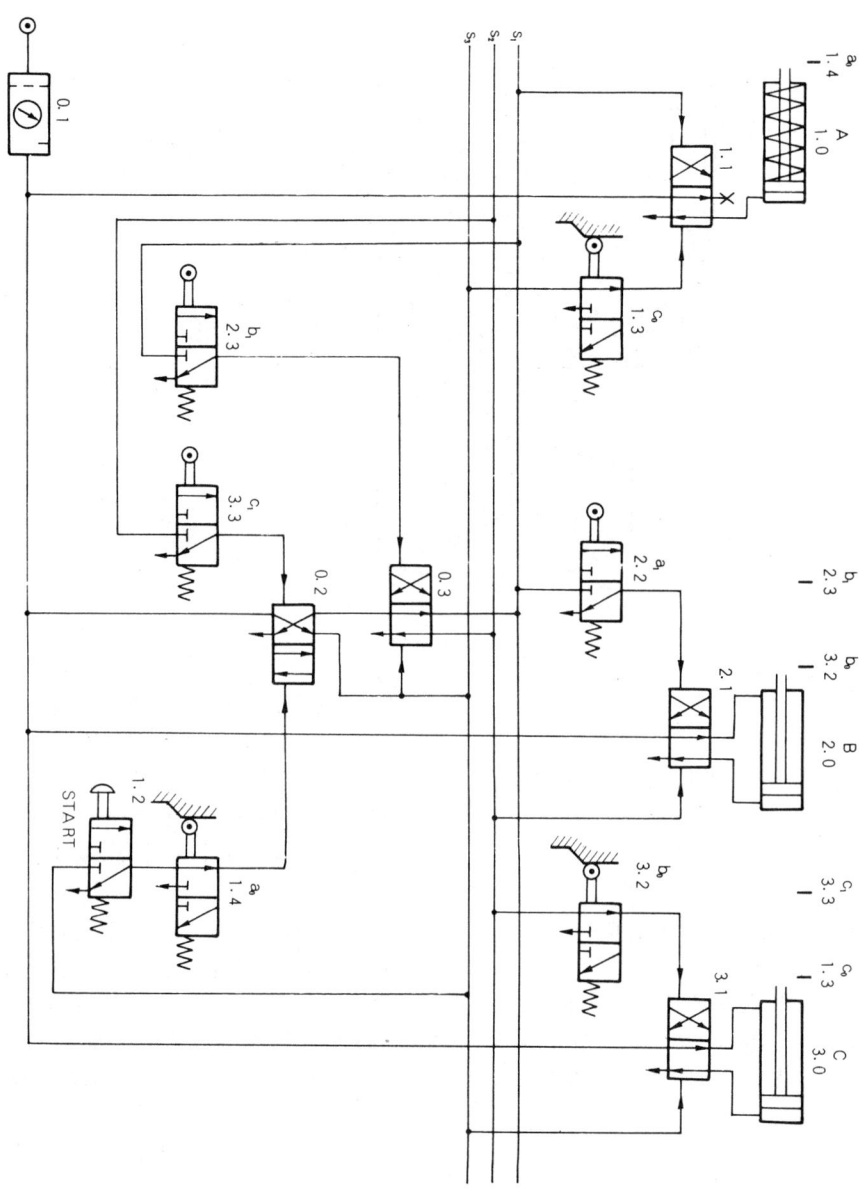

334 제 4 장 유 · 공압회로

4 · 3 전단기

〈동작상태〉 평철이나 환봉 등 긴 길이의 소재를 절단하려고 한다. 공압실린더 B는 소재를 이동시키고 이때 공압클램핑 실린더 A도 같이 이동시키며 소재가 정지되면 클래핑 실린더 C에 의하여 소재가 고정된다. 이때 클램핑 실린더는 후진되고 이송실린더 B와 함께 귀환한다.

실린더 D에 의하여 소재가 절단되면 실린더 C가 귀환하고 새로운 작업이 시작된다.

보조조건들은 다음과 같다.

① 단사이클과 연속사이클 회로를 만들어야 한다.

② 모든 실린더가 후진 위치에 있을 때만 새로운 동작을 시작할 수 있어야 한다.

다음 그림은 전단기의 실린더 실제배치도이다.

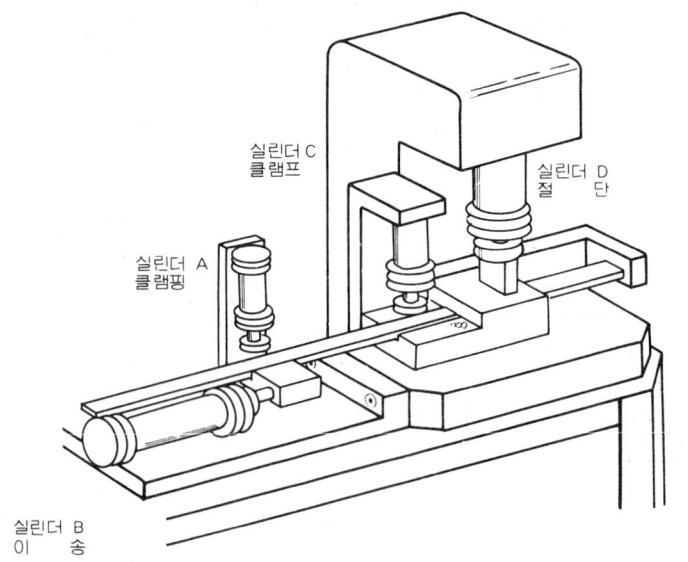

제 2 절   공압회로   **335**

아래그림은 각 실린더의 변위단계선도를 나타낸다.

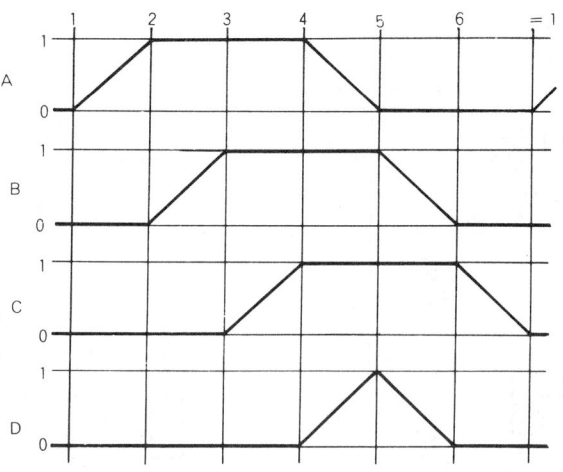

캐스케이드 방법을 사용하여 회로를 구성하기 위하여 우선 운동순서를 약식 기호로 표시하고 이를 그룹으로 나누면 다음과 같다.

$$A+B+C+ \ / \ A- \ / \ D-C \ /$$
$$D+ \ / \ B- \ \ /$$
$$\text{I} \qquad \text{II} \qquad \text{III}$$

만일 클램핑 작업이 리밋 스위치에 의하여 확인될 수 있으면 캐스케이드 방법이 가능하나 여기에서는 두가지 동작이 동시에 일어나므로 이것을 생각하여 그룹을 나누었다.

두가지 운동이 동시에 시작되기 때문에 이 동작은 분리되어야 하고 운동의 끝부분에서는 다시 합쳐져야 한다.

여기에서는 이 작업을 리밋 스위치 b_0와 C_0에 의하여 수행된다.

다음 페이지의 그림은 이 회로도를 나타낸다.

이러한 형태의 회로에서는 실린더의 전진과 후진 운동을 지시하는 밸브에 유일한 표시기호를 부여하는 것이 무척 어려운 것이므로 여기에서는 일련번호로써 각 요소를 표시하였다.

그러나 실린더와 리밋 스위치의 표시방법은 변경되지 않았다.

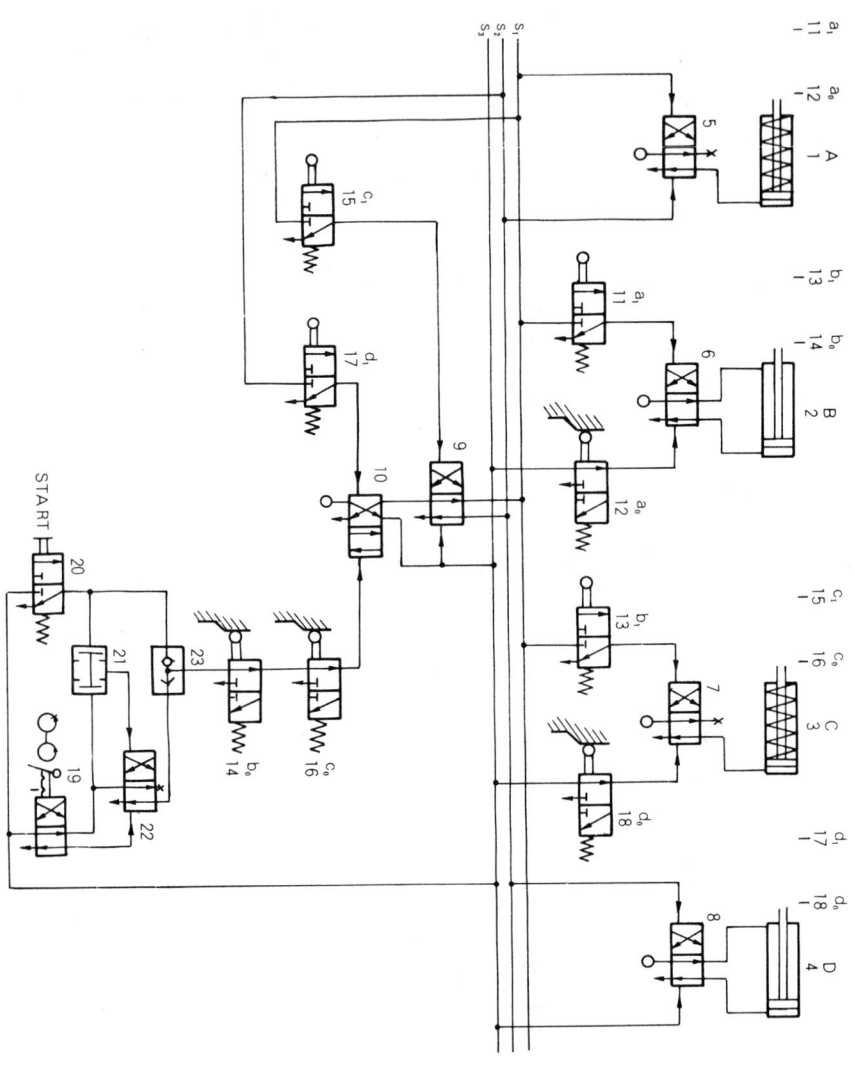

4·4 압축용 치공구

<동작상태> 소재를 조립치공구에서 압축하고 고정핀을 장치하는 것으로 압축을 완전히 하기 위하여 A 실린더가 한번은 짧게 충격을 주고 두번째는 서서히 압축한다.

이때에는 실린더 B 가 옆면에서 고정핀을 완전히 조립할 때까지 실린더 A 가 누르고 있어야 한다.

이 작업을 위한 실린더의 실제배치도는 아래그림과 같다.

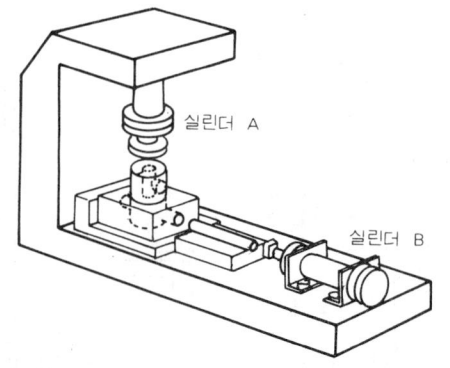

아래그림의 왼편은 실린더 A 와 B 의 변위단계선도이고 오른편 그림은 변위시간선도를 나타낸다.

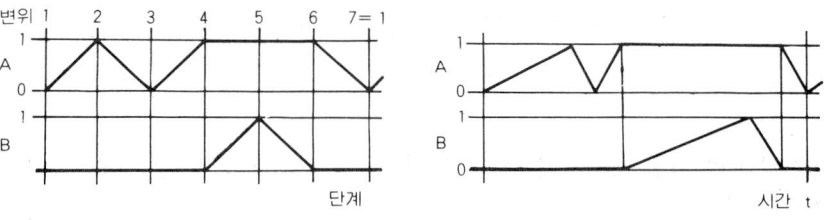

4-4-1 공후진 롤러를 사용한 회로

아래그림은 공후진 롤러를 사용하여 신호단락을 하는 회로이며 이때 실린더 A 의 피스톤이 두번의 전진운동을 하고 이 실린더의 전진위치에 있는 리밋 스

338 제 4 장   유 · 공압회로

위치 1.3은 실린더 A 의 첫 운동때에는 귀환운동에 영향을 주지만 두번째 운동
때에는 전진운동에 영향이 생기므로 신호전환이 필요하며 이 신호전환은 밸브
1.9에 의해서 이루어진다.

또 두번의 운동이 실린더 A 에서 일어나기 위해서는 밸브 1.4가 두번 작동을
하게 되나 두번째 신호는 공급하지 않는다.

이것은 또 다른 신호전환이 필요하다는 것을 나타내므로 밸브 1.8이 밸브 1.
4로부터 공기를 배출시키며 밸브 1.8은 1.2와 1.5에 의하여 제어되고 전환밸브
1.9는 1.4와 1.5에 의하여 제어된다.

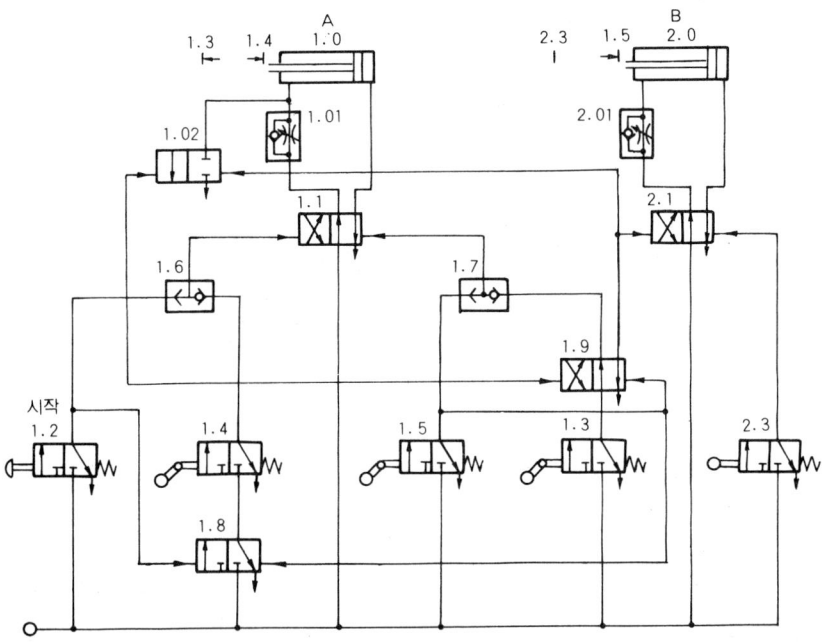

실린더 A 의 전진속도를 변화시키기 위하여는 밸브 1.02와 체크 밸브 1.01이
함께 사용된다.

실린더 A 의 피스톤이 두번째 전진할 때 1.02는 1.4에 의하여 전환되고 배기
공기는 직접 빠져나가기 때문에 스로틀 밸브를 통과하지 않는다. 이러한 방법
으로 빠른 운동속도를 얻을 수 있으며 1.02의 귀환제어는 1.9로부터의 신호에
의하여 이루어진다.

제 2 절 공압회로 **339**

4-4-2 캐스케이드와 시프트레지스터를 사용한 회로

이 회로도 마찬가지로 각 단계에서의 신호단락이나 또는 사실상 단락되어야
할 신호를 제거시키는 것이 가능하다.

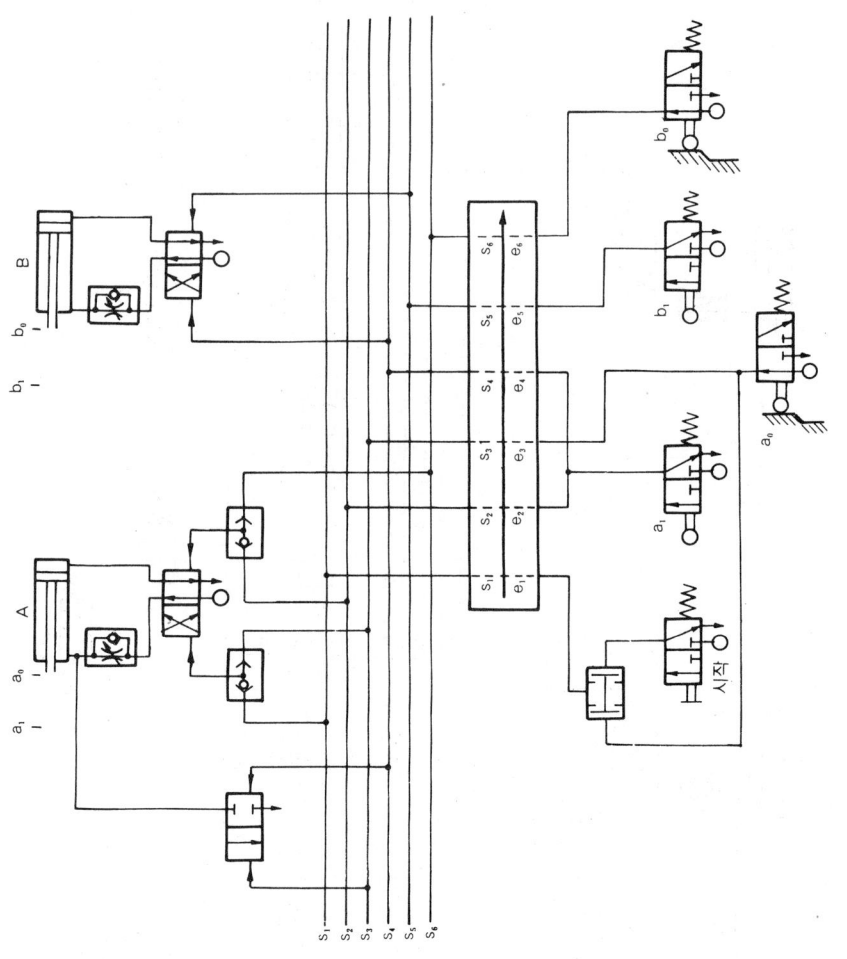

340 제 4 장   유·공압회로

앞 그림은 완전한 단락장치가 있는 회로를 나타낸다.

이 회로에서 블록은 캐스케이드나 시프트레지스터의 형태로 설계할 수 있다. 앞의 회로에서는 리밋 스위치가 회로에 직접 연결되어 있지 않기 때문에 잠금 장치를 위한 2 압력밸브가 필요하며 다음그림은 2 압력밸브를 사용한 회로도이 다(이 회로도는 시프트레지스터에 의하여 구성되었음).

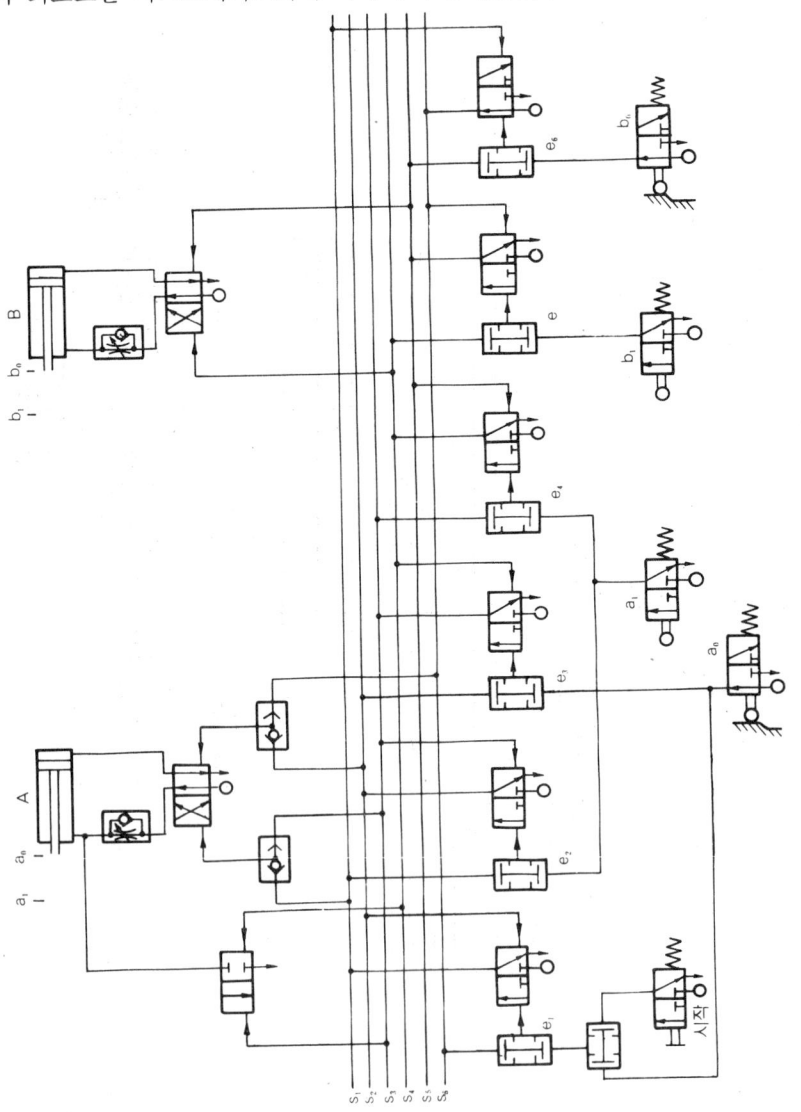

제 2 절 공압회로 **341**

부품수를 가장 적게 하기 위하여 운동의 순서를 아래와 같은 그룹으로 나눌 필요가 있다.

$$A+/A-/A+ \ B+/B- \ A-/$$
$$\text{I} \quad \text{II} \quad \text{III} \quad \text{IV}$$

아래그림은 4단계 신호단락의 회로도를 나타낸다.

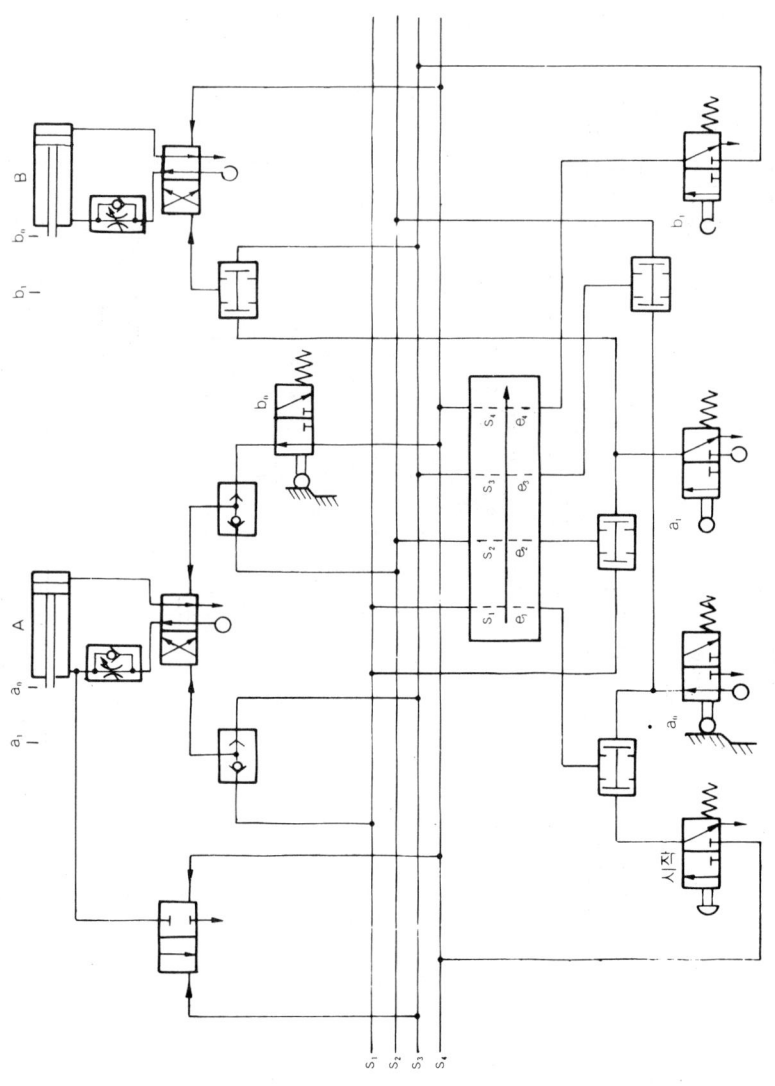

342 제 4 장 유·공압회로

이 회로는 간단하다는 특성이 있으며 실린더가 연속작업 과정에서 여러번 작동해야 한다면 여러번 작동하는 리밋 스위치에 연동잠금장치를 설치해야 한다 (이 회로도에서는 a_0와 a_1).

연동잠금장치는 2 압력밸브에 의해서도 가능하다.

다음 그림은 캐스케이드 방식에 의한 회로도이다.

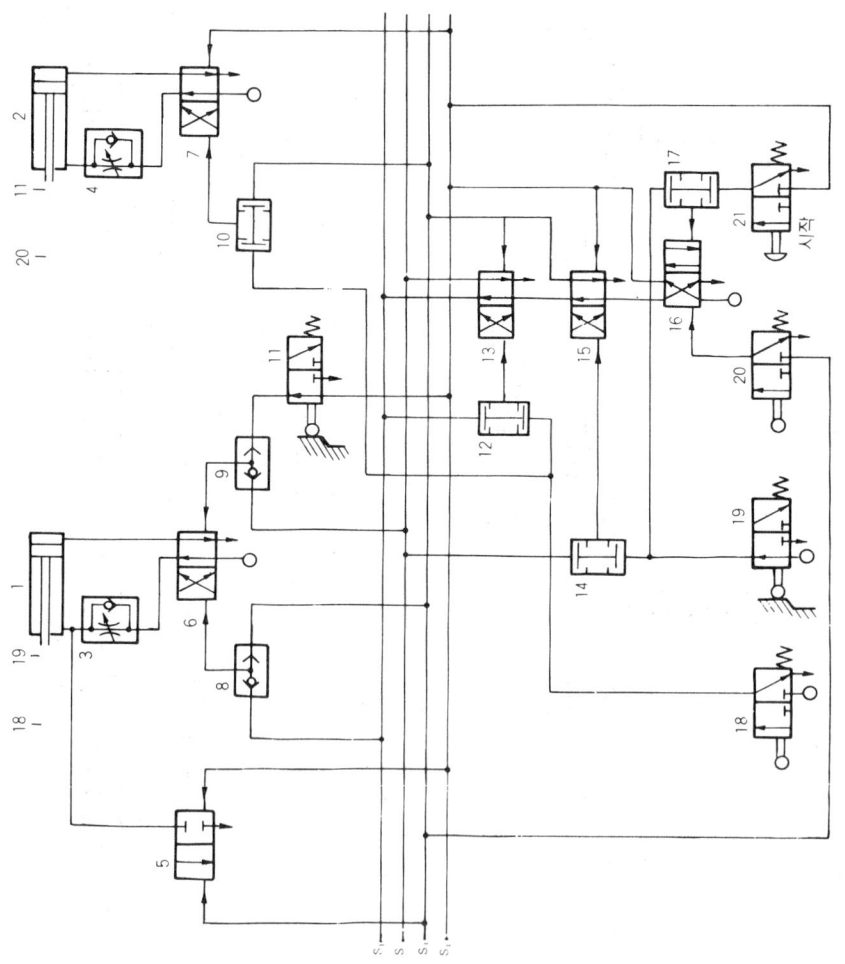

제 2 절 공압회로 **343**

4·5 드릴링 작업

〈동작상태〉 정육면체의 한쪽 면에 똑같은 크기로 두개의 구멍을 뚫는 전용기계를 만들려고 한다.

재료는 자중에 의하여 재료공급용 저장소에서 장입되어 복동실린더로 치공구에 고정되며 재료이송실린더로 고정되어 드릴링 작업이 시작된다.

유·공압 실린더를 이용하여 드릴을 이송시킨다.

복동실린더와 치공구에 의하여 두개의 작업위치로 움직이는 이송테이블은 두 번째 구멍 위치를 결정하는데 사용되고 가공이 끝난 재료는 이송실린더의 귀환운동 때 작동하는 축출기구에 의하여 빠져나오게 된다.

아래그림은 실린더의 실제배치도이다.

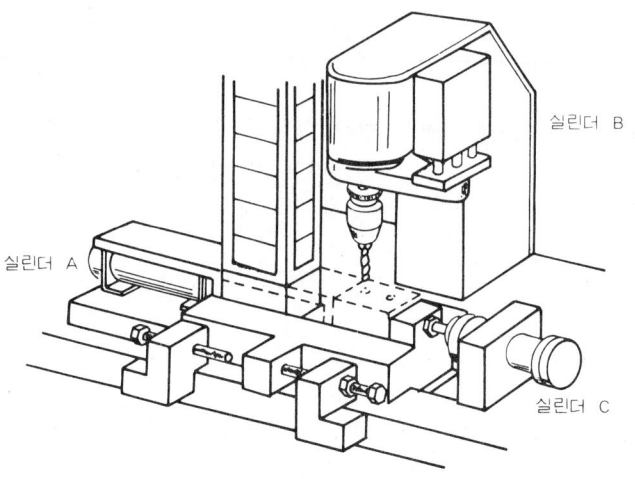

이 회로에 필요한 보조 조건을 살펴보면 다음과 같다.

① 선택스위치를 단사이클 위치에 놓고 작업시작스위치를 작동시키면 시스템은 한 사이클의 작업을 완료한 후에는 동작전의 초기 위치에서 정지되어야 한다.

② 선택스위치를 연속사이클의 위치에 놓으면 작업시작 신호를 받은 후 초기 위치에서 정리되어야 하는 단사이클 신호나 재료저장소에서 재고가 없다는 조건이 생길 때까지는 완전 자동작업이 이루어져야 한다.

③ 재료저장소의 재료유무를 파악하여 재료저장소가 비어있으면 정지되고 연

344 제 4 장 유·공압회로

속사이클의 작업을 시작할 수 없어야 한다.

④ 비상정지버튼을 누르면 모든 실린더는 초기위치로 되돌아가서 정지해야하
며 실린더 A와 실린더 C는 실린더 D가 귀환행정을 끝낸 후 초기위치로
돌아와야 한다.

다음 그림은 각 실린더의 변위단계 선도이다.

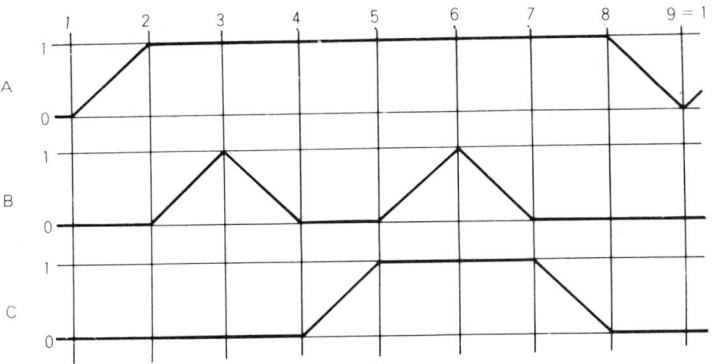

이 회로에서도 블록시스템을 쓰는 것이 좋으며 공후진 롤러에 의한 신호제거
는 생각할 수 없는데 이것은 전체 행정거리가 길어서 간섭이 일어날 수도 있고
실린더 B의 후진 위치에서 어떠한 상황에서도 리밋 스위치로부터의 신호가 계
속되어야 한다.

아래그림은 운동순서를 약식기호로 표시하고 그룹으로 나눈 것을 나타내고
있다.

$$A+B+ \; / \; B- \; C+ \; / \; B+ \; / \; B- \; / \; C-A$$
$$\quad\; \text{I} \qquad\qquad \text{II} \qquad\quad \text{III} \qquad\qquad \text{IV}$$

4개 그룹으로 나누었으므로 캐스케이드 방식에서는 3개의 전환밸브가 필요하
게 된다.

참고

[초소형 배관재]

제 2 절 공압회로 **345**

아래그림은 보조회로를 넣지 않는 회로도이다.

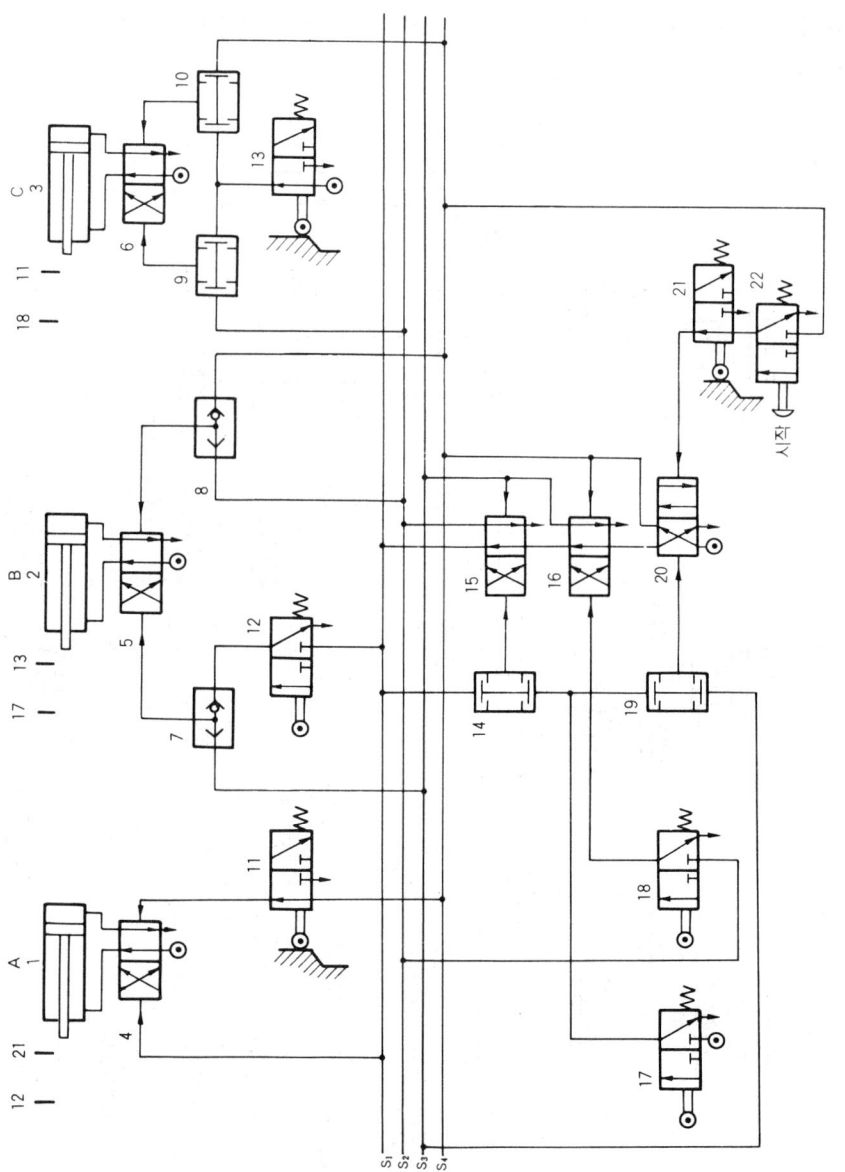

346 제 4 장 유·공압회로

아래그림은 보조조건을 넣은 회로도이며 비상정지상태에서 실린더 B 가 제일 먼저 후진된 상태로 이동해야 하는 보조조건은 2압력밸브를 연결하여 만족시킬 수 있다.

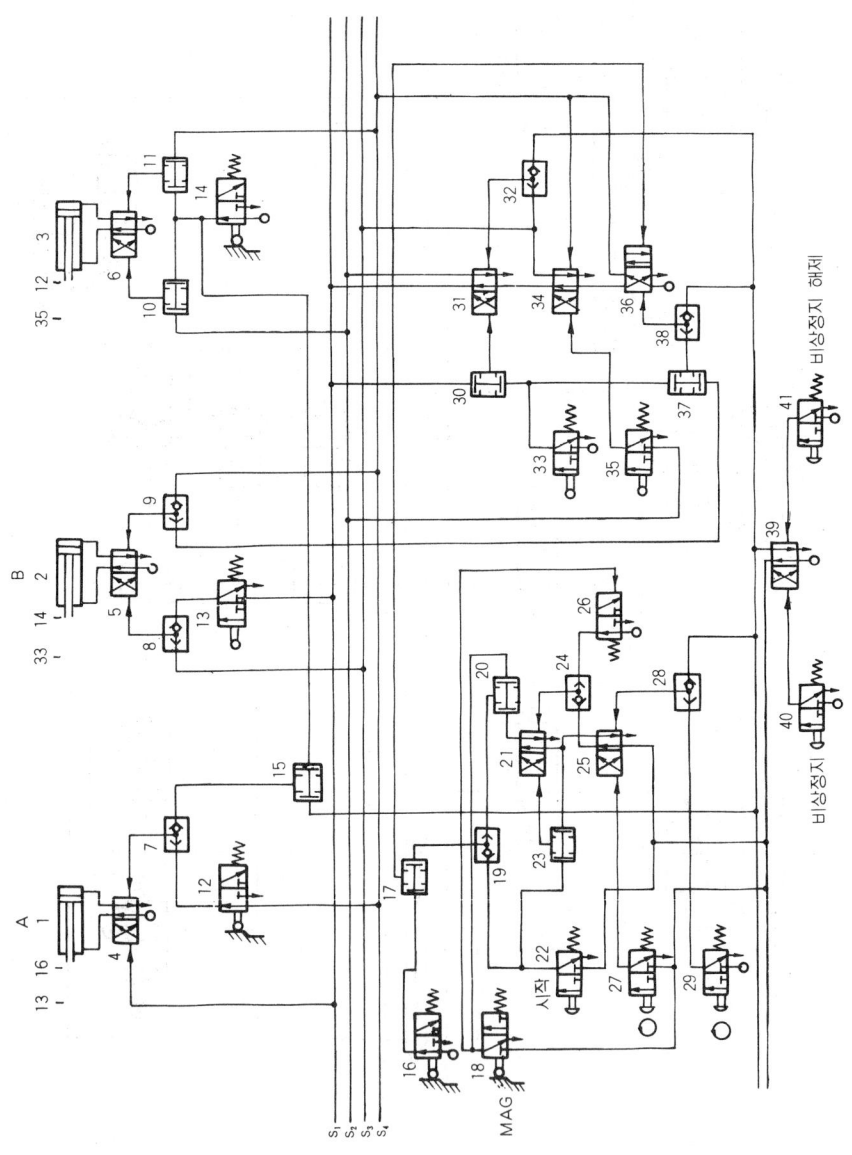

제 5 장   공·유압 기호

공압은 공기의 압력으로 작동하고 제어하는 것이며 저압과 정상압, 고압으로 구분된다.

① 저압(low-pressure) : 압력범위 1.5 kg / cm²까지이며 특별한 범위의 압력이 필요한 곳에만 사용된다.

② 정상압(normal-pressure) : 압력범위 1.5∼16 kg / cm²까지로 현재 가장 많이 사용되고 있다.

③ 고압(high-pressure) : 압력범위 16 kg / cm² 이상으로 구동 부분에 특별한 요구가 있을 때 사용된다.

제 1 절   공압기호

(1) 펌프 및 모터

기 호	설 명	기 호	설 명
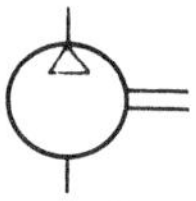	압축기 및 송풍기	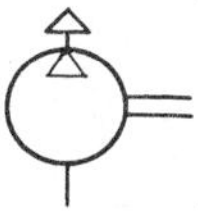	진공펌프
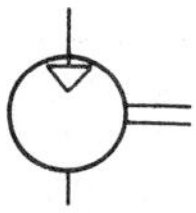	공압모터 (한쪽 방향 회전)	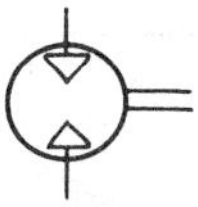	공압모터 (양쪽 방향 회전)
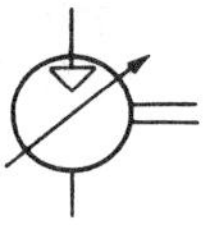	가변용량형 공압모터 (한쪽 방향 회전)	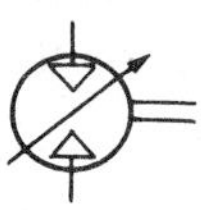	가변용량형 공압모터 (양쪽 방향 회전)
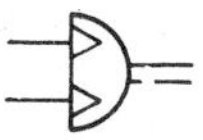	요동형 공기압 작동기 혹은 회전각이 제한된 공압모터			

348 제 5 장 공·유압기호

(2) 실린더

기 호	설 명	기 호	설 명
	단동실린더 (스프링 없슴)		단동실린더 (스프링 있슴)
	복동실린더 (한쪽 피스톤 로드)		복동실린더 (양쪽 피스톤 로드)
	차동 실린더		양쪽쿠션 조절 실린더
	단동식 텔레스코핑 실린더		복동식 텔레스코핑 실린더
	같은 유체 압력변환기		다른 유체 압력변환기
	공-유압 압력전달기		

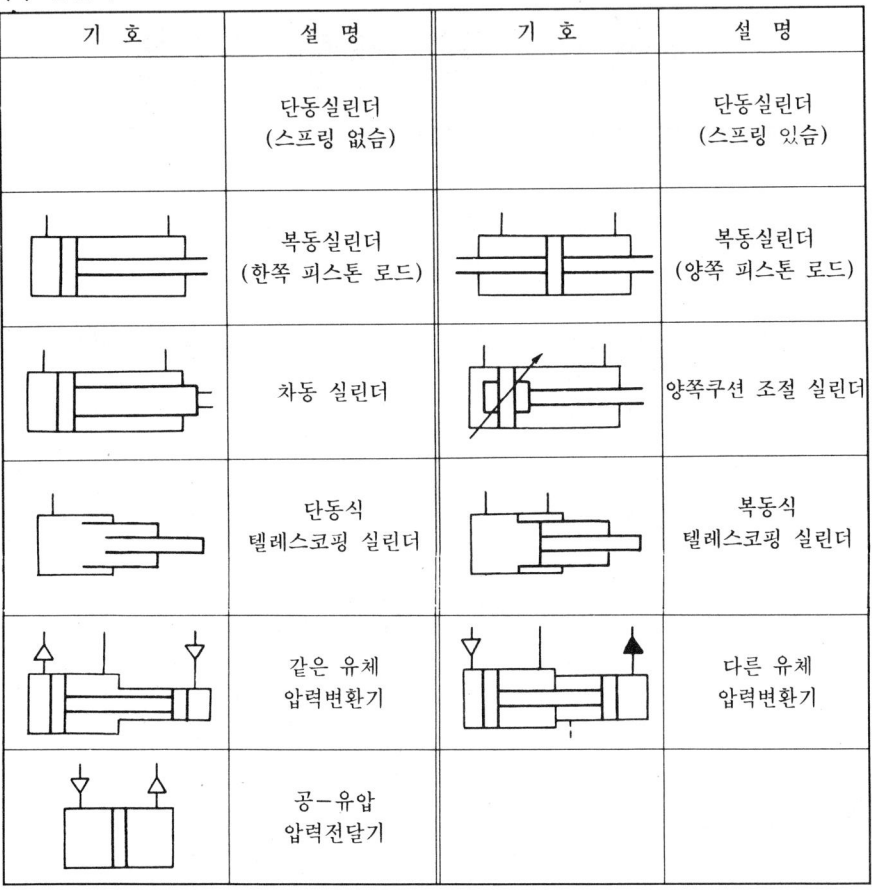

(3) 방향제어 밸브

기 호	설 명	기 호	설 명
	2 포트 2 위치 전환 밸브 (상시 닫힘)		2 포트 2 위치 전환 밸브 (상시 열림)
	3 포트 2 위치밸브 (상시 닫힘)		3 포트 2 위치 밸브 (상시 열림)

제 1 절 공압기호 **349**

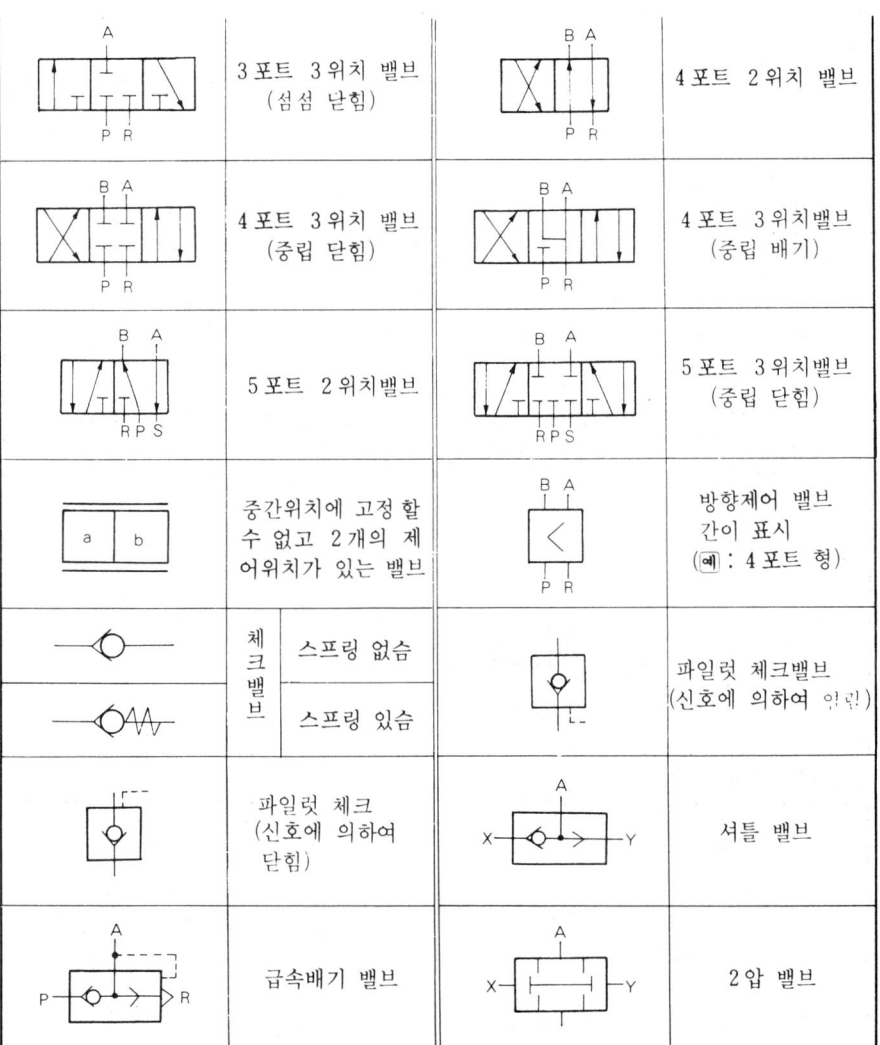	3 포트 3 위치 밸브 (섬섬 닫힘)		4 포트 2 위치 밸브
	4 포트 3 위치 밸브 (중립 닫힘)		4 포트 3 위치밸브 (중립 배기)
	5 포트 2 위치밸브		5 포트 3 위치밸브 (중립 닫힘)
	중간위치에 고정 할 수 없고 2개의 제 어위치가 있는 밸브		방향제어 밸브 간이 표시 (예 : 4 포트 형)
	체 크 밸 브	스프링 없슴 스프링 있슴	파일럿 체크밸브 (신호에 의하여 인림)
	파일럿 체크 (신호에 의하여 닫힘)		셔틀 밸브
	급속배기 밸브		2압 밸브

참고

[공압장치 구성도]

350 제 5 장 공·유압기호

(4) 압력제어 밸브

기 호	설 명	기 호	설 명
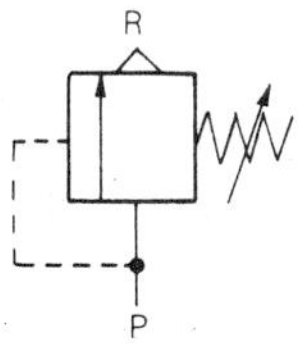	조절가능 릴리프 밸브 (내부 파일럿 방식)	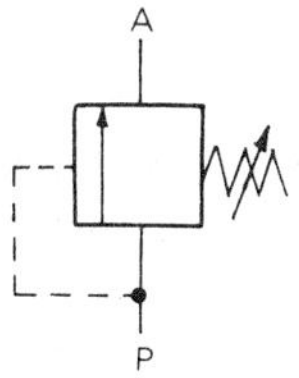	조절가능 시퀀스 밸브 (내부 파일럿 방식)
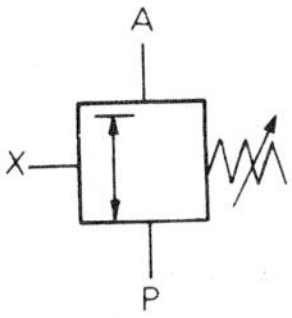	시퀀스 밸브 (릴리프있슴, 조절가능)	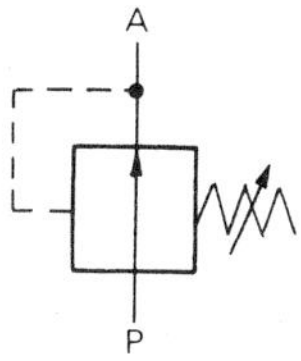	감압밸브 (릴리프없슴 조절가능)
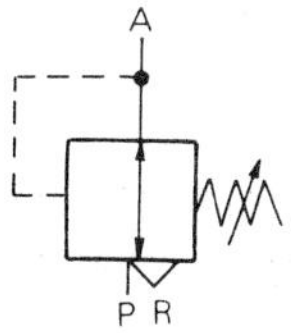	감압 밸브 (릴리프있슴, 조절가능)		

(5) 유량제어 밸브

기 호	설 명	기 호	설 명
	초크, 스로틀 밸브	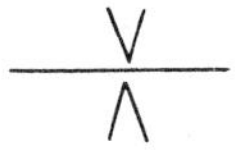	오리피스
	스로틀 밸브 (조절가능)		스톱밸브, 콕
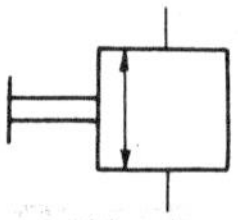	가변조절밸브 (수동조작, 조절가능)	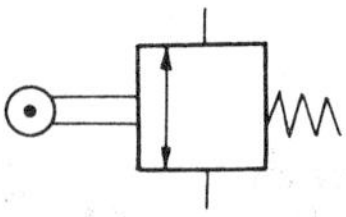	가변조절밸브 (기계방식 스프링 리턴)
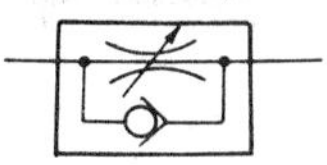	체크밸브붙이 가변유량 조절밸브(초크사용)	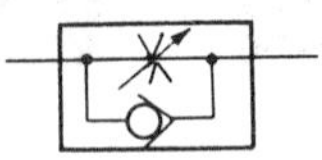	체크밸브붙이 가변유량 조절밸브(오리피스사용)

제 1 절 공압기호 **351**

(6) 에너지 전달

기 호	설 명	기 호	설 명
○──	압력원	─────	주관로
─ ─ ─	파일럿라인(제어라인)	─ ─ ─ ─ ─	드레인라인(배기)
⌣	휨관로 (유연성있는 관)	⚡	전기신호
┼ ┴	관로의 접속	┼ ┼	관로의 교차
⊥	통기관로(배기)	⊔	배기공 (파이프 연결이 없슴)
⊔	배기공 (파이프 연결이 있슴)	─✕	취출구(닫힌 상태)
─→✕	취출구(열린 상태)	→┤├←	급속이음 설치상태 (체크밸브 없슴)
─○┤├○←	급속이음 설치상태 (양쪽 체크 밸브)	─→ ─◇─	급속이음 미설치상태	체크밸브 없슴 체크밸브 있슴
─⊖─	회전이음(1 관로)	⊜	회전이음(3 관로)

(7) 보조기기

기 호	설 명	기 호	설 명	기 호	설 명
◇	필터 (배수기 없슴)	◈	필터 (수동작동 배수기 있슴)	◈	필터 (자동작동 배수기 있슴)
◇	배수기 (수동작동)	◈	배수기 (자동작동)	◇	공기건조기
◇	윤활기	▭	에어컨트롤 유닛	◈	냉각기
▭	소음기	⬭	공기탱크		

352 제 5 장 공·유압기호

(8) 기계식 연결

기 호	설 명	기 호	설 명
	회전측(한방향회전)		회전축(양방향회전)
	위치고정방식		래치(Latch)
	오버센터방식		레버·로드(힌지연결)
	연결부(레버있음)		고정점붙이 연결부

(9) 수동제어방식

기 호	설 명	기 호	설 명
	수동 방식(기본기호)		누름버튼 방식
	레버 방식		페달 방식

(10) 기계제어방식

기 호	설 명	기 호	설 명
	플런저 방식		스프링 방식
	롤러 방식		한쪽 작동 롤러방식
	감지기 방식(표준으로 정해지지 않았슴)		

(11) 전기전자 제어방식

기 호	설 명	기 호	설 명
	단일 코일형		복수 코일형
	전동기 방식		전기스탭모터 방식

(12) 압력제어방식

기 호	설 명	기 호	설 명
	가압하여 직접 작동		감압하여 직접 작동
	가압하여 간접 작동		감압하여 간접 작동
	차등 압력 작동 방식		압력에 의하여 중립위치 유지
	스프링에 의하여 중립위치유지		압력증폭기에 의한 압력작동방식
	압력증폭기에 의한 간접작동 방식		펄스작동방식

(13) 조합제어 방식

기 호	설 명	기 호	설 명
	전자 공압 작동식		전자 또는 공압방식
	전자 또는 수동방식		일반제어방식 (*는 제어방식 설명)

354 제 5 장 공·유압기호

(14) 기타 부품

기 호	설 명	기 호	설 명
	압력계	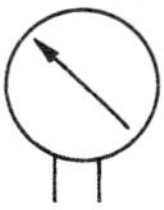	차압계
	온도계		집점붙이 압력계
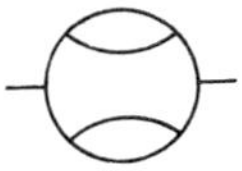	순간지시 유량계		적산지시 유량계
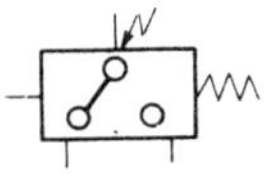	압력스위치		압력감지기
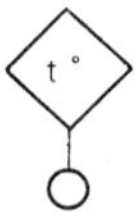	온도감지기		유량감지기
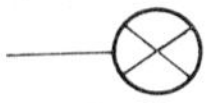	일반 지시기	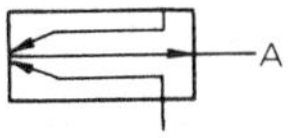	반향 감지기
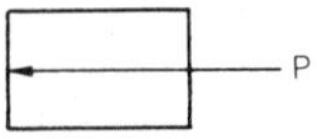	에어게이트용 분사노즐	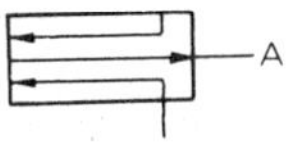	공기공급원이 있는 수신노즐 (에어게이트용)
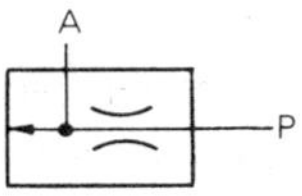	배압노즐	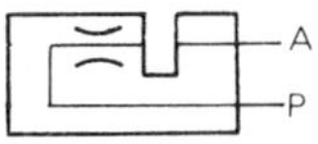	중간차단 감지기

제 1 절　공압기호　**355**

기　호	설　명	기　호	설　명
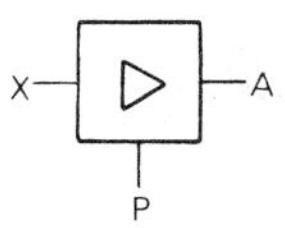	압력증폭기 $(0.05 \sim 1\,\mathrm{kg/cm^2})$	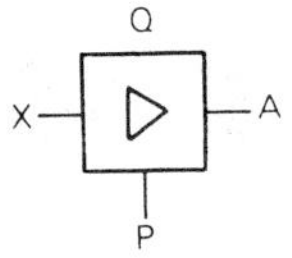	유량증폭기
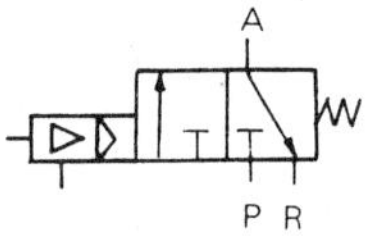	압력증폭기 부 3포트 2위치밸브	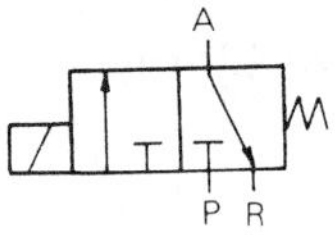	전기 → 공압신호 변환기
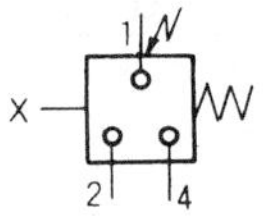	공압 → 전기신호변환기	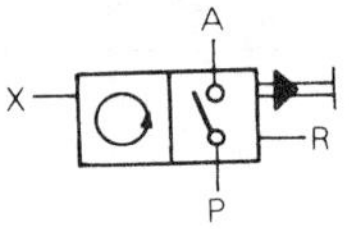	공제 계수기
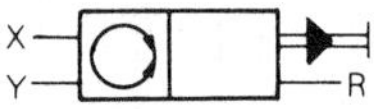	누계→공제계수기	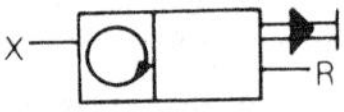	누계 계수기

※ 공압기호는 KSB0054 유압·공기압 도면기호에 정해져 있다.

356 제 5 장 공 · 유압기호

제 2 절   유압기기의 기호

1 · 1   기호표시의 예

(1) 기호표시의 기본

기 호	설 명	기 호	설 명
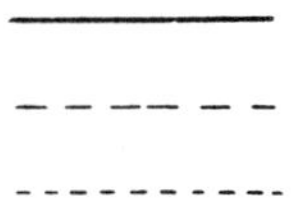	관 로	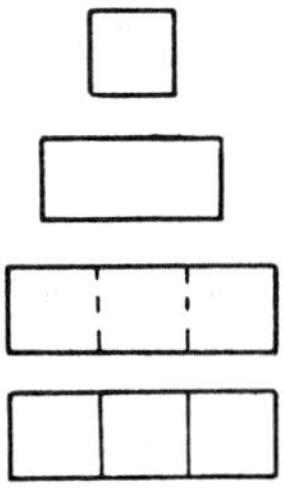	밸 브 (기본기호)
●	관로의 접속점		
	축, 레버, 로드		
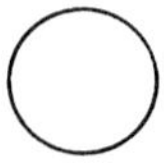	펌프 모터		회전방향
	계기, 회전이음		필터, 열교환기
○	링크 연결부 롤러		조립 유니트
▲	유체흐름의 방향 유체의 출입구		조정가능한 경우
	유체흐름의 방향		

제 2 절 유압기기의 기호 **357**

(2) 관로 및 접속

기　호	설　명		기　호	설　명	
———————	주 관 로		—×←	연결부	열린 상태 (접속)
– – – – –	파일롯 관로		=		고정 슬로틀
-·-·-·-·-	드레인 관로		→‖	급속이음	분리된 상태	체크밸브 없음
접속하는 관로			→〇‖			체크밸브 붙이
접속하지 않는 관로			→‖←		부착된 상태	체크밸브 없음
			〇‖←			한쪽 체크밸브 붙이
플랙시블 관로			〇‖〇			양쪽 체크밸브 붙이
유면보다 위	탱크관로		—〇—	회전이음	1 관로의 경우	
유면보다 아래			〇		3 관로의 경우	
→ →	기름 흐름의 방향			기계식 연결	회전축, 축, 로드, 레버	
↑ ↑	밸브안의 흐름방향					
통기 관로					연결부	
					고정점붙이 연결부	
—×—	연결부	닫힌 상태	—///—		신호 전달로	

(3) 부속기기

기　호	설　명		기　호	설　명
└─┘	기름탱크	개방탱크	◇	냉 각 기
⬭		예압탱크	◇	냉각제 배관붙이

358 제 5 장 공 · 유압기호

기호	설명	기호	설명
	스톱밸브 또는 콕크		가 열 기
	압력스위치		러브리케이터
	어큐물레이터		소 음 기
	전 동 기		필터 러브리케이터 압력계 붙이 압력 조정기 (간략기호)
	내연기관이나 그밖의 열기관		
	압 력 원		
배수기	수 동 식		압 력 계
	자 동 식		
필터	배 수 기 용		접점붙이 압력계
	스트레이너 (흡입용 필터)		온 도 계
	배수기 부착 수 동 식		
	배수기 부착 자 동 식	유량계	순간지시계
	열교환기 (온도조절기)		적산지시계

(4) 펌프 및 모터

기 호	설 명	기 호	설 명
	정토출형 펌프		조합 펌프
	가변토출형 펌프		정용적형 모터 (2 방향형)

제 2 절 유압기기의 기호 **359**

(5) 실린더

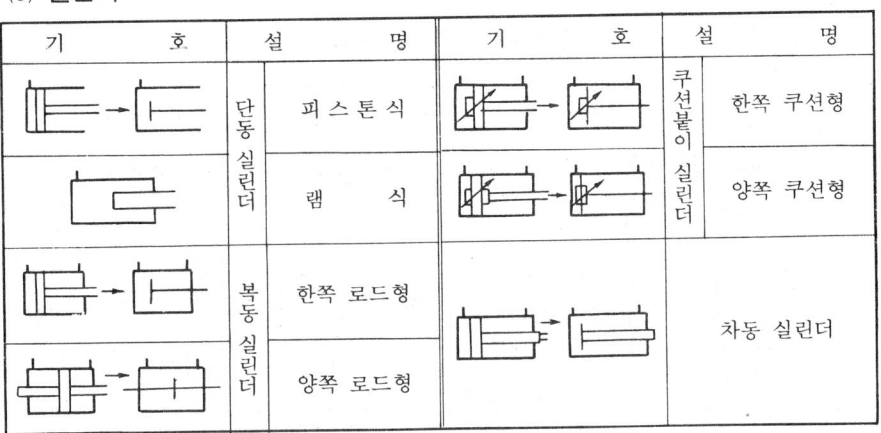

① 간략기호를 사용함을 원칙으로 한다.
② 쿠션의 표시는 쿠션이 드는 쪽으로 화살표를 기입할 것.

(6) 제어밸브 일반

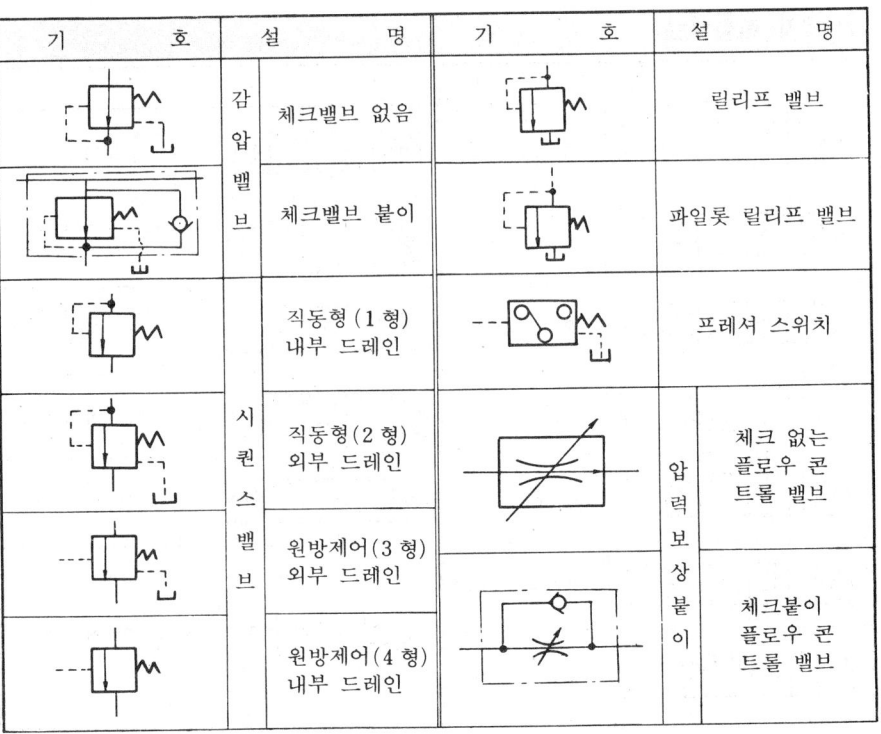

제5장 공·유압기호

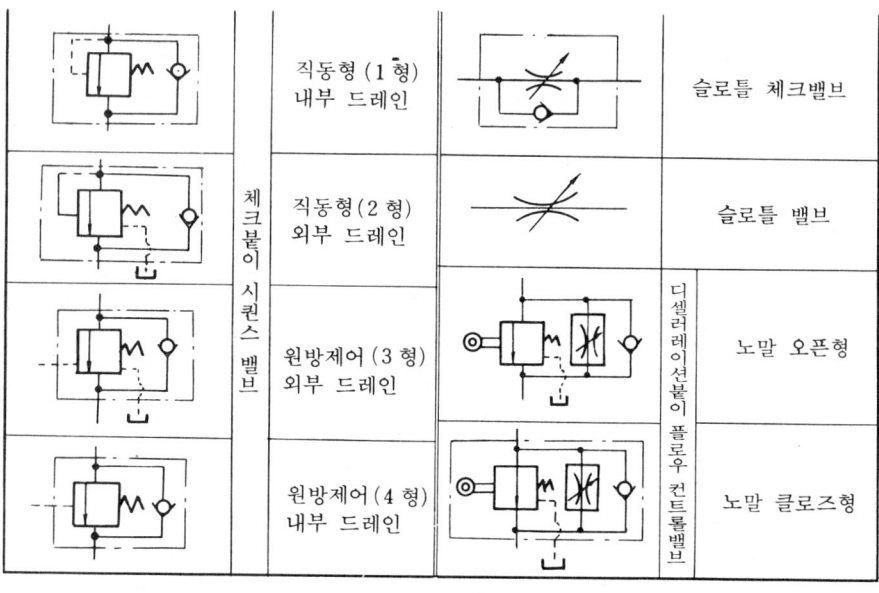

기 호	설 명		기 호	설 명	
	직동형(1형) 내부 드레인			슬로틀 체크밸브	
	직동형(2형) 외부 드레인	체크붙이 시퀀스 밸브		슬로틀 밸브	
	원방제어(3형) 외부 드레인			노말 오픈형	디셀러레이션붙이 플로우 컨트롤밸브
	원방제어(4형) 내부 드레인			노말 클로즈형	

(7) 전자 전환밸브

기　　호	설　　명		기　　호	설　　명	
	올포트 블록	스프링 옵셋형		올포트 블록	스프링 센터형
	올포트 오픈			사이드포트 블록 (1)	
	올포트 오픈	노우 스프링형		사이드포트 블록 (2)	
	올포트 블록			센터 바이패스	
	탱크포트 블록	스프링 센터형		실린더포트 블록	
	프레셔포트 블록			콘시트형 전자밸브	
	올포트 오픈				

제 2 절 유압기기의 기호 **361**

⑻ 전자 유압 전환밸브

기 호	설 명	기 호	설 명
	스프링옵셋형 프레셔포트 블록	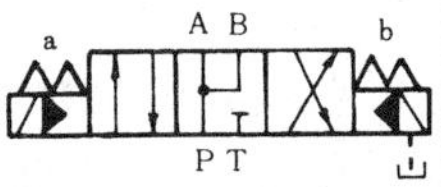	탱크포트 블록
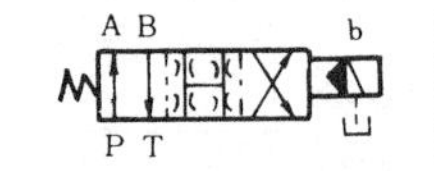	올포트 오픈 (세미 오픈)		센터 바이패스 (과도시 오픈)
	올포트 오픈	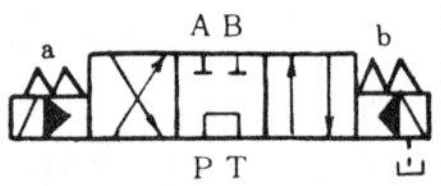	센터 바이패스 (과도시 크로스)
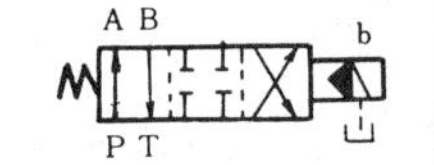	올포트 블록		스프링센터형 실린더포트 블록
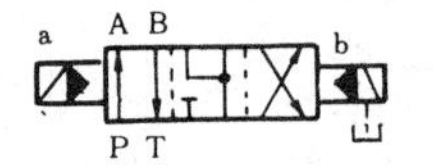	노우스프링형 프레셔포트 블록	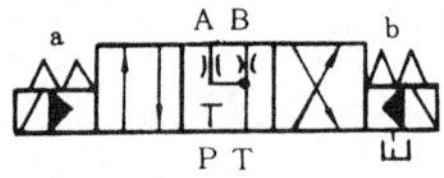	프레셔포트 블록 (세미오픈)
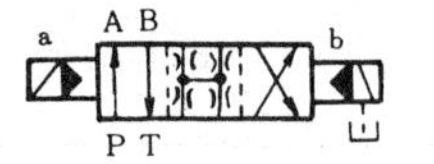	올포트 오픈 (세미 오픈)		프레셔포트 블록
	올포트 오픈	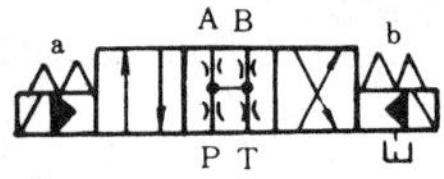	올포트 오픈 (세미오픈)
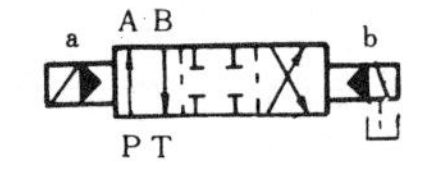	올포트 블록	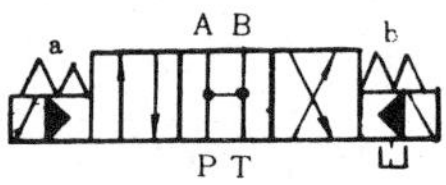	올포트 오픈
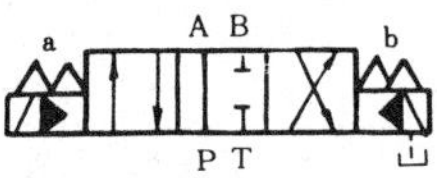	스프링센터형 사이드포트 블록 (1)	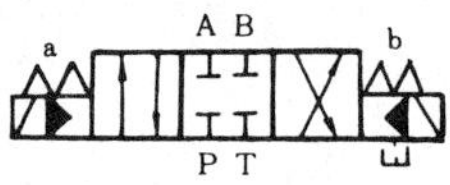	올포트 블록
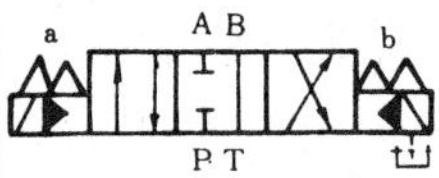	사이드포트 블록 (2)		

362 제 5 장 공·유압기호

(9) 수동 전환밸브

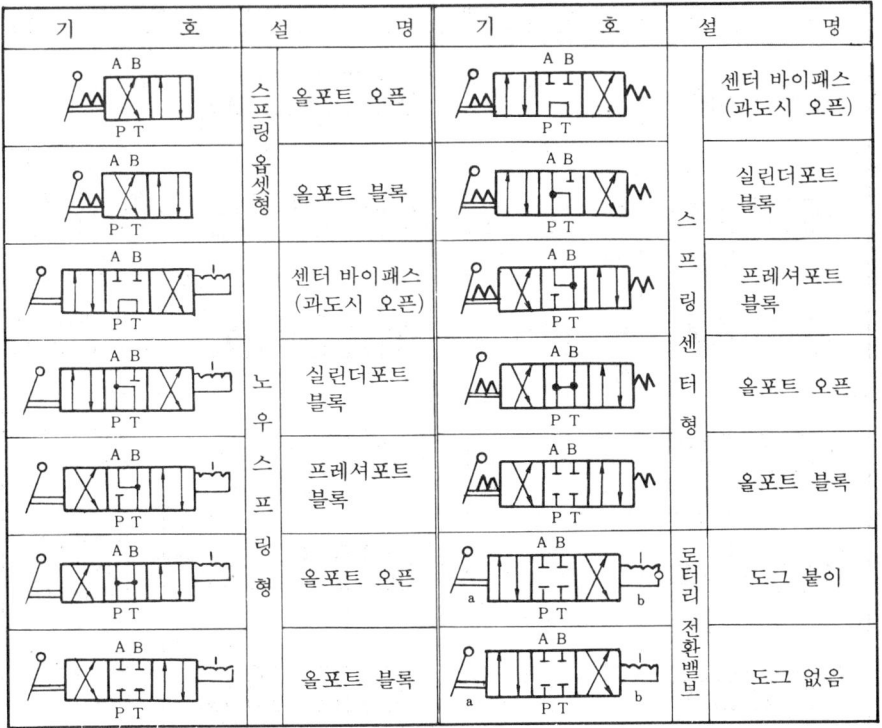

기 호	설 명		기 호	설 명	
	스프링옵셋형	올포트 오픈			센터 바이패스 (과도시 오픈)
		올포트 블록			실린더포트 블록
	노우스프링형	센터 바이패스 (과도시 오픈)		스프링센터형	프레셔포트 블록
		실린더포트 블록			올포트 오픈
		프레셔포트 블록			올포트 블록
		올포트 오픈		로터리 전환밸브	도그 붙이
		올포트 블록			도그 없음

(10) 파일롯 작동 전환밸브

기 호	설 명		기 호	설 명	
	스프링센터형	올포트 블록		스프링옵셋형	올포트 블록
		올포트 오픈			올포트 오픈
		올포트 오픈 (세미 오픈)			올포트 오픈 (세미 오픈)
		프레셔포트 블록			프레셔포트 블록

제 2 절   유압기기의 기호   **363**

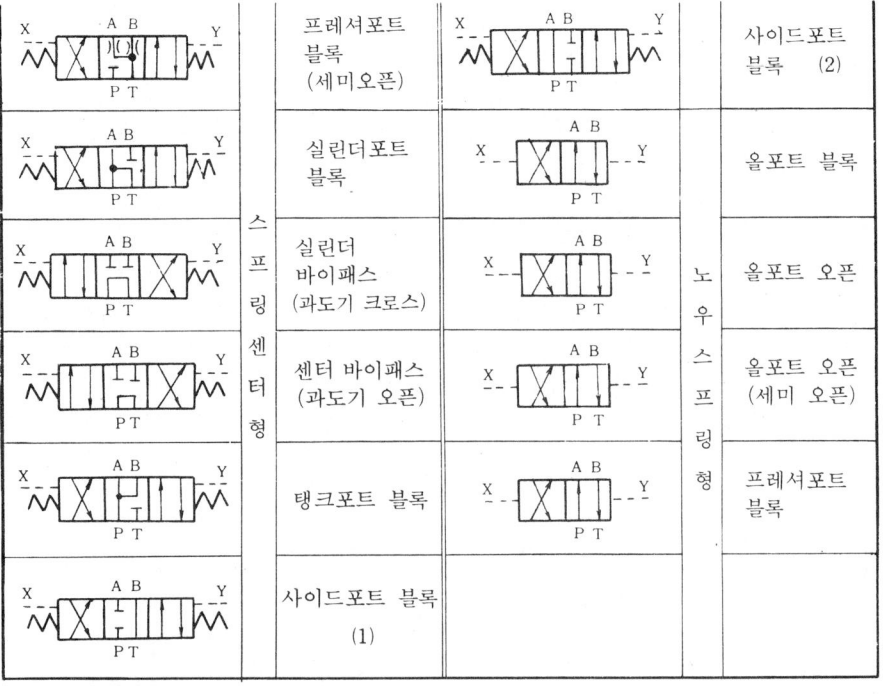

기호		설 명	기호		설 명
	스프링센터형	프레서포트 블록 (세미오픈)		노우스프링형	사이드포트 블록 (2)
		실린더포트 블록			올포트 블록
		실린더 바이패스 (과도기 크로스)			올포트 오픈
		센터 바이패스 (과도기 오픈)			올포트 오픈 (세미 오픈)
		탱크포트 블록			프레서포트 블록
		사이드포트 블록 (1)			

⑾ 기타 밸브

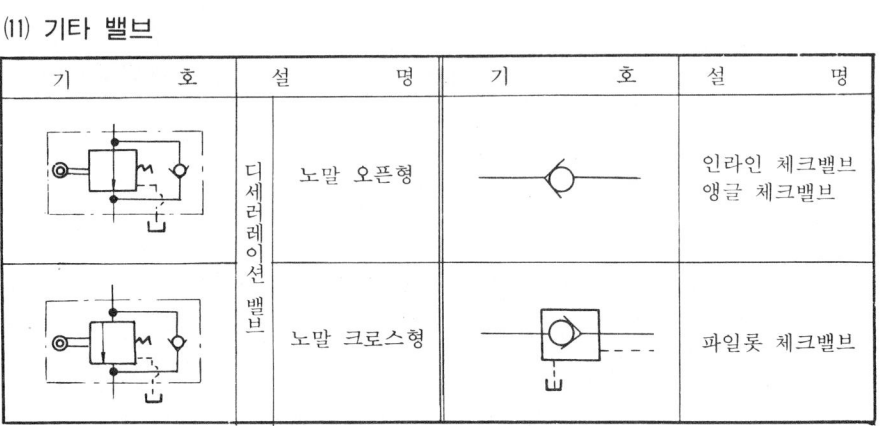

기 　 호		설　　　명	기 　 호	설　　　명
	디세러레이션밸브	노말 오픈형		인라인 체크밸브 앵글 체크밸브
		노말 크로스형		파일롯 체크밸브

> **참고** 회로 기호를 완벽하게 숙지하여 회로도에 있는 기기의 상태를 알 수 있도록 끊임없이 노력하기를 바라며, 기호의 숙지가 곧 유압회로의 이해라는 것을 기억하기 바란다.

■■ 부 록

1. 자동화를 위한 제어방식의 기준

⑴ 전기 제어방식
 ① 검출 : 리미트 스위치(마이크로 스위치), 근접 스위치, 광전관 등을 사용
   하여 제어신호를 전기적으로 보낸다.
 ② 조작 : 전동기, 전자석 등으로 조작한다.
⑵ 전기·유압 제어방식
 ① 검출 : ⑴의 경우와 같다.
 ② 제어 : 전자밸브 등으로 전기적인 제어신호를 받아 유압회로를 제어한다.
 ③ 조작 : 유압모터, 유압실린더 등으로 조작한다.
⑶ 전기·공기압 제어방식
 ① 검출 : ⑴의 경우와 같다.
 ② 제어 : 전자밸브 등으로 전기적인 제어신호를 받아서 공기압 회로를 제
   어한다.
 ③ 조작 : 공기압 실린더, 공기압 모터 등으로 조작한다.
⑷ 전기·유압·공기압 제어방식
 ① 검출 : ⑴의 경우와 같다.
 ② 제어 : ⑶의 경우와 같다.
 ③ 조작 : 공기압 실린더로 조작한다. 다만, 속도제어를 목적으로 하여 유
   압실린더를 함께 사용하여 위치결정, 속도변환, 속도제어 등을 한다.
⑸ 유압 제어방식
 ① 검출 : 소형의 유압 제어밸브 등으로 검출하여 제어신호를 유압으로 보
   낸다.
 ② 제어 : 유압의 제어신호로 작동하는 유압 제어밸브 등에 의하여 유압회
   로의 제어를 한다.
 ③ 조작 : ⑵의 경우와 같다.
⑹ 공기압 제어방식
 ① 검출 : 소형의 공기압 제어밸브(파일롯 밸브, 리미트 밸브) 등을 사용하
   여 검출하며, 제어신호를 공기압으로 보낸다.
 ② 제어 : 공기압의 제어신호로 작동하는 공기압 제어밸브(마스터 밸브) 등

366 부   록

으로 공기압 회로의 제어를 한다.

③ 조작 : (3)의 경우와 같다.

(7) 공기압·유압 제어방식

① 검출 : (6)의 경우와 같다.

② 제어 : 공기압의 제어신호로 작동하는 유압 제어밸브 등으로 유압회로를 제어한다.

③ 조작 : (2)의 경우와 같다.

〔여러가지 자동화방식의 비교〕

항목＼형식		기 계 식	전 기 식	전 자 식	유 압 식	공 기 압 식
조 작 력		과히크지않다	과히크지않다	작 다	크 다 (수십톤이상)	약간 크다 (약 1 톤까지)
조 작 속 도		느리다	빠르다	빠르다	약간 빠르다 (1 m/s 정도)	빠르다 (10 m/s 까지)
부하에 대한 특성의 변화		거의없다	거의없다	거의없다	약간있다	특히 크다
동 작 성 (위치결정)		좋 다	좋 다	좋 다	좋은편이다	나쁘다
구 조		보 통	약간복잡	복 잡	약간복잡	간 단
배 선·배 관		없 다	비교적간단	복 잡	복 잡	약간복잡
환경	온 도	보 통	주의한다	주의한다	70℃ 까지보통	100℃ 까지 보통
	습 도	보 통	주의한다	주의한다	보 통	드레인에 주의
	부 식 성	보 통	주의한다	주의한다	보 통	산화에 주의
	진 동	보 통	주의한다	특히주의한다	괜찮다	괜찮다
보 수		간 단	기술을 요함	특히 기술을 요함	간 단	간 단
위 험 성		특히 없다	누전에 주의	특히 없다	인화성에 주의	없는편이다
신 호 변 환		곤 란	용 이	용 이	곤 란	비교적 곤란
원 방 조 작		곤 란	특히 양호	특히 양호	양 호	양 호
동력원고장시		작동치 않음	작동치 않음	작동치 않음	어큐물레이터로 약간 작동	약간 작동
설치위치의자유도		저 다	있 다	있 다	있 다	있 다
무 단 변 속		약간곤란	약간곤란	양 호	양 호	약간양호
속 도 조 정		약간곤란	용 이	용 이	용 이	약간곤란
가 격		보 통	약간높다	높 다	약간높다	보 통

[제어방식의 비교]

구분	방 식	(1)	(2)	(3)	(4)	(5)	(6)	(7)
기본사항	**1. 제어신호의 전달매체**							
	(1) 전 기	○	○	○	○			
	(2) 유 압					○		
	(3) 공기압						○	○
	2. 동력원							
	(1) 전 기	○						
	(2) 유 압		○			○		○
	(3) 공기압			○	○	○		
세부사항	**1. 동력원 확보의 난이**							
	(1) 전원의 확보가 쉬운 경우	○	○	○	○			
	(2) 전원의 확보가 어려운 경우					○	○	○
	2. 동력원 고장시							
	(1) 작동하지 않아도 좋은 경우	○	○	○	○			
	(2) 작동하지 않으면 안되는 경우		△	△	△	○	○	○
	3. 조작력							
	(1) 한정된 공간에서 큰 조작력이 요구되는 경우		○			○		○
	(2) 요구하는 조작력이 과히 크지 않은 경우	○		○	○	○		
	(3) 직선운동이 많아서 조작력보다 작동이 필요한 경우			○				
	4. 작동속도							
	(1) 빠른속도를 필요로 하는 경우	○		○		○		
	(2) 정밀한 속도제어를 필요로 하는 경우	○		○		○		○
	(3) 속도제어가 비교적 거칠어도 되는 경우			○		○		
	(4) 부하의 변동으로 속도가 변화하면 나쁜 경우	○	×		○	×	○	
	5. 구조							
	(1) 비교적 복잡	○	○					
	(2) 비교적 간단						○	
	6. 배선·배관							
	(1) 비교적 복잡		○		○	○		○
	(2) 비교적 간단	○		○		○		
	7. 보 수							
	(1) 기술을 요함	○	○	○	○			
	(2) 비교적 간단					○	○	○
	8. 주위 여건							
	(1) 진동이 심한 곳에 사용되는 경우	×	×	×	×	○	○	○
	(2) 인화 폭발, 위험성이 있는 경우	×	×	×	×	○		
	(3) 미세한 먼지가 많은 곳인 경우	×	×	×	×	○		
	(4) 기름에 의한 오염이 나쁜 경우	○	×	○		○		
	9. 신호 전달속도							
	(1) 빠르다.	○	○	○	○			
	(2) 비교적 빠르다.					○		
	(3) 느리다.						○	○
	10. 원방제어							
	(1) 특히 용이하다.	○	○	○	○			
	(2) 비교적 용이하다.						○	○
	(3) 곤란하다.					○		
	11. 동력원 수량							
	(1) 한개면 된다.	○				○	○	
	(2) 두개가 필요하다.		○	○	○			○
	(3) 장치마다 동력원이 필요하다.		○			○		○

[범례] ○:좋다 △:보통 ×:나쁘다

368 부 록

2. 각종 유압기기와 표시기호

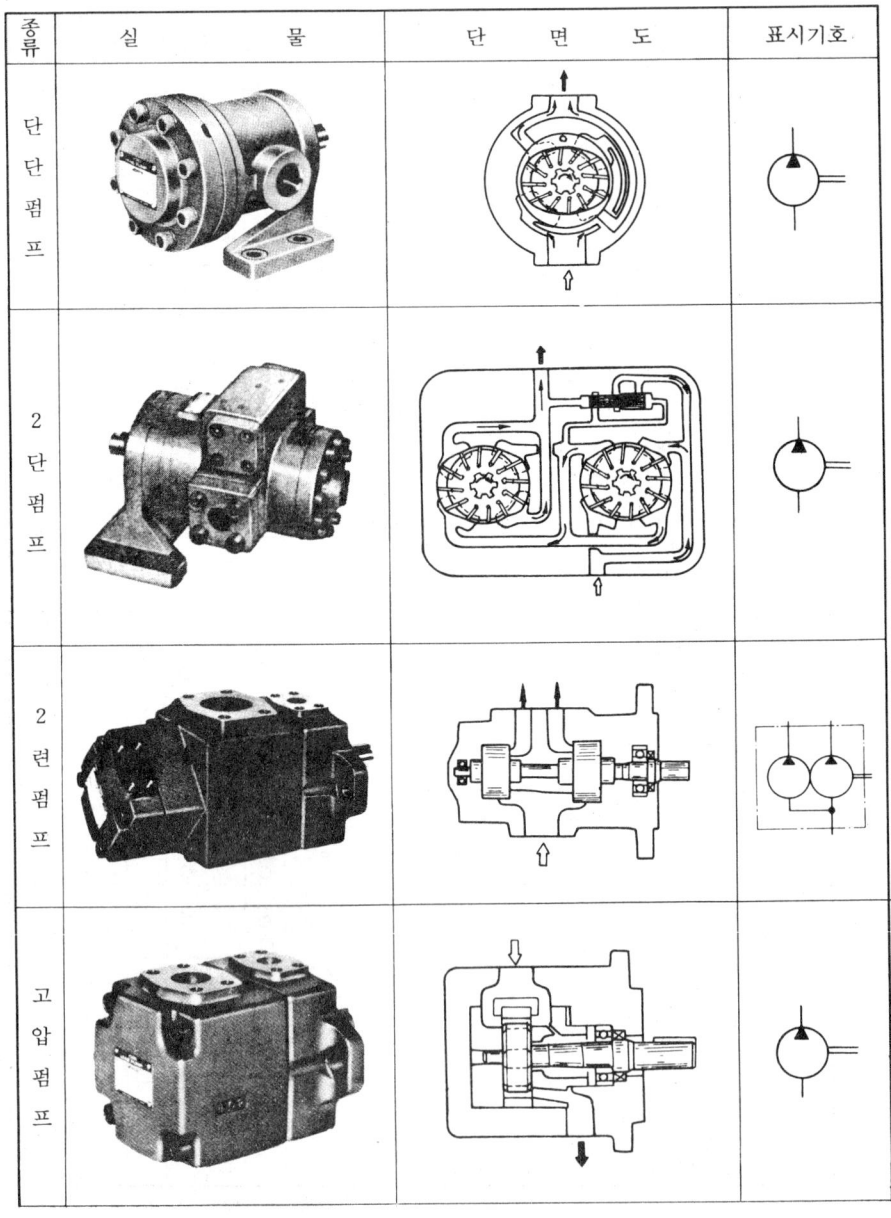

종류	실 물	단 면 도	표시기호
단 단 펌 프			
2 단 펌 프			
2 련 펌 프			
고 압 펌 프			

2._유압기기와 표시기호 **369**

종류	실　　　물	단　면　도	표시기호
복합펌프		릴리프 릴리프형 릴리프 언로드형	
가변용량형펌프			
릴리프밸브			

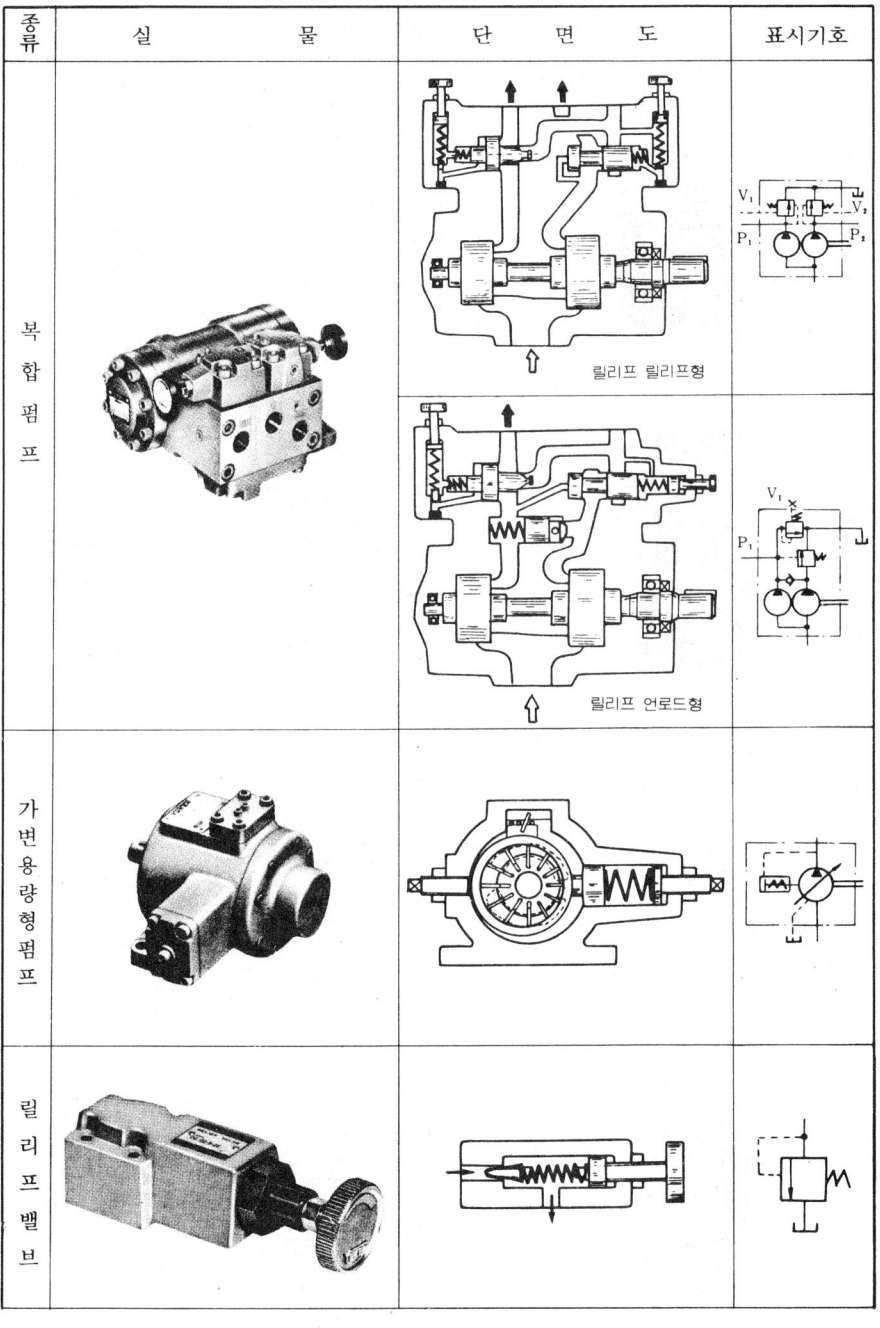

370 부 록

종류	실　　　물	단　면　도	표시기호
릴리프밸브			
전자밸브 부착 릴리프밸브			"A" "b"
시퀀스밸브			
카운터 밸런스밸브			

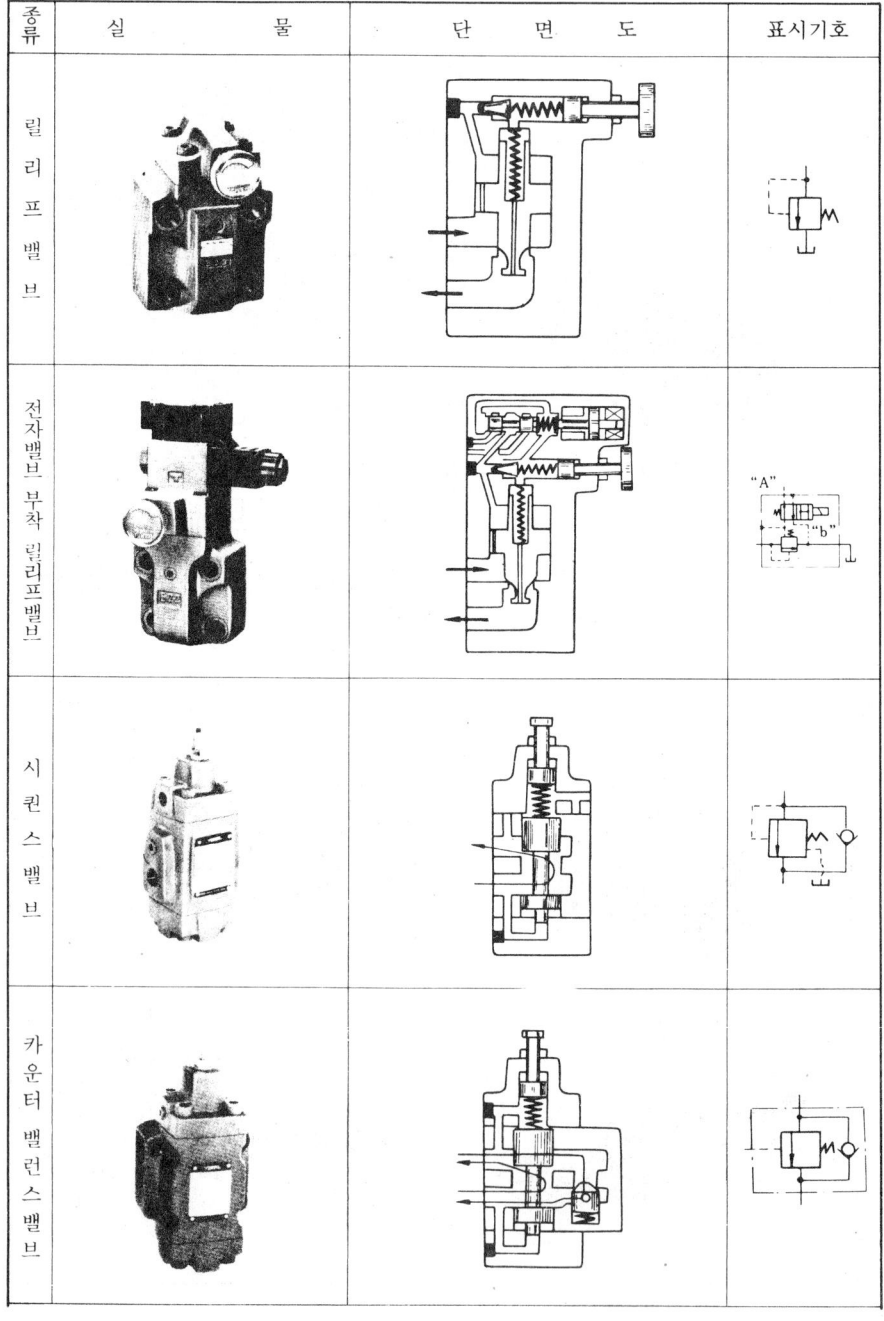

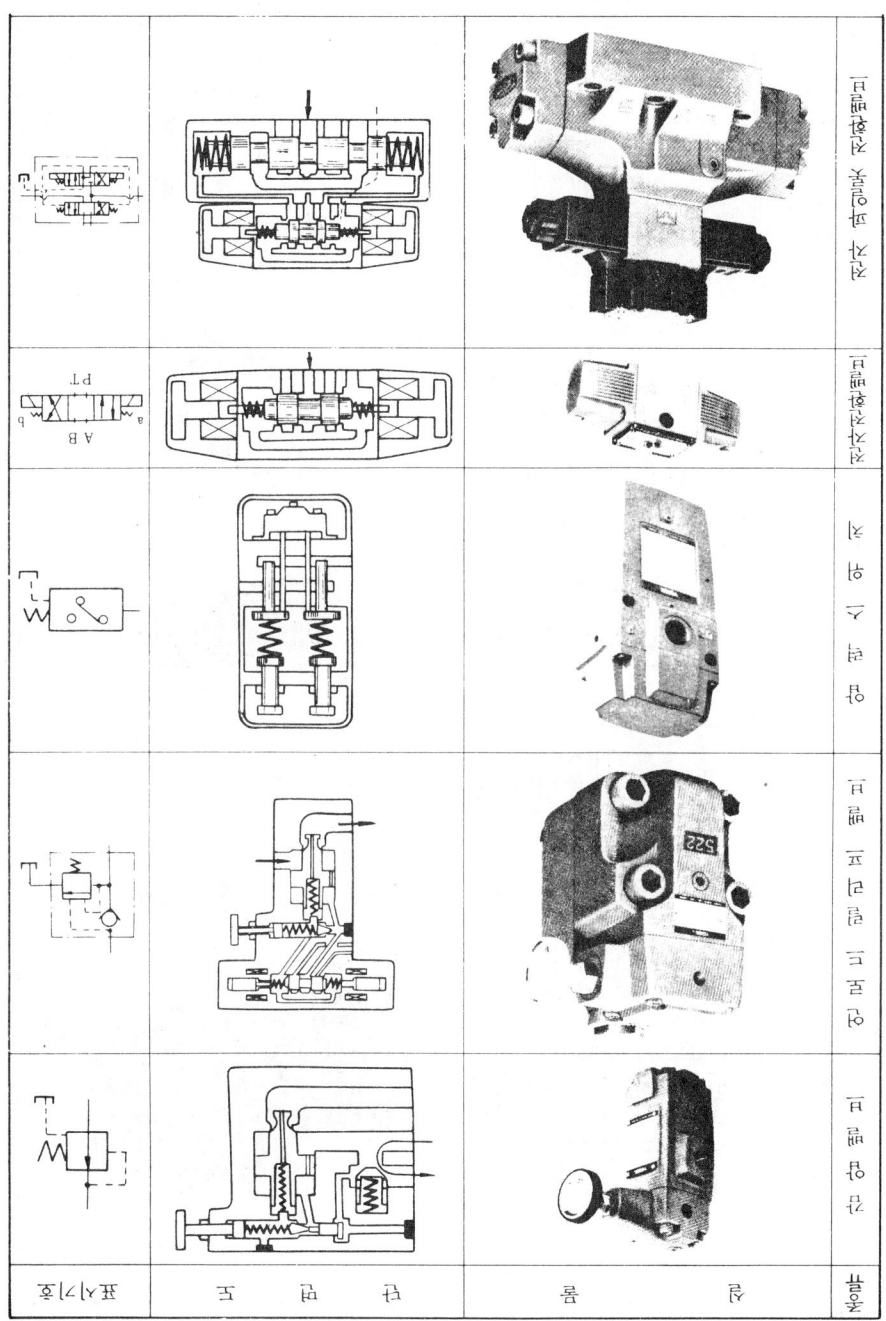

2. 유압기기의 표시기호

종류	실 물	단 면 도	표시기호
파일롯 조작 전환밸브		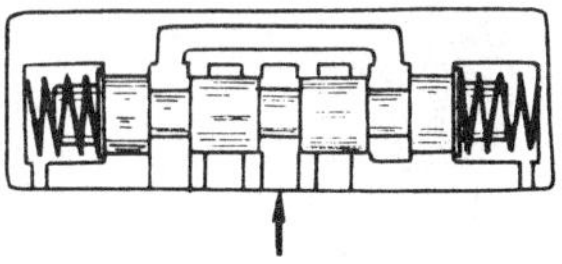	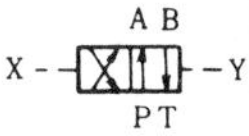 A B X — P T — Y
수동 전환밸브		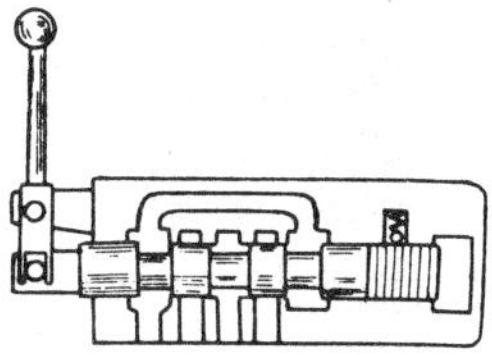	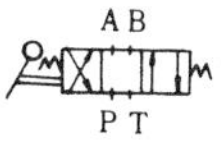 A B P T
인라인 체크밸브		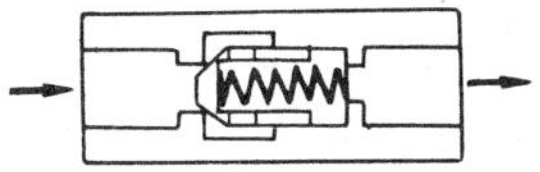	
앵글 체크밸브	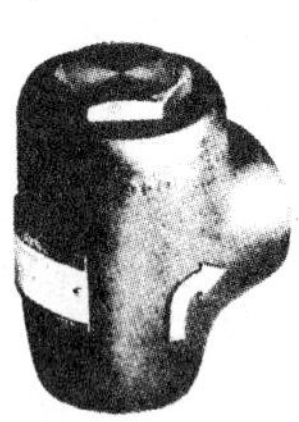	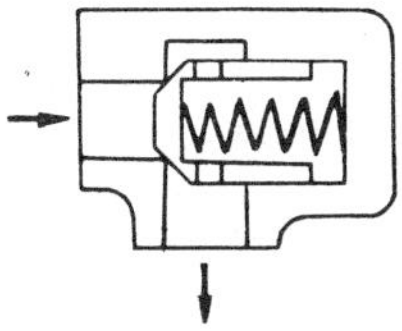	
파일롯 조작 체크밸브	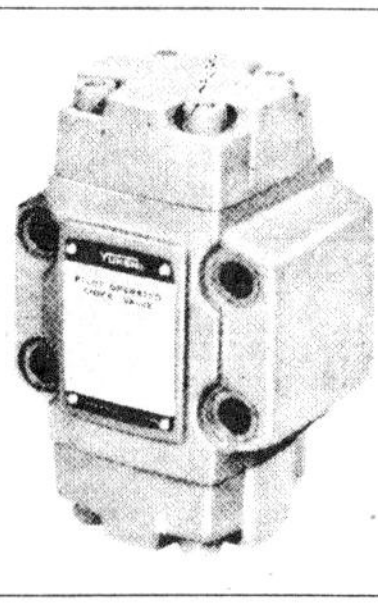	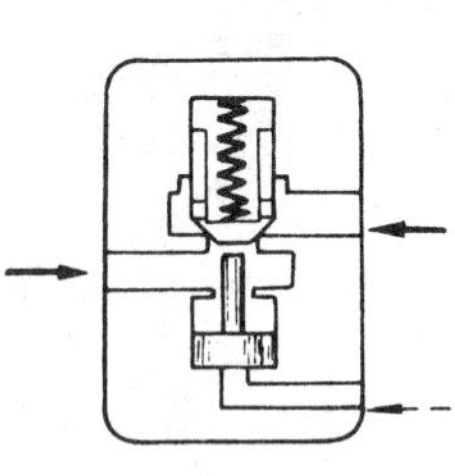	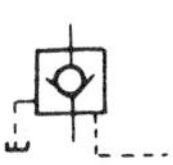 외부 드레인 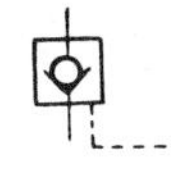 내부 드레인

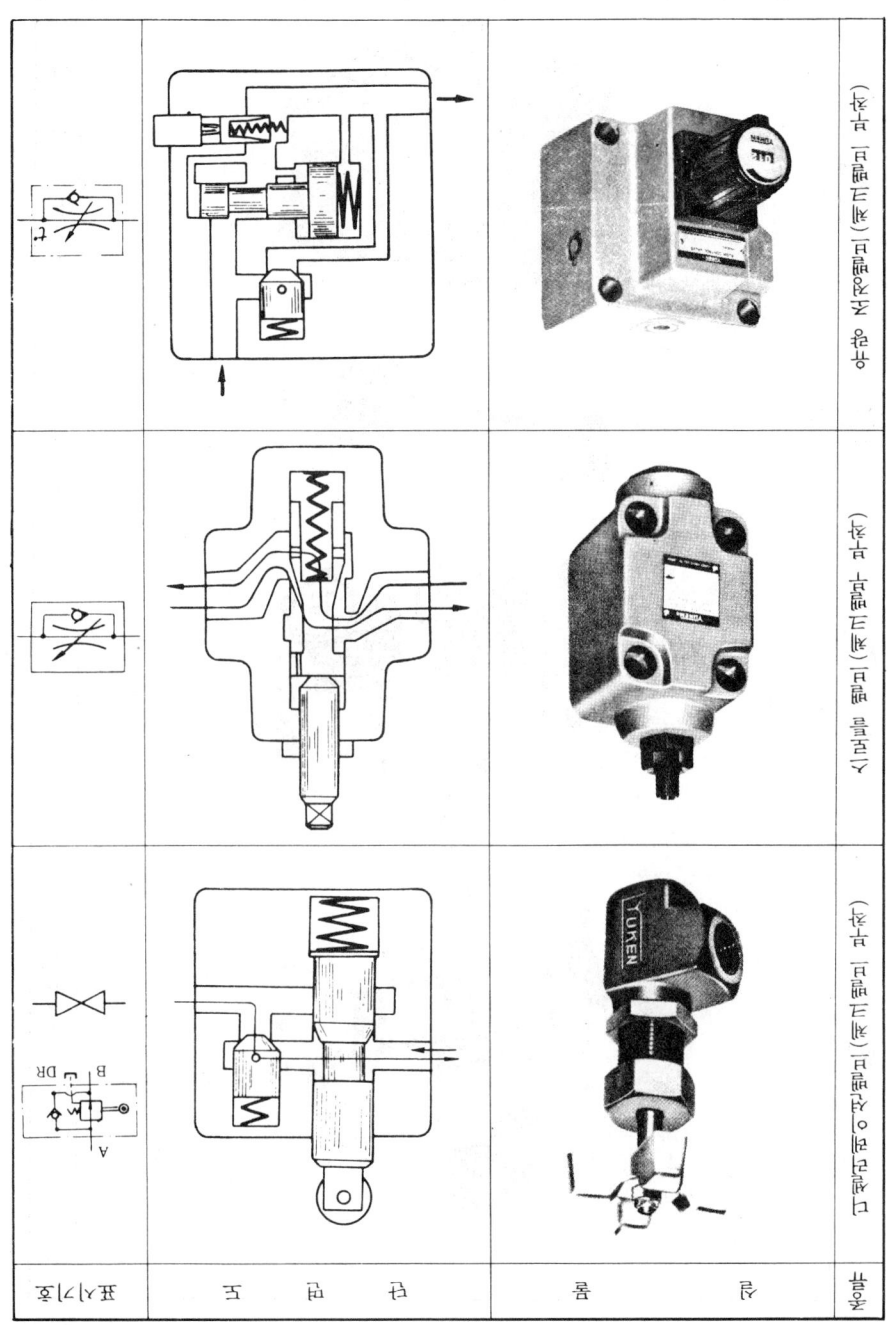

374 부   록

종류	실 물	표시기호
릴리프 부착 감압밸브	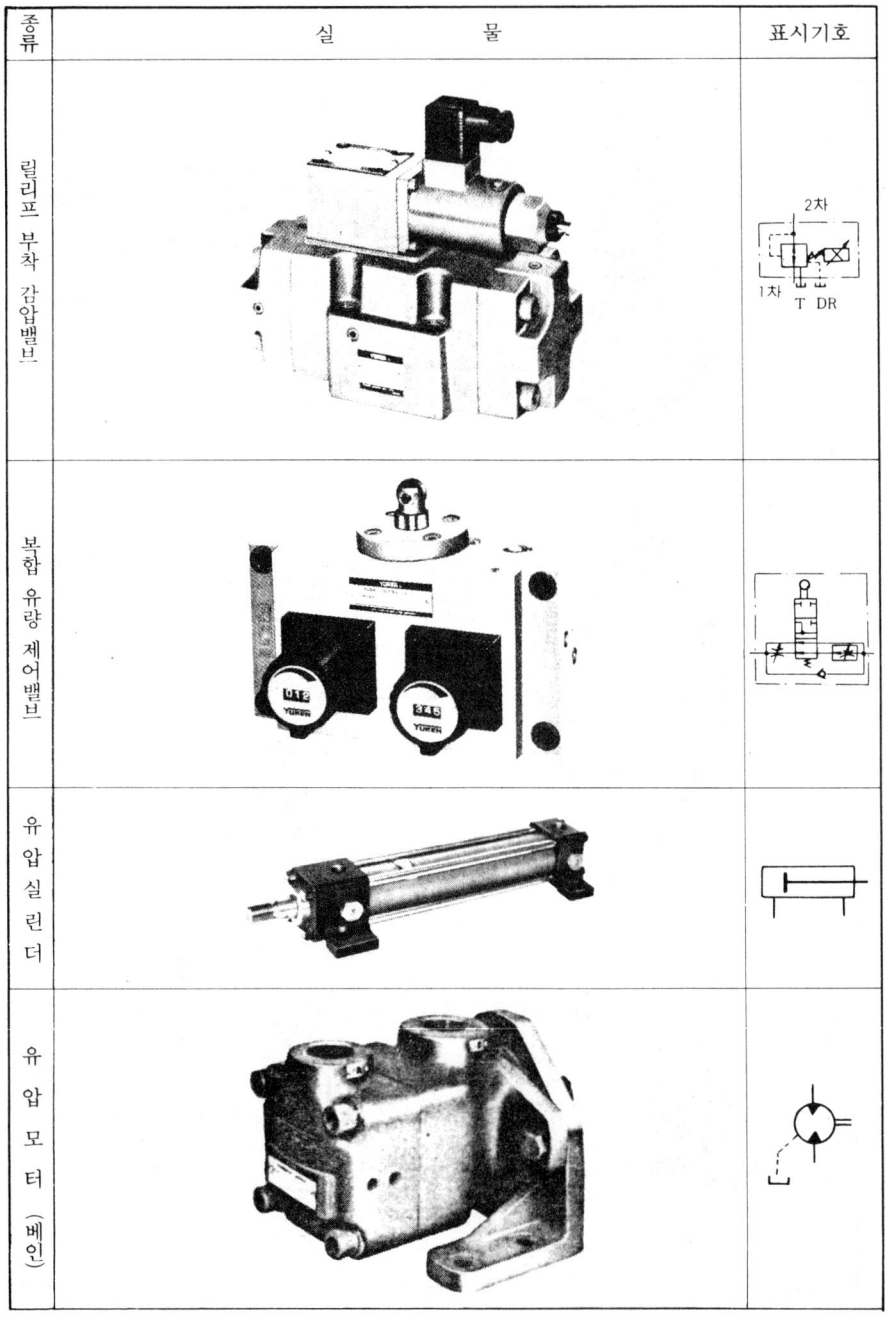	
복합 유량 제어밸브		
유압 실린더		
유압 모터 (베인)		

2. 유압기기의 표시기호 **375**

종류	실　　　물	표시기호
요동모터		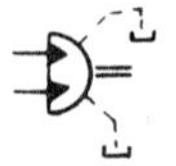
롤베인모터		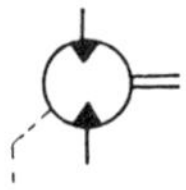
파일롯 릴리프 밸브		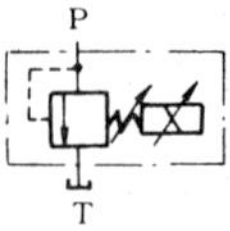
비례 전자식 릴리프 밸브	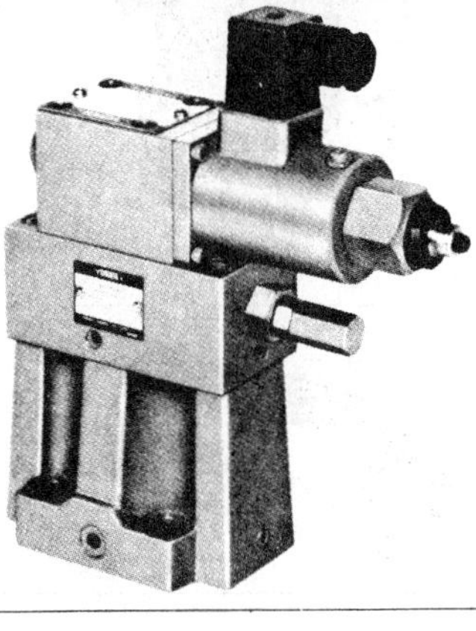	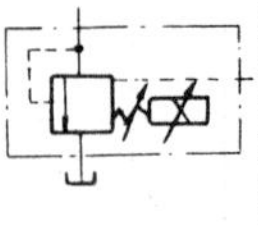

종류	실　물	표시기호
유량제어밸브		
파일롯 조작 유량 조정밸브(체크밸브 부착)		
브레이크 밸브		
탱크용 필터(케이스 없음)		

2. 유압기기와 표시기호 **377**

종류	실　　　　물	표시기호
에어 브리트 밸브		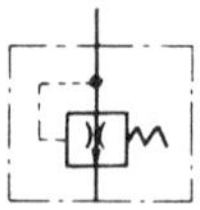
가변 피스톤 2련펌프		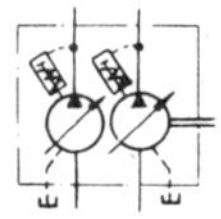
가변 피스톤 모터펌프		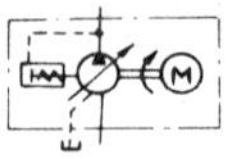
압력 스위치		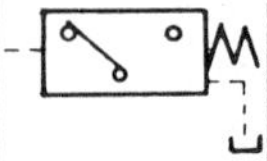

종류	실 물	표시기호
베인 모터 펌프		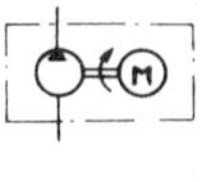
로터리형 전환밸브		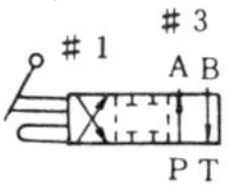
캠조작 전환밸브	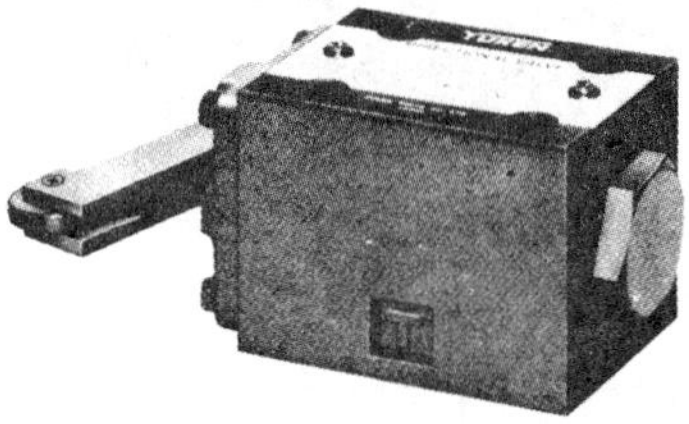	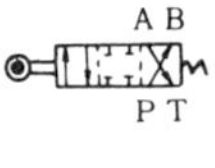
레이디얼 피스톤 저속고토르크 모터		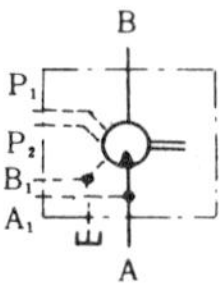

2. 유압기기의 표시기호 **379**

종류	실　　　　물	표시기호
가변용량형 2 런베인펌프		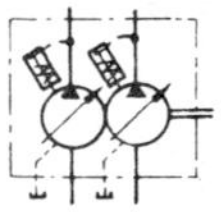
압　력　계	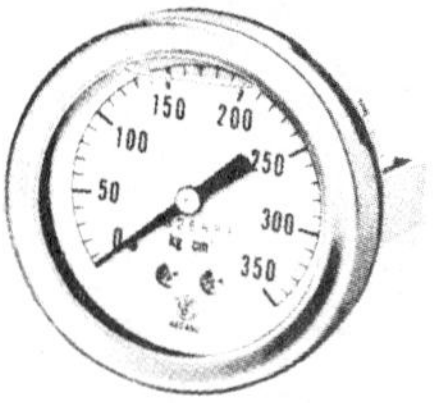	
릴리프밸브부착감압밸브		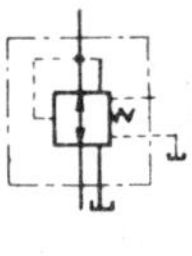
라　인 · 필　터		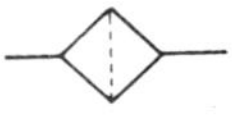
마그네틱 플레이트		

380 부 록

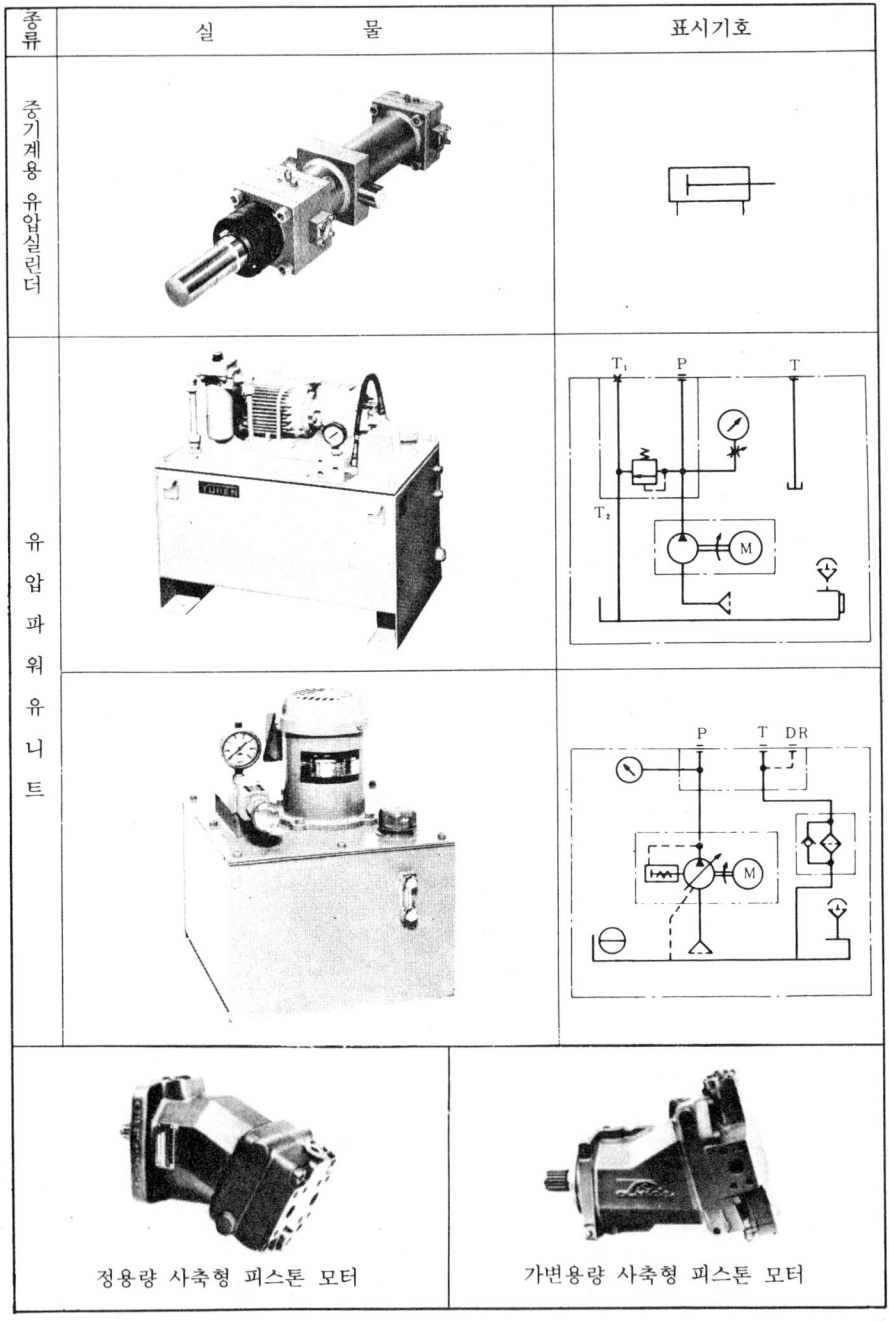

종류	실　　　물	표시기호
중기계용 유압실린더		
유압파워유니트		
	정용량 사축형 피스톤 모터	가변용량 사축형 피스톤 모터

3. 관로 저항 도표

(1) 210 kg/cm² 용 파이프 〔직관 1 m당의 압력강하〕

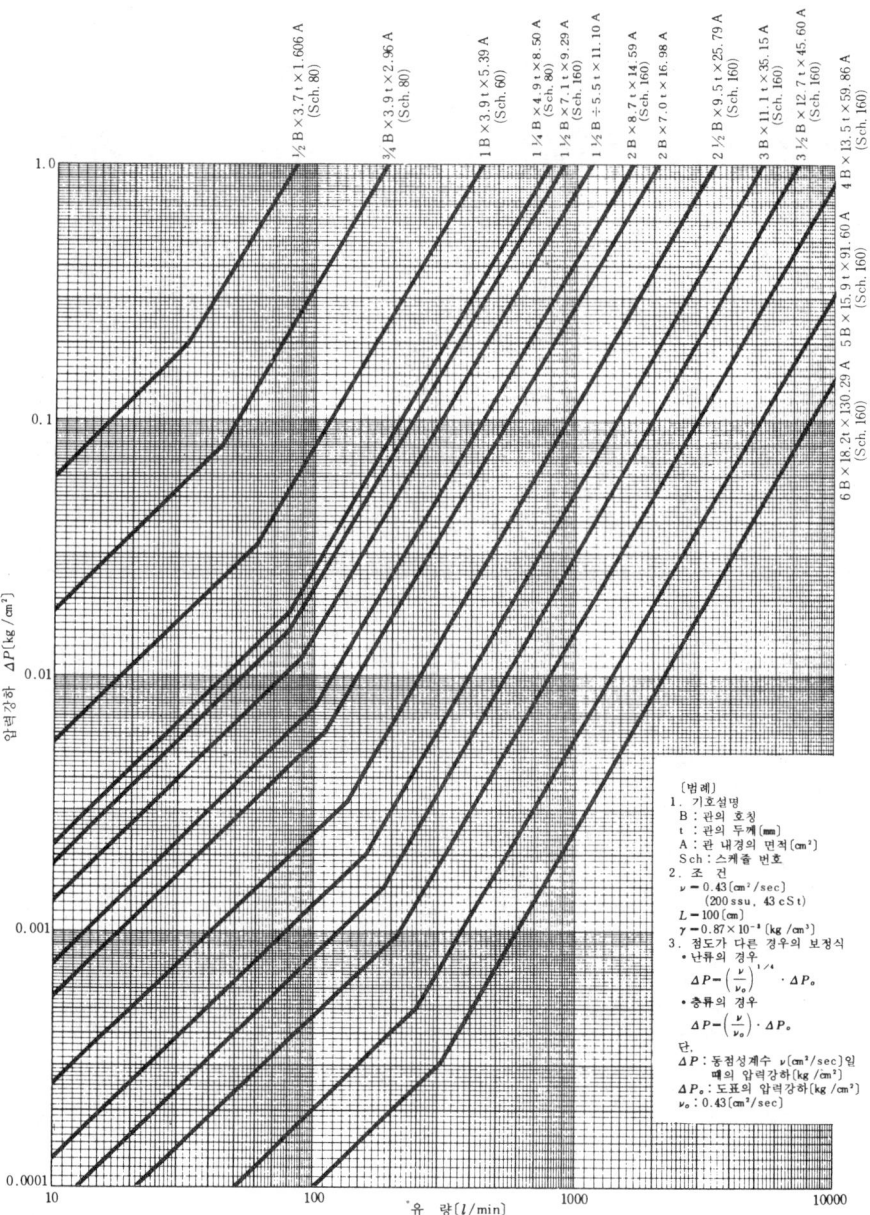

[범례]
1. 기호설명
   B : 관의 호칭
   t : 관의 두께 [㎜]
   A : 관 내경의 면적 [㎝²]
   Sch : 스케줄 번호
2. 조 건
   $\nu = 0.43$ [㎝²/sec]
   (200 ssu, 43 cSt)
   $L = 100$ [㎝]
   $\gamma = 0.87 \times 10^{-3}$ [kg/㎝³]
3. 점도가 다른 경우의 보정식
   • 난류의 경우
   $$\Delta P = \left(\frac{\nu}{\nu_0}\right)^{1/4} \cdot \Delta P_0$$
   • 층류의 경우
   $$\Delta P = \left(\frac{\nu}{\nu_0}\right) \cdot \Delta P_0$$
단.
ΔP : 동점성계수 ν [㎝²/sec]일 때의 압력강하 [kg/㎝²]
ΔP_0 : 도표의 압력강하 [kg/㎝²]
ν_0 : 0.43 [㎝²/sec]

382 부　　록

(2) 350 kg / cm² 용 파이프〔직관 1 m 당의 압력강하〕

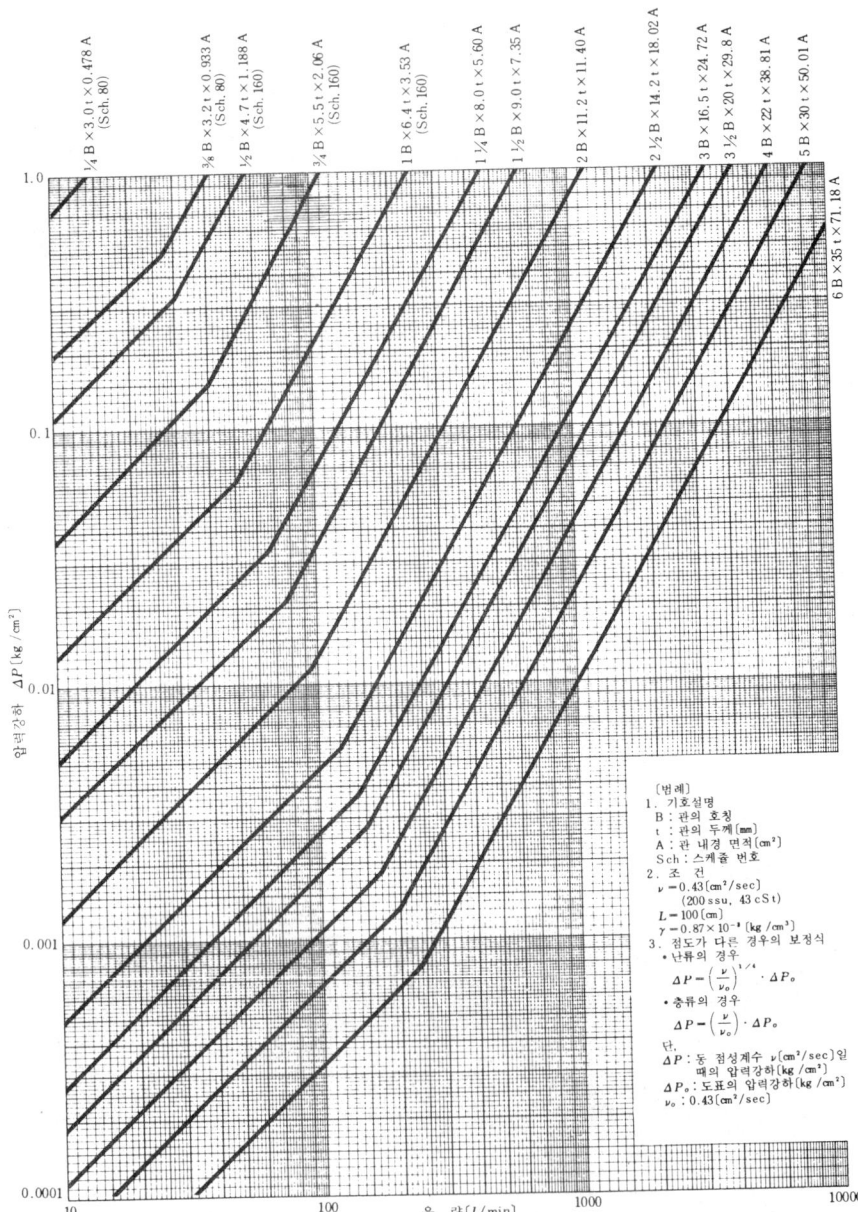

3. 관로 저항 도표 **383**

(3) 튜 브〔직관 1 m당의 압력강하〕

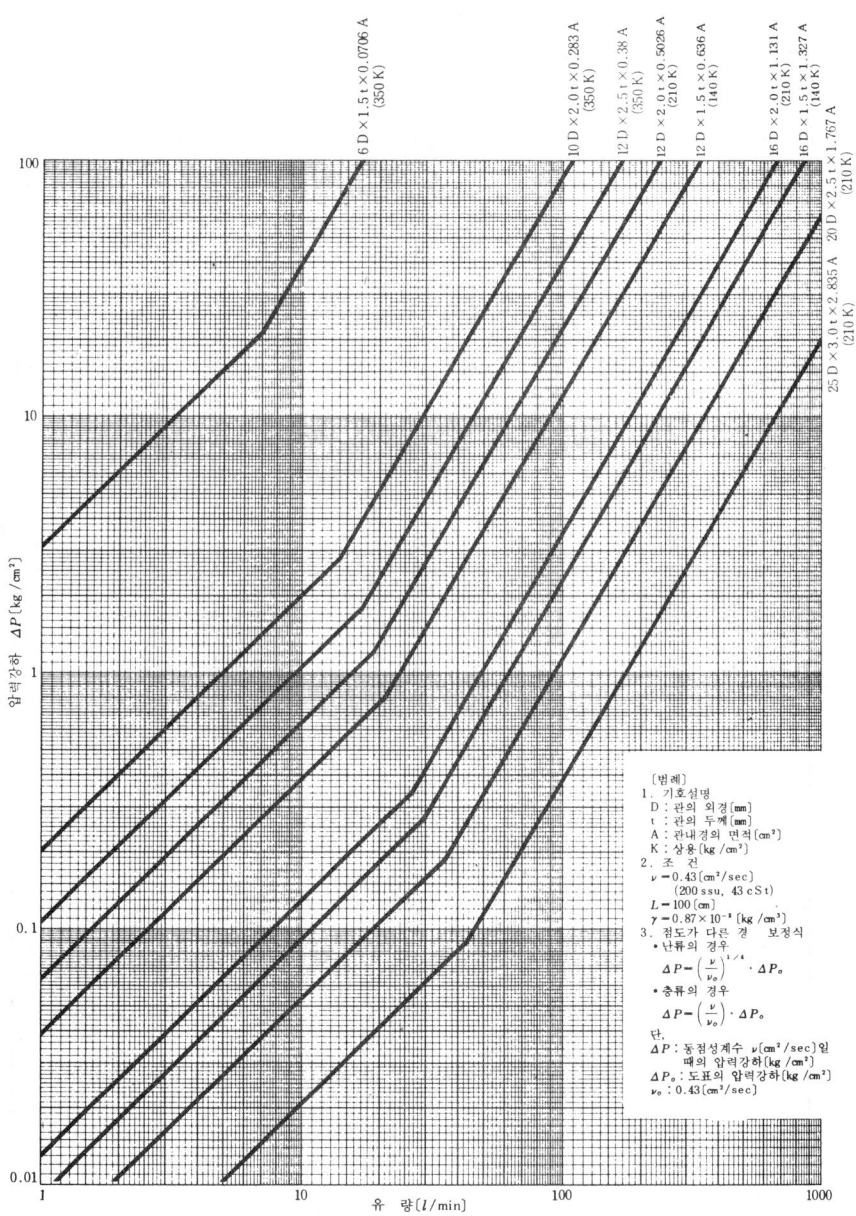

4. 점도 환산법

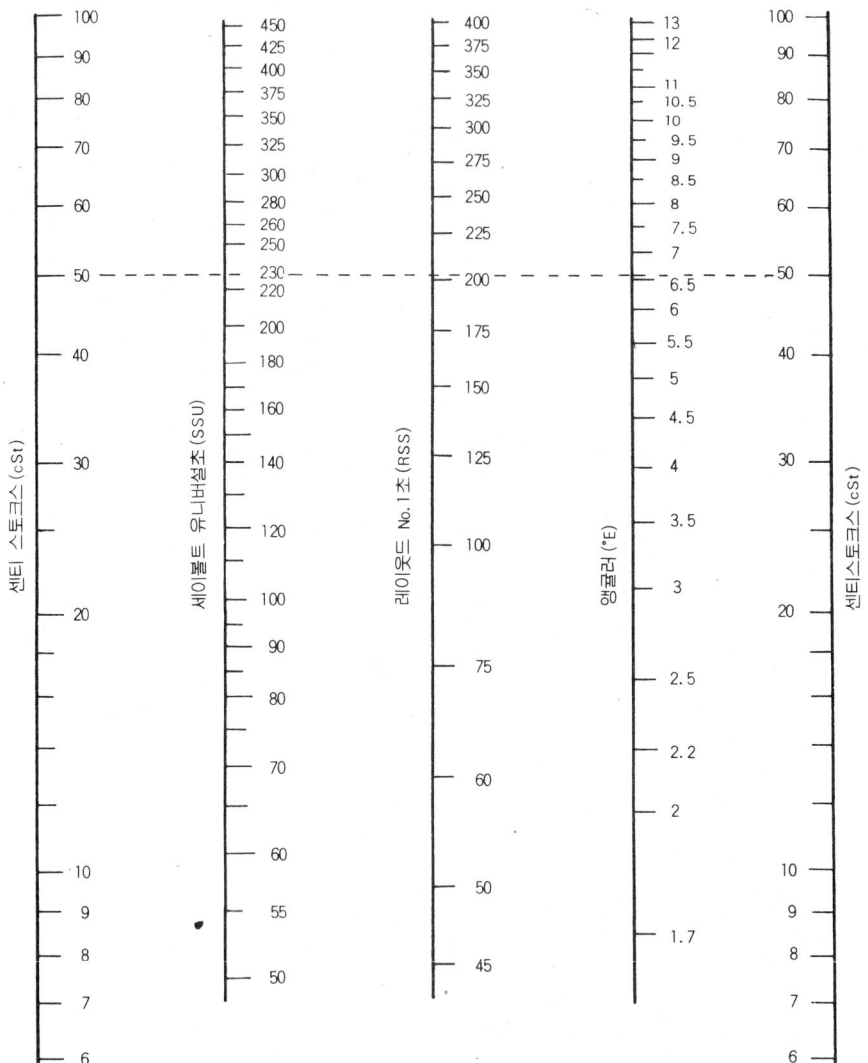

100 cSt 이상일 때는 다음의 식을 사용한다.

SSU × 0.220 = cSt

RSS × 0.2435 = cSt

°E × 7.6 = cSt

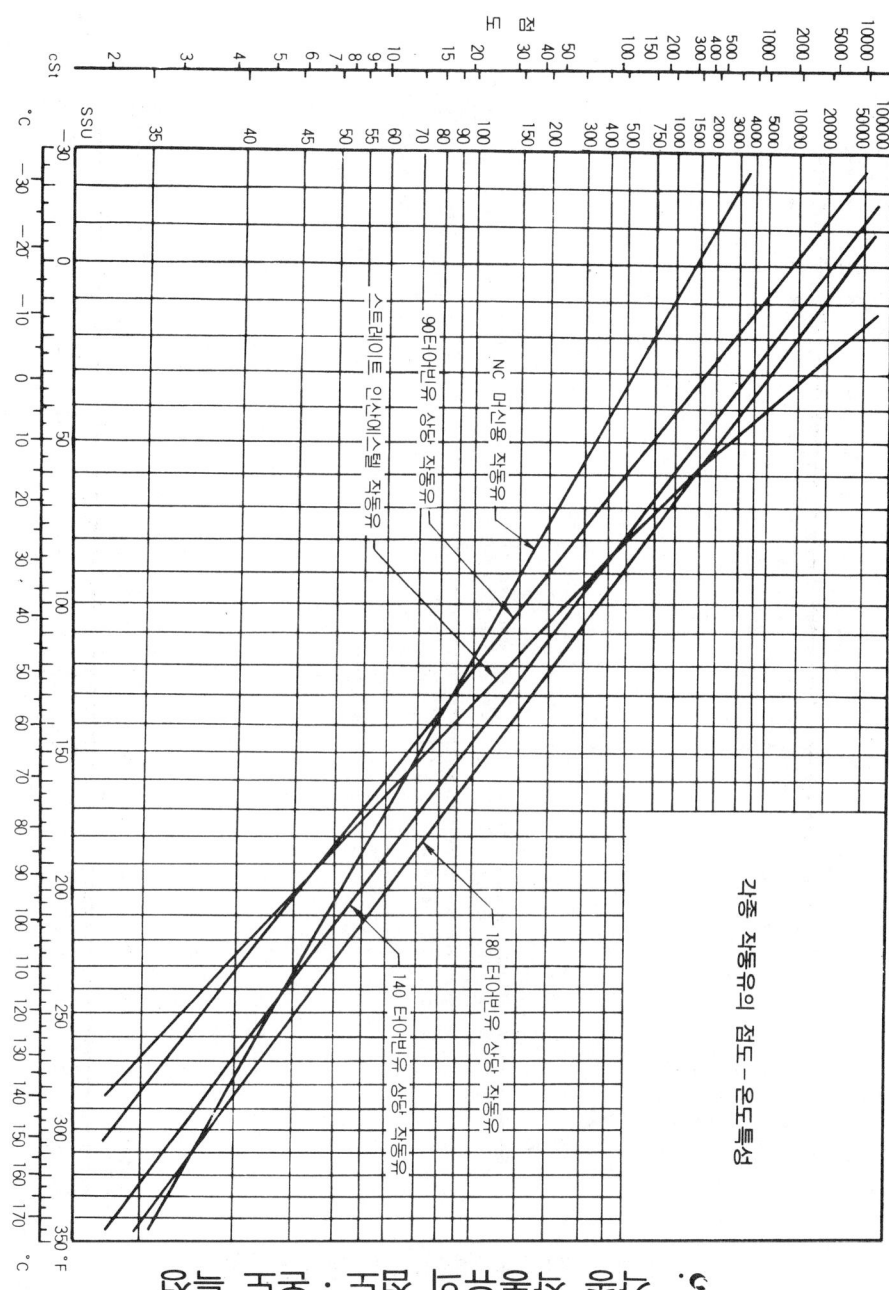

5. 각종 작동유의 점도·온도 특성

6. 관내 유속을 구하는 도표

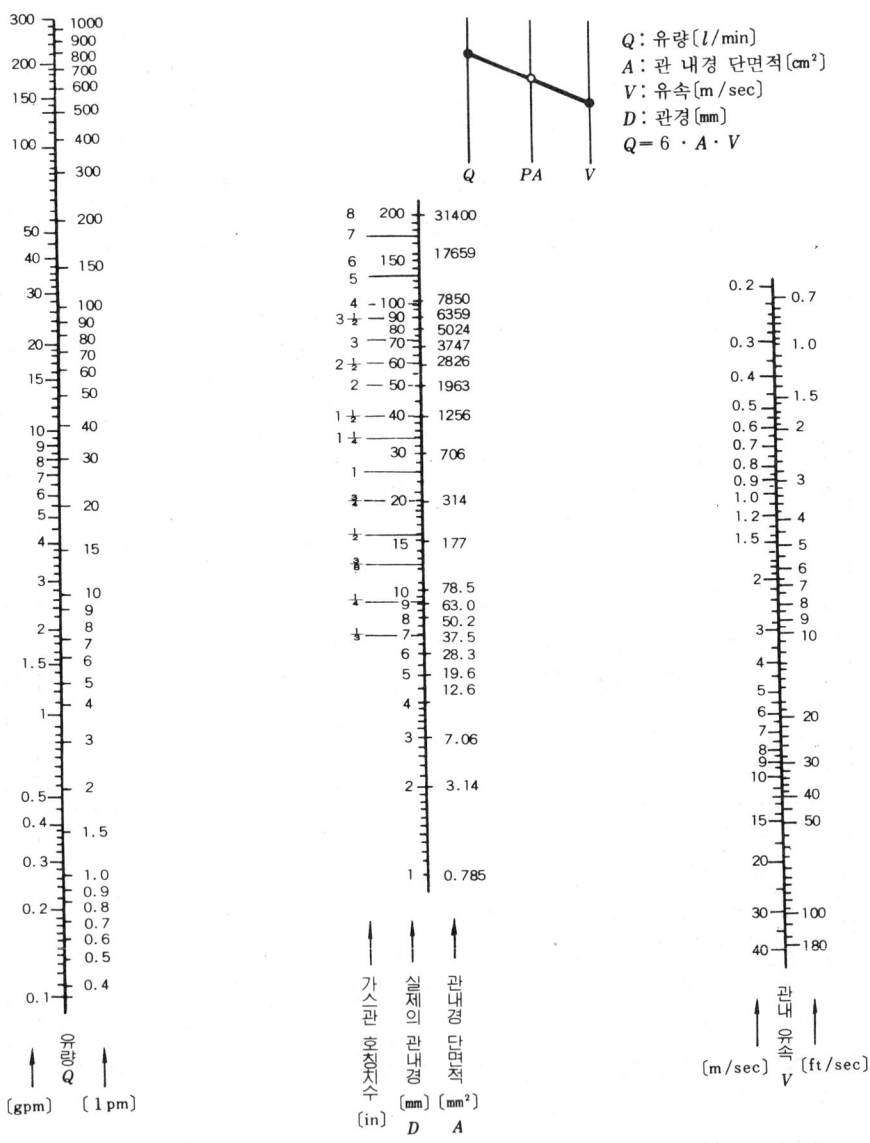

Q : 유량〔l/min〕
A : 관 내경 단면적〔cm²〕
V : 유속〔m/sec〕
D : 관경〔mm〕
$Q = 6 \cdot A \cdot V$

7. 레이놀즈수를 구하는 도표

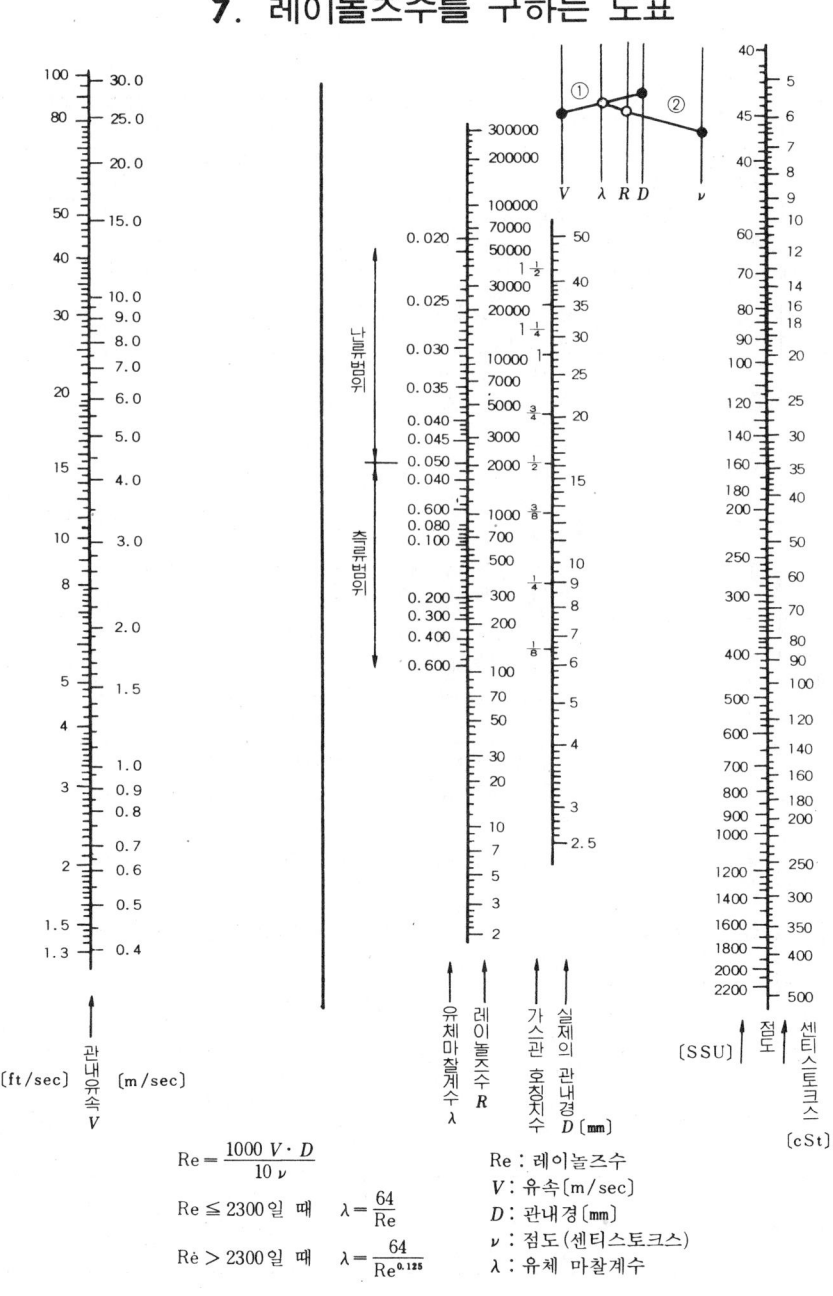

$$Re = \frac{1000 \, V \cdot D}{10 \, \nu}$$

$Re \leqq 2300$ 일 때 $\quad \lambda = \dfrac{64}{Re}$

$Re > 2300$ 일 때 $\quad \lambda = \dfrac{64}{Re^{0.125}}$

Re : 레이놀즈수
V : 유속 [m / sec]
D : 관내경 [mm]
ν : 점도 (센티스토크스)
λ : 유체 마찰계수

388 부   록

8. 유압 용어

난의 *표시는 그 용어의 뜻이 유압에 한정됨을 표시한다

(1) 기본 용어

번호	용어	뜻	대응 영어(참고)
101	혼 입 공 기	액체 속에 아주 작은 기포상태로 섞여져 있는 공기	entrained air aeration
102	공 기 혼 입	액체에 공기가 아주 작은 기포 상태로 섞여지는 현상 또는 섞여져 있는 상태	aeration
103	캐 비 테 이 션	* 유동하고 있는 액체의 압력이 국부적으로 저하되어, 포화 증기압 또는 용해 공기 등이 분리되어 기포를 일으키는 현상. 이것들이 흐르면서 터지게 되면 국부적으로 초고압이 생겨, 소음 등을 발생시키는 경우가 많다.	cavitation
104	채 터 링	* 릴리프 밸브 등으로, 밸브시트를 두들겨서 비교적 높은 음을 발생시키는 일종의 자력진동 현상	chattering ; chatter ; singing
105	점 핑	* 유량제어 밸브(압력 보상 붙이)에서 유체가 흐르기 시작할 때 등, 유량이 과도적으로 설정값을 넘어서는 현상	jumping
106	유 체 고 착 현 상	수풀 밸브 등으로 내부 흐름의 불균성 등에 따라서, 축에 대한 압력분포의 평형이 깨어져서 스풀 밸브 몸체(또는 슬리브)에 강하게 밀려 고착되어 그 작동이 불가능하게 되는 현상	hydraulic lock
107	디 더	스풀 밸브 등으로 마찰 및 고착 현상 등의 영향을 감소시켜서, 그 특성을 개선시키기 위하여 가하는 비교적 높은 주파수의 진동	dither
108	유 압 평 형	기름의 압력에 의하여, 힘의 평형을 맞추는 것	hydraulic balance
109	디 컴 프 레 션	프레스 등으로 유압실린더의 압력을 천천히 빼어 기계 손상의 원인이 되는 회로의 충격을 작게 하는 것	decompression
110	랩	미끄럼 밸브의 랜드와 포트부와의 사이의 겹친 상태 또 그 양	lap
111	제 로 랩	미끄럼 밸브 등으로 밸브가 중립점에 있을 때, 포트는 닫혀 있고 밸브가 조금이라도 변위되면 포트가 열려 유체가 흐르게 되어 있는 겹친 상태	zero lap
112	오 버 랩	미끄럼 밸브 등으로 밸브가 중립점으로부터 약간 변위하여 처음으로 포트가 열려 유체가 흐르도록 되어 있는 겹친 상태	over lap ; positive lap

8. 유압용어 **389**

번 호	용　　　어	뜻	대응 영어 (참고)
113	언　더　랩	미끄럼 밸브 등에서 밸브가 중립점에 있을 때 이미 포트가 열려 있어 유체가 흐르도록 되어 있는 겹친 상태	under lap ; negative lap
114	유　　　량	단위 시간에 이동하는 유체의 체적	flow ; rate of flow
115	토　출　량	일반적으로 펌프가 단위시간에 토출시키는 액체의 체적	delivery ; rate of flow ; flow rate ; discharge ; discharge rate
116	행 정 체 적	용적식 펌프 또는 모터의 1회전마다에 배제시키는 기하학적 체적	displacement
117	드　레　인	기기의 통로나 관로에서 탱크나 매니폴드 등으로 돌아오는 액체 또는 액체가 돌아오는 현상	drain
118	누　　　설	정상 상태로는 흐름을 폐지시킨 장소 또는 흐르는 것이 좋지 않은 장소를 통하는 비교적 적은 양의 흐름	leakage
119	제 어 흐 름	제어된 흐름	controlled flow
120	자 유 흐 름	제어되지 않은 흐름	free flow
121	규 제 흐 름	유량이 미리 설정된 값으로 제어된 흐름. 다만, 펌프의 토출 이외의 것에 사용한다.	metered flow
122	흐 름 의 형 태	* 밸브의 임의의 위치에서 각 포트를 접속시키는 유체 흐름의 경로의 모양	flow pattern
123	인 터 플 로	밸브의 변환 도중에서 과도적으로 생기는 밸브 포트 사이의 흐름	interflow
124	컷　오　프	펌프 출구측 압력이 설정압력에 가깝게 되었을 때 가변 토출량 제어가 작용하여 유량을 감소시키는 것	cut-off
125	풀 컷 오 프	펌프의 컷 오프 상태에서 유량이 0(영)이 되는 것	full cut-off
126	압 력 강 하	흐름에 따르는 유체압의 감소	pressure drop
127	배　　　압	유압 회로의 귀로쪽 또는 압력 작동면의 배후에 작동하는 압력	back pressure
128	압 력 의 맥 동	정상적인 작동 조건에서 발생하는 토출 압력의 변동, 과도적인 압력 변동은 제외한다.	pressure pulsation
129	서 지 압 〔력〕	* 과도적으로 상승한 압력의 최대값	surge pressure

390 부 록

번호	용어	뜻	대응 영어 (참고)
130	크 래 킹 압 〔력〕	체크밸브 또는 릴리프 밸브 등으로 밸브의 입구쪽 압력이 강하하여 밸브가 닫히기 시작하여 밸브의 누설량이 어떤 규정된 양까지 감소되었을 때의 압력	cracking pressure
131	리 시 트 압 〔력〕	체크밸브 또는 릴리프 밸브 등으로 입구쪽 압력이 강하하여 밸브가 닫히기 시작하여 밸브의 누설량이 어떤 규정된 양까지 감소되었을 때의 압력	reseat pressure
132	최 소 작 동 압 력	기구가 작동하기 위한 최소의 압력	minimum operating pressure
133	온 유 량 최 대 압 력	펌프가 임의의 일정 회전 속도로 회전하고 있을 때, 가변 토출량 제어가 작동하기 전(컷 오프 개시 직전)의 토출 압력	maximum full flow pressure
134	컷 인	언로드 밸브 등으로 펌프에 부하를 가하는 것. 그 한계 압력을 컷인 압력(cut-in pressure ; reloading pressure)이라 한다.	cut-in ; reloading
135	컷 아 웃	언로드 밸브 등에서 펌프를 무부하로 하는 것. 그 한계 압력을 컷 아웃 압력(cut-out pressure ; unloading presure)이라 한다.	cut-out ; unloading
136	정 격 압 력	* 연속하여 사용할 수 있는 최고 압력	rated pressure
137	파 괴 시 험 압 력	* 파괴되지 않고 견디어야 하는 시험 압력	burst pressure
138	실 파 괴 압 력	* 실제로 파괴되는 압력	actual burst pressure
139	보 증 내 압 력	정격 압력으로 복귀시켰을 때 성능의 저하를 가져오지 않고 견디어야 하는 압력. 이 압력은 정해진 조건에서의 값이다.	proof pressure
140	정 격 유 량	일정한 조건하에서 정해진 보증 유량	rated flow
141	정 격 회 전 속 도	* 정격 압력으로 연속해서 운전될 수 있는 최고 회전속도	rated speed
142	정 격 속 도	* 정격 압력으로 연속해서 운전될 수 있는 최고 속도	rated speed
143	유 체 동 력	유체가 갖는 동력, 유압으로는 실용상 유량과 압력의 곱으로 표시한다.	fluid power ; hydraulic power ; hydraulic horse power
144	유 압 회 로	각종 유압기기 등의 요소에 따라서 조립된 유압 장치 기능의 구성	oil hydraulic circuit
145	회 로 도	기호를 사용하여 회로를 표시한 선도	graphical diagram ; schematic diagram

8. 유압용어 **391**

번 호	용 어	뜻	대응 영어 (참고)
146	인 력 방 식	인력에 의하여 조작하는 방식	manual control
147	수 동 방 식	인력 방식의 일종으로 수동에 의하여 조작하는 방식	manual control ; hand control
148	파 일 럿 방 식	파일럿 밸브 등에 의하여 유도된 압력에 따른 제어 방식	pilot control
149	미 터 인 방 식	액추에이터의 입구쪽 관로에서 유량을 교축시켜 작동·속도를 조절하는 방식	meter-out system
150	미 터 아 웃 방 식	액추에이터의 출구쪽 관로에서 유량을 교축시켜 작동속도를 조절하는 방식	meter-out system
151	블 리 드 오 프 방 식	액추에이터로 흐르는 유량의 일부를 탱크로 분기함으로서 작동 속도를 조절하는 방식	bleed-out system
152	전 기·유 압 〔방〕 식	유압 조작에 솔레노이드 등의 전기적 요소를 조합시킨 방식	electro-hydraulic system
153	관 로	작동 유체를 연결하여 주는 역할을 하는 관 또는 그 계통	line
154	주 관 로	흡입 관로, 압력 관로 및 귀환관로를 포함하는 주요 관로	main line
155	바 이 패 스 관 로	필요에 따라 유체의 일부 또는 전량을 ·분기시키는 관로	by-path ; by-pass line
156	드 레 인 관 로	드레인을 귀환 관로 또는 탱크 등으로 연결하는 관로	drain line
157	통 기 관 로	대기로 언제나 개방되어 있는 관로	vent line
158	통 로	✱ 구성부품의 내부를 관통하거나 또는 그의 내부에 있는 유체를 연결하는 기계가공이나 주물 뽑기의 유체를 인도하는 연락로	passage
159	포 트	작동 유체 통로의 열린 부분	port
160	벤 트 포 트	대기로 개방되어 있는 뽑기 구멍	vent-port
161	통 로 구	대기로 개방되어 있는 구멍	breather ; bleeder
162	공 기 뽑 기	유압 회로 중에 폐쇄되어 있는 공기를 뽑기 위한 니들 밸브 또는 가는 관 등	air-bleeder
163	조 임	흐름의 단면적을 감소시켜 관로 또는 유체 통로 내에 저항을 갖게 하는 기구. 초크 조임과 오리피스 조임이 있다.	restriction ; restrictor

392 부 록

번 호	용 어	뜻	대응 영어 (참고)
164	초 크	면적을 감소시킨 통로로서 그 길이가 단면 치수에 비해서 비교적 긴 경우의 흐름의 조임. 이 경우에 압력 강하는 유체 점도에 따라 크게 영향을 받는다.	choke
165	오 리 피 스	면적을 감소시킨 통로로서 그 길이가 단면 치수에 비해서 비교적 짧은 경우의 흐름의 조임. 이 경우에 압력 강하는 유체 점도에 따라 크게 영향을 받지 않는다.	orifice
166	피 스 톤	* 실런더만을 왕복 운동하면서 유체 압력과 힘을 주고 받음을 실시하기 위한 지름에 비해서 길이가 짧은 기계 부품. 보통 연결봉 또는 피스톤 봉과 같이 사용된다.	piston
167	플 런 저	* 실린더 안을 왕복운동하면서 유체 압력과 힘을 주고 받음을 실시하기 위한 지름에 비해서 길이가 긴 기계부품. 보통 연결봉 등을 붙이지 않고 사용된다.	plunger
168	램	유압 실린더, 어큐뮬레이터 등에 이용되는 플런저	ram
169	슬 리 브	속이 빈 원통형의 구성 부품으로 피스톤 스풀 등을 안내하는 하우징의 안쪽 붙임	sleeve
170	슬 라 이 드	* 미끄럼면에 접촉되어 이동하여, 유로를 개폐하는 구성 부품	slide
171	스 풀	원통형 미끄럼면에 내접하여 축방향으로 이동하여 유로를 개폐하는 꼬챙이 모양의 구성 부품	spool
172	개 스 킷	정지 부분에서 사용되는 유체의 누설 방지 부품	gasket
173	개 스 킷 접 속	개스킷을 사용하여 기구를 접속시키는 방법	gasket mounting
174	패 킹	미끄럼면에서 사용되는 유체의 누설 방지 부품	packing

(2) 유압 펌프에 관련되는 용어

번 호	용 어	뜻	대응 영어 (참고)
201	유 압 펌 프	유압 회로에 사용되는 펌프	oil hydraulic pump
202	용 적 식 펌 프	케이싱과 이것에 내접하는 가동부재 등의 사이에 생기는 밀폐 공간의 이동 또는 변화에 따라서 액체를 흡입쪽에서 토출쪽으로 밀어내는 형식의 펌프	positive displacement pump

8. 유압용어 **393**

번호	용 어	뜻	대응 영어 (참고)
203	터 보 식 펌 프	임펠러를 케이싱 안에서 회전시켜 액체에 에너지를 주어 액체를 도출시키는 형식의 펌프	turbo-pump
204	정 용 량 형 펌 프	1회전 마다의 이론 토출량이 변화되지 않는 펌프	fixed displacement pump ; fixed delivery pump
205	가 변 용 량 형 펌 프	1회전 마다의 이론 토출량이 변화되는 펌프	variable displacement pump ; variable delivery pump
206	기 어 펌 프	케이싱 안에서 물리는 2개 이상의 기어에 의해서 액체를 흡입쪽으로부터 토출쪽으로 밀어내는 형식의 펌프	gear pump
207	외 접 기 어 펌 프	기어가 외접 물림하는 형식의 기어 펌프	external gear pump
208	내 접 기 어 펌 프	기어가 내접 물림하는 형식의 기어 펌프	internal gear pump
209	베 인 펌 프	케이싱 (캠링)에 접해 있는 베인을 로터 내에 설치하여 베인 사이에 흡인된 액체를 흡입쪽으로부터 토출쪽으로 밀어내는 형식의 펌프	vane pump
210	피 스 톤 펌 프, 플 런 저 펌 프	피스톤 또는 플런저를 경사판, 캠, 크랭크 등으로 왕복 운동시켜 액체를 흡입쪽으로부터 토출쪽으로 밀어내는 형식의 펌프	piston pump ; plunger pump
211	액셜피스톤펌프 액셜플런저펌프	피스톤 또는 플런저의 왕복운동의 방향이 실린더 블록 중심축에 대하여 거의 평행인 피스톤 펌프 (플런저 펌프)	axial piston pump ; axial plunger pump
212	경 사 축 식 〔액셜〕 피 스 톤 펌 프, 경 사 축 식 〔액셜〕 플 런 저 펌 프	구동축과 실린더 중심축이 동일 직선상에 있지 않는 형식의 액셜 피스톤 펌프(액셜 플런저 펌프)	bent axis type axial piston pump ; bent axis type axial plunger pump ; tilting cylinder block type axial piston pump ; tilting cylinder block type axial plunger pump ;
213	경 사 판 식 〔액셜〕 피 스 톤 펌 프, 경 사 판 식 〔액셜〕 플 런 저 펌 프	구동축과 실린더 블록 중심축이 동일 직선상에 있는 형식의 액셜 피스톤 펌프	swash plate type axial piston pump ; swash plate type axial plunger pump ; cam plate type axial piston pump ; cam plate type axial plunger pump ;
214	레 이 디 얼 피 스 톤 펌프, 레 이 디 얼 플 런 저 펌프	피스톤 또는 플런저의 왕복운동의 방향이 구동축에 거의 직각인 피스톤 펌프(플런저 펌프)	radial piston pump ; radial plunger pump

394 부 록

번호	용어	뜻	대응 영어 (참고)
215	나 사 펌 프	케이싱 내에 나사가 달린 로터를 회전시켜 액체를 흡입쪽에서 토출쪽으로 밀어내는 형식의 펌프	screw pump
216	복 합 펌 프	동일 케이싱 속에 2개 이상의 펌프의 작용 요소를 가지며, 부하의 상태에 따라서 각 요소의 운전을 상호 관련시켜 제어하는 기능을 가지는 펌프	combination pump
217	더 블 펌 프	동일축 상에 2개 펌프 작용 요소를 가지며 제각기 독립하여 펌프작용을 하는 형식의 펌프	double pump
218	유 체 전 동 장 치	유체를 매개체로 하여 동력을 전달하는 장치	hydraulic power transmission
219	유 압 전 동 장 치	유체의 압력 에너지를 이용하는 유체 전동장치. 이것에는 용적식 펌프 및 액추에이터(유압실린더 또는 용적식 모터)가 사용된다.	hydrostatic power transmission
220	터 보 식 유 체 전 동 장 치	주로 유체의 운동 에너지를 이용하는 유체 전동장치. 터보식 펌프 및 터빈이 사용된다.	hydrodynamic power transmission
221	실 린 더 블 록	여러 개의 피스톤 또는 플런저가 들어가는 하나로 된 부품	cylinder block
222	경 사 판	경사판식 피스톤(또는 플런저)펌프 또는 모터에 사용되어 피스톤(또는 플런저)의 왕복운동을 규제하기 위한 판	swash plate ; cam plate
223	캠 링	베인, 레이디얼 피스톤(또는 플런저)펌프 및 모터에 사용되어 베인, 피스톤 또는 플런저의 왕복 운동을 규제하는 안내링	cam ring ; guide ring
224	밸 브 판	베인, 피스톤(또는 플런저)펌프 및 모터에 사용되는 액체의 출입을 규제하는 구멍을 가진 판	valve plate ; ports plate ; port valve
225	압 력 판	기어, 베인 펌프 및 모터에 사용되어 고압시의 용적효율의 저하를 방지하기 위하여 뒷면에 압력을 작용시키는 구조의 측면 실부재. 밸브판을 겹치는 경우도 있다.	pressure plate
226	분 배 축	피스톤(또는 플런저)펌프 및 모터에 사용되어 유체의 출입을 규제하는 구멍을 가진 축	distributor shaft ; pintle
227	스 위 블 요 크 실 린 더 케 이 싱	가변 용량형의 경사축식 피스톤(또는 플런저)펌프 또는 모터에 사용되어 실린더 블록의 펌프 또는 모터 축에 대한 경사각을 규제하는 부품. 그 내부에 액체 통로를 가지고 있다.	swivel yoke ; cylinder casing

8. 유압용어 **395**

(3) 유압 모터 및 유압 실린더에 관한 용어

번호	용어	뜻	대응 영어(참고)
301	〔유압〕액 추 에 이 터	유체에 에너지를 사용하여 기계적인 일을 하는 기기	actuator
302	유 압 모 터	유압 회로에 사용되어, 연속 회전운동이 가능한 액추에이터	oil hydraulic motor
303	용 적 식 모 터	유체의 유입쪽으로부터 유출쪽으로의 유동에 따라서 케이싱과 이것에 내접하는 가동부재와의 사이에 생기는 밀폐 공간을 이동 또는 변화시켜 연속 회전 운동을 하는 액추에이터	positive displacement motor
304	정 용 량 형 모 터	1회전마다의 이론 유입량이 변화되지 않는 유압 모터	fixed displacement motor
305	가 변 용 량 형 모 터	1회전마다의 이론 유입량이 변화되는 유압 모터	variable displacement motor
306	기 어 모 터	유압 액체에 따라서 케이싱 속에서 물리는 2개 이상의 기어가 회전하는 형식의 유압 모터	gear motor
307	베 인 모 터	케이싱(캠링)에 접해 있는 베인을 모터 속에 설치하여 베인 사이에 유입한 액체에 따라서 로터가 회전하는 형식의 유압 모터	vane motor
308	피 스 톤 모 터, 플 런 저 모 터	유입 액체의 압력이 피스톤 또는 플런저 끝면에 작용하여 그 압력에 따라서 경사판, 캠, 크랭크 등을 거쳐 모터축이 회전하는 형식의 유압 모터	piston motor ; plunger motor
309	요 동 형 액 추 에 이 터	회전 운동의 각도가 360°이내로 제한되어 있는 형식의 회전형 왕복운동을 하는 액추에이터	rotary actuator ; oscillating rotary actuator
310	유 압 실 린 더	실린더의 힘이 유효 단면적 및 차압에 비례하도록 직선운동을 하는 액추에이터	cylinder ; (oil) hydraulic cylinder
311	복 동 〔유압〕 실 린 더	액압을 피스톤의 양쪽에 공급하는 것이 가능한 구조의 유압 실린더	double acting cylinder
312	단 동 〔유압〕 실 린 더	액체압을 피스톤의 한쪽면으로만 공급하는 것이 가능한 구조의 유압 실린더	single acting cylinder
313	단 일 로 드 〔유압〕실 린 더	피스톤의 한쪽 측면에만 로드가 있는 유압 실린더	single rod cylinder
314	양 로 드 〔유압〕 실 린 더	피스톤의 양쪽에 로드가 있는 유압 실린더	double rod cylinder
315	피 스 톤 형 〔유압〕실 린 더	피스톤을 주요 부재로 하는 유압 실린더	piston cylinder

396 부 록

번호	용어	뜻	대응 영어 (참고)
316	램 형 〔유압〕 실 린 더	램을 주요 부재로 하는 유압 실린더	ram cylinder
317	차 동 〔유압〕 실 린 더	실린더 양쪽에 유효 면적의 차를 이용하는 유압 실린더	differential cylinder
318	가 변 행 정 〔유압〕 실 린 더	행정을 제한하는 가변의 스토퍼를 갖는 유압 실린더	adjustable stroke cylinder
319	쿠 션 붙 이 〔유압〕 실 린 더	충격을 완충하는 기능을 가진 유압 실린더, 보통 실린더의 유출구에서의 유출 유량을 조여 행정 종단의 움직임을 늦추어서 충격을 방지시키는 목적으로 행정종단에 자동 조임기구를 설치한다.	cushioned cylinder
320	텔 레 스 코 프 형 〔유압〕 실 린 더	긴 작동 행정을 줄 수 있는 다단 튜브 모양의 로드가 있는 유압 실린더	telescoping cylinder ; telescopic cylinder
321	회전〔이음붙이유압〕 실 린 더	회전 이음을 갖추어서 접속 관로에 대하여 상대적으로 회전 운동이 가능한 유압 실린더	telescoping cylinder ; telescopic cylinder
322	실 린 더 힘(力)	피스톤 면에 작용하는 이론 유체의 힘	cylinder force
323	실 린 더 행 정	피스톤 로드의 움직이는 길이 쿠션부의 경우는 그 길이를 포함한다.	cylinder stroke
324	실 린 더 튜 브	내부에 압력을 유지하고 원통형의 내면을 형성하는 부분, 피스톤형 실린더의 경우에는 그 내면을 피스톤이 지나가는 실린더의 원통	cylinder tube ; cylinder barrel ; barrel
325	서 보 액 추 에 이 터	제어 계통에 사용되는 서보 밸브와 액추에이터의 결합체	servo actuator
326	서 보 실 린 더	최종 제어 위치가 제어 밸브에의 입력 신호의 함수가 되도록 추종기구를 함께 가지고 있는 실린더	servo cylinder
327	압 력 변 환 기	공급하는 유체압과 다른 출력쪽 유체압을 얻는 기기	pressure intensifier
328	증 압 기	입구쪽 압력을 이에 거의 비례하는 높은 출구쪽 압력으로 교환하는 기기	intensifier ; booster
329	압 력 전 달 기	유체압을 같은 압력의 다른 종류의 유체압으로 변환시키는 기기	air-oil actuator

8. 유압용어 **397**

(4) 유압 제어 밸브에 관한 용어

번호	용 어	뜻	대응 영어(참고)
401	밸 브	유체 계통에서 흐름의 방향, 압력이나 유량을 제어 또는 규제하는 기기	valve
402	제 어 밸 브	흐름의 상태를 변경시켜 압력 또는 유량을 제어하는 밸브의 총칭	control valve
403	압 력 제 어 밸 브	압력을 제어하는 밸브의 총칭	pressure control valve
404	유 량 제 어 밸 브	유량을 제어하는 밸브의 총칭	flow control valve
405	방 향 제 어 밸 브	흐름의 방향을 제어하는 밸브의 총칭	directional control valve
406	릴 리 프 밸 브	회로의 압력이 밸브의 설정값에 달하였을 때 유체의 일부 또는 전량을 빼돌려서 회로내의 압력을 설정값으로 유지시키는 압력 제어 밸브	relief valve ; relief pressure control valve
407	일 정 비 릴 리 프 밸 브	주회로의 압력을 파일럿 압력에 대하여 소정의 비율로 조정(파일럿 조작)하는 릴리프 밸브	proportional pressure relief valve
408	안 전 밸 브	기기나 관 등의 파괴를 방지하기 위하여 회로의 최고 압력을 한정시키는 밸브	safety valve
409	감 압 밸 브	유량 또는 입구쪽 압력에 관계없이 출력쪽 압력을 입구쪽 압력보다 작은 설정 압력으로 조정하는 압력 제어 밸브	pressure regulator ; (pressure) reducing valve ; pressure reducing pressure control valve
410	일 정 비 감 압 밸 브	출구쪽 압력을 입구쪽 압력에 대하여 소정의 차이 만큼 감압시켜 주는 밸브	proportional pressure regulator ; fixed differential reducing valve
411	일 정 차 감 압 밸 브	출구쪽 압력을 입구쪽 압력에 대하여 소정의 차이 만큼 감압시켜 주는 밸브	differential pressure regulator ; fixed differential reducing valve
412	릴 리 프 붙 이 감 압 밸 브	한쪽 방향의 흐름에는 감압 밸브로 작동하고, 역방향의 흐름에는 그 유입쪽의 압력을 감압 밸브로서의 설정압력으로 유지시켜 주는 릴리프 밸브로서 작동하는 밸브	pressure reducing and relieving valve
413	언 로 드 밸 브	일정한 조건으로 펌프를 무부하로 하여 주기 위하여 사용되는 밸브, 보기를 들면 계통의 압력이 설정의 값에 달하면 펌프를 무부하로 하고, 또한 계통 압력이 설정값까지 저하되면	unloading pressure valve ; unloader

398 부 록

번 호	용 어	뜻	대응 영어 (참고)
		다시 계통으로 압력 유체를 공급하는 압력 제어 밸브	
414	시 퀀 스 밸 브	2개 이상의 분기 회로를 갖는 회로 내에서 그의 작동 순서를 회로의 압력 등에 따라서 제어하는 밸브	sequence valve
415	카 운 터 밸 런 스 밸 브	추의 낙하를 방지하기 위하여 배압을 유지시켜 주는 압력 제어 밸브	counterbalance valve
416	유 량 조 정 밸 브	배압 또는 부압에 따라서 생긴 압력의 변화에 관계없이 유량을 설정된 값으로 유지시켜 주는 유량 제어 밸브	pressure compensated flow control valve
417	온 도 보 상 붙 이 유 량 조 절 밸 브	액체의 온도에 관계없이 유량을 설정된 값으로 유지시켜 주는 유량 조정 밸브	pressure-temperature compensated flow control valve
418	스 로 틀 밸 브	조임작용에 따라서 유량을 규제하는 밸브, 보통 압력 보상이 없는 것을 말한다.	flow metering valve ; restrictor ; throttling valve
419	분 류 밸 브	유압원으로부터 2개 이상의 유압 관로로 나누어 흐르게 할 때 각각의 관로의 압력의 크기에 관계없이 일정비율로 유량을 분할시켜서 흐르게 하는 밸브	flow dividing valve
420	변 환 밸 브	2개 이상의 흐름의 형태를 가지며, 2개 이상의 포트가 있는 방향 제어 밸브	directional control valve ; selector
421	교 환 변 환 밸 브	밸브의 조작 위치에 따라 유량을 연속적으로 변화시켜 주는 변환 밸브	throttling valve
422	체 크 밸 브	한쪽 방향으로만 유체의 흐름을 가능하도록 하고 반대방향으로는 흐름을 저지시키는 밸브	check valve ; directional control check valve
423	디 셀 러 레 이 션 밸 브	액추에이터를 감속시켜 주기 위하여 캠조작 등으로 유량을 서서히 감소시켜 주는 밸브	deceleration valve
424	프 리 필 밸 브	대형의 프레스 등의 급속 전진 행정으로서는 탱크에서 유압 실린더로의 흐름을 가능하게 하고 가압 공정에서는 유압 실린더에서 탱크로의 역류를 방지하고 귀환 공정에서는 자유 흐름이 가능하게 되는 밸브	prefill valve
425	셔 틀 밸 브	1개의 출구와 2개 이상의 입구가 있고 출구가 최고 압력쪽 입구를 선택하는 기능을 가진 밸브	shuttle valve
426	서 지 감 쇠 밸 브	서지 압력을 감쇄시켜 주는 밸브	surge damping valve

8. 유압용어 **399**

번호	용 어	뜻	대응 영어 (참고)
427	디 컴 프 레 션 밸 브	디컴프레션을 시켜주는 밸브	decompression valve
428	서 보 밸 브	전기 그 밖의 입력 신호에 따라 유량 또는 압력을 제어하는 주는 밸브	servo valve
429	스 풀 밸 브	스풀을 사용한 밸브	spool (type) valve
430	기 계 조 작 밸 브	캠, 링크 기구 그 밖의 기계적 방법으로 조작되는 밸브	mechanically operated valve
431	캠 , 조 작 밸 브	캠에 따라서 조작되는 밸브	cam operated valve
432	인 력 조 작 밸 브	인력에 따라서 조작되는 밸브	manually operated valve
433	수 동 조 작 밸 브	손으로 조작되는 밸브	manually operated valve ; hand operated valve
434	페 달 조 작 밸 브	발에 따라서 조작되는 밸브	pedal operated valve
435	전 자 밸 브	전자 조작 밸브 및 전자 파일럿 변환 밸브의 총칭	solenoid controlled valve
436	전 자 조 작 밸 브	전자력에 따라서 조작되는 밸브	selenoid operated valve
437	파 일 럿 밸 브	다른 밸브 또는 기구 등에서 제어기구를 조작하기 위하여 보조적으로 사용되는 밸브	pilot valve
438	파 일 럿 〔조작〕 변 환 밸 브	파일럿으로서 작용시키는 유체압력에 따라서 조작되는 변환 밸브	pilot operated directional control valve
439	전 자 파 일 럿 〔조작〕변 환 밸 브	전자조작이 되고 있는 파일럿 밸브가 일체로 조립된 파일럿 변환 밸브	solenoid controlled pilot operated valve
440	파 일 럿 조 작 체 크 밸 브	파일럿으로서 작용되는 유체 압력에 따라서 그 기능을 변화시키는 것이 가능한 밸브	pilot operated check valve
441	밸 브 의 위 치	변화밸브로서 흐름의 형태를 결정하는 밸브기구의 위치	valve position
442	노 말 위 치	조작력이 작용되지 않고 있을 때의 밸브 위치	normal valve position
443	중 립 위 치	변환 밸브로서 결정된 중앙의 밸브 위치	center valve position

400 부 록

번 호	용 어	뜻	대응 영어 (참고)
444	오 프 셋 위 치	변환 밸브에서 중심 위치 이외의 밸브 위치 오프셋 위치 / 오프셋 위치 / 중립 위치 오프셋 위치 / 오프셋 위치 / 과도적인 위치	offset valve position
445	디 텐 트 위 치	변환 밸브의 밸브기구에 작용하는 유지 장치에 따라서 유지되는 밸브의 위치	detent valve position
446	2 위 치 밸 브	2개의 밸브 위치가 있는 변환 밸브	two position valve
447	3 위 치 밸 브	3개의 밸브의 위치가 있는 변환 밸브	three position valve
448	노 말 클 로 즈 드 (정 상 폐 쇄)	노말 위치에서는 압력 포트가 닫혀 있는 형태. 이러한 형태의 밸브를 노말 클로즈드 밸브 또는 정상 폐쇄의 밸브(normally closed valve)라고 한다.	normally closed
449	노 말 오 픈 (정 상 열 림)	노말 위치에서는 압력 포트가 출구 포트로 통하여 있는 모양. 이 형태의 밸브를 노말 오픈 밸브 또는 정상 열림 밸브(normally open valve)라고 한다.	normally open
450	클 로 즈 드 센 터	변환 밸브의 중립 위치에서 모든 포트가 닫혀 있는 흐름의 형태. 이 형태의 밸브를 클로즈드 센터 밸브(closed center valve)라고 한다. 4포트 3위치 밸브를 예시하면 P포트(압력구), R포트(귀환구), A·B포트(실린더구)가 모두 닫혀 있는 상태 A B / P R	closed center
451	오 픈 센 터	변환 밸브의 중립 위치에서 모든 포트가 서로 통하고 있는 흐름의 형태. 이 형태의 밸브를 오픈 센터 밸브(open center valve)라고 한다. A B / P R	open center

8. 유압용어 **401**

번호	용 어	뜻	대응 영어 (참고)
452	스프링 리턴 밸브	스프링의 힘에 의하여 노말 위치로 귀환하는 형식의 변환 밸브	spring return valve
453	스프링 센터 밸브	스프링 리턴 밸브의 일종으로서 노말 위치가 중립위치인 3위치 변환 밸브	spring centered valve
454	스프링 오프셋 밸브	스프링 리턴 밸브의 일종으로서 노말 위치가 오프셋 위치에 있는 변환 밸브	spring offset valve
455	포 트 수	밸브와 주관로를 접속시키는 포트 수	number of connections ; number of ports
456	2 포 트 밸 브	2개의 포트가 있는 방향 제어 밸브	two port connection valve
457	3 포 트 밸 브	3개의 포트가 있는 방향 제어 밸브	three port 'connection valve
458	4 포 트 밸 브	4개의 포트가 있는 방향 제어 밸브	four port connection valve
459	랜 드 부	스풀의 밸브 작용을 하는 미끄럼면	land
460	BR 접 속	변환 밸브의 중립 위치에서 B포트는 R포트로 통하고, P포트와 A포트와는 닫혀 있는 흐름의 형태, 이 형태의 밸브를 BR접속 밸브(BR Port connection valve)라고 한다. 그 밖의 형식의 밸브는 각각 상통하는 포트 기호를 열기하여 PA(접속)밸브 등으로 호칭한다. A B P R	BR port connection

(5) 부속기기 및 그 밖의 기기에 관한 용어

번호	용 어	뜻	대응 영어(참고)
501	어 큐 뮬 레 이 터	유체를 에너지원으로 사용하기 위하여 가압 상태로 저축하는 용기	accumulator
502	블 래 더 형 어 큐 뮬 레 이 터	가동성의 주머니로서 기체와 액체가 격리되어 있는 어큐뮬레이터	bladder type hydro-pneumatic accumulator
503	다 이 어 프 램 형 어 큐 뮬 레 이 터	가동성의 다이어프램으로서 기체와 액체가 격리되어 있는 어큐뮬레이터	diaphragm type hydro-pneumatic accumulator
504	피 스 톤 형 어 큐 뮬 레 이 터	실린더내의 피스톤에 따라서 기체와 액체가 격리되어 있는 어큐뮬레이터	piston type hydro-pneumatic accumulator

402 부 록

번 호	용 어	뜻	대응 영어 (참고)
505	직 접 형 어 큐 뮬 레 이 터	액체가 압축기체로 직접 가압되어 있는 어큐 뮬레이터	nonseparator type hydro-pneumatic acumulator
506	스 프 링 형 어 큐 뮬 레 이 터	액체가 스프링의 힘으로 가압되어 있는 어큐 뮬레이터	spring type mechanical accumlator
507	무 게 형 어 큐 뮬 레 이 터	액체가 추 등의 무게물에 따라서 중력으로 가 압되어 있는 어큐뮬레이터	weighted type mechanical accumulator
508	관 이 음	관로의 접속 또는 기기로의 부착을 위하여 유 체 통로에 있는 착탈시킬 수 있는 접속 이음 쇠의 총칭	connector ; fitting ; joint
509	플 랜 지 관 이 음	플랜지를 사용한 관 이음	flange fitting
510	플 레 어 관 이 음	관(튜브)의 끝을 원뿔형으로 넓힌 구조를 가 진 관이음	flared fitting
511	플 레 어 레 스 관 이 음	관(튜브)의 끝을 넓히지 않고, 관과 슬리브와 의 꼭끼움 또는 마찰에 따라서 관을 유지하는 관 이음	flareless fitting
512	스 위 블 이 음	방향 조절이 가능한 팔굽 모양의 고정 이음	swivel fitting
513	돌 림 이 음 스 위 블 조 인 트	압력하에서도 돌림이 가능한 관 이음	swivel joint
514	로 터 리 조 인 트	상대적으로 회전하는·배관 또는 기기를 서로 접속시키기 위한 관 이음	rotary joint
515	급 속 이 음	호스의 접속용 이음으로서 신속하게 착탈이 가능한 것	quick disconnect coupling
516	셀 프 실 관 이 음	두 이음쇠가 연결되었을 때 자동적으로 열리 고 분리되었을 때 자동적으로 닫히도록 체크 밸브가 끝부분에 내장되어 있는 급속 이음	self-sealing coupling
517	필 터	유체에서 고형물을 여과 작용에 따라서 제거 하는 장치	filter ; strainer
518	관 로 용 필 터	압력 관로에 사용하는 필터	line type filter
519	탱 크 용 필 터	압력 관로 및 통로 관로 이외에 사용하는 필 터	reservoir type filter
520	통 기 용 필 터	대기로의 통기 관로에 부착된 필터	vent type filter
521	유 압 유	유압기기 등에 사용되는 기름 또는 액체	hydraulic fiuid ; hydraulic oil
522	작 동 유	* 유압기기 또는 유압 계통에 사용되는 액체	hydraulic operating fluid ; working fluid

8. 유압용어 **403**

번호	용 어	뜻	대응 영어 (참고)
523	난 연 성 〔유압〕 유	잘 타지 않는 유압유로서 화재의 위험을 최대한 예방하는 깃	fire-resistant fluid
524	유 압 유 닛	펌프 구동용 전동기, 탱크 및 릴리프 밸브 등으로 구성된 유압원 장치 또는 그 유압원 장치에 제어 밸브도 포함하여 일체로 구성된 유압 장치	hydraulic (power) unit ; (hydraulic) power package
525	밸 브 스 탠 드	유압원이란 별도로 밸브, 계기 그 밖의 부속품을 부착하여 일체로 구성된 제어용 스탠드	valve stand
526	,압 력 스 위 치	유체 압력이 소정의 값에 달하였을 때 전기 접점을 개폐시키는 기기	pressure switch
527	서 브 플 레 이 트	✱ 관로에의 접속구가 한면에 집중되어 있는 개스킷 접속식의 제어 밸브를 부착시켜 관과 접속시켜 주는 보조관	subplate
528	〔기 름〕탱 크	유압 회로의 작동유를 저장하는 용기	oil·tank ; resevoir
529	호 스 어 셈 블 리	내압성이 있는 호스의 양 끝에 관 이음의 접속 이음 쇠를 부착시킨 것	hose·assembly
530	매 니 폴 드	내부에 배관의 역할을 하는 통로를 형성하여 외부에 다수의 기구 접속구를 가지고 있는 부착대	manifold

404 부 록

9. 공압 현장사례

예 1. 정기점검일을 정하고 급유기(lubricator)를 사용하여 이상이 없었으나 설비의 사정으로 인하여 공기압기기를 증설하고 사용빈도를 높였더니 전자밸브(Solenoid valve)와 실린더의 작동상태가 좋지 않고 말썽이 생겼다.

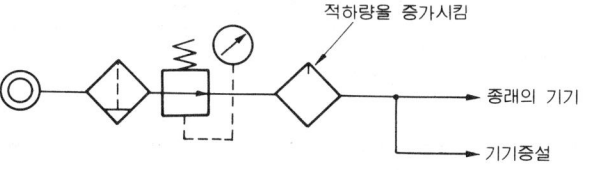

적하량을 증가시킴

종래의 기기

기기증설

원인 급유기의 사용시 급유량이 많아지므로 점검일이 길어졌다.

대책 점검시간을 짧게 하고 새로운 점검일(윤활유재보충일)을 정해 실시하여 급유량이 적정하게 되도록 한다.

예 2. 에어블로 라인(airblow line)에 오일 미스트(oil mist)가 혼입되어 문제가 되었다.

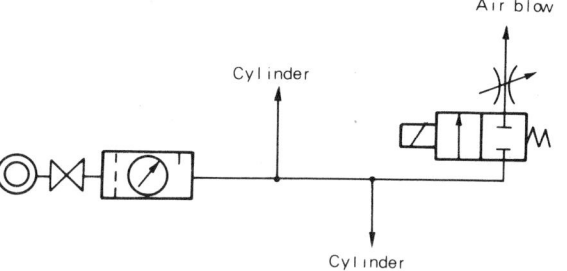

Air blow

Cylinder

Cylinder

원인 실린더에 급유하기 위한 급유기가 설치된 라인에 에어 블로를 설치하였다.

대책 에어 블로용 전환밸브에는 급유가 필요하므로 전환밸브와 에어블로라인 중간에 오일 회수능력이 큰 오일 미스트 세퍼레이터(oil mist separator)를 설치하여야 한다.

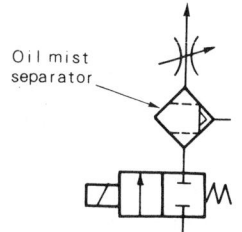

Oil mist separator

예 3. 실린더 전체에서 소비되는 공기량을 계산하여 압축기(compressor)를 선정하였으나 작업시 공기량이 부족하여 압력이 저하되고 기기의 작동이 순조롭게 되지 않았다.

[원인] 실린더만의 소비량으로 계획하였으므로 전환밸브와 실린더 사이의 배관에서 소비되는 양만큼 공기의 양이 부족하게 된다.

[대책] 공기량을 산출할 때는 실린더에서 소비되는 공기량 뿐만 아니라 배관에서 소비되는 양 그리고 부품, 밸브 등에서 누출되는 손실 등도 검토하여야 하며 통상적으로 압축기의 선정시에는 이러한 점을 생각하여 소비량 계산값의 1.5배 정도의 것을 선정하여야 한다.

[예] 4. 속도제어를 목적으로 아래그림과 같이 속도조절밸브를 설치하였는데도 실린더가 단속동작을 하였다.

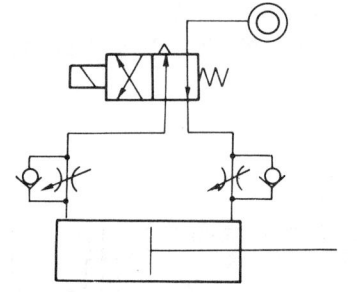

[원인] 속도조절밸브가 미터인 방식으로 되어 있어서 피스톤(piston)의 마찰저항과 실린더 내압의 불균형이 불연속적으로 되었기 때문이다.

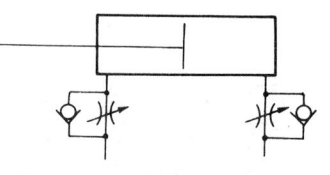

[대책] 속도제어회로를 미터인방식에서 미터아웃방식으로 변경하여 흡입측 공기를 자유공기로 하고 배기측 공기를 유량제어 방식으로 하여야 한다.

[예] 5. 공기유압 변환회로를 사용한 회로에서 급정지 신호를 보냈는데도 급정지되지 않았다.

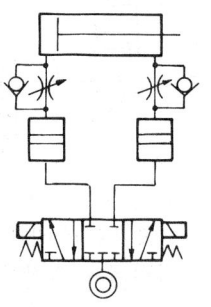

406 부   록

원인 밸브와 변환기간의 공기압축성 때문이다.

대책 속도조절 밸브와 변환기 사이에 급정지용 2포트 밸브를 설치한다.

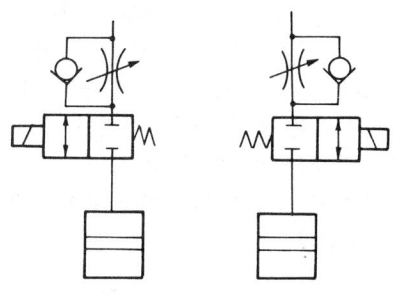

예 6. 셔틀밸브(Shuttle valve)의 동작이 불안정하고 에어파일럿 밸브까지 신호가 전달되지 않았다.

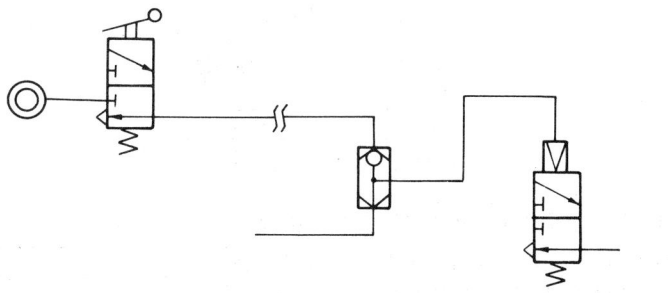

원인 리밋 밸브와 셔틀 밸브 간의 배관길이가 길기 때문이다.

대책 리밋 밸브(limit valve)로부터의 신호를 일단 에어 파일럿 밸브(air pilot valve)가 수신하여 셔틀밸브로 보내도록 회로를 만든다.

예 7. 리밋 밸브(limit valve)를 오프(off)상태로 하고 푸시 버튼 밸브(push button valve)를 눌렀는 데도 실린더가 전진하지 않았다.

9. 공압 현장사례 **407**

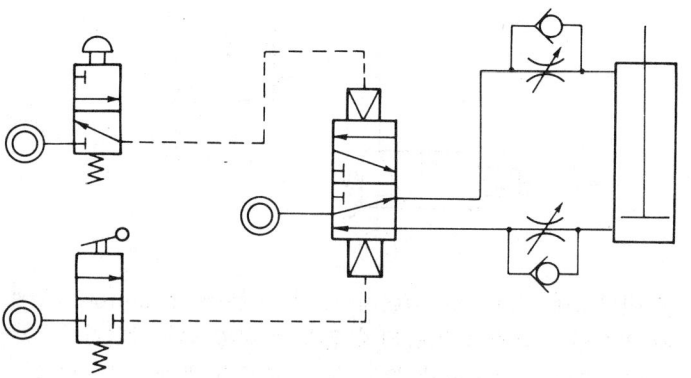

원인 마스터 밸브(master valve)의 파일럿에어(pilot air)의 배기가 되지 않는 상태이다.

대책 리밋 밸브를 3포트 밸브로 변경한다

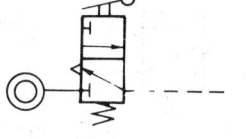

예 8. 마스터 밸브로부터 약 200m 떨어진 곳의 리밋 밸브를 동작시켜 곧 차단 밸브(Stop valve)를 닫으려 했으나 10초 정도의 시간지연으로 문제가 발생되었다.

원인 리밋 밸브의 유효 단면적이 작았으며 마스터 밸브의 파일럿이 높은 것을 선정하였기 때문이다.

대책 마스터 밸브의 전단에 저압파일럿 간접작동현 인터페이스 밸브(interface valve)를 추가 설치한다.

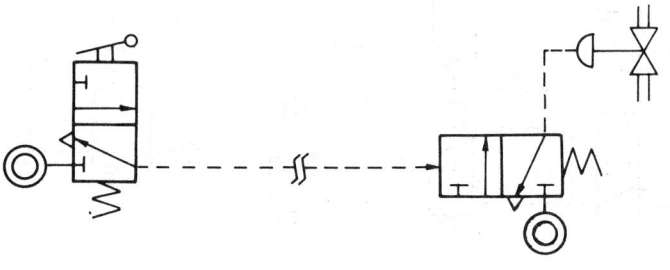

408 부 록

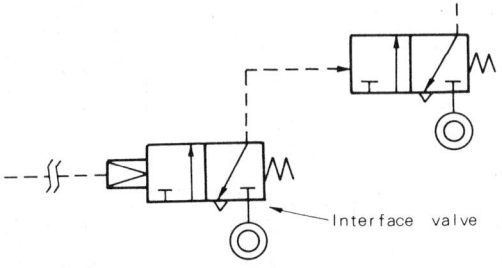

예 9. 소형 에어프레스(air press)에서 푸시 버튼(push button) A와 B 양쪽을 누르지 않으면 프레스가 작동되지 않도록 하였으나 작업자가 능률을 구실로 A를 누른 상태로 고정시켜 놓고 B만 누르면 프레스가 작동되도록 하여 사고가 발생하였다.

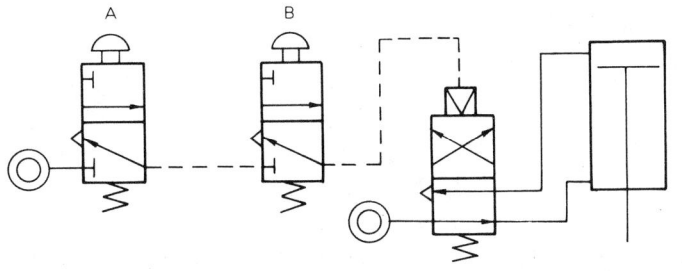

원인 회로구성을 잘못하였다.

대책 다음 그림과 같은 0.5초 후에 자동차단되는 완쇼트(One—Shot)회로를 추가시켜야 한다.

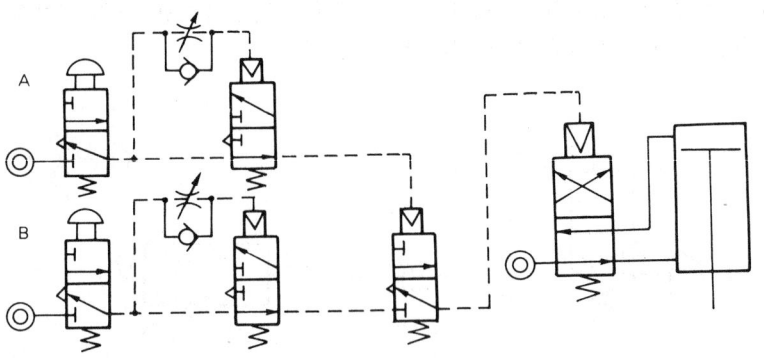

예 10. 작업물의 통과를 리밋 밸브로 검출하여 자기유지 시키는 회로를 구성

9. 공압 현장사례 **409**

하였으나 충분한 압력을 가하여도 때때로 기억불량이 생겼다.

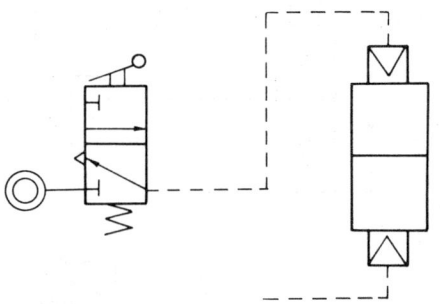

[원인] 작업물의 통과 속도가 빨라 마스터 밸브가 전환되기 전에 신호가 소멸되어 버릴 때가 있어 기억불량이 생긴 때문이다.

[대책] 마스터 밸브의 파일럿 신호가 1초 정도 잔류되도록 배기를 늦추는 타이머를 설치한다.

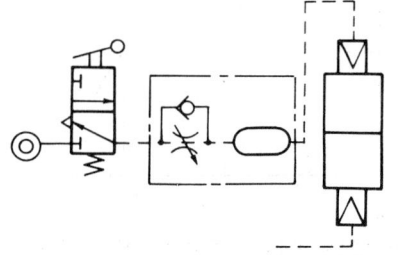

[예] 11. 공기압력원의 압력저하(배관의 절단 등)로 작업물이 낙하하였다.

[원인] 큰부하가 걸려 있었으며 공기압력원의 이상으로 균형이 깨졌다.

[대책] 실린더와 전자밸브 사이에 안전밸브를 설치하고 공기압력원 쪽으로 체크 밸브(Check valve)를 설치한다.

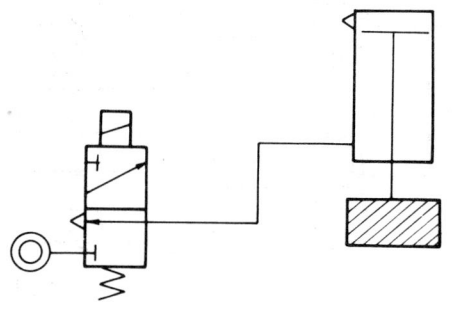

410 부 록

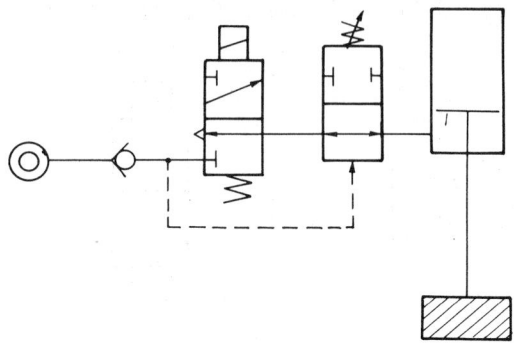

예 12. 사용중인 공기모터의 회전수를 빠르게 했더니 출력이 급격히 떨어졌다.

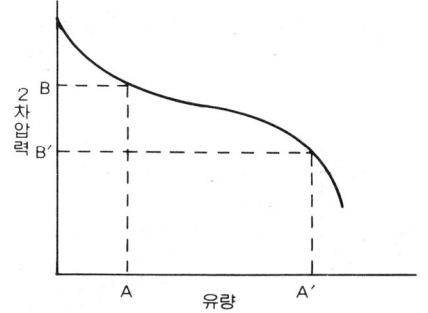

원인 유량상의 여유가 없는 직동식 감압밸브를 사용했다.
대책 감압밸브를 파일럿 형으로 바꾸어 유량을 많게 한다.

예 13. 실린더(cylinder)가 갑자기 움직이는 사고가 생겼다.

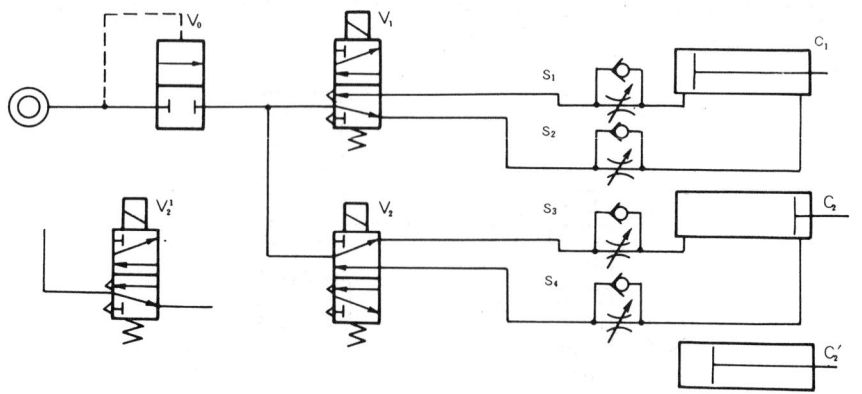

9. 공압 현장사례 **411**

원인 설비가 가동중 공기원의 압력이 떨어져서 밸브 V_0가 오프(off)되고 공기원이 차단되었다. 그후 밸브 V_2를 비통전 상태로 하여 실린더 C_2를 정지시켰다. 밸브 V_2를 통전시키고 다시 공기 탱크의 압력을 올리면 정지전 상태가 그대로 재현될 것으로 생각되었다. 그러나 밸브 V_2가 V_2'상태에서 실린더 C_1으로부터 잔압이 실린더 C_2에 작용하여 피스톤을 C_2'상태까지 이동시키게 된다. 이 상태에서 밸브 V_0가 전환되어 스피드 컨트롤러(Speed controller) S_3를 통하여 공기압이 유입되었기 때문이다.

대책 미터 아웃 방식으로 하고 있던 속도제어밸브 S_1, S_2, S_3, S_4를 미터인 방식으로 변경한다.

예 **14.** 파일럿식 밸브의 파일럿부에서 다량의 공기누출이 있고 작동이 불량하였다.

원인 배관접속시에 실테이프 조각이 파일럿 밸브의 내부에 유입되었다.

대책 그림과 같이 실 테이프로 테이핑할 때에는 나사부의 끝으로부터 약 1－2산을 남기고 감아 나사 체결시에 실 테이프의 조각이 배관 안으로 들어가지 않도록 한다.

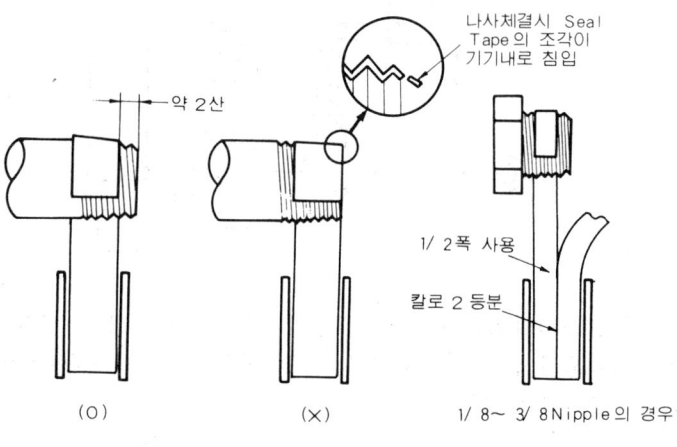

예 **15.** 중량물 W를 원활하게 상하운동시킬 목적으로 균형추(balance weight) W_0를 설치하였더니 기동시와 정지시에 큰 충격이 생겼다.

원인 정적인 운동에서는 힘의 균형이 유지되나 희망하는 속도로 상하운동을 시키면 W 이외에 W_0의 관성력이 작용하기 때문이다.

412 부   록

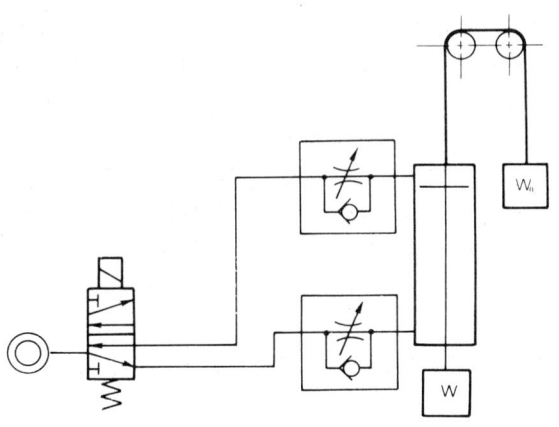

대책 균형추 W_0를 없애고 5포트 밸브 대신에 노말크로스(NC), 노말 오픈
(NO) 3포트 밸브를 오른편 그림과 같이 설치하고 2압제어용 조정기
(regulator)를 추가하도록 한다.

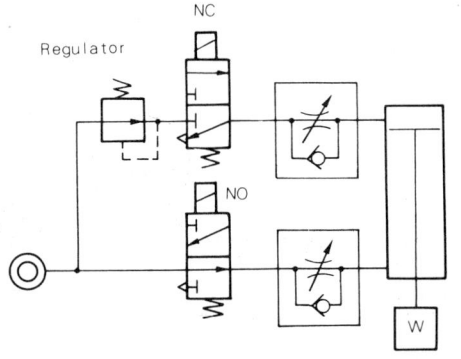

예 16. 기동(Start)신호용 밸브에 가깝게 시퀀스 회로 I과 멀리 떨어진 위치
에 시퀀스회로 II를 설치하고 각각 분기 배관하였더니 시퀀스(sequence)신호
회로에 오동작이 발생되었다.

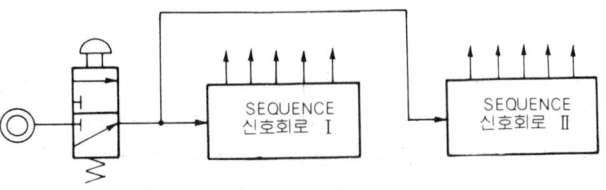

9. 공압 현장사례 **413**

원인 시퀸스회로 II까지의 배관이 너무 길어서 기동신호가 짧으면 신호회로 II가 작동하지 않고 신호가 너무 길어지면 신호회로 I이 연속작동되기 때문이다.

대책 푸시 버튼 밸브로부터 기동신호를 기억하는 밸브를 그림과 같이 설치하여야 한다.

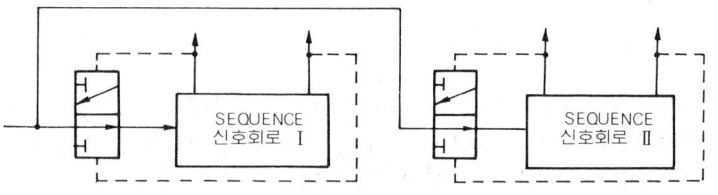

예 17. 용량이 큰 실린더와 용량이 작은 실린더를 같은 공기원으로 사용하였더니 용량이 작은 실린더가 용량이 큰 실린더에 비하여 쉽게 마모되는 현상이 발생하였다.

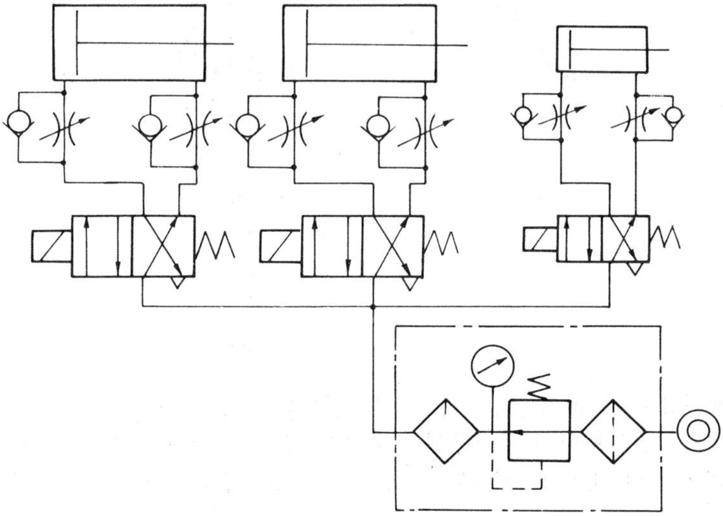

원인 에어컨트롤 유닛(air control unit)이 큰 용량 실린더에 적합하도록 선정되었기 때문에 윤활기(lubricator)로부터 급유가 작은 용량 실린더에는 효과가 미치지 못하기 때문이다.

대책 윤활기에는 윤활유를 적하시키기 위한 최저 필요유량이 있으며 적은 용량 실린더의 작동에 필요한 유량이 그 이하였으므로 그림과 같이 소형윤활기를 별도로 설치하여야 한다.

414 부 록

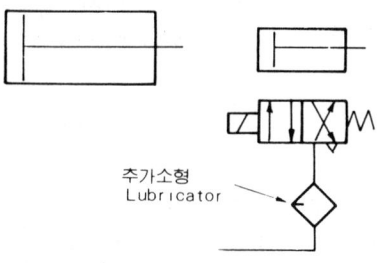

주가소형
Lubricator

예 18. 불규칙한 접촉면을 가진 캠(Cam)을 따라 실린더를 움직여서 위치전달
을 하는 장치에 감압밸브를 설치하여 항상 일정한 접촉압력을 유지시키고 확
실한 위치전달이 이루어지도록 계획하여 설치하였으나 B 방향으로 피스톤이
동작할 때 압력계가 상승하였으며 캠의 접촉면 압력도 높아졌다.

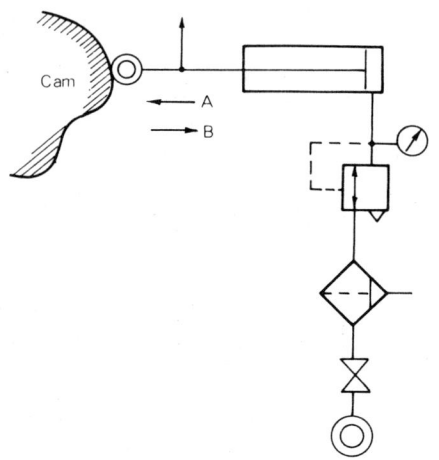

원인 배기감도 및 배기능력이 낮은 감압밸브를 사용하였다.

대책 캠의 최대 변위 속도로부터 피스톤의 후퇴시 최대 배출 공기량을 구하
고 그 이상의 배기감도와 배기능력을 갖는 감압밸브를 신정하도록 한다.

공유압 일반

1994년 3월 30일 1판 1쇄
2014년 3월 30일 1판 6쇄

저 자 : 성기돈
펴낸이 : 이정일

펴낸곳 : 도서출판 일진사
　　　　　www.iljinsa.com
140-896 서울시 용산구 효창원로 64길 6
전화 : 704-1616 / 팩스 : 715-3536
등록 : 제1979-000009호 (1979. 4. 2)

값 15,000 원

ISBN : 978-89-429-0233-0